机械设备维修问答丛书

工业锅炉管理
与维护问答

第2版

中国机械工程学会设备与维修工程分会   组编
"机械设备维修问答丛书"编委会

主　编　杨申仲

副主编　岳云飞　王小林

机械工业出版社

本书是"机械设备维修问答丛书"之一,由中国机械工程学会设备与维修工程分会组编。本书在 2002 年第 1 版的基础上进行了修订。

　　本书共分 10 章,以问答形式主要介绍了我国工业锅炉与节能减排概况,工业锅炉基本知识,锅炉使用维修与检验,事故预防及安全附件的使用,锅炉修理典型工艺,锅炉燃煤装置使用与维护,锅炉燃油、燃气装置使用与维护,炉墙、烟风道作用与维护,锅炉水压试验与停炉保养,以及工业锅炉节能减排技术改造等知识。

　　本书取材广泛,由现行的法律法规、技术标准、监察规程和条例,以及工业锅炉安全运行、维护工作实践汇编而成。

　　本书可供从事工业锅炉及相关设备管理、操作、维护维修人员参考,也可供相关专业工程技术人员和院校师生学习参考。

图书在版编目(CIP)数据

工业锅炉管理与维护问答/中国机械工程学会设备与维修工程分会"机械设备维修问答丛书"编委会组编;杨申仲主编. —2 版. —北京:机械工业出版社,2018.10
(机械设备维修问答丛书)
ISBN 978 - 7 - 111 - 60187 - 6

Ⅰ.①工… Ⅱ.①中…②杨… Ⅲ.①工业锅炉 – 锅炉运行 – 问题解答②工业锅炉 – 维修 – 问题解答 Ⅳ.①TK229 – 44

中国版本图书馆 CIP 数据核字(2018)第 125428 号

机械工业出版社(北京市百万庄大街 22 号　邮政编码 100037)
策划编辑:沈 红　责任编辑:沈 红
封面设计:张 静　责任校对:李锦莉　刘丽华
责任印制:常天培
北京京丰印刷厂印刷
2018 年 8 月第 2 版·第 1 次印刷
169mm×239mm·25 印张·566 千字
标准书号:ISBN 978 - 7 - 111 - 60187 - 6
定价:95.00 元

序　言

由中国机械工程学会设备与维修工程分会主编，机械工业出版社 1964 年 12 月出版发行的《机修手册》(8 卷 10 本)，深受设备工程技术人员和广大读者的欢迎。为了满足广大设备管理和维修工作者的需要，经机械工业出版社和中国机械工程学会设备与维修工程分会共同商定，从《机修手册》中选出部分常用的、有代表性的机型，充实新技术、新内容，以丛书的形式重新编写。

从 2000 年开始，中国机械工程学会设备与维修工程分会，组织四川省设备维修学会、中国第二重型机械集团公司、中国航天工业总公司第一研究院、兵器工业集团公司、沈阳市机械工程学会、陕西省设备维修学会、陕西鼓风机厂、上海市设备维修专业委员会、上海重型机器厂、天津塘沽设备维修学会、大沽化工厂、大连海事大学、广东省机械工程学会、广州工业大学、山西省设备维修学会、太原理工大学、北京化工大学、江苏省特检院常州分院等单位进行编写。

从 2002 年到 2010 年已经陆续出版了 26 本，即《液压与气动设备维修问答》《空调制冷设备维修问答》《数控机床故障检测与维修问答》《工业锅炉维修与改造问答》《电焊机维修问答》《机床电器设备维修问答》《电梯使用与维修问答》《风机及系统运行与维修问答》《发生炉煤气生产设备运行与维修问答》《起重设备维修问答》《输送设备维修问答》《工厂电气设备维修问答》《密封使用与维修问答》《设备润滑维修问答》《工程机械维修问答》《工业炉维修问答》《泵类设备维修问答》《锻压设备维修问答》《铸造设备维修问答》《空分设备维修问答》《工业管道及阀门系统维修问答》《焦炉机械设备安装与维修问答》《压力容器设备管理与维护问答》《压缩机维修问答》《中小型柴油机使用与维修问答》《电动机维修问答》等。

根据工业经济持续发展趋势，结合企业对设备运行中出现的新情况、新问题，针对第 1 版量大面广的《液压与气动设备维修问答》《压力容器管理与维护问答》《工业管道及阀门维修问答》《工厂电气设备维修问答》《工业锅炉维修与改造问答》《泵类设备维修问答》《空调制冷设备维修问答》《数控机床故障检测与维修问答》等进行了修订。

我们对积极参加组织、编写和关心支持丛书编写工作的同志表示感谢，对北京信息科技大学在编写过程给予的支持和帮助表示感谢。也热忱欢迎从事设备与维修工程的行家里手积极参加丛书的编写工作，使这套丛书真正成为从事设备维修人员的良师益友。

中国机械工程学会

设备与维修工程分会

前　言

随着工业经济持续发展，我国锅炉等特种设备数量迅速增加，种类也越来越多，结构越来越复杂。但由于管理上的缺陷，导致事故不断发生，给人身安全和国家财产带来重大损失。

随着能源消费结构的变化和调整，我国的燃气、燃油锅炉等得到了快速发展，部分燃煤锅炉的燃气技术改造亦被提到议事日程上来。为了提高我国工业锅炉整体的使用、维修及管理水平，确保工业锅炉安全可靠、经济合理及高效运行，保障人身安全和保护国家财产，中国机械工程学会设备与维修工程分会和机械工业出版社对本书进行了修订再版，以适应新形势的需要。

本书共分10章，即我国工业锅炉概况与节能减排，工业锅炉基本知识，锅炉使用维护与检验，事故预防及安全附件使用，工业锅炉修理典型工艺，工业锅炉燃煤装置使用与维护，锅炉燃油、燃气装置使用与维护，炉墙、烟风道作用与维护，锅炉水压试验与停炉保养，工业锅炉节能减排技术改造等内容。本书针对性与实用性较强。

本书取材广泛，由现行的法律法规、技术标准、监察规程及工业锅炉安全运行、维护工作实践等资料汇集而成，可供广大相关设备维护、操作、管理人员和专业工程技术人员参考使用。

本书第2版修订由杨申仲任主编，岳云飞、王小林任副主编。本书参加修订编写的有李阳、杨炜、谷玉海、缪云、钟海胜、李德锋、袁俊瑞、陈鸿、宁晔、柯昌洪、顾梦元、乔晓阳、支春超；本书由杨申仲统稿。

编　者

目　　录

第3章 锅炉使用维修与检验

第4章　事故预防及安全附件的使用

第5章　锅炉修理典型工艺

第6章　锅炉燃煤装置使用与维护

第7章　锅炉燃油、燃气装置使用与维护

第8章　炉墙、烟风道作用与维护

第9章　锅炉水压试验与停炉保养

第10章　工业锅炉节能减排技术改造

第1章 我国工业锅炉与节能减排概况

1-1 近年来,我国特种设备基本情况如何?

答:根据《中华人民共和国特种设备安全法》(自2014年1月1日施行)规定,特种设备是指锅炉、压力表器、压力管道、电梯、起重机械、客运索道、大型游乐设施、场(厂)内专用机动车辆对人民群众生命财产安全具有较大危险性和潜在危害性的设备、设施。

近年来,我国特种设备基本情况如下:

1. 特种设备登记数量情况

截至2016年底,全国特种设备总量达1197.02万台,比2015年底上升8.81%。其中:锅炉53.44万台、压力容器359.97万台、电梯493.69万台、起重机械216.19万台、客运索道1008条、大型游乐设施2.23万台、场(厂)内专用机动车辆71.38万台。另有气瓶14235万只、压力管道47.79万km,2016年底各类特种设备数量所占比例如图1-1所示。

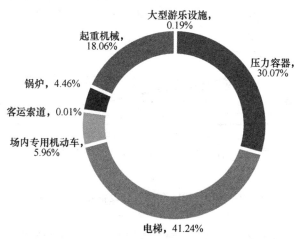

图1-1 2016年底各类特种设备数量及所占比例

2. 特种设备生产和作业人员情况

截至2016年底,全国共有特种设备生产(含设计、制造、安装、改造、修理、气体充装)单位70079家,持有许可证70382张,其中:设计单位3524家,制造单位17184家,安装改造修理单位26813家,移动式压力容器及气瓶充装单位22558家。

截至2016年底,全国特种设备作业人员持证1099.52万张,比2015年上升4.95%。

3. 特种设备安全监察和检验检测情况

截至2016年底,全国共设置特种设备安全监察机构2801个,其中国家级1个、省级 32 个、市级 466 个、县级 2302 个。全国特种设备安全监察人员共计 34259 人，较 2015 年增加 10611 人，主要原因是市县级政府机构改革出现部门"二合一""三合一"等情况，使得基层监察人员数量大幅增加。

截至 2016 年底，全国共有特种设备综合性检验机构 495 个，其中质检部门所属检验机构 300 个，行业检验机构和企业自检机构 195 个。另有：型式试验机构 47 个，无损检测机构 452 个，气瓶检验机构 1935 个，安全阀校验机构 408 个，房屋建筑工地和市政工程工地起重机械检验机构 209 个。

2016 年，全国各级特种设备安全监管部门开展特种设备执法监督检查 155.84 万人次，发出安全监察指令书 13.95 万份。特种设备检验机构对 112.67 万台特种设备及元部件的制造过程进行了监督检验，发现并督促企业处理质量安全问题 3.21 万个；对 134.64 万台特种设备安装、改造、修理过程进行了监督检验，发现并督促企业处理质量安全问题 37.27 万个；对 609.79 万台在用特种设备进行了定期检验，发现并督促使用单位处理质量安全问题 155.43 万个。

4. 特种设备安全状况

（1）事故总体情况　2016 年，全国共发生特种设备事故和相关事故 233 起，死亡 269 人，受伤 140 人。与 2015 年相比，事故起数减少 24 起，同比下降 9.34%；死亡人数减少 9 人，同比下降 3.24%；受伤人数减少 180 人，同比下降 56.25%。2016 年特种设备每每台设备死亡率为 0.33，较 2015 年下降 8.33%。2010～2016 年每万台设备死亡率曲线如图 1-2 所示。

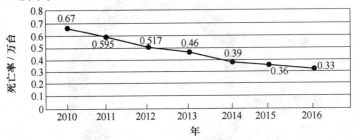

图 1-2　2010～2016 年每万台设备死亡率曲线

（2）事故特点　按设备类别划分，锅炉事故 17 起，压力容器事故 14 起，气瓶事故 13 起，压力管道事故 2 起，电梯事故 48 起，起重机械事故 94 起，场（厂）内机动车辆事故 39 起，大型游乐设施事故 6 起。其中，电梯和起重机械事故起数和死亡人数所占比重较大，事故起数分别占 20.60%、40.34%，死亡人数分别占 15.24%、51.67%。

按发生环节划分，发生在使用环节 192 起，占 82.40%；维修、检修环节 18 起，占 7.73%；安装、拆卸环节 19 起，占 8.15%；充装、运输环节 2 起，占 1.72%。

按涉事行业划分，发生在制造业 77 起，占 33.05%；发生在建设工地和建筑业 63 起，占 27.04%；发生在交通运输与物流业 11 起，占 4.72%；发生在社会及公共服务业 43 起，占 18.15%；其他行业 27 起，占 11.59%。

按损坏形式划分，承压类设备（锅炉、压力容器、气瓶、压力管道）事故的主要特征是爆炸或泄漏着火；机电类设备（电梯、起重机械、客运索道、大型游乐设施、场（厂）内专用机动车辆）事故的主要特征是倒塌、坠落、撞击和剪切等。

（3）事故原因

1）锅炉事故。违章作业或操作不当原因7起，设备缺陷和安全附件失效原因3起。

2）压力容器事故。违章作业或操作不当引发事故4起，设备缺陷和安全附件失效原因3起。

3）气瓶事故。在气瓶事故中违章作业或操作不当引发事故6起，设备缺陷和安全附件失效引发事故2起，非法经营1起。

4）压力管道事故。山体滑坡导致管道破裂引发爆燃1起，人员违章操作1起。

5）电梯事故。安全附件或保护装置失灵等设备原因引发事故13起；违章作业或操作不当引发事故21起；应急救援（自救）不当引发事故4起；管理不善或儿童监护缺失以及乘客自身原因导致的事故3起。

6）起重机械事故。事故原因主要是违章作业或操作不当；另有非法制造、改造、安装原因4起，安全附件或保护装置失灵等设备原因3起，吊具原因2起，极端天气原因1起。

7）场（厂）内专用机动车辆事故。37起为叉车事故，2起为旅游观光车事故。无证驾驶、违章作业或操作不当原因30起，设备原因2起，安全管理不到位1起。

8）大型游乐设施事故。安全保护装置失灵及设备故障原因2起，安全管理不到位2起，违章作业原因1起，非法制造，使用原因1起。

5. 承压设备运行检查

承压设备运行检查违规情况很多，2014年对各类承压设备进行检查，检查总量663987台，违规数量达62198台，占总数9.97%；2014年每种类型违规情况见表1-1。

表1-1　2014年每种类型违规情况　（单位：台）

承压设备类型	检查总数量	违规数量	占总数百分比
高压/高温锅炉（S）、（M）、（E）	72279	5129	7.10%
低压蒸汽锅炉（H）	49546	8570	17.30%
热水供暖/供应锅炉（H）	266992	35743	13.39%
压力容器（U）、（UM）	223081	7273	3.26%
饮用水加热器（HLW）	52089	5483	10.53%
总计	663987	62198	9.37%

（1）高压/高温锅炉（S）、（M）、（E）　（单位：台）

项　　目	违规数量	违规数量占总检查数量百分比	违规数量占总违规数量百分比
安全泄放装置	763	1.06%	14.88%
低水位/流量感应装置	256	0.35%	4.99%
压力控制	158	0.22%	3.08%

（续）

项　　目	违规数量	违规数量占总检查数量百分比	违规数量占总违规数量百分比
温度控制-人工操作或高温限制	41	0.06%	0.80%
燃烧器管理	626	0.87%	12.21%
液位计-玻璃管液位计、牛眼液位计、光纤液位计	266	0.37%	5.19%
压力/温度显示器	106	0.15%	2.07%
保压项目(PRI)/锅炉管、泵、系统阀、膨胀箱	2913	4.03%	56.79%

（2）低压蒸汽锅炉（H）　　　　　　　　　　　　　　　　（单位：台）

项　　目	违规数量	违规数量占总检查数量百分比	违规数量占总违规数量百分比
安全泄放装置	1229	2.48%	14.34%
低水位/流量感应装置	653	1.32%	7.62%
压力控制	616	1.24%	7.19%
温度控制-人工操作或高温限制	134	0.27%	1.56%
燃烧器管理	1187	2.40%	13.85%
液位计-玻璃管液位计、牛眼液位计、光纤液位计	630	1.27%	7.35%
压力/温度显示器	279	0.56%	3.26%
保压项目(PRI)/锅炉管、泵、系统阀、膨胀箱	3842	7.75%	44.83%

1-2　我国特种设备安全监察工作要点是什么？

答：我国特种设备安全监察工作总的要求：

以科学发展观为统领，进一步巩固、完善全过程安全监察基本制度，不断强化安全监察工作体系建设，组织开展"隐患治理年"活动，力争各项考核指标达到 100% 合格。

具体工作要点：

1. 加强五个工作体系建设，进一步夯实安全监察工作基础

1）加快完善法规标准体系建设，完成规范性文件转换为安全技术规范（TSG）的工作，基本完成安全技术规范体系建设。

2）强化特种设备动态监管体系建设，完成全国安全监察人员轮训工作，推行安全监察人员分类考核发证的试点工作。加强协管员培训、管理，形成协调配合的工作机制。着力推进同级监察、检验数据库实时互联和数据共享，开发数据交换软件，建立国家和省级数据交换平台。

3）大力开展安全责任体系建设，加快出台构建特种设备安全责任体系的指导性文件。制定有效措施，督促企业落实特种设备安全管理的主体责任，强化法人治理机制。继续完善各级质监部门和检验检测机构责任制，严格责任追究，落实工作到位。

4）积极推进安全评价体系建设，开展特种设备安全状况评价，针对各类设备的不同特点，实行设备分类监管，对发生事故可能造成群死群伤的特种设备，建立、完善重点监控措施，各省（区、市）全面推进特种设备安全监察工作绩效评价试点。

5）不断完善应急救援体系建设，建立健全省级应急反应协调指挥机构。加强与有关部门的合作联动，整合相关应急救援队伍和抢险资源。加强事故调查处理，制定事故调查规范，组织建立事故调查专家队伍，开展基层质监部门事故调查人员的培训，提高事故调查处理的能力。

2. 全面推进特种设备安全监察的各项工作

1）以治大隐患、防大事故为目标，深入开展隐患治理活动，明确特种设备（压力容器）重大事故隐患定义，督促企业制定隐患治理工作方案，并建立隐患治理长效机制，落实隐患治理工作目标和工作进度。建立隐患治理分级管理机制，对隐患治理情况实行量化评价考核。力争将特种设备隐患治理纳入重大安全生产隐患治理专项，争取国家和地方政府的立项支持。

2）加强现场安全监察工作，认真贯彻《特种设备现场安全监督检查规则》，加大现场检查力度，规范工作行为。落实《特种设备重点监控工作要求》，全面开展重点监控工作，防止特别重大事故发生。改善安全监察工作条件，研究加强基层安全监察机构建设的措施，促进地方局配备现场安全监察必备设备和防护用品等。

3）加大对重大活动和重点工程的安全保障力度，开展重大活动期间特种设备安全保障工作经验交流活动，组织全国安全监察、检验力量，支持相关省市做好重大活动安全保障工作，完善保障工作方案。

4）继续深化行政许可改革，完善特种设备行政许可分级管理办法，提高地方审批发证比例。强化准入把关，调整许可条件，加大证后监管力度，严格实行淘汰退出制度。推行检验检测人员和作业人员考试、审批、监督三分离改革，将具体考试工作交由考试机构实施，加强对考试机构的监督。

5）推进检验机构可持续发展，强化检验检测机构能力建设，加强检验机构装备建设和检验人员的继续培训工作；充分发挥检验机构对安全监察工作的技术支撑和管理支撑的双重作用；积极探索改进监督检验和定期检验工作，强化检验责任意识；促进特种设备检验机构科研工作规范化，推动 RBI、TOFD、隐蔽管道不开挖检测和信息技术等新技术的应用。

6）加大宣传工作力度，利用电视、广播、报纸和网站等媒介广泛宣传特种设备安全工作，进一步提高全社会特种设备安全法制意识，继续做好安全主题宣传活动。

1-3　我国工业锅炉运行总体情况如何？

答：我国工业锅炉运行总体情况如下：

1. 我国工业锅炉概况

工业锅炉是工业生产和人民生活不可缺少的热力设备,又因其分布广、数量多,在国民经济中占有重要地位。

1) 我国工业锅炉台数和吨位。我国在用的工业锅炉约 62 万台,总计 186 万蒸 t,平均吨位为 3.0t/h。所以,我国工业锅炉是小锅炉为主。

我国工业锅炉容量分布见表 1-2。从表 1-2 可知,$D < 10t/h$ 的锅炉约占全部锅炉的 92.1%,$D \geqslant 35t/h$ 的锅炉只占 2.13%。

表 1-2　工业锅炉容量分布

锅炉吨位/(t/h)	$D < 2$	$2 \leqslant D < 10$	$10 \leqslant D \leqslant 20$	$D \geqslant 35$	备　注
所占百分率(%)	56.395	35.71	5.765	2.13	2004 年的统计数

2) 我国工业锅炉类型。我国在用工业锅炉以燃煤为主,约占总数的 85%。其中链条炉约占 65%、往复炉排约占 20%、固定炉排约占 10%、循环流化床约占 4%。同发达国家相比技术上的差距较大。

3) 我国工业锅炉自动化程度低,大部分是手动调控燃烧过程,致使燃煤不能充分完全燃烧、炉渣含碳量高、燃烧热效率低及劳动条件较差。

4) 工业锅炉水处理相当部分同锅炉用水要求的水质不匹配,一般大多采用钠离子交换器。相当多的地方处理后锅炉给水达不到质量标准,致使锅炉结垢和排污热损失量大,以及能耗增大。

5) 大量小锅炉的司炉人员专业技术水平偏低,不能适应相对复杂的锅炉燃烧调控技术要求,致使许多锅炉没有达到良好的经济运行状况。

6) 锅炉运行监测仪表普遍配置不全,尤其缺少显示锅炉经济运行参数的仪表。因此司炉人员也无所适从,无法做出准确判断,怎样调控才能经济运行。

2. 我国工业锅炉运行现状

我国在用工业锅炉的 58 万台中,燃煤锅炉约占 85%,而链条炉排锅炉约占工业锅炉总数的 65%。大部分工业锅炉运行热效率偏低,锅炉炉渣中含碳量偏高,据部分省统计,我国工业锅炉平均热效率见表 1-3。

表 1-3　部分省统计工业锅炉平均热效率

蒸发量/(t/h)	< 2	2 ~ 4	6 ~ 10	> 10
锅炉平均热效率(%)	≈55	≈60	≈65	≈70

我国工业锅炉运行及节能现状如下:

1) 工业锅炉运行平均热效率约 65%,其中 $2t/h < D < 6t/h$ 锅炉平均热效率约 60%、$D < 2t/h$ 的锅炉平均热效率约 55%、$D > 10t/h$ 锅炉平均热效率约 70%。

2) 我国工业锅炉燃用煤每年约 6 亿 t,经过燃烧计算可估算这 6 亿 t 煤的燃烧污染物排放量。即排放烟气每年约 66 亿 m^3、排放 SO_2 每年约 1000 万 t、排放 NO_x 每年约 200 万 t、排放 CO_2 每年约 4.6 亿 t、排放烟尘每年约 100 万 t、排放灰渣每年约 9000 万 t。工业锅炉燃煤污染物排放量已是仅次于燃煤发电厂的污染物排放量，是我国第二大煤烟型污染源。SO_2 的排放量占全国总排量的 45%，NO_x 排放量约占全国总排放量的 8.3%。

3）我国工业锅炉设计技术滞后，现使用的大量链条炉排锅炉的设计热效率也就 70% ~ 80%。如果采用煤粉燃烧技术或循环流化床技术或其他先进燃烧技术大幅提高工业锅炉设计热效率是可能的。

4）我国大量小型工业锅炉 $D \leqslant 4t/h$ 约占锅炉总数的 70% 左右，是工业锅炉排放大户。而且这部分锅炉无论在燃烧调控、脱硫除尘和节能减排都做得较差，其原因是多方面的，而对小锅炉的节能环保的投入有限是重要原因之一。

5）在大量工业锅炉上，没有自动调控锅炉优化燃烧的装置，也没有显示锅炉经济运行参数的仪表，工业锅炉负荷变化频繁必然会出现锅炉低效运行的状况。

6）大量原煤混煤粉煤配给链条炉排锅炉燃用，使锅炉送风不均匀、风阻大、风量不足，炉排漏煤多，致使煤不能完全燃烧，炉渣含碳量高和煤漏损多，也是工业链条锅炉热效率低的重要原因。

7）锅炉水处理有相当部分同锅炉用水水质不匹配，达不到锅炉给水标准，致使锅炉结垢严重，恶化锅炉热传递，增加排污热损失。

8）司炉人员的专业技术水平有待进一步提高才能适应艰巨节能减排工作的需要。

9）要加强和完善节能减排的组织领导，使节能减排任务有主要领导负责，把节能减排任务落到实处，并列入对领导业绩考核内容。

1-4　新时期我国工业锅炉节能减排目标是什么？

答：新时期我国工业锅炉节能减排目标与任务见表1-4。

表1-4　新时期我国工业锅炉节能减排目标与任务

项　　目	单　位	2010 年	2020 年	变化量 / 变化率	
工业锅炉热效率	%	65	70 ~ 75	+ (5 ~ 10)	
工业 SO_2 排放量	万 t	2073	1866	− 207	− 10%
工业 NO_x 排放量	万 t	1637	1391	− 246	− 15%
大于 35t/h 燃煤工业锅炉脱硫效率	%	<70% 不达标	>70% 达标排放	从不达标改造到达标排放	
工业及供热锅炉节煤能力	万 t		7500	− 1500/a	

1. 工业锅炉节能减排目标

工业锅炉热效率要提高到 70% ~ 75%，即提高热效率 5% ~ 10%；大于 35t/h 的锅炉脱硫效率要大于 70% 并达到排放；工业 SO_2 排放要削减 207 万 t；工业 NO_x 排放要削减 246 万 t；工业及供热锅炉（窑炉）节煤能力 7500 万 t，每年节省 1500 万 t。这个目标与任务通过全国上下共同努力应该是可能实现的，这是因为：

1）我国目前工业锅炉平均热效率约 65%。通过节能技术改造，提高 5% 是可能的。因为目前新型节能工业锅炉的运行热效率已达 80% ~ 90%。可以通过淘汰一部分低效率的旧锅炉，采用新型节能锅炉或者用先进的燃烧技术改造旧锅炉如循环流化床燃烧技术、煤粉燃烧技术、分层给煤燃烧技术，加强锅炉经济运行管理，强化燃烧调控等措施来实现。

以我国目前工业锅炉每年燃煤总量 W_{Gm} 约为 6 亿 t。如果做到运行热效率提高 5%，那么每年节煤量为 W_{Jm}。

$$W_{Jm} = W_{Gm} \times 0.05$$
$$= 6 \times 0.05 \text{ 亿 t/a}$$
$$= 0.3 \text{ 亿 t/年} = 3000 \text{ 万 t/a}$$

2）采用集中供热来代替分散的小锅炉。集中供热的大型热水锅炉可采用煤粉锅炉或循环流化床锅炉。煤粉锅炉运行热效率约 90%，循环流化床工业锅炉热效率也可达 85% 以上。

北京某区委托航空工业设计院设计安装了 10 台 64MW 高温热水链条锅炉，该锅炉炉排较宽，锅炉热效率较高，约为 70% ~ 80%，并采用多项节能减排新技术，如双辊式均匀分层给煤装置和湿式氧化镁脱硫除尘设备。经环境监测中心测试烟尘排放浓度为 $3mg/m^3$ 标态，SO_2 排放浓度为 $6.8mg/m^3$ 标态。都远低于北京市的地方标准值，取得了很好的节能减排效果。

3）采取热电联产措施。新时期要淘汰的机组有：大电网覆盖范围内，单机容量 10 万 kW 的火电机组，单机容量在 5 万 kW 及以下小火电机组；包括设计寿命期满的单机容量在 20 万 kW 及以下燃煤火电机组。经过技术经济论证后如果可行，可改造为热电厂。这类火电厂的锅炉都是煤粉锅炉，其热效率达 90%，可以替代大量中小型工业锅炉。

该措施在许多省市已做了规划并在实施之中。《中华人民共和国节约能源法》中第 39 条明确要求，国家鼓励发展下列通用技术：推广热电联产、集中供热，提高热电机组利用率。

电力行业通过淘汰的 20 万 kW 及以下火电厂可改造为供热厂将会是十分有利于热电联产的实施。应该抓住这个机遇，将在一次投资工程建设周期，生产运行等方面获得诸多的效益。

北方某城市是发展热电联产和集中供热较好的城市之一。通过 5 年努力，使热电联产装机容量达到 319 万 kW，占该市火电装机容量 81.8%。

从上面列举的采取集中供热和热电联产两项措施能淘汰很多分散的小锅炉，现计算如下：

1 台 64MW 热水锅炉其产热量相当于 90t/h 的锅炉，10 台 64MW 锅炉可代替 225 台 4t/h 的锅炉。

319 万 kW 热电站如果用 160 万 kW 的发电量的相应的锅炉热能用于供热，以 10 万 kW 电站配 410t/h 锅炉计算，相当于 16 台 410t/h 锅炉的供热量，可淘汰 1640 台容量

4t/h 的小锅炉。电站锅炉热效率一般能达 90%，而 4t/h 锅炉平均热效率为 70%（达标后）。实施后可以节省 72.4 万 t 煤。

具体计算：

如果满负荷运行 4t/h 蒸汽锅炉，在运行热效率为 70% 的小时煤耗约 570kg/h，1640 台的煤耗为 934.8t/h，每采暖季 130 天每天 20h 计算，可得总煤耗 $W_4 = 243$ 万 t/采暖季。

在同样条件下，16 台 410t/h 锅炉替代 1640 台 4t/h 锅炉节省多少吨煤？4t/h 锅炉运行平均热效率约 70%，而 410t/h 电站锅炉运行平均热效率约 90%。用 16 台 410t/h 锅炉替代 1640 台 4t/h 锅炉后燃用煤量 W_{410}。

$$W_{410} = b_r Q_r \times 130 \times 20$$

式中，b_r 为热电厂供热煤耗率（kg/GJ），取 40kg/GJ；Q_r 为供热用热量（GJ/h），$Q_r = 10GJ/(h \cdot 台) \times 1640$ 台 $= 16400GJ/h$。

$$W_{410} = 40 \times 16400 \times 2600kg/采暖季$$
$$= 1705600000kg/采暖季$$
$$= 170.6 \ 万 \ t/采暖季$$

每年可节省煤 W_{Jm}

$$W_{Jm} = W_4 - W_{410} = (243 - 170.6) 万 \ t/采暖季$$
$$= 72.4 \ 万 \ t/采暖季$$

可见，实行热电联产，代替小型供热锅炉后，节能减排效果十分显著。

2. 做好工业锅炉节能减排的重要意义

1）当前全球性的环境问题，即全球气候变暖、臭氧层破坏和损耗、酸雨污染都同大气污染密切相关。要解决上述三大世界性环境问题各国都要承担责任和义务。节能减排已是世界不可抗拒的潮流。

2）我国能源结构燃煤占 70%，万元 GDP 的能耗相比发达国家较高，而工业锅炉燃用煤达 22 亿 t，约占我国用煤量的 85%，而工业锅炉平均热效率才 65%，相对节能减排的潜力较大，面对热效低、浪费大、污染严重的状况，工业锅炉已经面临节能减排的巨大压力。

3）变压力为动力。工业锅炉节能减排技术日趋成熟，方法多，只要规划好，设计好，真抓实干，一定能达到预定的节能减排目标和任务。

1-5　做好工业锅炉节能减排工作具体措施是什么？

答： 做好锅炉节能减排工作具体措施如下。

我国工业锅炉节能减排技术要赶上国际先进水平应做的工作包括工业锅炉产品的升级换代和提高供热技术经济的先进性。

（1）工业锅炉产品升级　我国工业锅炉几十年用的大多是链条炉排、往复炉排等锅炉，导致燃烧热效率偏低、煤耗量大、污染物排放量大，加上操作运行不当、配煤质量差、自控水平低，锅炉水处理不当等因素，更加重了工业锅炉技术落后，能效差的问题。所以，我国工业锅炉总效率比国际先进水平低 15% ~ 20%。要从根源上解决问题就要淘汰小型燃煤锅炉。如果由于客观原因，必须使用小锅炉的只能使用燃油、燃气或电热小锅炉。

对于大中型工业锅炉可采用先进的燃烧技术如煤粉燃烧技术、循环流化床燃烧技术等先进技术使新型工业锅炉的设计热效率接近火力发电厂锅炉的热效率。同时，实现工业锅炉运行的自动控制，使工业锅炉燃烧状态始终保持在优化状态。

（2）供热技术经济的优化 采用什么样的供热技术才能经济上最合理，在技术上先进，在环保上节能减排。这是涉及能源利用、供热技术、节能环保等多学科的系统工程问题。

当前发达国家采用的是热电联产和集中供热。把供热（冷）同供电、供水、供燃气一样由城市规划建设热电厂和热力管道供给。这样供热锅炉节能减排就同电站锅炉结合，比较容易解决。我国目前至少一、二线城市应向这个方向努力迈进。现在我国也正在搞热电联产和集中供热，有的区县集中建几个大型供热厂供热，不少城市特别是经济发达地区也在搞热电联产，如浙江绍兴已规划建设 27 个热电厂进行热电联产集中供热。

（3）尽可能使用清洁能源 如使用太阳能、风能、地热能等。这样，可以节省不少燃煤，应是节能减排努力方向之一。

1-6 开展工业锅炉能耗等级考核工作必要性是什么？

答： 根据近年来统计，锅炉设备平均每年消耗煤炭达 22 亿 t，占全国煤炭总量的 85.3%。目前燃煤锅炉平均运行效率为 65%，比国际先进水平低 10% ~ 15%。例如经过近几年努力我国火电供电煤耗由 392g 标煤/kW·h 下降到目前的 330g 标煤/kW·h，但仍高于国际先进水平 13%，其中有燃料种类不同的因素，但是也说明我国锅炉的节能空间还很大，所以做好工业锅炉能耗等级考核工作是十分重要的。

当前国家明确要求提高能源利用率，促进节能减排工作。2013 年发布的《中华人民共和国特种设备安全法》、国家质检总局令第 116 号《高耗能特种设备节能监督管理办法》中相继提出：必须加强高耗能特种设备节能审查和监管工作。

高耗能特种设备是指在使用过程中能源消耗量或者转换量大，并具有较大节能空间的锅炉等特种设备。高耗能特种设备使用单位应当严格执行有关法律、法规、确保设备及其相关系统安全、经济运行，并建立健全经济运行、能效计量监控与统计、能效考核等节能管理和岗位责任制度。所以加强对工业锅炉能耗等级考核是促进节能降耗工作的重要举措。

目前我国有 12 万个锅炉房，通过开展工业锅炉能耗等级的达标活动，特别对中小企业的工业锅炉房将会取得更明显的节能降耗效果和社会环境保护效益。

1-7 如何开展工业锅炉能耗等级考核工作？

答： 开展工业锅炉能耗等级考核工作如下：

通过对百余台各种型号、容量（蒸发量）的工业锅炉（工业锅炉房）能源消耗调查，同时参照有关企业锅炉能耗资料，现提出工业锅炉能耗等级单耗指标，为了便于计算和考核，对锅炉考核将以工业锅炉房作为计算单位进行。

1. 能耗等级指标

工业锅炉房每吨标汽的能耗等级考核指标见表1-5，本表适用于单炉额定容量大于或等于1t/h 蒸汽锅炉和大于或等于 250 万 kJ/h（即 60 万 kcal/h）热水锅炉的锅炉房。

表1-5 工业锅炉房能耗等级指标

额定容量（蒸发量）D_0 /（t/h）	单耗指标 A_0/（kg 标煤/t 标汽）		
	特等	一等	二等
≤2	≤125	>125 ~ 135	>135 ~ 150
2 ~ 4	≤120	>120 ~ 130	>130 ~ 145
4 ~ 35	≤115	>115 ~ 125	>125 ~ 140
>35	≤110	>110 ~ 115	>115 ~ 130

2. 吨标汽能耗计算

$$A = \frac{mB_m + B_d + B_g}{n_1 n_2 (C_1 + C_2 + C_3)}$$

式中：A 为吨标汽的单耗（kg 标煤/t 标汽）；B_m 为统计期内燃料总耗量（kg 标煤）；B_d 为统计期内电能总耗量（kg 标煤）；B_g 为统计期内耗水总量（kg 标煤）；1t 新鲜水 = 0.257kg 标煤，1t（外供软化水）= 0.486kg 标煤；C_1 为统计期内锅炉房向外供出饱和蒸汽量（t 标汽），1t 饱和蒸汽 ≈ 1t 标汽；C_2 为统计期内锅炉房向外供出的过热蒸汽折算为标汽总量（t 标汽），1t（过热蒸汽）= Kt 标汽，K 值见表2-6，过热蒸汽平均温度介于表2-6 温度之间时，用插入法求得 K 值；C_3 为统计期内锅炉房向外供出热水的总热能折算为标汽总量（t 标汽），250 万 kJ（60 万 kcal）≈ 1t 标汽；m 为燃料修正系数，见表1-6；n_1 为锅炉房采暖修正系数，锅炉房不采暖时 n_1 = 1，锅炉房采暖时 n_1 = 1.01；n_2 为锅炉负荷修正系数，见表1-6。

表1-6 折标系数及修正系数

过热蒸汽折标汽系数										
过热蒸汽平均温度/℃	200	220	240	260	280	300	320	340	360	380	400
K	1.20	1.04	1.05	1.07	1.08	1.10	1.11	1.13	1.15	1.16	1.18

燃料修正系数			
燃料种类	无烟煤	I 类烟煤	II、III 类烟煤	燃油、燃气
m	0.85	0.9	1	1.1

负荷修正系数						
锅炉平均负荷率 f（%）	≤50	50 ~ 55	50 ~ 60	60 ~ 65	65 ~ 70	70 ~ 75	>75
n_2	1.07	1.05	1.04	1.03	1.02	1.01	1

1）锅炉房能耗是指综合能耗，即统计期内锅炉房消耗的燃料（煤、燃料油、燃气）、电、水三者折算为标煤量之总和。

　　锅炉房的电耗及水耗包括锅炉间、辅助设备间、生活间及附属于锅炉房的热交换站、软水站、煤厂、渣场等的全部用电、用水量。

　　2）锅炉平均负荷率计算：

$$f = \frac{\Sigma C}{\Sigma(D_0 E)} \times 100\%$$

式中：f 为统计期内运行锅炉的平均负荷率（含压火因素）（%）；ΣC 为统计期内各运行锅炉产吨标汽总量之和（t 标汽）；$\Sigma(D_0 E)$ 为统计期内各台锅炉运行台时数 E（h）与其额定容量 D_0（t/h）乘积之和（t 标汽）。

　　3）统计期内锅炉房运行锅炉的额定容量属同一档次时，用 t 标汽的能量计算单耗 A，与表 1-5 中相应的能量单耗指标 A_0 比较后评定该锅炉房的能耗等级。

　　4）统计期内锅炉房运行多台锅炉，且各台锅炉额定容量不属同一档次时，应先用加权平均法计算出该统计期跨档综合单耗指标 $[A_0]$ 值，然后以吨标汽的能耗计算单耗 A 与之比较，再评定该锅炉房能耗等级。

　　跨档综合单耗指标计算方法如下：

$$[A_0] = \frac{\Sigma(A_0 C)}{\Sigma C}$$

式中：$[A_0]$ 为某一等级锅炉房的跨档综合单耗指标（kg 标煤/t 标汽）；$\Sigma(A_0 \cdot C)$ 为统计期内锅炉房每档锅炉产吨标汽总量 C 与表 1-5 中相应的能量单耗指标 A_0 乘积之和（kg 标煤）；ΣC 为统计期内锅炉房各档锅炉产吨标汽总量之和（t 标汽）。

1-8　工业锅炉房能耗等级考核应如何计算？

答：计算示例如下：

　　【案例 1-1】　某工业锅炉房统计期内运行两台 4t/h 蒸汽锅炉，锅炉房产生饱和蒸汽总量为 8293.4t，锅炉燃用热值为 20934kJ/kg 和 Ⅱ 类烟煤，总耗量为 1620t，折标煤为 1157.166t，锅炉房总耗电量为 91320kW·h，总耗新鲜水量为 20732.5t，两台锅炉开动共计 4848h，评定锅炉房能耗等级。

　　（1）查核

　　1）该工业锅炉房有两台额定容量为 4t/h 的蒸汽锅炉。

　　2）有两台 CE-25AYDC 型蒸汽流量计、两台 DT8 型电度计量表、两台水表分别计量两台锅炉产出的饱和蒸汽和耗电量、耗水量。

　　3）汇总锅炉房有关统计资料，见表 1-7。

表 1-7　某工业锅炉房综合统计表（一）

项目	单位	1月	2月	3月	4月	5月	6月	7月	8月	9月	10月	11月	12月	全年
燃料 B_m	t	134.6	131.2	137.8	136.3	137.7	128.7	119.8	105.7	150.2	157.8	137.3	142.9	1620
电力 B_d	kW·h	6760	6580	6920	6840	6920	16460	6020	5300	7540	7640	6820	7520	91320
新鲜水 B_g	t	1665.8	1626.4	1708.4	1747.3	1772	1750.8	1533.2	1352.6	1992.2	1999	1677.7	1907.1	20732.5
饱和蒸汽	t	663.7	653.7	686.6	698.9	706.5	689.4	648.2	563.6	786.6	785	674.1	737.1	8293.4

（续）

项目	单位	1月	2月	3月	4月	5月	6月	7月	8月	9月	10月	11月	12月	全年
1号锅炉运行台时 E_1	h	180	136	108	108	116	136	76	180	236	180	276	428	2160
2号锅炉运行台时 E_2	h	168	288	216	240	408	312	48	144	384	240	48	192	2688

4）锅炉房共消耗燃用热值为 20934kJ/kg 的 Ⅱ 类烟煤为 1620t，按折标煤系数 0.7143 计算，其 B_m 为 1157166kg，该锅炉房耗用 Ⅱ 类烟煤其燃料修正系数 m 为 1。

5）锅炉房总消耗电量为 91320kW·h，按 2009 年国家规定折标煤系数 0.35 计算，其 B_d 为 31962kg 标煤。

6）锅炉房总耗新鲜水为 20732.5t，按折标煤系数 0.257 计算，其 B_g 为 5328kg 标煤。

7）该锅炉房不采暖，其采暖修正系数 n_1 为 1，统计期内两台锅炉共向外供出饱和蒸汽为 8293.4t，折标汽系数为 1，故 C_1 为 8293.4t 标汽。

（2）计算平均负荷率

1）统计期内锅炉房产生饱和蒸汽总量，其 ΣC 为 8293.4t 标汽。

2）统计期内 1 号锅炉全年运行台时，其 E_1 为 2160h；2 号锅炉全年运行台时，其 E_2 为 2688h，则 $\Sigma E = E_1 + E_2 = 2160h + 2688h = 4848h$。

3）计算锅炉平均负荷率 f：

$$f = \frac{\Sigma C}{\Sigma (D_0 \cdot E)} \times 100\% = \frac{8293.4t}{4t/h \times 4848h} \times 100\% = 42.77\%$$

当 $f = 42.77\%$，查表 1-6 得其锅炉房负荷修正系数 n_2 为 1.07。

（3）吨标汽能耗计算　由上可知：$m = 1$，$n_1 = 1$，$n_2 = 1.07$，$B_m = 1157166kg$ 标煤，$B_d = 31962kg$ 标煤，$B_g = 5328kg$ 标煤，$C_1 = 8293.4t$ 标汽，$C_2 = 0$，$C_3 = 0$，则

$$\Lambda = \frac{m \cdot B_m + B_d + B_g}{n_1 \cdot n_2 \cdot (C_1 + C_2 + C_3)}$$
$$= \frac{1 \times 1157166kg\,标煤 + (91320kg\,标煤 \times 0.35) + (20732.5kg\,标煤 \times 0.257)}{1 \times 1.07 \times 8293.4t\,标汽}$$

$= 134.60(kg\,标煤/t\,标汽)$

（4）结论　查表 1-5，额定容量 D_0 为 4t/h 的工业锅炉房，二等能耗等级的单耗指标 A_0 标准值为 130～145kg 标煤/t 标汽，则当 A 为 134.6kg 标煤/t 标汽时，该工业锅炉房能耗等级达到二等。

【案例 1-2】　某工业锅炉房统计期内运行 1 台 10t/h 蒸汽锅炉，1 台 4t/h 蒸汽锅炉，1 台 25×10^6 kJ/h 热水锅炉，2 台蒸汽锅炉分别产生饱和蒸汽为 18047.28t 和 727.45t，

生产热水总热量折合标汽量为6063.43t，年运行台时分别为7077h，1099h和2710h，锅炉燃用热值为20934kJ/kg的Ⅱ类烟煤，总耗量为4488.735t，折标煤为3206.303t，锅炉房总耗电量为229490kW·h，总耗新鲜水量为33820t，评定锅炉房能耗等级。

（1）查核

1）该工业锅炉房有额定容量 D_{01} 为10t/h的蒸汽锅炉1台，D_{02} 为4t/h的蒸汽锅炉1台，D_{03} 为 25×10^6 kJ/h的热水锅炉1台。

2）有2台CE型蒸汽流量计、3台DT8型电度计量表、3台水表分别计量两台锅炉产出的饱和蒸汽和耗电量、耗水量。

3）汇总锅炉房有关统计资料见表1-8。

4）该锅炉房共消耗燃用热值为20934kJ/kg的Ⅱ类烟煤为4488.735t，按折标煤系数0.7143计算，其 B_m 为3206303kg标煤，该锅炉房耗用Ⅱ类烟煤，其燃料修正系数 m 为1。

5）锅炉房总耗电量为229490kW·h，按2009年国家规定折标煤系数0.35计算，其 B_d 为80322kg标煤。

6）锅炉房总耗新鲜水为33820t，按折标煤系数0.257计算，其 B_g 为8692kg标煤。

7）该锅炉房不采暖，其采暖修正系数 n_1 为1，统计期内10t/h蒸汽锅炉向外供出饱和蒸汽为18047.28t，4t/h蒸汽锅炉向外供出饱和蒸汽为727.45t，2台锅炉共向外供出饱和蒸汽为18774.73t，折标汽系数为1，故 C_1 为18774.73t标汽；1台热水锅炉生产热水为 15158.58×10^6 kJ，按 250×10^4 kJ相当于1t标汽进行折算，故 C_3 为6063.43t标汽。

（2）计算平均负荷率

1）统计期内该工业锅炉房产生饱和蒸汽总量，即

$$\Sigma C = 1877.73\text{t 标汽} + 6063.43\text{t 标汽} = 24838.16\text{t 标汽}$$

2）统计期内10t/h锅炉全年运行台时 E_1 为7707h；4t/h锅炉全年运行台时 E_2 为1099h，25×10^6 kJ/h热水锅炉额定容量相当于10t/h蒸汽锅炉，其运行台时 E_3 为2710h。

3）计算锅炉平均负荷率 f：

$$\begin{aligned} f &= \frac{\Sigma C}{\Sigma (D_0 \cdot E)} \times 100\% \\ &= \frac{24838.16}{10 \times 7707 + 4 \times 1099 + 10 \times 2710} \times 100\% \\ &= 22.88\% \end{aligned}$$

当 $f = 22.88\%$，查表1-6得其锅炉房负荷修正系数 n_2 为1.07。

（3）吨标汽能耗计算　由上可知：$m = 1$，$n_1 = 1$，$n_2 = 1.07$，$B_m = 3206303$ kg标煤，$B_d = 80322$ kg标煤，$B_g = 8692$ kg标煤，$C_1 = 18774.73$ t标汽，$C_2 = 0$，$C_3 = 6063.43$ t标汽，则

表1-8　某工业锅炉房综合统计表（二）

项目	单位	1月	2月	3月	4月	5月	6月	7月	8月	9月	10月	11月	12月	全年
燃料 B_m	t	899.4	859.77	601.129	272.129	231.058	198.536	138.44	112.097	151.576	193.752	249.228	491.225	4488.735
电力 B_d	kW·h	38200	30980	37960	12120	12920	12440	12910	11720	11740	15180	1220	21200	229490
新鲜水 B_g	t	3850	3421	3429	3972	2380	2179	2303	1117	2664	2085	1847	4573	33820
饱和蒸汽	t	2863.4	2639.29	2627.29	1520	1300.34	1148.99	789.11	611.55	814.70	1181.21	1400.17	1978.68	18774.73
热水	×10⁶kJ	5350.30	5057.20	2978.28	—	—	—	—	—	—	—	—	1772.80	15158.58
10t/h锅炉运行台时 E_1	h	744	740	700	744	720	744	720	32	379	720	744	720	7707
4t/h锅炉运行台时 E_2	h	—	—	—	—	—	—	—	731	368	—	—	—	1099
热水锅炉运行台时 E_3	h	744	744	600	—	—	—	—	—	—	—	—	622	2710

$$A = \frac{m \cdot B_{m} + B_{d} + B_{g}}{n_{1} \cdot n_{2} \cdot (C_{1} + C_{2} + C_{3})}$$

$$= \frac{1 \times 3206303 + 80322 + 8692}{1 \times 1.07 \times (18774.73 + 0 + 6063.43)} \text{kg 标煤/t 标汽}$$

$$= 123.99 \text{kg 标煤/t 标汽}$$

（4）锅炉房能耗等级考核　由于有 4t/h 工业锅炉 1 台，10t/h 工业锅炉 2 台（其中热水锅炉额定容量相当于 10t/h 工业锅炉），可以采用跨档计算方法，因该锅炉房单耗已达到 123.99kg 标煤/t 标汽，接近一等炉单耗指标，应分别计算一等炉单耗上限和单耗下限指标。

1）跨档一等炉单耗上限指标（见表 1-5），4t/h 上限为 120kg 标煤/t 标汽，10t/h 上限为 117kg 标煤/t 标汽。

$$[A_{0}] = \frac{\Sigma (A_{0} \cdot C)}{\Sigma C}$$

$$= \frac{117 \times 18047.28 + 120 \times 727.45 + 117 \times 6063.43}{18047.28 + 727.45 + 6063.43} \text{kg 标煤/t 标汽}$$

$$= 117.09 \text{kg 标煤/t 标汽}$$

2）跨档一等炉单耗下限指标（见表 1-5），4t/h 下限为 130kg 标煤/t 标汽，10t/h 下限为 128kg 标煤/t 标汽。

$$[A_{0}] = \frac{\Sigma (A_{0} \cdot C)}{\Sigma C}$$

$$= \frac{128 \times 18047.28 + 130 \times 727.45 + 128 \times 6063.43}{18047.28 + 727.45 + 6063.43} \text{kg 标煤/t 标汽}$$

$$= 128.06 \text{kg 标煤/t 标汽}$$

（5）结论　该工业锅炉房一等单耗指标标准值 A_{0} 为 117.09 ~ 128.06kg 标煤/t 标汽，当 A 为 123.99kg 标煤/t 标汽时，该工业锅炉房能耗等级达到一等。

1-9　如何做好工业锅炉的节能管理工作？

答：根据 TSG G0002—2010《锅炉节能技术监督管理规程》要求，具体如下。

锅炉使用单位对锅炉及其系统的节能管理工作负责。从事节能管理工作的技术人员应当具备锅炉相关专业知识，熟悉国家相关法律、法规、安全技术规范及其相应标准。

1）锅炉使用单位应当建立健全并且实施锅炉及其系统节能管理的有关制度。节能管理有关制度至少包括以下内容：①节能目标责任制和管理岗位责任制；②锅炉及其系统日常节能检查制度，并且做好相应检查记录并且存档；③锅炉燃料入场检验分析与管理制度，并且按照设计要求正确选用燃料；④计量仪表校准与管理制度；⑤锅炉及其系统维护保养制度；⑥锅炉水（介）质处理管理制度；⑦锅炉操作人员、水处理作业人员节能培训考核制度，锅炉作业人员锅炉经济运行知识的教育培训、考核工作计划、并且有培训、考核记录。

2）锅炉使用单位应当建立能效考核、奖惩工作机制，结合本单位实际情况积极推行合同能源管理，安排进行定期能效测试，对不符合节能要求的应当及时进行整改。

3）锅炉使用单位应当对锅炉及其系统所包括的设备、仪表、装置、管道和阀门等定期进行维护保养。发现异常情况时，应当及时处理并且记录。

4）锅炉使用单位应当对锅炉及其系统的能效情况进行日常检查和监测。重点检查和监测的项目，包括锅炉使用燃料与设计燃料的符合性、燃料消耗量、介质出口温度和压力、锅炉补给水量和补给水温度、排烟温度、炉墙表面温度，以及系统有无跑、冒、滴、漏等情况。

5）锅炉使用单位应当加强能源检测、计量与统计工作。有条件的工业锅炉使用单位应当定期对锅炉及其系统运行能效进行评价，评价方法参照（TSG G0003—2010）《工业锅炉能效测试与评价规则》。

6）锅炉使用单位每两年应当对在用锅炉进行一次定期能效测试，测试工作宜结合锅炉外部检验，由国家质检总局确定的能效测试机构进行。

7）锅炉操作人员应当根据终端用户蒸汽量、热负荷的变化，及时调度、调节锅炉的运行数量和锅炉出力，有条件的锅炉房可安装锅炉负荷自动调节装置。

8）工业锅炉的正常排污率应当符合以下要求：①以软化水为补给水或者单纯采用锅内加药处理的工业锅炉不高于10%；②以除盐水为补给水的工业锅炉不高于2%。

9）锅炉水（介）质处理应当满足锅炉水（介）质处理安全技术规范及其相应标准的要求。

10）锅炉使用单位应当按照《高耗能特种设备节能监督管理办法》的规定，建立高耗能特种设备能效技术档案。有条件的使用单位应当将锅炉产品能效技术档案与产品质量档案和设备使用档案集中统一管理（相同部分档案资料可保存一份）。锅炉能效技术档案至少包括以下内容：①锅炉产品随机出厂资料（含产品能效测试报告）；②锅炉辅机、附属设备等质量证明资料；③锅炉安装调试报告、节能改造资料；④锅炉安装、改造与维修能效评价或者能效测试报告；⑤在用锅炉能效定期测试报告和年度运行能效评价报告；⑥锅炉及其系统日常节能检查记录；⑦计量、检测仪表校验证书；⑧锅炉水（介）质处理检验报告；⑨燃料分析报告。

11）做好锅炉能效测试工作：①从事锅炉能效测试工作的机构，由国家质检总局确定并统一公布；②锅炉能效测试机构应当保证能效测试工作的公正性，以及测试结果的准确性和可溯源性，并且对测试结果负责；③检验检测机构在对锅炉制造、安装、改造与重大维修过程进行监督检验时，应当按照节能技术规范的有关规定，对影响锅炉及其系统能效的项目、能效测试报告等进行监督检验；④锅炉能效测试机构发现在用锅炉能耗严重超标时，应当告知使用单位及时进行整改，并且报告所在地的质量技术监督部门；⑤质量技术监督部门应当和节能主管部门密切配合，争取地方人民政府的支持，对不符合锅炉节能法规及其相应标准要求的情况，按照有关规定进行处理。

12）在用工业锅炉定期能效测试应当按照TSG G0003—2010中锅炉运行工况热效率简单测试方法进行（电加热锅炉除外）。当测试结果低于表1-9中限定值的90%，或者用户要求对锅炉进行节能诊断时，应当按照TSG G0003—2010中锅炉运行工况热效率详细测试方法进行测试，并且对测试数据进行分析，提出改进意见。

①燃煤工业锅炉产品额定工况下热效率指标。

a. 层状燃烧锅炉产品额定工况下热效率目标值和限定值见表1-9。

表1-9 层状燃烧锅炉产品额定工况下热效率目标值和限定值

燃料品种		燃料收到基低位发热量 $Q_{net.v.ar}/(kJ/kg)$	锅炉额定蒸发量 $D/(t/h)$ 或者额定热功率 Q/MW			
			$D \leqslant 20$ 或者 $Q \leqslant 14$		$D > 20$ 或者 $Q > 14$	
			锅炉热效率(%)			
			目标值	限定值	目标值	限定值
烟煤	Ⅱ	$17700 \leqslant Q_{net.v.ar} \leqslant 21000$	85	80	86	81
	Ⅲ	$Q_{net.v.ar} > 21000$	87	82	89	84
褐煤		$Q_{net.v.ar} \geqslant 11500$	85	80	87	82

注：1. 表1-9内容依据国家质检总局办公厅2016年11月14日印发TSG G0002—2010第1号修改单资料。

2. 以Ⅰ类烟煤、贫煤和无烟煤等为燃料的锅炉热效率指标，按照表1-9中Ⅱ类烟煤热效率指标执行。

3. 各燃料品种的干燥无灰基挥发分（V_{daf}）范围，烟煤，$V_{daf} > 20\%$；贫煤，$10\% < V_{daf} \leqslant 20\%$；Ⅱ类无烟煤，$V_{daf} < 6.5\%$；Ⅲ类无烟煤，$6.5\% \leqslant V_{daf} \leqslant 10\%$；褐煤，$V_{daf} > 37\%$（下同）。

b. 燃生物质锅炉产品额定工况下热效率目标值和限定值见表1-10。

表1-10 燃生物质锅炉产品额定工况下热效率目标值和限定值

燃料品种	燃料收到基低位发热量 $Q_{net.v.ar}/(kJ/kg)$	锅炉额定蒸发量 $D/(t/h)$ 或者额定热功率 Q/MW			
		$D \leqslant 10$ 或者 $Q \leqslant 7$		$D > 10$ 或者 $Q > 7$	
		锅炉热效率(%)			
		目标值	限定值	目标值	限定值
生物质	按燃料实际化验值	88	80	91	86

注：以低位发热量 $Q_{net.v.ar} < 8374kJ/kg$ 的生物质为燃料的锅炉热效率指标，限定值应当达到锅炉设计热效率，目标值按照表1-10中热效率目标值执行。

c. 流化床燃烧锅炉产品额定工况下热效率目标值和限定值见表1-11。

表1-11 流化床燃烧锅炉产品额定工况下热效率目标值和限定值

燃料品种		燃料收到基低位发热量 $Q_{net.v.ar}/(kJ/kg)$	锅炉热效率(%)	
			目标值	限定值
烟煤	Ⅰ	$14400 \leqslant Q_{net.v.ar} < 17700$	87	82
	Ⅱ	$17700 \leqslant Q_{net.v.ar} \leqslant 21000$	91	86
	Ⅲ	$Q_{net.v.ar} > 21000$	92	88
褐煤		$Q_{net.v.ar} \geqslant 11500$	91	86

注：1. 以贫煤和无烟煤等为燃料的锅炉热效率指标，按照表1-11中褐煤热效率指标执行。

2. 以劣质煤（主要组成为煤矸石，燃料收到基低位发热量 $Q_{net.v.ar} < 11500kJ/kg$，且 $A_{ar} > 40\%$）为燃料的锅炉热效率指标，限定值应当达到锅炉设计热效率，目标值按照表1-11中烟煤热效率目标值执行。

②燃油、燃气工业锅炉产品额定工况下热效率目标值和限定值见表1-12。

表1-12　燃液体燃料、燃天然气锅炉产品额定工况下热效率目标值和限定值

燃料品种		燃料收到基低位发热量 $Q_{net. v. ar}$ /(kJ/kg)	锅炉热效率(%)	
			目标值	限定值
液体燃料	轻油	按燃料实际化验值	96	90
	重油			
天然气			98	92

注: 1. 以轻油、重油以外的液体燃料为燃料的锅炉热效率指标, 限定值应当达到锅炉设计热效率, 目标值按照表1-12中液体燃料热效率目标值执行。

　　2. 以天然气以外的气体燃料为燃料的锅炉热效率指标, 限定值应当达到锅炉设计热效率, 目标值按照表1-12中天然气热效率目标值执行。

③为了进一步做好锅炉节能管理工作, 锅炉仪表配置要求见表1-13。

表1-13　锅炉仪表配置要求

监测项目	单台锅炉额定蒸发量 D /(t/h)或者额定热功率 Q /MW								
	$D \leq 4$ 或 $Q \leq 2.8$			$4 < D < 20$ 或 $2.8 < Q < 14$			$D \geq 20$ 或 $Q \geq 14$		
	指示	积算	记录	指示	积算	记录	指示	积算	记录
燃料量(煤、油、燃气等)(注1)	✓	✓	✓	✓	✓	✓	✓	✓	✓
燃气、燃油的温度和压力	✓	—	—	✓	—	—	✓	—	✓
蒸汽流量	—	—	—	✓	✓	✓	✓	✓	✓
给水流量	✓	✓	✓	✓	✓	✓	✓	✓	✓
热水锅炉循环水量	✓	✓	✓	✓	✓	✓	✓	✓	✓
热水锅炉补水量	—	—	—	✓	✓	✓	✓	✓	✓
过热蒸汽温度	✓	—	—	✓	—	—	✓	—	✓
蒸汽压力	✓	—	—	✓	—	—	✓	—	✓
热水温度	✓	—	—	✓	—	—	✓	—	✓
排烟温度	✓	—	—	✓	—	—	✓	—	✓
排烟含 O_2 量(注2)	—	—	—	✓	—	✓	✓	—	✓
炉膛出口烟气温度	—	—	—	—	—	—	✓	—	✓
各级对流受热面进、出口烟气温度	—	—	—	—	—	—	✓	—	✓
空气预热器出口热风温度	—	—	—	✓	—	—	✓	—	✓
炉膛出口烟气压力	—	—	—	—	—	—	✓	—	—

（续）

监测项目	单台锅炉额定蒸发量 $D/(t/h)$ 或者额定热功率 Q/MW								
	$D \leqslant 4$ 或 $Q \leqslant 2.8$			$4 < D < 20$ 或 $2.8 < Q < 14$			$D \geqslant 20$ 或 $Q \geqslant 14$		
	指示	积算	记录	指示	积算	记录	指示	积算	记录
一次风压及风室压力	—	—	—	—	—	—	✓	—	—
二次风压	—	—	—	—	—	—	✓	—	—
炉排速度	✓	—	—	✓	—	—	✓	—	—
送、引风机进口挡板开度或调速风机转速	—	—	—	✓	—	—	✓	—	—
送、引风机负荷电流	—	—	—	—	—	—	✓	—	—

注：1. $D \leqslant 4t/h$（$Q \leqslant 2.8MW$）燃煤锅炉可不配置燃煤量指示仪表，积算和记录可采用人工方式记录。

　　2. $D \leqslant 10t/h$（$Q \leqslant 7MW$）锅炉建议安装。

1-10　如何开展锅炉热平衡及热效率计算工作？

答：锅炉中投入燃料燃烧放热，放出的热能通过受热面传递给水，使水加热汽化而产生蒸汽。实际上，锅炉中的燃料并不能完全燃烧，放出的热能也并不能全部得到利用。锅炉的输入热量中仅有部分被水（汽）有效吸收，其余都损失掉了。为了降低锅炉煤耗，需要进行锅炉热平衡工作。

1. 锅炉的热平衡和热效率

锅炉的热平衡可表示为：锅炉的输入热量 = 锅炉有效利用热量 + 各项热损失之和

即

$$Q_r = Q_1 + Q_2 + Q_3 + Q_4 + Q_5 + Q_6$$

式中：Q_r 为锅炉输入热量（kcal/kg）；Q_1 为有效利用热量（kcal/kg）；Q_2 为排烟热量损失（kcal/kg）；Q_3 为气体不完全燃烧损失热量（kcal/kg）；Q_4 为固体不完全燃烧损失热量（kcal/kg）；Q_5 为散热损失热量（kcal/kg）；Q_6 为灰渣物理热损失热量（kcal/kg）；$Q_2 \sim Q_6$ 均为热损失。

锅炉热效率 η 是它的有效利用热量与燃料输入热量的比值，一般以百分数表示，即

$$\eta = \frac{Q_1}{Q_2} \times 100\%$$

由锅炉热效率可以看出锅炉输入热量的有效利用程度，从而可看出锅炉的设计和运行水平，锅炉能量平衡如图 1-3 所示。

通过热平衡试验测定锅炉效率的方法有正平衡法和反平衡法两种。

（1）正平衡法　直接测定锅炉产生蒸汽所需热量和所耗燃料的锅炉

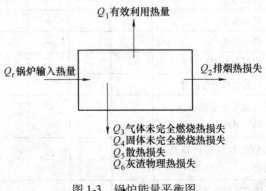

图 1-3　锅炉能量平衡图

输入热量。这种方法只适用于小型锅炉，因这种方法只能得到锅炉的热效率和出力，不能找出各项热损失数据。

（2）反平衡法　直接测出和算出锅炉的各项热损失，并以100%减去各项热损失的总和，得出的数值为锅炉的反平衡热效率。反平衡法适用于大型锅炉，但为了校核测试的精确性和分析锅炉运行的工况以提高其热效率，可同时进行正、反平衡法测定，以利分析比较。

（3）计算公式

1）锅炉（生产饱和蒸汽）热效率：

$$\eta_1 = \frac{(D + D_{zy}) \times (H_{bg} - H_{gs} - Wr)}{BQ_{DW}^Y} \times 100\%$$

式中：η_1 为正平衡热效率（%）；D 为锅炉实测蒸发量（kg/h）；D_{zy} 为锅炉自耗蒸汽量（kg/h）；H_{bg} 为饱和蒸汽焓（kcal/kg）；H_{gs} 为给水焓（kcal/kg）；W 为蒸汽湿度（%）；r 为汽化潜热（kcal/kg）；B 为燃料耗用量（kg/h）；Q_{DW}^Y 为燃料的应用基低位发热值（kcal/kg）。

2）锅炉（生产过热蒸汽）热效率：

$$\eta_1 = \frac{D(H_{gs} - H_{gG}) + D_{zy}(H_{zy} - H_{gs})}{BQ_{DW}^Y} \times 100\%$$

式中：H_{gG} 为过热蒸汽焓（kcal/kg）；H_{zy} 为自耗蒸汽焓（kcal/kg）。

（4）计算结果的选定　锅炉正平衡法和反平衡法测试计算所得的结果有一定误差，主要是由于散热损失计量误差、取样误差及其他不计损失等所造成，如同时用正、反平衡法两种测试，要得到完全一致的数据是比较困难的。GB/T 10180—2003《工业锅炉热工性能试验规程》规定，试验应在额定载荷下进行两次，每次实测出力应接近于额定出力。在一定出力下，两次试验热效率之差，对于正平衡法不得大于4%，反平衡法不得大于6%。锅炉热效率取两次试验所取得的平均值。当同时用正、反平衡法测定热效率时，两种方法所得热效率偏差不得大于5%，而锅炉的热效率应以正平衡法测定值为准。

2. 锅炉热平衡测定方法

锅炉的热平衡试验应按GB/T 10180—2017进行，这项标准适用于锅炉出力小于蒸发量30t/h和出口压力≤2.45MPa（25kgf/cm²）的蒸汽锅炉和热水锅炉。测试项目和方法如下。

（1）燃料计量　在锅炉热效率测定中，燃料特别是煤的取样和分析，对热效率计算的准确性有较大影响；由于取样工作不严格，常使试验数据造成很大差错，每次试验采集的原始煤样数量为总煤量的0.5%~1%。

（2）蒸汽量的测定　如生产的蒸汽为饱和蒸汽，则蒸汽的湿度也应测定，因为蒸汽的品质影响蒸汽的焓。一般通过测量蒸汽及锅水中氯根的含量计算出蒸汽的湿度，即

$$W = \frac{Cl_q^-}{Cl_S^-} \times 100\%$$

式中：W 为蒸汽的湿度（%）；Cl_q^- 为蒸汽冷凝水氯根含量（mg/kg）；Cl_s^- 为锅水氯根的含量（mg/kg）。

（3）温度的测定　一般要测定省煤器出水、进水温度，烟气温度，空气预热器进口、出口温度，蒸汽温度等。

（4）烟气成分的分析　通过对烟气成分的分析，主要测定烟气中的 RO_2（即为 CO_2 + SO_2）、O_2、CO 的含量百分比，目的是了解锅炉的燃烧情况，以便找出实现锅炉经济运行的措施。

（5）测定时间　每次试验的测定持续时间，应随锅炉炉型、测定要求、试验条件的不同而定。一般可控制在 3~5h。

（6）风道和烟道风压的控制　测试期间，应正常控制锅炉各部分风道和烟道的风压，并准确记录，以之作为今后正常生产操作的依据。

（7）仪表的应用　测试时，一般锅炉应具备下列测量仪表：煤的计量器具；蒸汽计量仪表；给水计量仪表；蒸汽出口温度和压力测量仪表；各点烟气温度，给水进口水温、省煤器出口水温的测量仪表；烟囱底部烟气风压、省煤器进口烟气风压、炉膛烟气风压的测量仪表。

（8）读数的选定　当锅炉工况稳定时，各种仪表显示的读数应该是相当稳定的。在这种情况下，压力应每隔 10~15min 记录一次，其他项目可相隔 15~30min 记录一次。

3. 锅炉热效率的计算

采用反平衡法测定和计算锅炉热效率时，必须对锅炉的热损失逐项进行测定和计算。

（1）排烟热损失 Q_2　从锅炉后部烟囱排出的烟气温度一般在 200~300℃，要带走一定的热量，造成排烟热损失 Q_2，以百分比表示为 q_2，即

$$q_2 = \frac{Q_2}{Q_r} \times 100\%$$

q_2 的大小主要由排烟温度和排烟量决定，如烟温每降低 12~15℃，则 q_2 约减少1%。

计算 q_2 一般采用下列公式：

$$q_2 = (3.5\alpha_{py} + 0.5) \times \frac{t_{Py} - t_{1k}}{100} \times (1 - q_4)$$

式中：α_{py} 为空气过剩系数；t_{Py} 为排烟温度（℃）；t_{1k} 为冷空气温度（℃）；q_4 为机械不完全燃烧热损失（%）。

（2）化学不完全燃烧热损失 Q_3　燃料在锅炉中燃烧时，由于空气不足，燃料与空气混合不好、炉型不合理，使燃料中部分的碳和可燃气体未能在炉膛内完全燃烧而随烟气排出，造成化学不完全燃烧热损失 Q_3，用百分比表示为 q_3，即

$$q_3 = \frac{Q_3}{Q_r} \times 100\%$$

也可采用下列简化式计算：

$$q_3 = 3.2\alpha CO$$

式中，α 为空气过剩系数。

（3）机械不安全燃烧热损失　固体燃料在锅炉中实际上并不能完全燃烧，这部分未燃烧掉的燃料中所含的热量未得到利用而被排出，它的热损失为 Q_4，以百分数表示为 q_4，即

$$q_4 = \frac{Q_4}{Q_r} \times 100\%$$

在层燃炉中，它主要由以下三部分组成：灰渣中未燃烧煤，炉排的漏煤和烟气飞灰中所含的碳，因此又可用下式计算：

$$q_4 = \frac{7800}{BQ_{DW}^Y} (G_{Lz}C_{Lz} + G_{Lm}C_{Lm} + G_{th}C_{fh})$$

式中：B 为燃料消耗量（kg/h）；G_{Lz}、G_{Lm}、G_{th} 分别为每小时所收集到炉渣、漏煤、飞灰的重量（kg）；C_{Lz}、C_{Lm}、C_{fh} 分别为对炉渣、漏煤、飞灰取样分析其中所含可燃物的重量百分数。

（4）锅炉散热损失　运行中的锅炉，由于炉墙、锅筒、集箱等温度比周围空气温度高，故存在散热损失 Q_5，以百分比表示为 q_5，即

$$q_5 = \frac{Q_5}{Q_r} \times 100\%$$

实测工业锅炉散热损失有困难，通常按经验公式确定或从表 1-14 中选用 q_5 值进行计算，再作修正即可。

表 1-14　散热损失量选用

锅炉蒸发量/(t/h)	2	4	6	10	15	20	30	35	37
没有尾部受热面(%)	3.5	2.1	1.5	—	—	—	—	—	—
装有尾部受热面(%)	—	2.9	2.4	1.7	1.5	1.3	1.1	1.0	0.8

$$q_5 = \frac{400F}{BQ_r} \times 100\%$$

式中：F 为锅炉的散热表面积（m²）；B 为燃料的耗用量（kg/h）。

（5）灰渣物理热损失　锅炉中排出的灰渣温度很高，造成一定的热损失 Q_6，以百分比表示为 q_6，即

$$q_6 = \frac{Q_6}{Q_r} \times 100\%$$

q_6 的大小与燃料中的灰分含量、灰渣占总灰量的比例及燃料发热量等有关，因此又可用下式计算：

$$q_6 = \frac{A^y}{Q_r}\left(\frac{Q_{Lz}}{100 - C_{Lz}} + \frac{Q_{Lm}}{100 - C_{Lm}}\right) \times L$$

式中：A^y 为燃料应用基灰分含量（%）；Q_{Lm} 为漏煤中纯灰占燃料灰分的百分比（%）；

Q_{Lz} 为炉渣中纯灰占燃料灰分百分比（%）；L 为灰渣的比热容和温度的乘积，可参考表 1-15 选用。

表 1-15　L 值参考表

灰渣温度/℃	100	200	300	400	500	600	700	800	900	1000
L/（kcal/kg）	19.3	40.4	63.0	86.0	109.5	133.8	153.3	183.3	209	235

1-11　如何开展工业锅炉系统能效评价工作？

答： 根据 NB/T 47035—2013《工业锅炉系统能效评价导则》规定，具体要求如下：

1. 评价目的

工业锅炉系统能效评价是通过采集和分析系统设计、运行、能源利用、运行数据等过程的信息资料，确定系统运行能效状况，识别节能机会并评价其节能效果。为工业锅炉使用单位采取节能措施提供技术支持，以达到优化系统能源使用、降低能源消耗的目的。

2. 评价原则

工业锅炉系统无论其设备的新旧程度、计量监控器具配置齐全与否、能效状况的好与差，均有能效评价价值。工业锅炉系统能源利用效果技术分析与评定的准确性有赖于数据采集的准确和数据分析的正确。节能机会优先权的排序应当依据受评单位能源管理目标、评价预期目标和可用于节能的财力及物力。

3. 评价机构

评价机构应当是一个法律实体或法律实体的一部分，具备工业锅炉系统能效测试与评价能力和资质。评价机构职责至少包括：

1）成立由项目负责人、测试人员、锅炉专家等人员组成的评价项目组，并确保评价过程所必需的资源条件。

2）派出足够的评价人员，按约定的时间完成评价工作，评价项目组成员专业构成应当与评价项目相适应。

3）制定措施，保守在评价过程中获取的受评单位的商业和技术秘密。

4）遵守受评价单位有关安全等的相关规定。

4. 评价人员

（1）评价项目组　评价项目组应当熟悉工业锅炉系统能效评价数据采集和数据分析方法，能够对采集数据结果的可靠性和准确度进行专业判断，具备工业锅炉系统能效分析、节能诊断能力和经验。

（2）测试人员　测试人员负责评价数据采集工作，应当具有理工科本科及以上学历，从事工业锅炉系统能效测试与评价工作 2 年以上经历，且具备以下知识和经验：

1）工业锅炉计量、监测、控制仪器仪表基本知识，工业锅炉热工测试原理和测试方法及测试结果专业分析能力。

2）锅炉辅机（风机、泵）经济运行检查和测试方法。

3）工业锅炉系统的运行和维护。

（3）锅炉专家　锅炉专家负责能效分析和节能诊断，应当具有锅炉/热能专业本科、工程师及以上职称，从事工业锅炉系统能效测试与评价工作 5 年以上经历。除具备测试人员应当具备的知识和经验外，还应具备：

1）工业锅炉系统经济运行分析与判断能力。

2）节能机会识别、效果分析能力和经验。

3）能源审计基本知识。

（4）项目负责人　项目负责人负责项目组织管理和评价过程的质量控制，应当具备必要的组织能力，有关教育背景、资格、知识和经验与锅炉专家相同。项目负责人职责应包括：

1）组建评价项目组，确定锅炉专家，明确项目组成员职责和工作任务，提出工业锅炉系统能效评价所需的资源。

2）建立项目组与被评价单位人员之间的沟通渠道和方法，使得评价过程中的信息和数据得以及时沟通和传递。

3）负责与受评单位的沟通，理解其能源管理和评价目标，界定评价的工业锅炉系统及其范围。

4）组织工业锅炉系统评价数据的采集、分析、确定节能机会、编制评价报告。

5）就评价结果和下一步节能措施建议与受评单位达成一致。

5. 受评单位

受评单位应当积极配合评价机构的评价工作，其职责至少包括：

1）指定一名熟悉工业锅炉系统运行和维护的人员作为评价联络人。

2）与评价机构项目负责人就整体评价计划进行协商，确定评价时间安排，落实评价活动所需的配合工作和所能提供的资源。

3）负责将评价活动的重要性和与评价项目组合作的必要性传达到与评价活动相关的部门和人员。

4）为评价活动提供相应信息、资料，如设计文件、安装使用说明书、操作手册、测试/评价报告、检定/校准证书，工业锅炉系统能源使用、运行记录等。

5）提供评价活动场地和安全防护措施，对评价人员进行必要的安全教育培训。

6）只要资源条件允许，坚持实施评价报告所提及的建议内容。

6. 评价工作程序

评价工作流程如图1-4所示。

7. 评价内容和方法

（1）评价的基本内容　项目组应当根据评价的目的和要求，选择下述部分或全部内容开展能效评价工作：

1）工业锅炉能效分析。

2）锅炉辅机能效分析。

3）工业锅炉系统能源管理及利用情况。

4）工业锅炉系统的能源计量及统计情况。

5）节能机会辨识与技术分析。

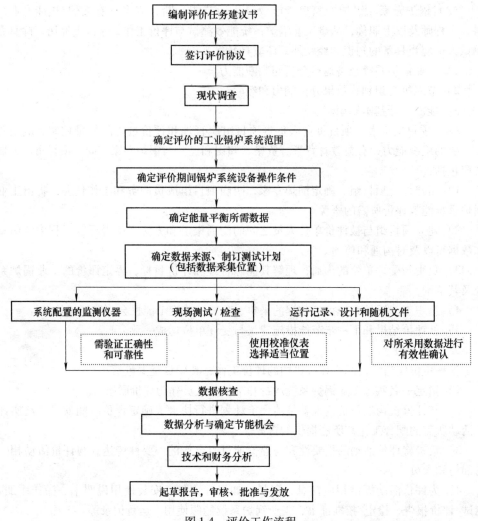

图 1-4　评价工作流程

（2）现状调查与分析

1）一般要求。项目负责人应在项目组成员协助下，确定评价所需的数据和信息类型，按以下2）~7）要求收集工业锅炉系统在评价工作开展前已存在的信息/数据（能效现状），形成评价所需的逻辑关系，并将信息/数据传递给项目组人员。

2）系统基础信息。对评价的工业锅炉系统应当获得以下数据：①锅炉系统内用能设备的用能种类（煤、天然气、油、电等）和额定出力。②在规定的时间间隔内，从独立计量仪表上采集的实际生产的蒸汽、热水等热量和对应能源消耗量。

注：如果独立仪表不能用，则通过锅炉运行来测算设备能源的消耗与产出。如考虑设备的运行时间、能源输入和输出量、设备负荷系数等。

3）操作信息。项目组应当向受评单位工业锅炉系统操作人员、技术人员和管理人员了解工业锅炉操作习惯和影响设备热效率的操作细节等信息，以利于辨识和分析工业锅炉节能机会。

4）设计、运行数据。项目负责人会同受评单位的工业锅炉运行、管理部门收集被评价工业锅炉系统设计、运行参数。

5）以往评价信息。项目组应查阅以往的能效评价与审计结果，查询工业锅炉系统的能耗基准，并将这些信息汇总。

6）节能措施信息。项目组应当收集受评价工业锅炉系统已实施、计划实施，或拟考虑实施的节能项目计划，并起草一份包含节能措施实施情况说明、项目节能潜力分析、节约的能源成本等有益于现行评价活动的信息清单。

7）能源成本信息。能源成本审查应对能源使用与流向所涉及的全部费用，如采购成本、贮存成本、输送成本及其他需要的费用。对工业锅炉系统副产品产生的效益，如现场发电、炉渣销售等也应分摊到成本数据中。这些成本数据应当应用于成本-收益分析。

成本数据建议用工业锅炉系统生产单位热量的成本进行表述。

8. 确定评价目标、对象和范围

（1）评价目标　项目组应确定待评价工业锅炉系统出力（输出热量）、热能品质和能耗（单位热量能源能耗值）及排放量，将受评单位期望系统达到的出力、热能品质、效率和能耗或原系统设计参数作为评价目标。

（2）评价对象、范围　项目组应根据工业锅炉系统现状调查与分析结果，结合评价目标和受评单位能源管理提出的优先原则，考虑对使用能源的适用性。以往的节能改进经验，对当前和未来系统运行的影响及产品质量、安全性和使用寿命的影响等因素，确定被评价工业锅炉系统及其范围。将评价的工业锅炉系统设备分为值得进一步分析评价的，可以进行评价的和不适合进行评价的三类。

9. 评价数据采集

（1）编制现场评价活动日程安排表　项目负责人应编制现场评价日程安排表。日程安排表应包括被评价的锅炉及其辅机设备、被评价设备进行数据采集的时间、采集数据的仪器仪表和使用人员、每台设备的评价人员及日程安排。总体评价日程表应与受评单位讨论并得到确认。

（2）确定数据采集方法　项目组应当与受评单位有关人员协商确定数据采集方法。数据采集方法包括：

1）对设备运行参数进行现场测量。

2）利用工业锅炉系统上已配置的监测仪表、记录仪器进行数据采集。

3）受评单位提供的设备运行数据。

4）系统设计文件以及设备随机文件所提供的数据。

无论采用哪种数据采集方法，测量计划中均应详尽规定数据采集的方法、数据的来源和使用的测量仪器。

（3）建立数据采集优先权　评价工作开始前，项目组应将工业锅炉系统设备清单所列的设备按要求进行筛选，确定数据采集优先权，并确认数据采集方法科学性、合理性和可操作性。

（4）制订测试计划　项目组应针对工业锅炉系统制定测试计划，至少明确以下内容：

1）测量时机，如选择锅炉常态负荷状态下测量锅炉热工效率、锅炉辅机电动机效率，以保证测量结果的代表性。

2）什么时间、什么地方、使用哪种仪器设备采集数据，如在系统示意图中标注测量位置和采用的测量仪器设备。

3）编制一份测量清单，明确所用仪器的类型，测量频率和测量时间（特别是批量操作的情况下或在生产和运行参数变化时）。

4）在测试计划中明确测量特殊要求，如测量仪器接入端口要求，取样管线安装要求，测量仪器、传感器所需的公用设施要求等。为使测试对蒸汽或热水的产量和质量影响降到最低程度，需在现场安装仪器设备采集数据时，项目组应与有关人员对测量计划进行充分讨论。

5）测试计划还应包括对采集数据进行验证的要求，尤其是使用系统上已配置的监测仪器采集的数据。验证要求由项目组依据对系统所使用的监测仪器仪表可靠程度的判断和工作经验来确定。

（5）数据采集要求　项目组应确认需采集的工业锅炉系统能量平衡数据和数据来源，如锅炉热平衡数据等。采集的数据来源可分为：现场测试/检查采集的数据、系统上监测仪器仪表采集的数据、系统运行记录，以及设计、制造、安装等提供的设备和系统数据等。

为规范数据采集工作，项目组应编制数据采集表，数据采集表中应当显示采集的数据、数据来源、验证方法，典型的数据采集记录样表见表1-16。

表1-16　典型的数据采集记录样表

设备名称				
运行条件				
日期		数据采集时间		
采集的数据	数据来源	验证方法	项目组数据采集人	备注

项目负责人将数据采集任务分配给项目组成员完成。与系统运行状况相关的测量数据应尽可能在同一时间进行采集，以确保数据的"匹配性"。

10. 现场测试/检查数据采集

（1）测量仪器设备要求　项目组应根据待测设备的运行参数（如温度、压力、流量）选择合适的测量仪器设备及其量程范围，使其满足于测量的需要。评价所使用的测量仪器设备、数据记录装置和其他数据采集设备及其软件应达到要求的准确度。在投入使用前应进行检定/校准和检查，以证实其能够满足测量要求。常用的测量仪器设备包括：

1）温度测量设备，如热电偶、温度计，红外测试仪。

2）气体测量设备，如氧气（O_2）、一氧化碳（CO）、总碳氢化合物（C_mH_n）和二氧化碳（CO_2）含量的气体测量及分析仪。

3）压力测量设备，如压力计、数字或充液压力表、风压表。

4）流量测量设备，如超声波流量计、电磁流量计。

5）电能测量设备，如电流表、电压表、电能仪。

6）燃煤及灰、渣计量设备，磅秤等。

7）其他特殊用途的设备，如红外成像仪。

（2）测试方法确认　需采集的数据确定后，项目组应确认测试方法，要求如下：

1）确认测量仪器设备适用性，并确定其功能、检定/校准状态。

2）确认测量仪器设备安装位置、安装程序的正确性，选择的取样设备和取样程序与测量仪器的匹配性。

3）确定测量数据采集时机和采集频率，如数据采集时，工业锅炉的工作负荷、压力、温度等运行参数及保持稳定的时间等。

（3）测试计划的实施　项目组应当依据测试计划，按照 TSG G0003—2010 相关规定采集工业锅炉热工性能数据，按照 GB/T 13466—2006、GB/T 13469—2008 相关规定采集风机、泵运行能效数据。

11. 系统上已配置的监测仪器数据采集

项目组应当确认已配置在工业锅炉系统上的温度、压力、流量、烟气成分、电能等计量仪表的有效性，确认仪表安装位置正确、能够正常操作，并在检定/校准有效期内。只有经过确认的计量仪器仪表，其输出数据才能作为评价之用。

12. 系统运行记录和设计、制造、改造资料的收集

（1）运行数据和信息资料　运行数据和信息资料主要有：

1）输出热能品质要求和需求周期，用户负荷最大与最小需求量和生产量。

2）锅炉负荷安排与用户热能供应需求的匹配方案，以及用户热能供应要求对锅炉系统运行的影响。

3）锅炉及其辅机运行参数，如温度、压力、排烟温度、空气系数、灰渣含碳量等。

4）由于外部因素导致锅炉系统中断的频率及持续时间。

5）锅炉运行热工效率、辅机（风机、泵等）电动机效率。

6）其他运行参数连续监测值，如单位热量能源能耗值等。

（2）维修保养方法和数据　维修保养方法和数据主要有：

1）锅炉定期检修与维护保养时间表和及其实施状况。

2）用于监测锅炉运行参数的仪器仪表校准程序、步骤和周期。

3）设备检修记录，尤其是需要频繁调整的参数与设备的检修记录。

4）计划停炉和被迫停炉的历史记录。

（3）设计、制造、改造资料和数据　设计、制造、改造资料和数据主要有：

1）锅炉及其辅机设计出力/功率和能效。

2）锅炉及其辅机设计或经济运行说明书。

3）锅炉及其辅机改造后的出力/功率和能效。

（4）节能管理资料和数据　节能管理资料和数据主要有：

1）节能管理制度的建立和实施情况。

2）人员持证上岗与节能培训情况。

3）锅炉本体、燃烧设备、辅机状况检查情况。

13. 数据核查

1）项目组应对采集到的现场测试数据、系统上已配置的监测仪器数据和系统运行记录进行核查以确定数据的有效性。核查方法可以包括交叉检查，即对同一数据将从已配置的监测仪器采集的与现场测试进行比较。

2）当结果出现不一致或与其他数据冲突时，项目组应选择在相同操作条件下得到的第二套数据来验证原数据。如第一套和第二套数据出现严重的不一致，项目组成员应该复核测试时的采样程序、仪器校准情况和设备操作方法。只有找到不一致的原因，并经校正后的数据才能应用于评价。

如发现设备或运行参数将影响安全和产品质量，项目组应立即向受评单位管理人员通报。

14. 现场评价活动总结与交流

完成数据采集工作后，项目组应当召开现场评价总结会议，交流评价情况。受评单位负责人、联络人、参与或支持评价的部门负责人和项目组成员均应出席会议。现场评价总结应包括评价程序、工业锅炉系统能效现状、评价初步结果、节能机会和预测的节能经济效益。双方应就评价报告草案、最终版本的交付日期达成一致。

15. 系统能效分析与评价

（1）分析评价目的　对采集到的工业锅炉系统数据进行分析评价，目的在于建立一个基于所采集数据的能量平衡（适当时，建立物料平衡），并将能量平衡的计算结果与业内公认的基准进行比较，确定哪些地方的能效需要改进，采用何种节能措施，并对节能措施进行财务分析。

（2）数据分析　在评价期间，项目组应建立工业锅炉系统能量平衡（热量平衡）模型。评价期间采集的原始数据主要用于计算、分析工业锅炉系统的能源分布。公认的方程、图表和软件可用于实施这些计算，但这些计算方法、假设及其来源应清晰地文件化，并在评价报告中详细描述。对于被评价的工业锅炉系统，能量平衡应以图表形式反映能量输入、分布，甚至系统内能量的再循环。

锅炉系统的能耗状况可采用量化指标（如千克标煤/GJ、热工效率等）进行表述。

数据分析结果应包括锅炉能量平衡结果（能源总消耗量、单位输出热量耗能量、热工效率）、锅炉系统现场状况（如保温状况、门孔的密封、散热损失面积，以及系统跑、冒、滴、漏）等内容。虽然现场状况在热平衡中不直接提及，但为未来的节能机会提供了信息。

（3）计算和确认节能机会　项目组应将能量平衡分析结果与设计能耗、行业公认的能耗基准、受评单位能源管理目标值进行比较。使用行业公认的能耗基准作为参照物时，应考虑受评价工业锅炉系统的可比性。数据分析应计入公用部分的费用。数据分析用于确认哪些地方存在节能机会，评价节能机会的节能效果都是至关重要的。按照实施的难易程度和成本，将节能机会分为改进维修保养、改进运行、设备改造和更新、改进控制方法、工艺改进/优化等类别。

1）改进维修保养实例。改进维修保养要求以最小甚至零投资提高设备性能，尽可能使锅炉系统恢复到原设计状态。如通过清理受热面积灰、修理门孔或检修密封盖、维修或校核控制仪表、修补或更换变质退化的保温材料、制定预防性维修保养程序等。

2）改进运行实例。改进运行是指锅炉系统在不改变蒸汽/热水品质、供应量和生产条件的前提下，通过合理安排锅炉的起停、负荷大小，根据锅炉负荷变化及时调整燃料供给，燃烧送、引风量，合理选择排污时机、控制排污量，修订用汽（热水）流程时间表减少锅炉空闲时间等方式提高锅炉系统运行效率。

3）设备改造或更新实例。通过资金投入对设备进行改造或更新以提高工业锅炉系统效率。如增加锅炉尾部烟气、冷凝水等余热回收装置，采用高效燃烧器和鼓、引风机等。

4）改进控制方法实例。改进控制方法是指锅炉系统运行调控方式的改变。在某些情况下，改进控制方法仅需要重新配置现有的控制系统或升级控制软件。其他则需更换现有的控制系统和组件，如将人工调节改为自动调节及机械控制改为变频控制，设立自动排污控制装置、供暖锅炉温度补偿控制装置等。

5）工艺改进/优化实例。因为减少产品及其工艺所需能源，所体现的是根本性改变，因此工艺改进和优化机会需要更详细的研究。这样的机会可能包括改变终端用户生产工艺，以实现高效利用热能，从而提高工业锅炉系统能源效率。

16. 技术和财务分析

1）项目组应当确定各锅炉系统的节能机会，并从节能机会的实用性、可行性和以往采用的节能技术等方面进行技术分析。应给出选用和不选用节能机会的理由，并在工业锅炉系统能效评价报告中反映。如果节能建议不被受评单位接受，则应将其已接受的建议加以区分。

2）作为可选项的财务分析是在技术分析的基础上，对已被受评单位接受的节能建议进行财务分析。其包括对节能建议的净节余（经济效益）分析和每项节能建议实施成本预评估。净节余应考虑所有合理的组成，如能源成本、生产率的变化、劳动力成本、产品质量的提高、维修成本的节约和碳排放的减少等。实施成本包括部件购置费用及安装、起动费用等。如何在净节余分析和实施成本预评估中将其影响因素考虑全面，有赖于项目负责人的经验及项目组成员、受评单位等给予的信息支持。

3）财务分析应当根据所选择的评价方法，或者按照受评单位特点对各种节能机会进行分类。如对于需要投资的项目，如果完成财务分析，还应编制财务可行性报告。报告中应涉及成本回报分析或内部收益率等内容。

在实施财务分析中，费用估算方法、数据来源和实施费用等应在评价报告中明确注明。

1-12　工业锅炉系统能效评价报告如何编制？

答：工业锅炉系统能效评价报告编制要求如下：

1. 一般要求

工业锅炉系统能效评价报告分摘要、报告正文和附件三个部分。评价报告应条理清晰，并附有足够的原始数据，使审核人员和没有参与评价工作的人员容易进行审核和确认工作。

2. 报告摘要

工业锅炉系统能效评价报告摘要应放在正文前面，字数应在2000字以内。报告摘要应当简要地概述项目组的工作情况和调查结果。其内容应包括所评价的工业锅炉系统及其主要设备能源利用和成本状况。对重要的节能机会应予以说明，同时给出如何采取节能行动的建议。如果进行了财务分析，则应描述节能机会的预算成本和投资回报潜力，在最终评价报告中还应包括对受评单位管理方面的建议。

3. 报告正文

（1）正文内容框架　工业锅炉系统能效评价报告正文应包括以下内容：

1）工业锅炉系统概况。

2）评价目标。

3）评价方法。

4）数据与采集方法。

5）节能机会。

6）以前未被采纳的节能项目。

7）结论和实施建议等。

（2）工业锅炉系统概况　评价报告中应对所评价的锅炉系统的主要特点、工业锅炉及其辅机能效状况、工业锅炉系统能源利用和成本状况等进行说明。如锅炉数量及型号、运行方式（分连续运行、间歇运行）、运行参数、负荷特点、使用的能源类别等。对设计和操作说明书、示意图、设备照片等具体细节则应在报告中描述。

（3）评价目标　评价报告中应对评价目标进行描述，其内容包括目前能耗水平的界定，设备或操作条件对能耗水平的影响，为降低工业锅炉系统单位能耗的节能措施建议和预期这些改进策略的财务分析。

（4）评价方法　评价报告中应说明在评价时所使用的方法、标准、软件及模型。

（5）数据与采集方法　评价报告应反映在评价期间采集的数据及其采集方法，对评价的每台工业锅炉系统用图表等方式描述其能流，如果信息可用，可将系统的运行状况与设计值、行业基准，或与受评单位使用的其他工业锅炉系统的对比情况一起描述。影响运行状况的重要因素和其他有价值的评价发现都应在报告中予以描述。

评价报告还应描述数据分析方法、模型或分析软件及其结果。采集的原始数据（如燃料消耗量、蒸汽/热水流量、温度）、采集用仪器设备和方法，热平衡及其计算、锅炉热工效率等都应在报告中描述。

（6）节能机会　评价报告应该包括节能机会及其实施建议的概述。应当按类分别提出节能机会实施建议，并根据受评单位能源管理目标、评价目标和当前可用于实施节能机会的资金提出节能机会实施的优先等级及排序。如果进行了财务分析，实施节能机会的成本应该按照受评单位节能行动指南（如追求投入产出比高、节能效果好、资金投入少等）进行分类，并在报告中描述财务分析结果。

评价报告还应列表并描述一些可能发生的重大收益，如减少污染物排放量，提高生产率和降低每生产单位的能源成本等。如果以上内容可以量化的，并且满足受评单位节能行动指南的要求，同时在进行了财务分析的前提下，则应在整体成本效益分析中考虑这些潜在收益。支撑数据和计算结果应包含于报告中。

1）改进维修保养。改进维修保养被定义为能够在工厂运行或维修预算内完成的改进。虽然他们与投资规模较大的工程项目相比不会产生大量的节能量，但还是应该在报告中列出来。如果资本原因限制了投资计划，改进维修保养可能是唯一短期获得节省能源的机会。如果做了财务分析，无论如何要对实施改进维修保养措施的周期和人工成本进行说明。

2）改进运行。改进运行实例不应在没有受评单位生产和质量部门的支持和参与下实施改进运行。产生的风险较小或没有风险的改进运行可以纳入评价报告中。

3）设备改造和更新。讨论设备升级或更新时，宜同时进行成本效益分析。如果进行了财务分析，则应纳入潜在的收益，如降低排放量、提高生产力等。这些将成为典型的投资项目。供应商的建议等见证材料可在评价报告中反映，或以参考文献的形式出现。

4）改进控制方法。改进控制方法可以是短期费用支出项目，也可以是长期投资项目，这取决于改进控制方法的范围。如果是短期项目，可按改进维修保养处理，在进行财务分析时应注意实施的周期和人力成本；如果是长期项目，则按设备升级处理。

5）工艺改进/优化。工艺改进/优化的性质确立了它们属于长期项目的地位，需要引入所有对其有影响的学科。学科权威的支持意见应该借助它们的可信度将这些提案纳入。

6）其他节能的可能性。

4. 结论和实施建议

评价报告应将评价分析结果和节能机会进行汇总。如果合适，项目组应就节能机会实施建议优先权、改进技术和后续实施建议所需的资源做出说明。

5. 报告附录

（1）仪器设备　应说明在评价过程中所使用测试仪器、仪表和监测装置，并且详细说明仪器检定/校准情况。

（2）数据采集和测试方法　在评价过程中使用的数据采集方法应在本部分报告中予以说明。如果按照标准或行业通用惯例进行数据采集，则应注明引用的标准或惯例。

（3）效率和能源平衡计算　锅炉热工效率、辅机电动机效率、能源平衡计算所使用的方法应在本报告中予以说明，包括按其他标准编制的软件、程序等。如果这种方法没有使用记载，则应在此加以描述。

（4）财务分析　作为可选项，如果财务分析作为评价活动的一部分，那么评价报告中应包含财务分析的支持性文件，其中包括为节能改进投入的劳动力和原材料成本估算，同时还应描述财务分析所采用的方法。

（5）引用参考　应将用于实施评价活动的文献、软件程序和其他资源作为引用参考列出。

6. 报告审核

在评价报告定稿前，项目组成员应审查评价报告的准确性和完整性，并给出报告审查意见。在对报告草案进行审查和按要求修改的过程中，项目组成员应就修改内容达成一致意见，然后定稿形成最终报告。

受评单位、项目负责人应在规定的时间内审查最终报告 。

7. 节能机会实施计划

评价报告的最后部分应当对如何实施节能机会提出建议。

8. 工业锅炉系统基本情况（表 1-17）

表 1-17　工业锅炉系统基本情况表

锅炉型号			制造单位			制造年月		
注册登记号			投入运行时间			设计效率		%
额定负荷 /（t/h）（MW）		设计排烟温度 /℃		设计燃料消耗量 /（kg/h）（m³/h）			实际负荷范围 /（t/h）（MW）	
序号	项目				内　　容			
1	设计燃料	○煤　　○天然气　　○高炉煤气　　○油　　○其他：						
2	锅炉类别	出口介质形式	○蒸汽锅炉	结构型式	○水管锅炉		水循环方式	○自然循环
			○热水锅炉		○火管锅炉			○强制循环
			○有机热载体锅炉		○水火管锅炉			○复合循环
			○其他：		○铸铁锅炉			
3	受热面	辐射受热面	水冷壁形式	○光管	积灰	○3mm 以下	结焦	○较多
				○膜式壁		○3～5mm		○稍微
			换热面积	m²		○5mm 以上		○较少
		对流受热面	换热面积	m²	结构	○光管	积灰	○3mm 以下
						○螺纹管		○3～5mm
						○膜式壁		○5mm 以上
		尾部受热面	省煤器	换热面积 /m²	结构	○铸铁	积灰	○3mm 以下
						○钢管		○3～5mm
					给水温度	℃		○5mm 以上
					出水温度	℃		
			空气预热器	换热面积 /m²	结构	○管式	积灰	○3mm 以下
						○回转式		○3～5mm
					入口风温	℃		○5mm 以上
					出口风温	℃		

（续）

序号	项目	内容							
4	燃烧系统	燃料输送	○人工				分层给煤装置	○有	
			○机械	○卷扬翻斗上煤机				○无	
				○电动葫芦吊煤罐			上煤机	型号	
				○多斗提升机				功率	kW
				○埋刮板输送机				效率	%
				○带式输送机					
		燃烧设备	炉排（床）面积	m²			布风情况	○分段送风	
			○固定炉排	○单层炉排				○均匀送风	
				○双层炉排			漏煤情况	○漏煤非常严重	
				○其他				○漏煤比较严重	
			○链条炉排	○链带式				○轻微漏煤	
				○横梁式				○无漏煤	
				○鳞片式			炉排减速机	型号	
			○往复炉排					功率	
			○循环流化床					○有级　○无级	
			○燃烧器				燃烧器	型号	
			○其他：					功率	
								数量	
		燃烧室	炉膛容积	m³	结焦 ○有　○无	○较多	积灰	○3mm以下	
						○稍微		○3～5mm	
						○较少		○5mm以上	
			炉墙形式	○轻型			漏风情况	○严重	
				○重型				○轻微	
			炉墙温度	℃				○无漏风	
			炉拱形式及破损情况	○前拱	○破损严重	○后拱	○破损严重	○中拱	○破损严重
					○轻微破损		○轻微破损		○轻微破损
					○无破损		○无破损		○无破损
		通风方式	○自然通风				送风方式	○单侧	
			○机械通风	○负压（只有引风机）				○双侧	
				○正压（只有鼓风机）			二次风	○有	
				○平衡（引风机和鼓风机）				○无	
		除渣	○人工除渣				除渣机	型号	
			○机械除渣	○螺旋除渣机				功率	kW
				○刮板除渣机				除渣量	kg/h
				○框链除渣机			运行记录 ○有　○无	○记录信息完整	
				○马丁除渣机				○记录信息较完整	
			○水力除渣					○记录信息不完整	

（续）

序号	项目	内容						
5	风机	引风机	控制方式	○手动 ○自动	连接方式	○带连接 ○直接连接	调节方式	○变速 ○机械
			型号			运行效率		%
			功率	kW	运行记录 ○有　○无	记录信息完整		
			风量	m³/h		记录信息较完整		
			全压	Pa		记录信息不完整		
		鼓风机	控制方式	○手动 ○自动	连接方式	○带连接 ○直接连接	调节方式	○变速 ○机械
			型号			运行效率		%
			功率	kW	运行记录 ○有　○无	记录信息完整		
			风量	m³/h		记录信息较完整		
			全压	Pa		记录信息不完整		
6	泵	循环泵	控制方式	○手动 ○自动	形式	○立式 ○卧式	调节方式	○变速 ○机械
			型号			运行效率		%
			功率	kW	运行记录 ○有　○无	记录信息完整		
			流量	m³/h		记录信息较完整		
			扬程	m		记录信息不完整		
		补水泵（给水泵、注油泵）	控制方式	○手动 ○自动	形式	○立式 ○卧式	调节方式	○变速 ○机械
			型号			运行效率		%
			功率	kW	运行记录 ○有　○无	记录信息完整		
			流量	m³/h		记录信息较完整		
			扬程	m		记录信息不完整		
7	水（介质）处理	除硬度○有　○无	除氧 ○有 ○无	○真空 ○热力除氧 ○化学	运行记录 ○有　○无	记录信息完整 记录信息较完整 记录信息不完整		
		锅内水处理 ○电子 ○投药						
		锅外水处理 ○离子交换 ○反渗透	水（介）质化验周期 水处理周期				水（介）质化验形式	○自化验 ○外委
8	控制系统	调节项目	○给水 ○给煤量 ○给风量 ○炉排速度 ○循环量	控制项目	○燃料 ○循环泵 ○出口压力 ○低水位 ○风机	运行记录 ○有　○无	记录信息完整 记录信息较完整 记录信息不完整	

（续）

序号	项目	内容					
9	监测计量	给水流量	○有　○无		蒸汽流量		○有　○无
		热水锅炉循环水量	○有　○无		热水锅炉补水量		○有　○无
		过热蒸汽温度	○有　○无		排烟温度表		○有　○无
		排烟处氧量表	○有　○无		炉膛温度表		○有　○无
		燃气、燃油的温度和压力	○有　○无		炉膛出口烟气压力		○有　○无
		一、二次风量及风压	○有　○无		空气预热器出口热风温度		○有　○无
		鼓、引风机负荷电流	○有　○无		燃料计量装置		○有　○无

序号	项目		内容				
10	设备维修保养情况	锅炉本体	○定期维修、保养 ○很少维修、保养 ○基本不维修、保养	炉排	○定期维修、保养 ○很少维修、保养 ○基本不维修、保养	炉墙	○定期维修、保养 ○很少维修、保养 ○基本不维修、保养
		炉拱	○定期维修、保养 ○很少维修、保养 ○基本不维修、保养	炉门	○定期维修、保养 ○很少维修、保养 ○基本不维修、保养	风机	○定期维修、保养 ○很少维修、保养 ○基本不维修、保养
		泵	○定期维修、保养 ○很少维修、保养 ○基本不维修、保养	给煤机	○定期维修、保养 ○很少维修、保养 ○基本不维修、保养	除渣机	○定期维修、保养 ○很少维修、保养 ○基本不维修、保养
		烟道	○定期维修、保养 ○很少维修、保养 ○基本不维修、保养	风道	○定期维修、保养 ○很少维修、保养 ○基本不维修、保养	管道和阀门	○跑 ○冒 ○滴 ○漏

序号	项目						
11	运行情况	蒸汽锅炉	运行负荷 /(t/h)	蒸汽压力 /MPa	蒸汽温度 /℃	蒸汽量积算 /t	排烟温度 /℃	炉膛温度/压力 /(℃/Pa)
								—
			含氧量和硬度	凝结水回收量 /(kg/h)	送风温度/压力 /(℃/Pa)	炉渣含碳量 (%)	给水温度 /℃	燃料消耗量 /(t/h)(m³/h)
			—					
		热水锅炉	循环流量 /(t/h)	进出水压力 /MPa	进出水温度 /℃	补水量 /(t/h)	排烟温度 /℃	炉膛温度/压力 /(℃/Pa)
			—					
			水处理化验数据	送风温度/压力 /(℃/Pa)	炉渣含碳量 (%)	补水温度 /℃	燃料消耗量 /(t/h)(m³/h)	
			—					

（续）

序号	项目	内容					
11	运行情况	**有机热载体锅炉**	循环流量/(t/h)	进/出油压力/MPa	进/出油温度/°C	补油量/(t/h)	排烟温度/°C	炉膛温度/压力/(°C/Pa)
			—					
			有机热载体化验数据	送风温度/压力/(°C/Pa)	炉渣含碳量(%)	补水温度/°C	燃料消耗量/(t/h)(m³/h)	
		烟气分析	O_2		灰渣可燃物含量		炉渣(%)	
			CO				飞灰(%)	
			CO_2				漏煤(%)	
			C_mH_n		排烟处过量空气系数			
		燃料分析	$Q_{net.v.ar}$：	A_{ar}：	M_{ar}：	是否符合设计要求	○是　○否	
		运行热效率	%	检查人		检查日期		

1-13　近年来，开展工业锅炉系统能效评价工作有何成效？

答： 近年来，通过开展工业锅炉系统能效评价工作取得了很好效果。

1. 开展工业锅炉系统能效评价工作，其节能、环境保护意义重大

自 2010 年年初《特种设备安全发展战略纲要》颁布以来，全国质检系统进一步开展了高耗能特种设备节能监管工作，工业锅炉能效门槛建立后，针对电梯、锅炉、换热压力容器等高耗能特种设备也将逐步建立市场能效准入制度。

2010 年 9 月 1 日工业锅炉能效限定值及能效等级标准正式实施。此次工业锅炉能效标准率先颁布，其节能、环保意义十分重大。

在我国主要耗能产品节能潜力榜中，工业锅炉位居首位。我国 90% 的工业锅炉以煤炭为燃料，每年消耗原煤 22 亿 t，排放的 SO_2 和粉尘均达几百万吨。

与国外锅炉的平均效率相比，我国的燃煤锅炉平均效率要低 12% ~ 15%。如果将工业锅炉运行效率水平从平均 65% 提高到 75%，那么每年将可以节约 3000 多万 t 标煤。

继锅炉能效标准后，国家质检总局正在对换热压力容器能效标准进行拟定。

此外，特种设备中的起重机械、客运索道、大型游乐设施和场（厂）内专用机动车辆等领域也面临着能耗高的问题，这些行业的节能减排工作也将逐步推进。

2. 推进节能减排工作顺利进行

针对目前特种设备节能工作的推广进程现状，如电梯、锅炉、换热压力容器等高耗能特种设备，具有数量多、增长快、能源消耗量或者转换量大的特点，节能潜力巨大，高耗能特种设备节能工作是国家节能减排工作的一个重要领域。

截至 2009 年底，我国共有高耗能特种设备约 268.5 万台，其中锅炉 60.9 万台，换热压力容器 69.8 万台，并且随着经济的发展，高耗能特种设备总量大约以每年 8% 的速度增长。

我国近年来组织开展了"三个万"节能工程，组织开展了"四个五"节能工程，针对锅炉水处理不达标、司炉人员操作水平低、锅炉房管理粗放、新产品新技术推广力度不够等突出问题，采取针对性的措施，并取得了显著成效。

我国节能减排工作下一步将包括以下几方面：

1）制订高耗能特种设备节能监管规划。国家质检总局制订的高耗能特种设备节能工作规划提出了到 2020 年各阶段工作目标，确定了高耗能特种设备节能重点工作思路及保障措施。

2）开展"四个一"节能工程。2011 就组织开展了 1000 台在用燃煤工业锅炉运行能效快速测试方法应用试点、100 个安全与节能管理标杆锅炉房建设、10 个锅炉设计文件节能审查试点、10 项节能新技术应用示范的"四个一"节能工程，全面推进对生产、使用和检验检测各环节的节能监督。

3）加快建立和完善高耗能特种设备市场推入与退出机制。

3. 继续做好能效测试及评价工作

国家质检总局 2009 年发布实施了《锅炉节能技术监督管理规程》（以下简称《规程》）和《工业锅炉能效测试与评价规则》（以下简称《测试与评价规则》）两个节能技术规范，对高耗能特种设备节能监管工作建立了三项工作制度，规定了四项测试方法。这两个技术规范的实施将大力推进目前锅炉节能工作的全面展开。

此次实施的《规程》和《测试与评价规则》建立了锅炉设计文件节能审查制度、锅炉定型产品能效测试制度和在用锅炉能效测试制度。《规程》第五条规定：锅炉及其系统的设计应当符合国家有关节能法律、法规、技术规范及其相应标准的要求。锅炉设计文件鉴定时应当对节能相关的内容进行核查，对于不符合节能相关要求的设计文件，不得通过鉴定。在能效测试方面，《规程》第二十七条要求锅炉制造单位应当向使用单位提交锅炉产品能效测试报告。能效测试工作今后由国家质检总局确定的锅炉能效测试机构进行。目前国家质检总局特种设备局已公布了两批共 33 家在用工业锅炉能效测试机构。今后，对于批量生产的工业锅炉（指同一型号、生产多台的情况），在定型测试完成且测试结果达到能效要求之前，生产厂家制造的数量不应当超过 3 台。批量制造的工业锅炉通过定型测试后，只要不发生影响锅炉能效的变更，不需要重新进行定型测试。对于非批量生产的工业锅炉，应当在安装完成 6 个月内进行定型测试。面对大量的在用锅炉，《规程》也做出了相应的规定，锅炉使用单位每两年要对在用锅炉进行一次定期能效测试，测试工作宜结合锅炉外部检验进行，由国家质检总局确定的能效测试机构进行。

经过多次讨论和征求意见，此次涉及锅炉能效的四项测试方法也一同出台，包括锅炉定型产品热效率测试、锅炉运行工况热效率详细测试、锅炉运行工况热效率简单测试、锅炉及其系统运行能效评价。其中，锅炉定型产品热效率测试是为评价工业锅炉产品在额定工况下能效状况而进行的热效率测试。《规程》范围的锅炉测试热效率结果应当不低于规定的限定值，对于《规程》范围以外的锅炉，定型测试热效率结果应当不低于设计值的要求。

1-14　近年来，国家重点推广的锅炉节能减排技术有哪些?

答: 近年来国家重点推广锅炉节能减排技术，具体如下。

1. 燃煤锅炉气化微油点火技术

（1）技术名称　燃煤锅炉气化微细点火技术。

（2）适用范围　煤粉锅炉。

（3）技术内容

1) 技术原理: 通过煤粉主燃烧器的一次风粉瞬间加热到煤粉着火温度，风粉混合物受到了高温火焰的冲击，挥发粉迅速析出同时开始燃烧，从而使煤粉中的碳颗粒在持续的高温加热下开始燃烧，形成高温火炬。

2) 关键技术: 油枪的气化燃烧，油燃烧室的配风，煤粉燃烧器的分级设计。

3) 工艺流程: 电子点火枪点燃油枪→燃烧强化→点燃一级煤粉→点燃二级煤粉→气膜风保护三级燃烧送入炉膛。

（4）主要技术指标

1) 与该节能技术相关生产环节的能耗现状: 目前我国电站锅炉起动和低负荷稳燃过程中要消耗大量燃油，现役机组每台锅炉每年点火及稳燃用柴油约 500t 以上。传统的大油枪每只油枪的出力在 1.0t/h 左右，而气化微油点火技术油枪出力只有 30kg/h 左右。

2) 主要技术指标: 同原来的点火油枪相比，节油在 80% 以上，烟煤节油率在 95% 以上。

（5）技术应用情况　已在 135MW、200MW、300MW 及 600MW 机组上得到了应用。

（6）典型用户及投资效益

1) 温州发电厂 135MW 机组投入节能技改资金 130 万元，在机组大修后起动过程中就节约轻柴油 405.5t，取得节能经济效益 185.62 万元。大修起动后已回收投资并有盈余。

2) 温州发电厂 300MW 机组投入节能技改资金 250 万元，大修起动及随后运行 1 个月，累计节约轻柴油 341t，取得节能经济效益 169.2 万元。投资回收期半年。

3) 榆社电厂 2×300MW 锅炉 B 层喷燃器投入节能技改资金 260 万元，与原点火油枪相比，节油 80% 以上，年可节油 1000t 以上，约 600 万元。投资回收期不足 1 年。

4) 武乡和信 2×600MW 锅炉 B 层喷燃器投入节能技改资金 360 万元，与原点火油枪相比，节油 80% 以上，年可节油 1500t 以上，约 900 万元。投资回收期不足 1 年。

（7）推广前景和节能潜力　煤种适应性强，推广前景广阔，节能潜力巨大。

2. 燃煤锅炉等离子煤粉点火技术

（1）技术名称　燃煤锅炉等离子煤粉点火技术。

（2）适用范围　适用于干燥无灰基挥发分含量高于 18% 的贫煤、烟煤和褐煤等煤种的锅炉点火系统。

（3）技术内容

1）技术原理：在直流强磁下产生高温空气等离子气体，用来局部点燃煤粉。

2）关键技术：等离子发生器。

3）工艺流程：等离子发生器利用空气作为等离子载体。用直流接触引弧放电方法，制造功率达150kW的高温等离子体。热一次风携带煤粉通过等离子高温区域被点燃，形成稳定的二级煤粉的点火源，保证煤粉稳定燃烧。

（4）主要技术指标

1）与该节能技术相关生产环节的能耗现状：无等离子点火系统时，锅炉每次冷态点火到正常运行需耗油60t左右，等离子系统投运时，耗油仅10t左右。

2）主要技术指标：①额定电压为0.38/0.36kV；②工作电流为290～320A；③额定功率为200kV·A。

（5）技术应用情况 该技术已先后应用于50～600MW各等级机组锅炉200余台，总容量已突破70000MW。

（6）典型用户及投资效益 岱海电厂2×600MW机组锅炉节能技改投资额1000万元。机组投入生产后，采用等离子点火装置一次冷态起动可节省燃油98t，2台机组每年可节省燃油980t。年节能经济效益达500万元，投资回收期2年。

（7）推广前景和节能潜力 采用等离子点火装置，可以节约机组的燃料成本，特别是调峰机组，节油效果也十分显著。此外，该技术还可克服投油点火不能投电除尘器的环保问题，因而具有明显的节能潜力。

3. 其他节能减排技术

（1）燃煤催化燃烧节能技术 即通过提高炉内燃煤燃烧速率，使燃烧更充分达到节能目的。通过优化燃煤颗粒的表面性能，促进煤中灰分与硫氧化物的反应，达到脱硫作用。有效减少燃煤锅炉焦垢的生成并除焦、除垢，从而改善燃烧器工作状况。该技术适用于各种工业锅炉，技术条件为2.5～5L/h喷雾计量系统，节煤率8%～15%，预计2015年推广比例50%。

（2）锅炉水处理防腐阻垢节能技术 即采用向循环水系统投加防腐阻垢剂，除去锅炉内壁表面老垢、老锈，并形成保护膜，阻止表面氧化，有效防止人为失水，该技术适用于工业和采暖锅炉，平均每平方米供暖面积每采暖年度节能≥5kg，节电20%，预计2015年推广比例60%。

（3）锅炉智能吹灰优化与在线结焦预警系统技术 即在锅炉各受热面污染在线检测基础上，实现系统开环运行操作指导与闭环反馈检测控制相结合的智能吹灰运行模式，从而减少吹灰蒸汽用量，降低排烟温度，提高锅炉效率。该技术适用于大型燃煤锅炉机组，节能约350万t标煤预计2015年推广比例占到30%。

（4）电站锅炉用临机蒸汽加热起动技术 适用于2×1000MW直流锅炉机组的工业锅炉冷态起动，节能约10万t标煤，预计2012年推广比例30%。

（5）脱硫烟气余热的回收及风机优化运行技术，适用于2×1000MW机组石灰石-石膏湿法烟气脱硫系统，节能约90万t标煤，2015年推广比例10%。

1-15　工业锅炉烟尘有什么危害？

答：工业锅炉烟尘的危害

1）烟尘的产生。煤是锅炉的主要燃料，煤的主要成分是碳、氢、氧、氮、硫、水分和灰分。煤经过高温氧化燃烧后，产生的烟尘由气体和固体两部分组成。气体部分主要是 CO_2、SO_2、CO、氮、氧、水蒸气、H_2S 等；固体部分是飞灰和未燃尽的煤尘及炭黑。锅炉在燃烧过程中冒黑烟就是由于燃料没有得到充分燃烧，一部分炭黑来不及氧化就被烟气带走。这些炭黑颗粒的直径有的只有 $0.05 \sim 1\mu m$，能在空气中飘浮较长时间，形成黑色烟雾；而颗粒直径在 $5 \sim 100\mu m$ 的飞灰及未燃尽的煤粒则随烟气从烟囱排出，成为烟气中的灰尘。

2）工业锅炉烟尘的危害。煤经过燃烧所产生的灰和 SO_2 以及有致癌作用的碳氢化合物进入大气后，会造成严重污染，影响人民的正常生活和农作物的生长。

消烟和除尘两者既有联系又有区别。消烟是指消除烟气中对人体有害的气体和炭黑；除尘是除掉烟气中的尘粒。消烟的关键是使煤得到充分燃烧，少生成一氧化碳和炭黑，这可以通过改进燃烧设备和操作方法来解决；而除尘则需要采取各种除尘措施。因此，搞好消烟除尘，既可节约燃料，又可保护设备，更重要的则是可防止大气污染，保护环境。

2）工业锅炉烟尘的排放标准。锅炉排放烟气中的含尘量是由烟尘浓度来表示的，它指每标准立方米排烟体积内所含烟尘的重量。我国规定烟气中的含尘量不得大于 $200mg/m^3$。

1-16　近年来，对锅炉烟气脱硫做了哪些工作？

答：在我国一次能源和发电能源构成中，煤占据了绝对的主导地位，而且在已探明的一次能源储备中，煤炭仍是主要能源。2004 年 6 月 30 日，我国《能源中长期发展规划纲要（2004 ~ 2020 年）》提出了"以煤炭为主体，电力为中心，油气和新能源全面发展"的战略，预测到 2050 年煤在我国一次能源中所占比例仍在 50% 以上。这些都充分表明在很长的一段时间内，我国一次能源以煤为主的格局不会发生根本改变。

大量的燃煤和煤中一定的含硫量必然导致大量的 SO_2 的排放。1995 年我国 SO_2 排放量已达到 2370 万 t，超过欧洲和美国，成为世界 SO_2 排放第一大国；之后连续多年排放量都超过 2000 万 t。另外燃煤烟气中的 NO_x 同样是大气污染的主要原因之一。

1. 大气污染物治理和控制取得初步成效

在电力行业快速发展的情况下做好环境保护工作，控制燃煤电厂大气污染物排放，改善我国空气质量、控制酸雨污染，一直是国家环境保护工作的重要课题。所以在2011 年 9 月 29 日发布了新修订的国家污染物排放标准 GB 13223—2011《火电厂大气污染物排放标准》。除了提高环保标准外，国家也逐步提高了排污的收费。

由于采取了一系列有效的控制排放政策和措施，我国在大气污染物的治理和控制上已取得一定的成效。但目前我国 SO_2、氮氧化物的治理和减排形势仍然十分严峻。

2. 规范脱硫市场

曝光 8 家电厂违法超排 SO_2。山西、广西、四川、贵州、湖南等省区 8 家燃煤电厂违反大气污染防治设施必须保持正常使用的法律要求和有关技术规范，脱硫设施长期不正常运行，超标排放 SO_2 等污染气体。国家发展和改革委员会、环境保护部公开曝光这8家企业和相关处理结果。发布的公告中说，山西某煤电有限公司现有2台燃煤发电机组，装机容量均为13.5万kW，2007年6月建成投运，烟气脱硫设施同步建成投运，采用一炉一塔半干法脱硫技术。这家公司违反大气污染防治设施必须保持正常使用的法律要求和有关技术规范，脱硫设施长期不正常运行，不按操作规程添加足量脱硫剂，监测系统中脱硫剂消耗量、烟气入口和出口 SO_2 浓度数值人为做假，致使烟气在线监测数据失真，SO_2 长期超标排放。其他7家公司均存在类似问题，每家公司 SO_2 排放量大约3500t至7万多t。

为此，责成上述8家单位自公告之日起30个工作日内编制完成烟气脱硫设施整改方案，报送环境保护部备案。2010年年底前必须完成整改任务。

两部门还要求这8家单位所在地省级环境保护行政主管部门自公告之日起15个工作日内，依据两部门公告核定的每年 SO_2 排放量，确定各机组（锅炉）应全额缴纳的每年 SO_2 排污费金额及核实已经征收的 SO_2 排污费，追缴差额部分。

两部门要求，自公告之日起15个工作日内，山西某煤电有限公司等6家单位所在地省级价格主管部门，要根据《燃煤发电机组脱硫电价及脱硫设施运行管理办法》有关规定和上述公布的机组脱硫设施投运率，扣减停运时间上网电量的脱硫电价款，对脱硫设施投运率低于90%的，按规定处以相应罚款。

对不正常使用自动监控系统、弄虚作假的3家公司，两部门要求其所在地县级以上环境保护行政主管部门依据《中华人民共和国大气污染防治法》第四十六条和《污染源自动监控管理办法》第十八条有关规定进行处罚。

两部门还要求上述8家公司所在地环境保护行政主管部门依据《中华人民共和国大气污染防治法》第四十六条有关规定对不正常运行脱硫装置、超标排放 SO_2 的行为进行处罚。

含硫煤炭在燃烧过程中释放出二氧化碳等污染气体。大气中的 SO_2 会刺激人们的呼吸道，导致呼吸道抵抗力下降，诱发呼吸道的各种炎症。SO_2 进入大气后还可能形成酸雨，给农业、森林、水产资源等带来严重危害。

为了有效防治 SO_2 等的污染，改善大气环境质量，我国在改变燃料构成、推广使用天然气及优质煤的同时，大力推广节能、脱硫及高效除尘等措施。

3. 积极推进脱硫新技术、新工艺

近年来，工业和信息化部印发了《关于公布"石灰石-石膏湿法烧结烟气脱硫技术"等两种脱硫工艺后评估结果的通告》（以下简称《通告》）。该《通告》不对工艺进行评述，只是列举出评估对象的实际运行数据及达到该效果的工况条件，供企业结合自身实际情况进行选择。

这次《通告》中所提到的两项技术后评估工作，经过了制订后评估方案、现场调研、编写评估报告、专家评审四个阶段。该项工作是针对当前钢铁烧结烟气脱硫市场混乱，钢铁企业与脱硫公司信息不对称的现状而开展的。

这次发布的钢铁行业烧结烟气脱硫技术后评估的两项技术经过了严格筛选，比较了目前在市面上使用的20多种技术，最后经专家研究，确定使用这两项技术。针对烧结机烟气特点，在吸收塔浆池结晶生成物控制方面，还独创了一种浆液池结晶生成物的控制方法，目前在申请专利。

石灰石-石膏湿法（空塔喷淋）烧结烟气脱硫技术不但很好地消除了吸收塔内壁结垢和管道堵塞问题，而且该控制方法对吸收浆液 pH 值 Cl⁻ 浓度 F⁻ 浓度、重金属含量、氧化空石膏结晶时间、反应温度等进行严格控制。同时，确保外排浆液中膏晶体粒径饱满、杂质含量少，生成的石膏晶体非常利于脱水，能有效保证副产物石膏的含水量在10%以下，有利于石膏的综合利用。

在脱硫效率方面，石灰石-石膏湿法（空塔喷淋）烧结烟气脱硫技术的平均脱硫效率为93.3%，外排废气中 SO_2 浓度在 $200mg/m^3$ 标态以下。

而循环流化床（LJS-FGD）烧结烟气多组分污染物干法脱除技术的主要亮点是具有协同脱除多种污染物的功能。该技术平均脱硫效率为93.1%，除氯化氢效率96.6%，铅、镉、汞的总量脱除效率99.5%，硫酸雾脱除率96.6%，且本工艺只要增加吸附剂就可以脱除二恶英。

同时，这两项技术具有较低成本的优势，一般企业都能接受。石灰石-石膏湿法（空塔喷淋）烧结烟气脱硫技术单位烟气量投资为75元/（m^3 标态/h），每吨脱硫成本为5.21元。而循环流化床（LJS-FGD）烧结烟气多组分污染物干法脱除技术单位烟气量投资为59元/（m^3 标态/h），每吨脱硫成本为7.99元。

目前，有相当一部分脱硫公司缺乏相关资质和工程经验，所采用的脱硫工艺良莠不齐。据相关部门抽查的结果显示，被抽查的82家钢铁企业207台烧结机中只有43台（占20.77%）安装了脱硫设施，且其中因技术不成熟、运行费用高等原因，4家钢铁企业的烧结脱硫设施运行不正常。而部分中小钢铁企业建设的脱硫设施实际运行效果更是令人担忧。为此，钢铁企业纷纷呼吁有关部门应该对钢铁烧结烟气脱硫工艺进行权威评估，避免出现火电烟气脱硫初期的无序局面。

为此，工业和信息化部（以下简称工信部）发布了《钢铁行业烧结烟气脱硫实施方案》，近年来又发布了《关于开展钢铁行业烧结烟气脱硫工艺技术后评估工作的通知》。此次评估工作是由工信部委托的第三方评估机构组织专家完成的，专家们对提交参加后评估申请的脱硫工艺进行了筛选。确定了"石灰石-石膏湿法（空塔喷淋）烟气脱硫技术""循环流化床（LJS-FGD）烧结烟气多组分污染物干法脱除技术"作为此次后评估的评估对象。

1-17　烟气脱硫技术如何分类？

答：烟气脱硫技术分类如下。

1. 湿法烟气脱硫技术分类如图 1-5 所示

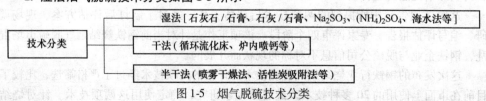

图 1-5　烟气脱硫技术分类

2. 湿法烟气脱硫技术按脱硫剂的种类划分

湿法烟气脱硫技术按脱硫剂的种类分类如图 1-6 所示。以上方法在国内外均有工程实例，但世界上普遍使用的是石灰石-石膏法，所占比例在 90% 以上。

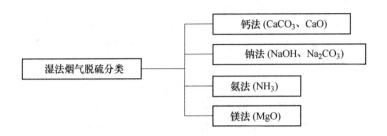

图 1-6　湿法烟气脱硫技术按脱硫剂的种类分类

石灰石-石膏法烟气脱硫技术已经有几十年的发展历史，且技术成熟可靠、适用范围广泛。据有关资料介绍，该工艺市场占有率已经达到 85% 以上。国内许多电厂锅炉、大型锅炉均采用石灰石-石膏法烟气脱硫技术。

我国的石灰石储藏量大，且矿石品位较高，$CaCO_3$ 含量一般大于 93%。石灰石用作脱硫剂时必须磨成粉末。石灰石无毒无害，在处置和使用过程中十分安全，是烟气脱硫的理想吸收剂。但是，在选择石灰石作为吸收剂时必须考虑石灰石的纯度和活性，即石灰石与 SO_2 反应速度，取决于石灰石粉的粒度和颗粒比表面积。

该吸收剂的主要优点是资源丰富、成本低廉，经过脱硫后的废渣可以抛弃也可以作为石膏回收。

1-18　对烟气脱硫技术如何评价？

答：烟气脱硫 FGD（Flue Gas Desulfurization）是目前技术种类多，大规模商业化应用的减排方式。虽然研究开发的烟气脱硫技术已有 100 多种，但进入实用的只有十几种。评价各种脱硫方法指标主要有脱硫效率、投资、运行费用、副产品处理、二次污染程度。已商业化或完成中试的湿法脱硫工艺包括石灰-石膏法、海水脱硫法、钠碱法、双碱法、氧化镁法、氨吸收法、磷铵复肥法、稀硫酸吸收法等十多种。其中，又以湿式钙法占绝对统治地位，目前运行的大型火力发电机组 85% 以上采用的是石灰-石膏法。其优点是脱硫率高、钙硫比（Ga/S）低、吸收剂价廉易得、副产物便于处置，是目前最为经济、成熟的脱硫技术。

鉴于石灰-石膏法在中小型发电装置上的使用还有一定局限性，所以目前国内中小型发电装置上运用比较普遍的有钠碱法、双碱法、氧化镁法。其共同特点为：由于循环吸收液传质效率明显提高，可有效地降低了液气比和动力消耗，从而使脱硫系统的装置体积和初期投资降低；但运行成本大幅提高，即动力消耗降低的成本无法抵消吸收剂成本的大幅增加。其中钠碱法和双碱法技术的使用仅限于有大量废碱的区域，由于近年商品碱价格大幅度攀升，造成废碱资源的短缺，故目前国内采用钠碱法和双碱法技术的装置均处于半停用状态。随着环保管理的加强，特别是在线监测仪的强制性安装，这些装置也面临着进一步的改造。

1-19　烟气脱硫石灰-石膏法有何特点？

答： 石灰-石膏法烟气脱硫工艺以石灰（CaO）或石灰石（$CaCO_3$）浆液吸收烟气中的 SO_2，脱硫产物亚硫酸钙可用空气氧化为石膏回收，也可直接抛弃，脱硫率达到 95% 以上。吸收过程的主要反应为

$$CaCO_3 + SO_2 + 1/2H_2O \rightarrow CaSO_3 \cdot 1/2H_2O + CO_2 \uparrow$$

$$Ca(OH)_2 + SO_2 \rightarrow CaSO_3 \cdot 1/2H_2O + 1/2H_2O$$

$$CaSO_3 \cdot 1/2H_2O + SO_2 + 1/2H_2O \rightarrow Ca(HSO_3)_2$$

废气中的氧或送入氧化塔内的空气，可将亚硫酸钙和亚硫酸氢钙氧化成石膏：

$$2CaSO_3 \cdot 1/2H_2O + O_2 + 3H_2O \rightarrow 2CaSO_4 \cdot 2H_2O$$

$$Ca(HSO_3)_2 + 1/2O_2 + H_2O \rightarrow CaSO_4 \cdot 2H_2O + SO_2 \uparrow$$

脱硫系统十分庞大，包括石灰石浆液制备系统、吸收和氧化（反应器）系统、烟气再热系统、脱硫增压风机、石膏脱水系统、石膏存储系统及废水处理系统。石灰-石膏法烟气脱硫工艺如图 1-7 所示。

（1）石灰-石膏法的吸收效率　它与浆液的 pH 值、钙硫化、液气化、温度、石灰石粒度、浆液固体浓度、气体中 SO_2 浓度、洗涤器结构等众多因素有关。主要因素有：

1）浆液 pH 值：浆液 pH 值越高，吸收效率越高，但过高的 pH 值会造成系统结垢和循环浆液再生的困难，一般石灰石系统处于低 pH 值运行区间（5.0~6.0）。

2）液气比：由于反应中 Ca^{2+} 持续地被消耗，这就需要吸收器有较大的持液量，即保证较高的液气比。显然，脱硫率随液气比增大而提高，但能耗也相应增加。当液气比大于 $15L/m^3$ 时，脱硫率为 95%。

3）石灰石的粒度：粒度越小，表面积越大，脱硫率与石灰石的利用率越高，但石灰石的磨粉耗能越大。

4）温度：降低吸收塔中的温度，脱硫率提高。吸收塔中的温度主要受进口烟温的影响，一般进口烟温要低于 135℃。

随着近年国内脱硫产业的高速发展、脱硫技术的不断进步，脱硫设备国产化率的不断提高，石灰-石膏法的投资强度也由初期的 1200 元/kW 降至目前的 250 元/kW。如按照近年投运的重庆珞璜点厂、北京第一热电厂等装置实际运行成本核算，在电价按火电企业上网电价核算的前提下，其直接运行成本为 850~1300 元/t SO_2。

（2）石灰-石膏法存在的主要问题

1）占地面积大、石浆液制备系统及石膏脱水系统均为大型设备，不适用于中小型机组（220t/h 以下）及旧装置的脱硫改造。

2）由于采用的是浆液循环技术，同时亚硫酸钙在吸收液中的溶解度极低，相对现有的其他湿法技术，其吸收液的吸收传质效率最低，只能通过增加液气比来提高传质效率。

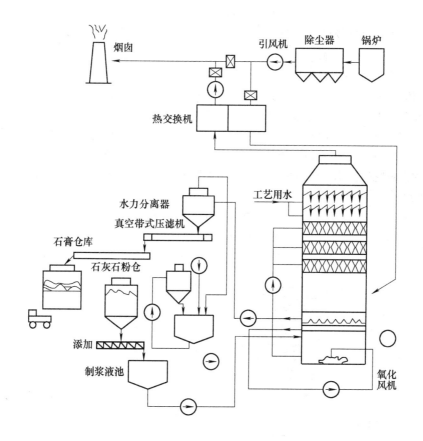

图1-7 石灰-石膏法烟气脱硫工艺

3）液气比高、制浆、过滤、氧化系统庞大、造成动力消耗极大，其电耗占脱硫成本的80%，接近机组发电量的1%。

4）吸收剂和生成物浆液容易在设备中结垢和堵塞，需通过降低pH值、加入添加剂等措施来抑制软垢（$CaSO_3 \cdot 1/2H_2O$）和硬垢（$CaSO_4 \cdot 2H_2O$）的形成。

5）副产物石膏由于含水率高、纯度低基本无经济价值，现有运行的装置大部分采用抛弃法。

1-20　烟气循环流化床脱硫法有何特点？

答：该方法的主要工艺是将石灰浆喷入脱硫反应塔，与烟气中的SO_2反应，生成$CaSO_3$与$CaSO_4$。在反应过程中，石灰浆中的水分被蒸发，未反应的石灰、脱硫生成物及较大颗粒的烟尘一起被旋风分离装置除下，其大部分被回流至反应塔中继续循环使用。烟气中的细颗粒粉尘被后部的除尘装置除去，净化后的烟气排空。

该方法的脱硫效率可达85%～90%。其脱硫后的产物是干燥粉末，无废水污染，而且吸收剂的利用率较高。此方法由于加入大量的水，虽然脱硫效率可因烟气温度降低而提高，但因为烟气温度下降至 70℃ 左右，对烟气的排放造成一定的困难。而且，由于烟气中的水分含量较高（约 14%），可能会导致后部的引风机和烟道的腐蚀。

1-21 烟气脱硫双碱法有何特点？

答： 双碱法是国外在钠碱法的基础上，针对钠碱法大量消耗钠碱，运行成本高的特点开发的清液循环吸收体系，它采用钠碱（NaOH、Na_2CO_3 或 Na_2SO_3）溶液吸收烟气中的 SO_2，生成 Na_2SO_3 和 $NaHSO_3$，利用消石灰 $[Ca(OH)_2]$ 使吸收液再生为钠溶液，并生成亚硫酸钙或硫酸钙沉淀。其吸收传质效率由于运行区间 pH 值低于钠碱法，成为仅次于钠碱法的高效脱硫技术，该技术同样也具备了低投资强度的特点，双碱法烟气脱硫工艺如图 1-8 所示。其吸收反应机理为

$$Na_2CO_3 + SO_2 \rightarrow Na_2SO_3 + CO_2 \uparrow$$
$$2NaOH + SO_2 \rightarrow Na_2SO_3 + H_2O$$
$$Na_2SO_3 + SO_2 + H_2O \rightarrow 2NaHSO_3$$

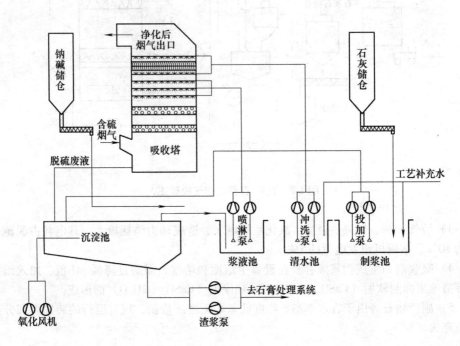

图 1-8　双碱法烟气脱硫工艺

循环吸收液的再生反应为

$$Na_2SO_3 + Ca(OH)_2 + 1/2H_2O \rightarrow 2NaOH + CaSO_3 \cdot 1/2H_2O \downarrow$$
$$2NaHSO_3 + Ca(OH)_2 \rightarrow CaSO_3 \cdot 1/2H_2O \downarrow + 3/2H_2O + Na_2SO_3$$
$$2NaHSO_3 + CaCO_3 \rightarrow CaSO_3 \cdot 1/2H_2O \downarrow + Na_2SO_3 + CO_2 \uparrow + 1/2H_2O$$

（1）双碱法的优点

1）采用消石灰再生钠碱循环吸收液，减少了钠碱消耗，降低了运行成本。

2）采用钠碱清液循环系统，吸收液传质效率高。

3）可通过高效雾化喷淋或使用结构塔，实施低液气比下的高脱硫效率。

4）采用钠碱吸收剂，液气比为 1.3～2.1L/m³ 标态，动力消耗低，从而降低运行费用。

5）吸收和泥浆的沉淀完全分开，塔内和管内液相为钠基清液，有效避免石灰法脱硫系统遇到的结垢问题。

（2）双碱法的缺点

1）再生反应速度慢，再生反应不完全，仍大量消耗钠碱，其实际成本会大于理论成本。

2）再生剂为石灰，价格较高（500 元/t）。

3）吸收过程中，生成的部分 Na_2SO_3 会被烟气中残余 O_2 氧化成不易消除的 Na_2SO_4，使得吸收剂损耗增加和石膏质量降低。

4）石膏质量低，无综合利用价值。

1-22　烟气脱硫氧化镁法有何特点？

答： 氧化镁法的原理是将氧化镁进行熟化反应生成氢氧化镁，制成一定浓度的氢氧化镁吸收浆液，在吸收塔内氢氧化镁与烟气中的 SO_2 反应生成亚硫酸镁和亚硫酸氢镁，其吸收反应机理为：

$$MgO + H_2O \rightarrow Mg(OH)_2$$
$$Mg(OH)_2 + SO_2 \rightarrow MgSO_3 + H_2O$$
$$MgSO_3 + H_2O + SO_2 \rightarrow Mg(HSO_3)_2$$
$$Mg(HSO_3)_2 + Mg(OH)_2 + 4H_2O \rightarrow 2MgSO_3 \cdot 3H_2O$$

烟气脱硫氧化镁法工艺按最终反应产物可分为硫酸镁法和氧化镁再生法，其原理为

$$MgSO_3 + 1/2O_2 \rightarrow MgSO_4 \quad （硫酸镁法）$$
$$MgSO_3 \rightarrow MgO + SO_2 \quad （氧化镁再生法）$$

氧化镁法脱硫工艺应用业绩相对较少。据介绍，氧化镁再生法的脱硫工艺最早由美国开米科基础公司 20 世纪 60 年代开发成功，70 年代后费城电力公司与 United & Constructor 合作研究氧化镁再生法脱硫工艺，经过几千小时的试运行之后，在 3 台机组上（其中 2 个分别为 150MW 和 320MW）投入了全规模的 FGD（烟气脱硫）系统和 2 个氧化镁再生系统。上述系统于 1982 年建成并投入运行，1992 年以后停运硫酸制造厂，直接将反应产物硫酸镁销售。我国山东滨州 2×240t/h 锅炉烟气脱硫就是采用了氧化镁法脱硫工艺。

（1）湿式镁法的优点　与石灰-石膏法烟气脱硫工艺相比，湿式镁法烟气脱硫工艺有以下优点：

1）氧化镁是碳酸镁煅烧后的产物，价格相对低廉。

2）由于亚硫酸镁的溶解度远远大于亚硫酸钙的溶解度，吸收反应速度较石灰-石膏法快，吸收率较高。

3）液气比为 5 ~ 10L/m³，动力消耗较石灰-石膏法降低 1/2 以上。

4）镁法脱硫工艺具有运行稳定可靠，不易堵塞的特点。

5）投资较石灰-石膏法降低 20%。

6）废渣可处理为达标废水直接外排。

（2）湿式镁法的缺陷

1）仍为浆液循环体系，液气比较大，仍需较大的动力消耗。

2）氧化生成硫酸镁浓度仅 5% ~ 8%，回收价值低，同样消耗大量补充水。

3）氧化镁回收系统庞大，投资大。

4）从药剂成本考虑，氧化镁的使用有一定的原料产地地域局限性。

5）该技术的使用涉及大量的国外知识产权。

1-23　烟气脱硫总体方案如何进行比较？

答：对烟气脱硫总体方案评估如下。

1. 技术经济比较

湿法与半干法技术较成熟，其运行可靠及脱硫效率较高，并在多年的使用过程中使其性能不断得到改进。但这两种方法工艺流程一般较复杂，投资与运行成本较高，占地面积较大，适用于规模较大、场地和资金均较充裕的新建电厂。如对现有电厂进行技术改造，尤其是场地、资金均较拮据的项目，采用这两类脱硫装置均较困难。

（1）脱硫效率　各种脱硫方法中，湿法的脱硫效率最高，可达 95% 以上；半干法的脱硫效率次之，可达 80% ~ 85%；干法及炉内喷钙的脱硫效率通常为 70% 以上。炉内喷钙的炉内脱硫效率通常为 20% 左右。其主要的脱硫过程在炉后增湿活化单元进行，在增湿过程中，CaO 溶解于水中，生成 $Ca(OH)_2$，与 SO_2 反应比较充分，因此脱硫效率可达 60% ~ 70%。

（2）钙硫比　各类脱硫方法中，炉内喷钙脱硫方法的钙硫比（Ca/S）最高，可达 2.5 以上，这是由于炉内喷钙所用的吸收剂为碳酸钙（$CaCO_3$）。碳酸钙先在锅炉炉膛内被煅烧为氧化钙（CaO），然后与烟气中的硫氧化物（SO_x）反应，生成亚硫酸钙（$CaSO_3$）和硫酸钙（$CaSO_4$）。这一系列的反应需要一定的时间，而且 CaO 与 SO_2 的反应速度及效率均不如 $Ca(OH)_2$，致使脱硫吸收剂的利用率较低，因此该方法的 Ca/S 较高。

（3）占地面积　通常湿法脱硫占地面积最大，半干法次之，炉内喷钙又次之，干法脱硫占地面积较小。由于各种脱硫方法在工程应用时的电站规模各不相同，占地面积之间缺乏可比性。因此将各种脱硫方法在工程应用时，常用电站锅炉的占地面积与蒸发量之比来进行相互比较。如北京第一热电厂的喷雾干燥法占地面积最大，这是由于其单位占地面积较大的缘故。

（4）投资　各类脱硫方法的投资占电站总投资的比例有较大差异，同一类脱硫方法在不同的工程应用中也有所差异。喷雾干燥法投资比通常偏大，这是由于该工程规模较小的缘故。如果在相同规模的工程中应用，一般湿法的投资最高，半干法次之，干法最低。

（5）运行成本　当计算各种脱硫方法的单位运行成本时，如不包括偿还贷款，则湿法、半干法及干法脱硫的运行成本相差不是很大（除北京第一热电厂外），这是由于该项计算主要考虑各种消耗，如吸收剂、电力、水、蒸汽消耗、人工、设备折旧、设备大修、设备维修及管理费等，未考虑投资大小这个因素。因此，当把偿还贷款计入运行成本时，湿法和半干法脱硫的单位运行成本比干法脱硫明显增高。

2. 综合评价

1）脱硫方法选择应当以锅炉的容量、煤的发热量、煤的含硫量、预留的脱硫场地的大小、使用单位的资金情况等作为依据。

2）湿法与半干法较适用于新建大容量锅炉脱硫（300MW 以上），中、小容量锅炉脱硫（200MW 以下）或已建项目的扩改，应用干法较适合，该类方法投资省、占地面积小、运行费用较低。

3）在进行各种脱硫方法的经济指标分析比较时，应考虑工程投资，并将偿还贷款计入运行成本，贷款偿还年限通常按 20 年计算。计算脱硫成本时应包括以下项目，即：①消耗：吸收剂、电力、水、蒸汽等；②人工、设备折旧、设备大修、维修与管理费等；③偿还贷款。

3. 做好项目前期准备

为做好烟气脱硫项目，必须做好"脱硫项目前期情况调查表"，见表 1-18。

表 1-18　烟气脱硫项目情况调查表

公司名称	详细地址		联系人	联系电话
邮编	传真		Email	网址

一、锅炉现有情况

生产厂家	型号	生产日期	投运日期
台数	蒸发量/(t/h)	额定/实际耗煤量/(t/h)	实际运行情况(几用几备)

二、燃煤现有情况

燃煤产地	发热量/(kJ/kg)	灰分(%)	含硫量(%)	含氮量(%)	煤质报告

三、风机现有情况

风机数量/台	额定风量/(m³/h)	实际运行风量/(m³/h)	是否变频	风压/Pa	备注

四、烟气现有情况

1. 锅炉出口：

（续）

烟气温度 /℃	烟气量 /(m³/h)	二氧化硫浓度 /(mg/m³)	粉尘浓度 /(mg/m³)	备注

2. 除尘器出口(如果有)：

烟气温度 /℃	烟气量 /(m³/h)	二氧化硫浓度 /(mg/m³)	粉尘浓度 /(mg/m³)	备注

五、环保设施现有情况

1. 脱硫设施(如果有)

设备型式	烟气温度 /℃	烟气量 /(m³/h)	二氧化硫浓度 /(mg/m³)	粉尘浓度 /(mg/m³)	备注

2. 水处理设施(如果有)

设备型式	处理能力	是否能承担本项目废水处理	运行情况	备注

六、场地现有情况

现有布置情况	可利用场地形状、大小/(m×m)	应注意事项	备注

七、拟准备采用的脱硫剂、脱硫工艺

脱硫剂	脱硫塔	脱硫工艺	其他要求	备注

八、达到排放标准

二氧化硫 /(mg/m³ 标态)	粉尘 /(mg/m³ 标态)	林格曼黑度(级)	其他要求	备注

九、提供煤质报告、烟气检测报告等

第2章 工业锅炉基本知识

2-1 什么是工业锅炉？

答： 锅炉是产生一定容量、具有一定压力和温度的蒸汽（或热水）的设备。

锅炉按用途可分为动力锅炉和工业锅炉两大类。通常，把用于动力（如作机车、船舶的动力）、发电的锅炉称为动力锅炉，把用于工业及采暖的锅炉称为工业锅炉（本书基本以这类锅炉为主要内容，后简称锅炉）。

锅炉设备由锅本体、炉本体、炉墙、构架、辅助设备和附件等组成。

锅本体是指锅炉设备中的汽水系统，即由水和蒸汽流过的设备和装置组成系统。送入锅炉的水在汽水系统内被加热、蒸发成饱和蒸汽，有的再吸收热量变成过热蒸汽。这是一个吸热过程。

炉本体是指锅炉设备中的燃烧系统，即由燃料、助燃空气及燃烧产物流过的设备和装置组成的系统。在这一系统中，燃料与空气中的氧气化合燃烧放出热量，产生高温火焰和烟气；烟气在炉内流动时，不断地把热量传递给汽水系统而自身温度逐渐降低，最后被排出炉外。这是一个全放热过程。

2-2 工业锅炉性能有什么规定？

答： 根据 NB/T 47034—2013《工业锅炉技术条件》对工业锅炉在额定工况下的性能做了具体规定。

1）制造企业应保证锅炉在额定参数下的额定蒸发量或额定热功率。

2）锅炉的蒸汽品质应符合下列规定：①饱和蒸汽锅炉的蒸汽湿度对水管锅炉不应大于 3%，对水火管锅炉和锅壳锅炉不应大于 4%；过热蒸汽锅炉过热器入口的蒸汽湿度不应大于 1%；②工业用蒸汽锅炉的过热蒸汽含盐量不应大于 0.5mg/kg，其过热蒸汽温度 t_{gq} 的偏差应符合表 2-1 的规定；用于发电时，锅炉的过热蒸汽品质参照 GB/T 12145—2016 的规定执行，其过热蒸汽温度 t_{gq} 的偏差应符合表 2-1 规定并满足配套汽轮机的要求。

表 2-1 蒸汽锅炉的过热蒸汽温度 t_{gq} 的偏差

过热蒸汽温度/°C	偏差范围/°C	过热蒸汽温度/°C	偏差范围/°C
$t_{gq} \leq 300$	+30 −20	$350 < t_{gq} \leq 400$	+10 −20
$300 < t_{gq} \leq 500$	±20	$400 < t_{gq} \leq 440$	+10 −15

3）热水锅炉出水温度和回水温度偏差绝对值不应大于 5°C。

4）当锅炉的使用条件符合该标准的规定时，在其使用燃料满足设计或订货合同要求的情况下，锅炉热效率指标应符合下列规定：①层状燃烧锅炉的热效率不应低于表 2-

2 规定；②生物质锅炉的热效率不应低于表 2-3 规定；③流化床燃烧锅炉的热效率不应低于表 2-4 规定；④液体燃料、天然气锅炉的热效率不应低于表 2-5 规定；⑤电加热锅炉的热效率不应低于 97%；⑥未列燃料的锅炉热效率指标由供需双方商定。

表 2-2　层状燃烧锅炉热效率

燃料品种		燃料收到基低位发热量 $Q_{net.v.ar}$/(kJ/kg)	锅炉额定蒸发量 D/(t/h)或者额定热功率 Q/MW	
			$D \leqslant 20$ 或者 $Q \leqslant 14$	$D > 20$ 或者 $Q > 14$
			锅炉热效率(%)	
烟煤	II	$17700 \leqslant Q_{net.v.ar} \leqslant 21000$	80	81
	III	$Q_{net.v.ar} > 21000$	82	84
褐煤		$Q_{net.v.ar} \geqslant 11500$	80	82

注：1. 以 I 类烟煤、贫煤和无烟煤等为燃料的锅炉热效率指标，按照表 2-2 中 II 类烟煤热效率指标执行。
　　2. 各燃料品种的干燥无灰基挥发分（V_{daf}）范围，烟煤，$V_{daf} > 20\%$；贫煤，$10\% < V_{daf} \leqslant 20\%$；II 类无烟煤，$V_{daf} < 6.5\%$；III 类无烟煤，$6.5\% \leqslant V_{daf} \leqslant 10\%$；褐煤，$V_{daf} > 37\%$。

表 2-3　生物质锅炉热效率

燃料品种	燃料收到基低位发热量 $Q_{net.v.ar}$/(kJ/kg)	锅炉额定蒸发量 D/(t/h)或者额定热功率 Q/MW	
		$D \leqslant 10$ 或者 $Q \leqslant 7$	$D > 10$ 或者 $Q > 7$
		锅炉热效率(%)	
生物质	按燃料实际化验值	80	86

注：以低位发热量 $Q_{net.v.ar} < 8374$kJ/kg 的生物质为燃料的锅炉热效率指标，锅炉热效率应当达到锅炉设计热效率。

表 2-4　流化床燃烧锅炉热效率

燃料品种		燃料收到基低位发热量 $Q_{net.v.ar}$/(kJ/kg)	锅炉热效率(%)
烟煤	I	$14400 \leqslant Q_{net.v.ar} < 17700$	82
	II	$17700 \leqslant Q_{net.v.ar} \leqslant 21000$	86
	III	$Q_{net.v.ar} > 21000$	88
褐煤		$Q_{net.v.ar} \geqslant 11500$	86

注：以贫煤和无烟煤等为燃料的锅炉热效率指标，按照表 2-4 中褐煤热效率指标执行。以劣质煤燃料低位发热量 $Q_{net.v.ar} < 11500$kJ/kg 的锅炉，应达到锅炉设计热效率。

表 2-5　燃液体燃料、燃天然气锅炉产品额定工况下热效率

燃料品种		燃料收到基低位发热量 $Q_{net.v.ar}$/(kJ/kg)	锅炉热效率(%)
液体燃料	轻油	按燃料实际化验值	90
	重油		
天然气			92

注：以轻油、重油以外的液体燃料和天然气以外的气体燃料为燃料的锅炉热效率指标，应当达到锅炉设计热效率。

5）锅炉排烟处过量空气系数应符合以下要求：①流化床燃烧锅炉和采用膜式壁的锅炉不应大于 1.4；②其他层燃锅炉不应大于 1.65；③正压燃油（气）锅炉不应大于 1.15；④负压燃油（气）锅炉不应大于 1.25。

6）锅炉排烟温度应符合以下要求：①额定蒸发量小于 1t/h 的蒸汽锅炉排烟温度不应高于 230°C；②额定功率小于 0.7MW 的热水锅炉排烟温度不应高于 180°C；③额定蒸发量大于或等于 1t/h 的蒸汽锅炉和额定功率大于或等于 0.7MW 的热水锅炉排烟温度不应高于 170°C。

7）锅炉大气污染物的排放应符合 GB 13271—2014 的规定。

8）由于工业锅炉是特种设备，对产品设计与制造，运行与维护、维修，检验与试验，安装与验收等各个环节都必须遵守规范性文件，同时对锅炉主要零部件制造和验收也有相关标准。

①下列文件应用是必不可少的。不注日期的文件，其最新版本（包括所有的修改单）均可应用。a. GB/T 1576《工业锅炉水质》；b. GB 3096《声环境质量标准》；c. GB/T 10180《工业锅炉热工性能试验结果》；d. GB 12348《工业企业厂界环境噪声排放标准》；e. GB 13271《锅炉大气污染物排放标准》；f. GB/T 16507—2013《水管锅炉》；g. GB/T 16508《锅壳锅炉》；h. GB/T 18342《链条炉排锅炉用煤技术条件》；i. GB 50041《锅炉房设计规范》；j. GB 50273《锅炉安装工程施工及验收规范》；k. JB/T 2379《金属管状电热元件》；l. JB/T 3375《锅炉用材料入厂验收规则》。

②锅炉主要零部件制造和验收标准：a. NB/T 47043《锅炉钢结构制造技术规范》；b. JB/T 1621《工业锅炉烟箱、钢制烟囱技术条件》；c. JB/T 2192《方型铸铁省煤器技术条件》；d. JB/T 2637《锅炉承压球墨铸铁件技术条件》；e. JB/T 2639《锅炉承压灰铸铁件技术条件》；f. JB/T 3271《链条炉排技术条件》；g. JB/T 10355《锅炉用抛煤机技术条件》；h. JB/T 10356《流化床燃烧设备技术条件》；i. NB/T 47040《锅炉人孔和手孔装置》。

2-3　工业锅炉设计和制造有何规定？

答：根据 NB/T 47034—2013《工业锅炉技术条件》，工业锅炉设计和制造规定如下：

1. 设计方面

1）锅炉设计应采用先进的技术，使产品满足安全、节能和环保的要求。

2）锅炉设计时应综合考虑锅炉制造成本、锅炉房的建造及锅炉运行维护费用等因素。

3）锅炉设计时应采取有效的措施，以降低锅炉运行对环境产生的污染。

4）链条炉排锅炉的设计煤种宜符合 GB/T 18342—2009 的规定。

5）锅炉的结构和受压元件的材料选用应按相关安全技术规范和标准的规定。

6）水管锅炉受压元件强度计算应符合 GB/T 16507—2013《水管锅炉》的规定。

7）机械层燃锅炉燃烧设备的供风系统应有良好的密封，风室风压应足够并符合有关标准的规定，且配风调节应灵活、有效。

8）锅炉炉墙及烟风道应有良好的密封和保温性能。当周围环境温度为 25°C 时，距门（孔）300mm 以外的炉体外表面温度不应大于 50°C，炉顶不应大于 70°C，各种热力设备、热力管道及阀门表面温度不应大于 50°C。

9）锅炉结构布置应当方便受热面清理，对于额定蒸发量大于或等于 10t/h 和额定功率大于或等于 7MW 的热煤锅炉，对流受热面应当设置清灰装置。

10）锅炉应设置必要的热工及环保检测的测点。

2. 制造方面

1）锅炉制造单位应取得锅炉制造许可证，方可从事批准范围内的锅炉产品制造。

2）锅炉应按规定程序批准的设计图样和技术文件制造。

3）制造锅炉受压元件的材料应符合设计图样的规定，材料代用应按规定程序审批。

4）锅炉受压元件所用钢材和焊接材料的质量应符合相应的材料标准要求，且有材料质量证明书，并按国家相关锅炉安全技术监察规程及 JB/T 3375—2002 的规定进行入厂检验，合格后方可使用。

5）锅炉主要零部件的制造应符合有关标准的规定。

6）电加热锅炉的电阻式加热元件应符合 JB/T 2379—2016 的规定；其他形式的加热元件应符合各自的产品标准。

3. 配用的辅机及附件

1）锅炉配用辅机及附件的供应范围应符合订货合同的规定。

2）锅炉配用辅机及附件应满足锅炉主机的性能要求，并符合各自的产品标准。

3）锅炉配用的水处理设备应能保证锅炉给水水质符合 GB/T 1576—2008 或 GB/T 12145—2016 的规定，如在产品使用说明书中注明锅炉对水质有特殊要求时，还应符合产品使用说明书的规定。

4）锅炉配用的风机和水泵宜采用变频技术，尽可能满足节能的要求。

5）锅炉配用风机的风量和风压应能满足锅炉在额定出力下稳定运行的需要，且具有足够的调节范围和调节灵活性。

6）风机和水泵等配用辅机的单机噪声和锅炉房总体噪声应符合 GB 50041—2015 的规定。

7）锅炉配用的烟气净化设备应使其大气污染物排放符合 GB 13271—2014 的规定。

8）额定蒸发量不小于 1t/h 的蒸汽锅炉应配有锅水和蒸汽取样冷凝装置。

2-4　工业锅炉检测、监控及检验方面有何规定？

答：工业锅炉检测与监控及检验方面规定如下。

（1）检测与监控仪表及装置

1）锅炉监控仪表及装置的供应范围应符合订货合同的规定。

2）锅炉检测和监控仪表及装置的配置如：监测压力、水位、温度等安全运行参数的显示仪表等应符合相关安全技术规范和标准的规定。

对于额定蒸发量大于 4t/h 且有过热器的蒸汽锅炉，还宜装设用以测量锅筒蒸汽压力及水位、过热器出口蒸汽压力的记录式仪表。

3）锅炉应装设给水流量或蒸汽流量、循环水流量等考核经济运行参数的指示仪表。

对于额定蒸发量大于 4t/h 的蒸汽锅炉或额定热功率大于 2.8MW 的热水锅炉，还应装设用以测量蒸汽流量或循环水流量（或供热量）的记录式仪表。

4）额定蒸发量大于 4t/h 的蒸汽锅炉或额定热功率大于 2.8MW 的热水锅炉，还应装设炉膛出口烟温、炉膛压力、风室风压、排烟处烟气负压等运行工况参数的指示仪表。

对于额定蒸发量大于 10t/h 的蒸汽锅炉或额定热功率大于 7MW 的热水锅炉，应装设测量排烟含氧量的指示仪表；对于额定蒸发量大于等于 20t/h 的蒸汽锅炉或额定热功率大于等于 14MW 的热水锅炉，还应装设炉膛出口烟温和排烟温度的记录式仪表。

5）蒸汽锅炉应设置连续或位式给水自动调节装置，额定蒸发量大于 4t/h 的锅炉应设置连续给水自动调节装置。

6）蒸汽锅炉应设置高低水位报警、极限低水位连锁保护、蒸汽超压报警和连锁保护装置（自然通风手烧炉除外），带有过热器的锅炉还应设置过热蒸汽温度越限报警装置。

热水锅炉应按相关安全技术规范的规定设置额定出水温度超温报警装置。

锅炉燃烧设备应设置故障停运报警和保护装置，流化床燃烧锅炉还应设置流化床温度越限报警装置。

7）额定蒸发量大于 4t/h 的燃煤蒸汽锅炉或额定供热量大于 2.8MW 的燃煤热水锅炉，宜设置运行工况集中监控和远程调节的装置。额定蒸发量大于或等于 20t/h 的燃煤蒸汽锅炉或额定供热量大于或等于 14MW 的燃煤热水锅炉，应设置燃烧过程自动调节装置，宜采用计算机控制系统。

8）室燃锅炉应设置点火程序控制、炉膛熄火报警和保护、燃油温度或燃气压力越限报警和保护、燃烧位式或比例自动调节等装置。额定输出热功率大于 1200kW 的燃烧器主燃气控制阀系统应设置阀门检漏装置。

9）锅炉大气污染物排放监测仪表的设置应符合 GB 13271—2014 的规定。

（2）检验和试验

1）锅炉的制造质量应按产品图样和技术文件进行检验。

2）锅炉焊缝应按相关标准的要求进行检验。

3）内燃锅壳锅炉的平管板与锅壳、炉胆的角焊缝应按 JB/T 4730—2005 的要求进行超声检测。

4）锅炉应按相关标准的要求进行水压试验。

5）锅炉制造单位的质量检验部门应按相关标准的各项规定进行产品质量检验，检验合格后，出具质量证明书。质量证明书的内容应包括：①锅炉的出厂合格证；②锅炉主要技术规范；③锅炉主要受压元件所用金属材料及焊接材料的材质证明；④焊缝试验检验报告、焊缝无损检测报告和焊缝返修报告；⑤燃烧设备冷态试验报告或燃油和燃气锅炉热态调试报告（可在用户现场进行热态调试后提供）和水压试验报告；⑥热处理报告和材料代用报告（如锅炉受压元件有热处理和材料代用）。

6）新产品和对锅炉性能有重大影响的变型设计产品应进行热工性能测试、大气污染物排放值的测定和锅炉房总体噪声测试，其考核要求应分别符合有关规定。

（3）测试方法

1）锅炉热工性能测试按 GB/T 10180—2017 的规定进行。

2）锅炉大气污染物排放值的测定按 GB 13271—2014 的规定进行。

3）锅炉房总体噪声的测试按 GB 12348—2008 或 GB 3096—2008 的规定进行。

2-5　工业锅炉油漆、包装、标志和随机文件有何规定？

答：油漆、包装、标志和随机文件等方面规定如下：

1）锅炉的油漆、包装应符合相关标准或订货合同的规定。

2）锅炉应在其明显部位装设金属铭牌，铭牌上至少应载明下列项目：①产品型号和名称；②产品编号；③额定蒸发量或额定热功率，单位为 t/h 或 MW；④额定蒸汽压力或额定出水压力，单位为 MPa；⑤额定蒸汽温度或额定出水温度和回水温度，单位为 °C；⑥锅炉热效率；⑦制造单位名称；⑧制造许可证级别和编号；⑨监检单位名称和监检标记；⑩制造日期。

3）锅炉产品出厂时应提供下列图样及技术文件：①质量证明书1份；②锅炉总图、主要受压部件图、安装图、电气控制图（由供应电控装置的单位提供）、热水锅炉水流程图（自然循环的锅壳锅炉除外）、易损零件图各2份；③强度计算书或计算结果汇总表、安全阀排放量计算书（额定出水温度低于 100°C 的热水锅炉除外）、安装及使用说明书、受压元件重大设计更改资料、热力计算结果汇总表和烟风阻力计算结果汇总表（额定蒸发量小于 1t/h 或额定热功率小于 0.7MW 的锅炉除外）、热水锅炉水阻力计算结果汇总表（自然循环的锅壳锅炉除外）各2份；④节能审查证明材料1份；⑤锅炉总清单2份；⑥装箱清单及备件清单各2份；⑦其他按有关规定需提供的文件2份；⑧上述图样及技术文件清单2份。

2-6　工业锅炉安装及验收、运行和质量责任有何规定？

答：有关安装及验收、运行和质量责任规定如下。

（1）安装方面

1）锅炉应由取得相应资质的单位进行安装。锅炉安装应按国家相关锅炉安全技术监察规程、GB 50273—2009 或 DL/T 5047 及制造单位的锅炉安装说明书的规定进行。

2）锅炉安装前和安装过程中，如发现影响锅炉安全使用的质量问题时，应停止相应部件的安装并报告当地特种设备安全监察机构，制造单位和安装单位应配合及时处理。

3）安装锅炉的技术文件和施工质量证明资料，在安装验收合格后，应移交使用单位存入锅炉技术档案。

（2）验收方面

1）锅炉产品的验收应按标准和订货合同的规定进行。

2）锅炉验收试验所用的燃料应符合设计的要求。试验应在设备完好的情况下进行。验收试验应由双方商定的经质量技术监督部门认可的专业检测机构承担。

3）锅炉验收试验的方法应符合相关规定。

4）锅炉验收试验的考核要求应符合相关规定。

（3）运行方面

1）锅炉使用单位应建立健全并实施锅炉及其系统安全、节能管理的有关制度。锅炉及辅机设备的管理人员、操作人员及水处理人员应经培训取得相应资质。

2）锅炉运行应按 JB/T 10354—2002 及制造单位的锅炉使用说明书的规定进行。

3）使用单位应做好锅炉水质管理工作，使锅炉运行时的给水和锅水的水质符合下列要求：①工业和生活用锅炉应符合 GB/T 1576—2008 的要求；②用于发电时，应符合 GB/T 12145—2016 的要求；③对水质有特殊要求的锅炉应按产品使用说明书的要求执行。④锅炉没有可靠的水处理措施不应投入运行。⑤锅炉所用燃料的品种及特性应符合设计或订货合同的规定。⑥锅炉应尽量避免低负荷状态下运行。⑦锅炉的煤闸板、风机轴承、循环水泵轴承的冷却水和水力除渣冲灰用水应当尽可能循环使用。

（4）质量责任方面

1）锅炉制造单位应对产品设计和制造质量负责，在用户遵守标准及有关技术文件的条件下，在出厂期 18 个月内或运行期 12 个月内（出厂期超过 18 个月，运行期不足 12 个月，以出厂期为准；出厂期不足 18 个月，运行期超过 12 个月，以运行期为准），如确因设计和制造质量不良而发生损坏或并非因安装质量、运行条件和操作水平的原因，不能按额定参数正常运行或达不到规定的性能要求时，制造单位应承担相应的责任。

锅炉出厂期的起算日为用户收到最后一批零件之日；锅炉运行期的起算日为锅炉正式投入运行之日。

2）配用的锅炉辅机、安全附件、监控仪表的质量应符合相应的标准，供应单位应承担其质量责任。

3）锅炉安装单位应对锅炉的安装质量负责。

2-7　特种设备目录对锅炉是如何规定的？

答：为了加强特种设备管理，国家质检总局颁发国质检［2014］114 号文件，对修订的《特种设备目录》重新公告。随着特种设备数量持续增长，国家质检总局又重新颁发国质检特［2014］679 号文件《关于实施新修订的"特种设备目录"若干问题的意见》，要求在 2014 年 12 月 29 日生效。

特种设备目录对锅炉有关代码、类别、品种见表 2-6。

表 2-6　锅炉代码、类别及品种

代　码	种　类	类　别	品　种
1000	锅炉	锅炉，是指利用各种燃料、电或者其他能源，将所盛装的液体加热到一定的参数，并通过对外输出介质的形式提供热能的设备，其范围规定为设计正常水位容积大于或者等于 30L，且额定蒸汽压力大于或者等于 0.1MPa（表压）的承压蒸汽锅炉；出口水压大于或者等于 0.1MPa（表压），且额定功率大于或者等于 0.1MW 的承压热水锅炉；额定功率大于或者等于 0.1MW 的有机热载体锅炉	
1100		承压蒸汽锅炉	

（续）

代　码	种　类	类　别	品　种
1200		承压热水锅炉	
1300		有机热载体锅炉	
1310			有机热载体气相炉
1320			有机热载体液相炉
F000	安全附件		
7310			安全阀

2-8　锅炉是如何分类的？

答： 锅炉是利用燃料等能源的热能或工业生产中的余热，将工质加热到一定温度和压力的换热设备，也称为蒸汽发生器。

锅炉是一种具有爆炸危险的承压设备。因此国家设立专门的锅炉压力容器安全监察机构，对锅炉压力容器实行监督检查。

锅炉在生产中和生活中被广泛地使用，种类繁多，因此锅炉分类方式众多，参见表2-7，本书内容主要是工业锅炉。

表2-7　锅炉分类

分类方法	锅炉名称
按用途分类	电站锅炉、工业锅炉、船用锅炉、机车锅炉（已逐步被淘汰）
按结构分类	火管锅炉、水管锅炉
按燃烧方式分类	层燃炉、室燃炉、旋风炉、沸腾炉
按所用燃料或能源分类	固体燃料锅炉、液体燃料锅炉、气体燃料锅炉、余热锅炉、电热锅炉、原子能锅炉、废料垃圾锅炉等
按排渣方式分类	固态排渣炉、液态排渣炉
按工质种类及其输出状态分类	蒸汽锅炉、热水锅炉、特种工质锅炉
按锅炉出口工质压力分类	常压锅炉、低压锅炉、中压锅炉、高压锅炉、超高压锅炉、亚临界压力锅炉、超临界压力锅炉
按循环方式分类	自然循环锅炉、强制（辅助）循环锅炉、直流锅炉、复合循环锅炉、低循环倍率锅炉
按炉膛烟气压力分类	负压锅炉、微正压锅炉、增压燃烧锅炉
按锅筒布置分类	单锅筒纵置式、单锅筒横置式、双锅筒纵置式、双锅筒横置式
按炉型分类	D型锅炉、Ⅱ型锅炉、A型锅炉、塔形布置和箱形布置等锅炉
按锅炉房形式分类	露天、半露天、室内、地下、洞内
按锅炉出厂安装形式分类	快装锅炉、组装锅炉、散装锅炉

2-9　工业锅炉性能参数有哪些？与国外相应单位如何换算？

答： 表示工业锅炉性能的是以其供热能力和供热品位为标志。

1. 蒸汽锅炉参数

（1）额定蒸发量　它是表示蒸汽锅炉的供热能力（t/h）。额定蒸发量有时也叫作额定压力、铭牌蒸发量或锅炉容量。额定蒸发量是在额定出口蒸汽参数、额定给水温度、设计使用燃料和保证设计效率下连续运行所应达到的每小时产汽量。

（2）额定出口蒸汽压力　它是表示蒸汽锅炉供热品位的主要参数。它是指过热器主汽阀出口处的过热蒸气压力，对于无过热器的锅炉，用主汽阀出口处的饱和蒸汽压力表示（MPa）。

（3）蒸汽温度　表示供热品位的参数。它是指过热器主汽阀出口处的过热蒸汽温度，对于无过热器的锅炉，用锅炉主汽阀出口的饱和蒸汽温度表示（K 或°C）。饱和蒸汽温度一般不表示，可在相应的饱和蒸汽压力下查得。

（4）给水温度　它是指进省煤器的给水温度，对无省煤器的锅炉即指进锅炉锅筒的水的温度（°C）。工业锅炉规定的给水温度为 20°C，60°C 和 105°C 三档。

2. 热水锅炉参数

（1）额定热功率（额定供热量）　它表示热水锅炉的供热能力。它是在一定的回水温度、一定的回水压力和相应的循环水量下，锅炉长期连续运行应能达到的规定的供热量（MW）。

（2）额定出口热水温度　它表示热水锅炉供热的品位。它是在额定回水温度，回水压力和额定循环水量的情况下，长期连续运行应能达到的供水温度（°C）。

（3）回水温度　它是在一定压力、额定循环水量和额定出水温度的情况下，进入锅炉省煤器或锅炉锅筒的水的温度（°C）。

在热水锅炉中，通常以供水温度 t_g/回水温度 t_h 表示，如 95°C/70°C，115°C/70°C，130°C/70°C，150°C/90°C，180°C/110°C。

（4）锅炉运行压力　热水锅炉的设计压力是按热水锅炉基本参数系列设计的，实际运行时是按供暖系统循环水所需要的扬程确定的。锅炉的运行压力就是循环水泵出口进入锅炉的压力。锅炉的运行压力，一般都低于锅炉设计压力。但是，为了防止热水锅炉中的水发生汽化，应维持锅炉内的压力高于汽化压力的一定程度。

近年来，我国引进了一些燃油、燃气的工业锅炉，进口锅炉的出力用英制马力（hp），其换算关系为

$$1hp = 0.7457kW \approx 0.00075MW$$

有的锅炉蒸发量后面标有"at212°F"，国内一般称为其"相当蒸发量"或"当量蒸发量"。因为英国的锅炉蒸发量是这样规定的："从 212°F 的水蒸发为 212°F 的蒸汽量"；"英文标识为：f. amd a 212°F。实际上就是在大气压力下的蒸发量，因为 212°F（华氏温度）就是摄氏温度 100°C。

英热单位 Btu 是英国 1876 年命名的热量单位，它是将 1 磅水的温度升高华氏 1 度所需的热量。按热功率，其换算关系为

$$1Btu/s = 1.055kW = 0.001055MW$$

一些进口锅炉，其压力单位为巴（bar）或磅力每平方英寸，即 lbf/in^2（亦即 psi），其换算关系为

$$1bar = 0.1MPa$$
$$1lbf/in^2(psi) = 0.0068947MPa \approx 0.0069MPa$$
$$= 6.9 \times 10^{-3}MPa$$
$$1lb = 0.4536kg$$

【案例2-1】　某进口锅炉额定蒸发量为11040lb/h，额定工作压力为150psi，额定蒸汽温度为：182℃（饱和）。试换算为我国的法定单位。

额定蒸发量为：$11040 \times 0.4536 \text{kg/h} = 5008 \text{kg/h}$，即额定蒸发量为5t/h。

额定压力为：$150 \times 0.0069 \text{MPa} = 1.035 \text{MPa}$

2-10　表示锅炉经济性的技术经济指标有哪些？

答：锅炉的技术经济指标，一般用锅炉热效率，成本及可靠性三项来表示。优质锅炉应保证热效率高，成本低和运行可靠。

（1）锅炉热效率　它是指送入锅炉的全部热量中被有效利用部分的百分率，即

$$\eta = \frac{Q}{Q_r} \times 100\%$$

式中：Q_r 为送入锅炉的全部热量；Q 为被有效利用的热量；η 为锅炉热效率。

我国工业锅炉经济运行的热效率应不低于经国家质量技术监督局国家标准技术审查部审查通过、国家质量技术监督局批准 GB/T 17954—2007《工业锅炉经济运行》规定的最低和最高热效率，见表2-8。

表2-8　工业锅炉经济运行最低和最高热效率

锅炉额定热功率 /MW	使用燃料										
	劣质煤	烟　煤			贫煤	无烟煤			褐煤	油	气
		Ⅰ	Ⅱ	Ⅲ		Ⅰ	Ⅱ	Ⅲ			
0.7	52～61	59～68	61～70	63～72	60～68	51～60	50～58	53～64	60～67	75～82	75～83
1.4	55～63	63～70	65～72	67～74	65～70	56～63	54～62	59～67	65～70	78～84	78～85
2.8～5.6	62～67	68～72	70～75	72～77	70～73	63～66	60～64	66～72	70～74	80～86	80～87
7～14	64～69	71～74	74～76	74～78	74～77	57～62	64～69	70～75	74～77	82～88	82～88
>14	66～71	72～76	75～78	77～81	75～79	69～74	66～73	75～79	75～79	83～89	83～89

注：热效率的最低值作为三级指标，最高值作为一级指标；二级指标取一级和三级指标的中间值。

（2）锅炉制造成本　锅炉的一个重要经济指标，一般用钢材消耗率来表示。钢材消耗率的定义为锅炉单位蒸发量所用的钢材重量（t·h/t）。工业锅炉的钢材消耗率在5~6t·h/t左右；电站锅炉的钢材消耗率一般在2.5~5t·h/t范围内。在保证锅炉安全、可靠、经济运行的基础上应合理降低钢材消耗率，尤其是耐热合金钢材的消耗量，是降低锅炉成本的重要途径。

蒸发率也是反映锅炉成本的指标，它是锅炉额定蒸发量与蒸发受热面面积之比。蒸发率越大，锅炉蒸发受热面单位面积的吸热量就越多，也就是蒸发受热面利用率越高，因而在蒸发量一定时可以减少蒸发受热面面积，以减少锅炉钢材消耗率，降低成本。

（3）锅炉可靠性　常用下列三种指标来衡量：

1）连续运行时数 = 两次检修之间的运行时数。

2）事故率 = $\dfrac{\text{事故停用小时数}}{\text{运行总时数} + \text{事故停用小时数}} \times 100\%$。

3）可用率 = $\dfrac{\text{运行总时数 + 备用总时数}}{\text{统计时间总时数}}$ × 100%。

通常将统计时间定为一年（热水锅炉为一个采暖期）来计算事故率和可用率。一般电站锅炉的这些指标为：事故率 1%，可用率约为 90%，连续运行时数在 4000h 以上。

2-11　锅炉蒸发量可分为哪三种？它们之间有何关系？

答：锅炉在确保安全的前提下长期连续运行、每小时所产生蒸汽的数量，称为这台锅炉的蒸发量（t/h）。蒸发量又称为"出力"或"容量"，一般用符号"D"来表示。

锅炉蒸发量可分为额定蒸发量、经济蒸发量和最大蒸发量三种。

1）额定蒸发量是指锅炉在额定压力、蒸汽温度、额定给水温度下，使用设计燃料和保证设计效率的条件下连续运行所应达到的每小时蒸发量。新锅炉出厂时，铭牌上所标示的蒸发量，指的就是这台锅炉的额定蒸发量。

2）经济蒸发量是指锅炉在保证安全的前提下连续运行，热效率最高时的蒸发量。据推算和实验证明：当锅炉的蒸发量低到额定蒸发量的 60% 时，锅炉的热效率比额定蒸发量时的热效率低 10% ~20%；只有锅炉的蒸发量在额定蒸发量的 80% ~100% 时，其热效率为最高。因此，锅炉的经济蒸发量应在额定蒸发量的 80% ~100% 范围内。

3）锅炉最大蒸发量是指锅炉在规定的工作压力下或低于工作压力下连续运行，不考虑其经济效果，最大每小时能产生的蒸发量。最大蒸发量大于额定蒸发量，最大时可大于额定蒸发量的 20%。除非有特殊需要，一般不在最大蒸发量下连续运行。

2-12　锅炉的工作过程是如何进行的？

答：锅炉的工作过程实质上是在锅炉内进行着能量的转换和转移过程。

正常运行的锅炉其工作过程应包括炉内、传热和锅内三个同时协调、稳定、连续进行能量转换和转移的过程。为了保证这三个过程的顺利进行，也就是保证锅炉的安全经济运行，通常要对这三个方面进行控制和调整。即对燃料、风烟、水汽（水）进行控制和调整，并对其相应设备进行维护管理。

1. 炉内过程

炉内过程是指组织燃料在炉内进行合理的、充分的燃烧，让燃料的化学能以热能的形式充分地释放出来，使火焰和烟气具有高温的放热过程。这一过程表述如图 2-1 所示。

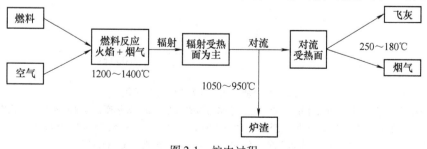

图 2-1　炉内过程

2. 传热过程

传热过程是指高温火焰和烟气的热量通过"受热面"向被加热介质传递的热量交换过程。这一过程如图 2-2 所示。

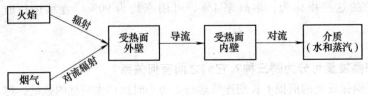

图 2-2　传热过程

3. 锅内过程

锅内过程是指介质受热后自身温度升高，产生热量传递并发生状态变化的过程，最后以热水或蒸汽形式输出。这一过程的介质（水）吸热及状态变化如图 2-3a、b 所示。

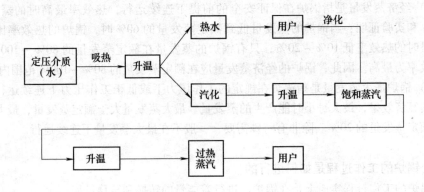

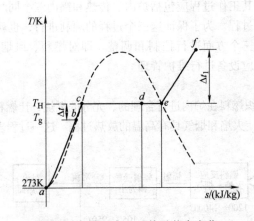

图 2-3　介质（水）吸热及状态变化

ab—定压下介质（水）加热过程　 c 点—定压下水的沸腾温度　 Δt —欠热度，为保证热水锅炉不汽化，
一般 $\Delta t = 20 \sim 25°C$ 　 b 点—定压下热水锅炉的供水温度　 d 点—干度为 x 时的饱和蒸汽
e 点—干饱和蒸汽　 ef —过热蒸汽　 Δt_1 —过热蒸汽的过热度

2-13　锅炉工作过程是如何进行控制和调整的?

答：为了保证锅炉工作过程顺利进行和锅炉安全经济运行，满足用户过热负荷的需要，必须根据用热负荷的变化对锅炉的工作过程进行检测、调整和控制。锅炉的调整和控制可按煤渣系统、风烟系统和水汽系统三条主线进行，图2-4所示为燃煤锅炉进行检测、调整和控制。图中检测项目的规定值，即为调整和控制的依据。

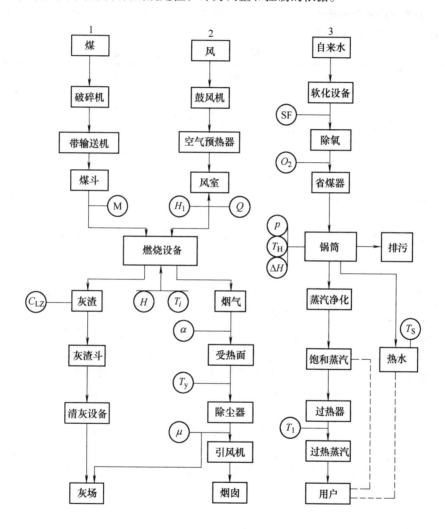

图 2-4　燃煤锅炉进行检测、调整和控制

1—煤渣系统　2—风烟系统　3—水汽系统

M—煤量表　H—炉膛负压　T_i—炉膛温度　C_{LZ}—煤渣含碳量　T_y—排烟温度

μ—排尘浓度　H_1—送风风压　Q—送风量　α—过剩空气系数

SF—水质指标　O_2—含氧量　p—压力　T_H—温度　ΔH—水位

T_S—热水温度　T_1—过热蒸汽温度

2-14　作为锅炉水、汽系统工质的水，它具有什么特性？

答： 在锅炉及工业生产工艺中，使用的热媒大多数为水，因此，对其物理、化学性质及其一些重要特性必须掌握。

1. 压力与温度

水的一个重要性质是一定的温度对应一定的汽化压力（饱和压力），或者说，一定的压力对应一定的饱和温度。表 2-9 给出了饱和水和水蒸气的比体积及含热量。其中一定的压力对应一定的饱和温度。

表 2-9　饱和水和水蒸气的比体积及含热量表

绝对压力 p /MPa	饱和温度 /°C	饱和水比体积 /(m³/kg)	饱和蒸汽比体积 /(m³/kg)	饱和水含热量 /(kJ/kg)	汽化潜热 /(kJ/kg)	干饱和蒸汽含热量 /(kJ/kg)
0.10	99.64	0.0010432	1.694	417.4	2258	2675.4
0.20	120.23	0.0010603	0.8854	504.8	2202	2706.8
0.30	133.54	0.0010733	0.6057	561.4	2164	2725.4
0.40	143.62	0.0010836	0.4624	604.7	2133	2737.7
0.50	151.84	0.0010927	0.3747	640.1	2109	2749.1

这一重要特性，对热水锅炉，系统的设计及运行影响很大。为保证高温水在锅炉及系统中不发生汽化，必须维持一定的压力。

2. 比热容 c_p

水的比热容随温度增高，水在 60°C 的比热容为 4.1868kJ/(kg·°C)，150°C 时比热容为 4.32kJ/(kg·°C)，到 230°C 时增加到 4.69kJ/(kg·°C) 因此，当水的压力和温度增高时，水的吸热量是不同的。但在实际工程计算中，由于供、回水的比热容差值很小，可近似地认为比热容值均为 4.1868kJ/(kg·°C)，这样可以给系统设计带来一定的裕量。由于水的容积比热容比蒸汽的容积比热容大很多倍，故热水系统具有很大的蓄热量，可以用较小的管径输送较大的热量。

3. 动和黏度系数 μ 和运动黏度系数 ν

热水温度升高后水的动力黏度和运动黏度均降低，如水温从 100°C 升至 230°C，动力黏度系数将降低 42%。而运动黏度 ν 的大小将影响热水的摩擦因数和放热系数。如温度由 80°C 升到 200°C 时，其运动黏度系数由 0.368m²/s 降到 0.161m²/s。若减少 43.7%，则可使摩擦阻力降低 10%~15%。

4. 热导率 λ

水的热导率比一般流体略大，与同温度下饱和蒸汽相比约大十几倍。但其本身的热导率相对地讲仍较小，因此，在同一容器中的水如处于静止状态时，则相邻水层间的热流也比较小，这样处于容器底部温度较低的水，很难从温度较高的上部水层吸取热量。这一特性对于烟水管锅炉和立式蓄热器的设计很重要。

5. 密度 ρ

水的密度随温度升高而减少（在 4°C 以上），对热水锅炉，这一性质很重要，因为它将影响系统中的水，由于水温变化而引起的体积胀缩，它关系到系统中膨胀水箱的设计。

由于水的体积随温度的变化而产生胀缩，它增加了热水系统的结构设计的复杂性。同时由于水的密度较大（不论温度高低），它本身所具有的重量在系统中将形成显著的静压，这对复杂地形条件下，系统的设计和运行均带来麻烦。此外，由于密度大，输送热水所消耗的能量也大。

另外，水的压缩性很小，受到压力时以相等大小的压力向各个方向均匀传递，锅炉及其他受压容器作水压试验，就是利用这一性质。

6. 水中含有各种杂质

由于水源不同，水中各种杂质不尽完全相同。一般杂质有：

（1）悬浮物 一般是污泥和一些混合物，它能与锅炉中沉淀物混合生成坚硬的水垢。

（2）胶体物质 在水中呈微粒状态，颗粒很小，是许多分子集合成的个体，主要成分有铁、铝、硅、铬的化合物及一些有机物。

（3）溶解杂质 杂质中有钙盐、镁盐，钠盐等，这些物质容易在锅炉中形成水垢。水中还有溶解气体，一般是 O_2 和 CO_2。这些气体容易腐蚀金属。

因此，水作为锅炉中热媒工作介质，必须进行各种水处理，如澄清、过滤、软化、除氧等，才能使用。

2-15 水在锅炉中加热，在一定压力下，水蒸气的发生过程有哪几个阶段？

答：水在锅炉中加热，在一定压力下，蒸汽的产生过程分为三个阶段。

（1）水的加热（或称预热） 将水（称过冷水）加热，使之达到相应压力下的饱和温度，成为饱和水。1kg 过冷水变为饱和水所需要吸收的热量称为过冷水的欠热，亦称显热。

热水锅炉的产品——高温热水，取自本阶段，并低于相应压力下的饱和温度。为保证热水锅炉不汽化，一般要求其欠热度 $\Delta t = T_H - T_g = 20 - 25℃$，其中 T_H 为相应压力下饱和温度，T_g 为相应压力的供水温度。

（2）水的汽化 继续加热饱和水，开始产生蒸汽，构成饱和蒸汽，而且干度越来越大，最终变为干饱和蒸汽，汽化阶段结束。1kg 饱和水汽化成为干饱和蒸汽所需吸收的热量称为水的汽化潜热。汽化阶段不仅是定压过程，同时也是定温过程，汽化是在饱和压力，饱和温度下进行的。

工业锅炉常供的饱和蒸汽，取自汽化阶段的 d 点。和干度相对应的是饱和蒸汽的湿度，它是饱和蒸汽中含水分的质量百分数，即

$$W = \frac{G_s}{G_q + G_s} \times 100\%$$

式中：W 为湿度（%）；G_s 为湿蒸汽中水的质量（kg）；G_q 为湿蒸汽中蒸汽的质量（kg）。

饱和蒸汽中的湿度，是衡量蒸汽品质好坏的一个重要指标。一般对蒸汽湿度的要求，水管锅炉应控制在 3% 以下，火管锅炉应控制在 5% 以下。湿度过大，会降低蒸汽品质，影响使用效果，还可能在蒸汽管道上发生水击现象，使管道剧烈震动，以致损坏。

干饱和蒸汽的热焓 = 饱和水含热量 + 汽化潜热。

（3）蒸汽的过热　继续加热干饱和蒸汽，可以使其温度升高而成为过热蒸汽。1kg 干饱和蒸汽由饱和温度加热到过热温度所需吸收的热量称为过热量。过热温度与干饱和蒸汽温度之差称为过热度，如图 2-3 中 Δt_1 所示。电站锅炉一般都是过热蒸汽，工业锅炉除少数有过热蒸汽外，大部分为饱和蒸汽。

过热蒸汽相对饱和蒸汽具有较大的气体特性，过热蒸汽状态取决于压力和温度两个参数。过热蒸汽的热焓 H（kJ/kg）为饱和蒸汽热焓加上过热蒸汽比热容与过热度乘积之和，即

$$H = H' + c_p \Delta t_1$$

2-16　锅炉中汽、水参数对吸热量有什么影响？不同的汽、水参数的蒸发量是如何进行比较的？

答：锅炉中汽、水参数对吸热量的影响表现如下几个方面。

1）当汽、水参数不同时，加热每千克给水使之达到出口蒸汽状态所需的热量是不同的。因而蒸发量相同，而汽、水参数不同的锅炉中工质的总吸热量并不相同。

2）汽、水参数不同时，工质吸热量中预热、汽化和过热的热量分配比例亦不相同。表 2-10 是工业锅炉规格系列中汽、水参数对吸热影响的计算结果。

表 2-10　工业锅炉规格系列中汽、水参数对吸热量影响计算结果

出口汽压（表压）/MPa	出口汽温/℃	给水温度/℃	热焓增量/(kJ/kg)	热量分配（%）		
				预热	汽化	过热
0.40	饱和 151	20	2662.4	20.8	79.2	—
0.70	饱和 170	20	2682	23.6	76.4	—
1.0	饱和 183	60	2526.7	20.8	79.2	—
1.3	饱和 194	60	2534.7	22.6	77.4	—
1.3	350	105	2711.0	14.9	71.7	13.4
1.6	350	105	2704.7	16.5	70.5	13.0
25	400	105	2798.0	19.6	64.7	15.7

表中热焓增量为出口蒸汽热焓与给水热焓之差。

在能源管理中，为了进行统计与比较，应该将不同参数的蒸汽量统一折算为"标准蒸汽量"。规定：生产 1kg 标准蒸汽，工质吸热量为 2680kJ/kg（640kcal/kg）。此值约相当于在标准大气压下由 0℃ 的水变为 100℃ 的干饱和蒸汽的热焓。

折算方法：

$$标准蒸汽量 = 实际蒸汽量 \times \frac{实际蒸汽热焓}{2680}$$

2-17　锅炉的基本构成是什么？它们的结构和作用如何？

答：锅炉是由"锅"和"炉"两部分组成的。

锅是容纳水和蒸汽的受压部件，包括锅筒、受热面、集箱（也叫联箱）和管道等。其中进行着水的加热，汽化及汽水分离等过程。

1. 锅筒

它的作用是汇集，贮存、净化蒸汽和补充给水。在水管锅炉中，通常有 1~2 个锅筒，上锅筒称为汽鼓（汽包），下面的称为水鼓或泥鼓。上锅筒内部有均匀给水的配水槽，汽水分离装置和连续排污装置。热水锅炉锅筒内部装有引水和给水配管及隔板等。上锅筒外部装有主汽阀、副汽阀、安全阀、空气阀、水位计、排污管及压力表等的连接管。上锅筒的一端封头或顶部有人孔门。

下锅筒的一端封头上开有人孔，底部装有定期排污装置。上、下锅筒之间用许多上升管和下降管（管束）连接，整个部件呈弹性结构。

锅壳式锅炉的锅筒，除起水管锅炉上、下锅筒的作用外，还要在其中布置烟管，有的还设有燃烧室的炉膛等受热面，同时锅筒又是受热面的一部分。

装有烟管的锅筒平封头，称为管板。管板为平板形状，外周扳边与筒体焊接。管板上开有许多管孔，通过胀接或焊接方式连接烟管。管板上没有安装烟管的部分是承压薄弱环节，通常用角板斜拉撑或圆斜拉撑来加强。拉撑焊在筒节与管板之间。

当前新发展一种凸形封头管板和管群连接，进一步减少管板厚度和水流状况，改善了受力情况。

2. 水冷壁受热面

水冷壁是布置在炉膛四周的辐射受热面。在工业锅炉中一般用 $\phi51mm \times 3mm \sim \phi63.5mm \times 3.5mm$ 的锅炉钢管制成，是水管锅炉的主要受热面。辐射受热面吸收火焰辐射热并遮挡炉墙，因而对炉墙起到了保护作用；同时，由于吸热较多，能降低炉膛温度，还有防止燃烧煤层结焦的作用。

水冷壁的上部与上锅筒直接连接或先经过上集箱再与上锅筒连接。上锅筒的炉水经下降管进入下锅筒和下集箱，经过水冷壁吸热，形成汽水混合物，并上升到锅筒，组成一个闭合的自然循环。

过去有些快装锅炉的水冷壁管的两侧焊有翼片（又称鳍片）。其目的是更多的接受炉膛辐射热量，同时也增大了对炉墙的遮挡面积。因其加工较难和导热不良，容易产生裂纹，严重时会撕裂水冷壁管，故已较少采用，而逐渐被异形钢管取代。

3. 集箱

集箱是汇集炉管排列连接的主要元素，有分配供水和引出的作用。按其所在位置有上集箱和下集箱或进口集箱和出口集箱之分。

上集箱位于炉管上部，汇集上升管束的水汽混合物，通过导管引入上锅筒。有些上集箱安装在炉墙外部，在与炉管相对的位置开有成排手孔，以便清扫炉管内部。

下集箱位于炉管的下部，与下锅筒连接供水、分配给上升管。位于炉排两侧的下集箱，具有防止炉排两侧炉墙烧坏或挂焦的作用，称为防焦箱。下集箱有排污管，端部还开有手孔，以便检查清扫集箱内部。

除锅炉本体集箱外，在省煤器，过热器等部件上也有各自相应的集箱。

集箱一般由较大直径的无缝钢管和两个端盖焊接而成。近年来有些制造厂将管端旋压收口，取代焊接端盖，结构更加合理。

4. 对流管束受热面

对流管束又称对流排管，位于上、下锅筒之间，一般由 $\phi 51mm \times 3mm$ 的锅炉钢管组成，是水管锅炉的主要受热面。为了充分吸收热量，通常将对流管束中间，用隔陷墙组成来回或转弯的烟道，增加烟气流程，并以较高的烟速横向冲刷管束。通常被烟气先冲刷的管束，由于烟气温度高传热较多，管内汽水混合物的密度小，成为上升管；反之烟气温度低传热较少，成为下降管。

烟气冲刷管束，一般采用横向冲刷。因为横向冲刷，其使热效果优于纵向冲刷。同属横向冲刷时，管子错排（或叫叉排）的传热效果又优于顺排形式。但伴随传热效果的提高，烟气流动阻力也相应加大。

5. 烟火管受热面

烟管是烟管锅炉和水火管组合式锅炉的主要受热面，它的作用是当炉膛燃烧产生的高温烟气从管内流过时，不断对管外的锅水加热，使其逐渐成为蒸汽（或热水）。烟管一般装在锅壳内，用焊接或胀接固定在两端管板上。因其安装数量受到锅壳的限制，加上管内容易积灰堵塞，管外容易积垢，故不适用于较大型锅炉。但近年来，亦在研究大型水火管锅炉，并取得了一些进展。

近几年来推广应用一种新型烟管，即螺纹烟管，它是在烟管上压出深 2mm 左右的螺纹状凹槽，改善烟气对管壁的放热，效果显著。这种螺纹烟管与普通烟管相比，传热效果可提高近 2 倍。

6. 过热器

省煤器和空气预热器。它们均属对流受热面。过热器除有对流过热器外，还有辐射过热器，其余的省煤器和预热器均安装在锅炉尾部烟道。它们的作用，主要是进一步降低排烟温度，提高锅炉热效率。

炉位于锅炉本体前方，是燃料燃烧的场所，它包括燃烧设备和炉膛。由于燃料不同和燃烧方式不同，主要有层燃炉、室燃炉、旋风炉、沸腾炉等。它们炉膛四周都安装了水冷壁管。层燃炉为了加强燃料燃烧还有前、后拱。不同的炉型，其结构虽然不一样，但它们都有组织燃料燃烧的空间和相应的燃烧设备。

锅和炉是由传热过程联系起来的，受热面即是锅和炉的分界面。凡是一侧有放热介质（火焰、烟气），另一侧就有受热介质（水、蒸汽、空气），进行着热量传递，它们之间的热交换是依靠受热面。

由锅筒、受热面及其连接管道和烟风道、燃烧设备和出渣设备、炉墙和构架（包括平台、扶梯）等所组成的整体称为锅炉本体。

由锅炉本体，锅炉范围内的水、汽、烟、风、燃料管道及其附属设备、测量仪表，其他的锅炉附属机械等构成的整套装置称为锅炉机组。

2-18　对工业锅炉使用有哪些基本要求？

答：锅炉是一种能源转换装置，它是将一次能源（化石燃料）转换成二次能源（蒸汽或热水）的装置。通过工业锅炉转换的一次能源占能源总消费量的 30% 以上，工业锅炉是消费能源最多的装置，工业锅炉排放烟尘、SO_2、NO_x 等，是我国大气污染的主要污染源。

近几年来，为了改善大气质量，降低污染源，我国的能源消费结构已开始进行调整。在一些大城市或有条件的中小城市，提倡燃用清洁燃料，对燃煤锅炉进行了限制。因此，今后无论燃用什么燃料的工业锅炉，将有更严格的要求。

（1）保产保暖　按质（压力、温度、纯度）按量（蒸发量、供热量）地供出蒸汽和热水，满足生产和采暖需要。具体要求是，锅炉的性能参数应符合工业锅炉的参数系列的规定即：GB 1921—88，GB 3166—88 中的规定；热效率应能达到工业锅炉应保证的最低热效率。

（2）减少烟囱排放物对大气的污染　合理组织燃烧工况，改善燃烧，消烟除尘、脱硫，控制排烟的含尘浓度和黑度，降低 SO_2 和 NO_x 的排放量，达到国家或当地环保部门对锅炉烟囱排放物的有关规定。

（3）安全耐用　正确选用钢材，确保材质合格；正确进行受压元件的强度计算，确保足够的壁厚；正确设计结构和制造工艺，保证制造、安装施工质量；正确进行热工、水力设计，保证工质对受热面的良好冷却；采取合理的结构和措施，防止零、部件受到腐蚀、磨损，以及由于热应力、机械振动等原因而产生材料的疲劳。选用适当的水处理装置以满足水质要求，以及达到运行安全无事故。

（4）节能省材　完善燃烧过程和传热过程，提高效率，节约燃料和电力，节约金属材料、炉砌、保温和建筑材料。

2-19　工业锅炉房是由哪些设备构成的？它们的主要功能是什么？

答：工业锅炉房由如下主要设备构成：

1. 锅炉本体

（1）燃烧室　它是燃料燃烧的地方。煤粉在炉膛内悬浮燃烧称为室燃炉和旋风炉。在炉排上燃烧煤块和煤粒的称为层燃炉或火床炉，还有沸腾炉。介于室燃炉和层燃炉之间的抛煤机炉称为半悬浮燃烧炉。燃烧重油的称为油炉；燃烧煤气或天然气的称为气炉。燃烧设备和燃烧室统称为"炉"。

（2）锅筒　上锅筒（汽鼓）是汇集炉水及饱和蒸汽的圆形容器，下半部容水，上半部容汽，并能使汽水分离，供给合乎要求的饱和蒸汽。下锅筒（泥鼓），主要是容水圆形容器，它和上汽鼓、炉管、联箱、水冷壁构成循环系统，它可以把沉积到底部的污泥定期的排除出去。

（3）炉管和水冷壁管　这是锅炉主要的蒸发受热面，其上端与上锅筒相连接，下部与下锅筒或联箱连接，并与炉外不受热的下降管组成一个严密的循环系统，使汽、水在其中循环流动，不断地吸收管壁的热量和产生蒸汽。其次，水冷壁还有保护炉墙，防止炉墙结渣和使炉墙结构减轻的作用。

（4）蒸汽过热器　它是被烟气加热的一种热交换器，用以使饱和蒸汽加热成为过热蒸汽，然后将蒸汽通过蒸汽管道送往用户。

（5）省煤器　它是利用烟气加热锅炉给水的热交换器，使锅炉给水在未进入上锅筒之前先行加热，以提高给水温度，降低排烟温度，节省燃料，提高锅炉效率。

（6）空气预热器　它是利用烟气加热空气的热交换器。利用锅炉的排烟余热加热即将进入炉膛的空气，这样不仅可以进一步降低排烟温度，还可以提高炉膛温度，有助于燃料的干燥和燃烧。

（7）炉墙和钢架　炉墙是为了使火焰和烟气与外界大气隔绝，并使烟气沿着规定的烟道依次流过各个受热面，无论炉膛或烟道均须用炉墙密封起来；炉墙同时也起保温作用。炉墙的外面就是钢架，用以支承锅炉受热面、上锅筒和炉墙等全部构件。

2. 锅炉附属设备

（1）通风设备　它由送风机、引风机、风道、烟道和烟囱等组成，用以保证空气的供应和烟气的排除。当锅炉负荷或其他工况变动时，可借通风设备之助，调节所需要的风量和风压。

（2）给水设备　它由给水泵、给水管路和阀门等组成，用以保证可靠地向锅炉供水。

（3）燃烧设备　它由煤闸门、抛煤机、炉排变速箱、炉排等组成，用以实现煤的燃烧，使锅炉获得热量。煤粉炉有燃烧器等设备。燃油和燃气炉有喷嘴和调风装置等。

（4）煤粉炉　它由给煤机、磨煤机、粗粉分离器、排粉机等组成，用以完成由原煤到煤粉的制造。

（5）除渣设备　它用以清除燃料燃烧后所剩余的灰渣，并将其送往储灰场。

（6）除尘脱硫设备　它用以清除烟气中所含的飞灰，减少引风机、烟道的磨损，改善对空气的污染。

（7）燃料运输设备　固体燃料：由带式运输机、磁铁分离器、碎煤机、煤仓等组成，用以将燃料从燃料贮存场加以分离和破碎后输送至锅炉房的原煤斗；气体燃料：由调压站、管道输送及相应设备组成；液体燃料：由贮存、加热、加压、输送管道及相应设备组成。

3. 锅炉附件

（1）水位表　自然循环锅炉上锅筒内必须保持一定的水位，水位过高或过低均会造成严重的锅炉满水或缺水事故。因此，为监督和控制上锅筒内的水位，一般锅炉至少装置两个水位表。

（2）安全阀　安全阀的作用是保障锅炉工作的安全，限制蒸汽的压力在规定的范围内，以免发生损坏或爆炸的危险。没有装置安全阀的锅炉是不允许工作的。当蒸汽压力超过一定范围时，安全阀自动开启，使蒸汽排至大气，以降低锅炉内的压力，保证锅炉的安全运行。

（3）压力表　它用以监测锅炉汽压的升高或降低，以保证锅炉在允许工作压力下安全运行。

（4）水位警报器　它可弥补水位表视线不佳，提醒司炉人员对水位的警觉；在高低水位超过允许规定时报警，以免发生严重事故。

（5）吹灰器　它用以清除积灰，保持锅炉受热面的清洁。这样不但可以增强传热，提高锅炉运行的经济性，而且还能够保证锅炉的额定出力和蒸汽参数，并防止堵灰和风机电耗的增大。

（6）防爆门　用煤粉、油、气体作燃料的锅炉，在容易爆炸的部位，如炉膛、烟道等处，应装设防爆门。它的作用是：一旦这些部位发生气体爆炸，由它泄放压力，防止锅炉本体损坏和炉墙倒塌、伤人。

（7）各种管道阀门　管道用以输送各种流体，阀门用以截断、控制、调节各种流体流量及排污、减压等。阀门的种类很多，锅炉常用的有球阀、闸阀、止回阀、排污阀、自动减压阀等。各种管道阀门均应保证其严密性，否则会造成锅炉事故。

（8）锅炉给水自动调节器　它主要是根据锅炉的负荷、压力、温度、水位等因素进行锅炉自动给水，保证锅炉的安全、经济运行。

4. 水处理设备

锅炉用的给水需要进行处理。水处理的目的主要是除去水中的钙镁离子、水中的气体（如 O_2）及其他有害物质，防止锅炉受热面结垢和腐蚀。水处理的方法和设备很多，一般常用的有化学软化水处理（如石灰软化处理），离子交换软化处理（如钠离子交换设备）和除气处理等。保证水处理设备的正常运行，是保证供给锅炉符合要求的给水重要前提。

比较大型的工业锅炉房的水处理设备，常有石灰水处理设备，如搅拌器、沉淀池、增压泵等，作为水的预先处理，即除去水中暂时硬度和 CO_2；机械过滤器用以过滤水中的悬浮物和其他表面杂质；离子交换器主要用来使水进一步软化，除去其中硬度；除氧器用来除去水中含有的 O_2 和其他气体。经过上述设备的处理，锅炉给水就能满足国家水质标准的要求。

5. 热工计量仪表和各种遥测遥控装置

为了锅炉经济、安全的运行，对各种技术经济指标进行计量和监测，要装置各种各样的热工仪表和遥测遥控装置。常用的有温度计、流量计、风压表、煤耗计、烟气分析仪及遥测遥控的传感器、执行器等。目前有的单位已应用计算机进行管理，并在节能和安全方面取得较好的效果。随着科学的发展，工业锅炉房的计量、自动控制等都在不断发展。

6. 电气设备

电气设备是由专供锅炉房用的变压器或变电站、各种配电柜、开关、用电设备（如电动机等）、事故照明设备、安全工作电源（36～12V）等设施组成的。锅炉房的设备是连续运转的设备，因而要求电气设备可靠性较高。锅炉房又是一个耗能单位，它所用的电能主要是通过电动机来驱动各种转动设备，所以电动机、配电柜在锅炉房的电气设备中占有重要的地位。

在大、中型锅炉房中，上述各种设备较大，较繁杂。它和它们相应的工艺设备，操纵机构，附属设施，相互连接起来，就构成了各自的系统。如锅炉的汽水系统是由水箱、给水泵、省煤器、上下锅筒、对流管束、下降管、水冷壁、过热器等构成；烟风系统是由鼓风机、空气预热器、燃烧室、烟道、除尘器、烟囱及连接它们的烟、风道等组成；上煤系统由燃料的运输、分离、破碎、贮存等部分构成；除渣除灰系统由除渣设备，输送设备，以及贮存渣场构成。此外，还有水处理系统、电气系统、热水循环供热系统。这些系统相互联系、相互依存，使锅炉房的设备构成一个整体。

2-20　常用燃煤工业锅炉有哪几种主要类型？

答：工业锅炉种类繁多，常用的几种类型有：卧式水火管快装锅炉，通常称为卧式快装锅炉；纵置式锅筒水管锅炉；横置式锅筒水管锅炉及列管式（无锅筒）热水锅炉等类型。

2-21　卧式水火管快装锅炉的主要结构及其特点是什么？新型卧式水火管锅炉的主要技术内容是什么？

答：我国的卧式水火管锅炉是 20 世纪 60 年代中期，在卧式外燃回火管锅炉的基础上发展起来的，且发展很快。目前已成为国内数量最大的一种工业锅炉。KZL4-1.27-A 型快装水火管锅炉典型结构如图 2-5 所示。

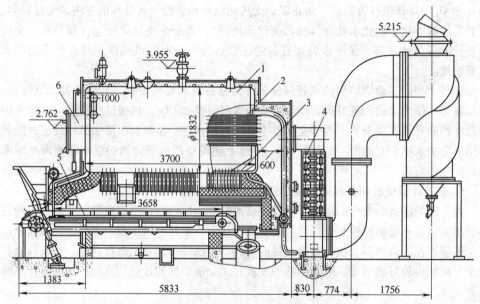

图 2-5　KZL4-1.27-A 型快装水火管锅炉典型结构

1—锅筒　2—烟管　3—水冷壁管　4—省煤器　5—链条炉排　6—前烟箱

　　水火管锅炉是一种带水冷壁的卧式外燃型锅炉。它自锅壳两侧向下引出水冷壁管，水冷壁下部连接有集箱，并在锅筒下部围成炉膛；锅筒与集箱之间有不受热的下降管。这种锅炉多数采用链条炉排，也可采用固定炉排、振动炉排和往复炉排。其型号有 KZL 型、KZG 型、KZZ 型和 KZW 型。烟气流程为先经第 1 管束来到前烟箱，再由前烟箱折回第 2 管束后经省煤器由引风机引出。

　　（1）这种锅炉的特点

　　1）它具有水管锅炉和锅壳式锅炉的结构特点，即结构紧凑、体积小、质量轻，整装出厂、运输和安装都很方便。

　　2）它的燃烧设备，可采用链条炉排、固定炉排、振动炉排和往复炉排，可较大的范围内适应不同的燃煤种类。再加上炉膛较大，有条件装设各种炉拱，适应燃煤的范围较广，即可燃用贫煤、无烟煤，燃尽效果较为满意。

3）单位出力的体积小，每吨蒸发量仅耗钢材 2.23t 左右，金属耗量较低，锅炉成本低。

4）引火时间短，产生蒸汽快，调整负荷方便。

5）热效率较一般小型锅炉高，它一般不低于 75%，节约燃料。由于炉内烟气流速较快，螺纹烟管使传热系数提高，尤其在后部加装省煤器后，使排烟温度降低。

（2）卧式水火管快装锅炉的缺点

1）相对的水容量较小，水位升降较快，加装省煤器后，又需连续上水，故应安装水位自动控制设备，否则会使司炉工操作过分紧张。

2）锅壳下部直接受辐射热，当给水水质不良或排污不及时，水垢与混渣易沉积在锅壳底部，使锅壳底部钢板过热变形，并形成鼓包。此外管板，烟管与锅筒刚性连接，因受热不均与载荷变动时，产生交变温度应力，易造成管板裂纹，拉撑焊缝裂开，烟管拉脱等事故。据有关调查统计，这种锅炉的事故率比水管锅炉多 2 倍以上。

3）烟气流速高，行程回路曲折多，阻力大，需装引风机，故耗用电能较大。

4）装省煤器后，日久易于积灰，堵塞气路，烟气阻力增大，原配风机抽力不足，造成正压燃烧，使炉墙缝隙冒烟，影响锅炉房卫生。

5）该型锅炉的出力，一般为 ≤4t/h，当分为两大件组装时，可到 20t/h，锅炉工作压力一般 ≤1.274MPa，蒸汽温度为饱和温度。

由于卧式水火管快装锅炉存在上述缺点，运行期间易出现爆管、泄漏、开裂，鼓包等事故，我国锅炉行业专业工程技术人员，从 1984 年开始，花了 10 年时间，对该型锅炉进行了大量的研究试验，制造了新型的水火管锅炉。

（3）新型水火管锅炉的主要技术内容见表 2-11。

表 2-11　新型水火管锅炉的主要技术内容

	措　　施	作　　用	目　　的
1	螺纹烟管	强化传热，从而明显减少烟管根数与缩小钢壳尺寸	节省钢材
		提高柔性，从而减少、管端焊缝热应力	防止管板开裂
2	翼形烟管	降低高温管板烟温从而减缓过冷沸腾	防止管板开裂
		减少锅壳底部热负荷	防止鼓包
3	凸形管板	提高管板柔性，从而减小管端焊缝应力	防止管板开裂
		取消拉撑件	简化结构
4	回水引向高温管板	提高高温管板水流冲刷速度与降低水温，从而防止过冷沸腾	防止管板开裂
5	简单循环回路，大尺寸下降管与下集箱	提高水冷壁水流速度，从而防止过冷沸腾	防止爆管
6	引射管	提高水冷壁水流速度，从而防止过冷沸腾	防止爆管
7	烟尘分离室	惯性分离烟尘	降低原始排放浓度
8	自身支承	取消钢架	节省钢材

注：蒸汽锅炉采用 1、2、3、7、8 项措施；热水锅炉采用 1～8 项措施。

由表 2-11 可见，为防止老式水火管快装锅炉存在的主要问题——高温管板开裂，采取了多项措施加以消除；防止水冷壁爆管，锅壳底部鼓包也都采取了明确具体而且可靠的办法。此外，还具有明显节约钢材的优点，以及采取相应措施降低锅炉原始排尘浓度。

有的锅炉厂为了克服锅壳下部壁面直接受炉内火焰和高温烟气的辐射进行加热，则工作条件差。如当水质不好时，锅壳内部沉污结垢过多，引起锅壳底部壁面局部出现过热鼓包，故采用了偏置锅筒的结构型式，并且在锅筒底部设置了护底的砖衬，使锅筒下腹壁面不再受炉膛高温的直接辐射，从而提高了锅炉的安全性。

还有的单位为防止水冷壁受热不均引起爆管事故，除了采用直接从水冷壁管向下引射技术外，还采用在锅筒内加隔板，改成强制循环，以保证管内有较高流速。

2-22　什么叫纵置式锅筒水管锅炉？纵置式锅筒水管锅炉结构布置有哪几种型式？其特点如何？

答： 锅筒纵向中心线与锅炉前后中心线重合或平行的锅炉称为纵置式锅筒水管锅炉，工业锅炉以双锅筒居多。

纵置式锅筒水管锅炉，我国20世纪60年代以原ДКВ型锅炉为代表，即我国工业锅炉型号编号SZP型锅炉。这种锅炉主要由上下锅筒（两个纵置）、中间后部的对流管束、前后水冷壁管及集箱等组成，如图2-6所示。

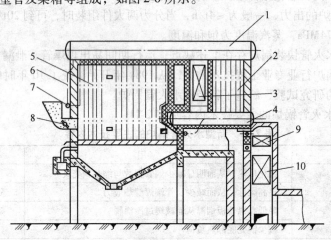

图 2-6　SZP10-1.3-A 型锅炉（ДКВ型）
1—上锅筒　2—对流管束　3—过热器　4—下锅筒　5—水冷壁　6—下降管
7—联箱　8—抛煤机　9—省煤器　10—空气预热器

该型锅炉，上锅筒有两种设计方案。

1）一种是将上锅筒做得较长，把下锅筒置于上锅筒的后半段下部，上锅筒的半段伸入炉膛顶部，如图2-6所示。炉膛两侧布置了水冷壁，水冷壁管下端连接下集箱，下集箱通过下降管与下锅筒连接供水。水冷壁管上端直接胀接在上锅筒前半段的底部两侧，这样构成水循环回路。

2）另一种设计是把上锅筒设计短一些，上下锅筒之间布置了对流管束，锅筒前是燃烧室，两侧布置水冷壁管、由上、下集箱相连，下集箱与下锅筒相连，上集箱通过引出管与上锅筒相连，构成循环回路。这种设计实质上是两个上集箱代替了上锅筒的前半段（即伸入炉膛段）。

该型锅炉的主要特点是：上下锅筒纵向中心线重合并与锅炉（炉膛）中心线一致。上锅筒无支架，其本身质量、附件和石棉层以及内部盛装的水、汽等全部重量，由水冷壁管与对流管束支撑，这样便于上锅筒自由伸缩。上锅筒两端与炉墙接触处，填塞石棉绳和石棉泥。当锅炉受热时，整个锅筒向上膨胀。

这种锅炉，原设计 6.5～10t 锅炉为抛煤机和手摇炉排，20t/h 锅炉为抛煤机倒转炉排。由于抛煤机炉烟气中飞灰量大、含碳量高，既降低效率，又污染环境，而且对煤的粒度有较高的要求。因此，在大中城市限制使用。后来经过改型设计，取消抛煤机改用链条炉排，如图 2-7 所示，即 SZL10-1.3-A II 型锅炉。该型锅炉按 II 类烟煤设计，热风温度 140°C，排烟温度 167°C，煤耗量为 1715kg/h，为二层布置。

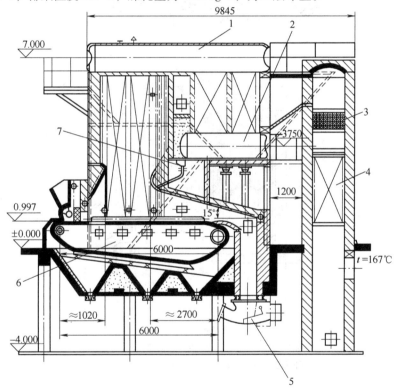

图 2-7　SZL10-1.3-A II 型锅炉
1—上锅筒　2—下锅筒　3—省煤器　4—空气预热器
5—除渣机　6—链条炉排　7—二次风

纵置式锅筒水管锅炉还有 D 形布置、A 形布置和 O 形布置等结构。O 形布置主要用于燃油、燃气锅炉上，这里暂且不提。对于 D 形布置的水管锅炉，一般为双锅筒纵置式，它的主要特点：

1）对锅筒中心在同一竖直线上，双锅筒轴线与炉膛轴线平行，锅炉的一侧为炉膛，另一侧为对流管束，整个锅炉呈"D"字形，故称为 D 形锅炉，其结构如图 2-8 所示。

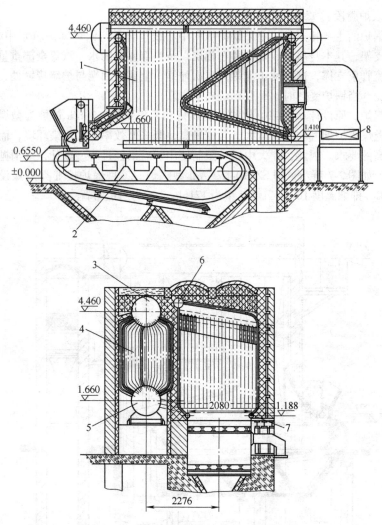

图 2-8 SZL10-1.3-A 型锅炉简图 (D 形锅炉)

1—水冷壁 2—链条炉排 3—上锅筒 4—对流管束

5—下锅筒 6—上联箱 7—下集箱 8—铸铁省煤器

2) 由于采用 D 形结构, 将对流排管中间的隔焰墙顺着锅筒中心线放置, 这对于排除对流排管下面的积灰是有利的。

3) 采用双锅筒 D 形结构, 除具有水容量大的特点外, 在设计布置对流排管时, 可以改变上、下锅筒之间的距离, 以及改变对流排管的横向管数、管距等方法来使烟气流速保持在所需要的范围内。

4) 最初, D 形锅炉是按燃油锅炉设计的, 由于燃煤的需要, 将原来的 D 形水冷壁管从上锅筒分别接至炉膛两侧下集箱, 以便在炉膛底部安装链条炉排 (SZL 型) 或往复炉排 (SZW 型) 或振动炉排 (SZZ 型)。这种炉排通常是比较狭而长, 即炉排宽度较小, 而长度较大。狭长的机械化炉排可以使煤充分燃烧, 对减少炉渣含碳量是有利的。

这种 D 形锅炉，其容量一般为 2～10t/h，工作压力≤1.274MPa，生产饱和蒸汽和热水。

对于 A 形布置的水管锅炉，采用单锅筒纵置式，位于炉膛顶部中央。炉膛两侧水冷壁的外侧为对流受热面，其中一侧布置锅炉管束，另一侧布置蒸汽过热器，尾部受热面布置在后面的专门烟道内。这种布置成"人"字形或"A"字形，故称为"人"字形炉或"A"字形炉。

我国生产的 DZD 型（或 AZD）即 AZD-20-2.5/400 型锅炉属于 A 形炉，如图 2-9 所示。由于采用单锅筒，省掉了一个锅筒，故钢材耗量及加工费均较少。

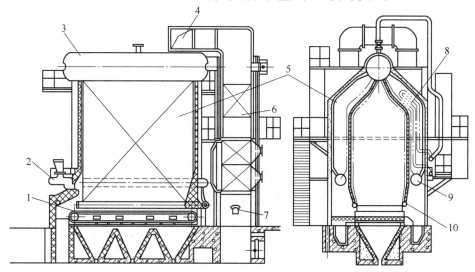

图 2-9　AZD（DZD）20-2.5/400 型锅炉

1—倒转链条炉排　2—抛煤机　3—上锅筒　4—顶部汇合烟道　5—主炉管
6—省煤器　7—出灰门　8—过热器　9—下集箱　10—防焦箱

该型锅炉对流排管的下集箱，它的中心线标高要比链条炉排面的标高要高，这样对流排管的烟气流通截面积才能减小，烟气流速因而可以提高。另一方面又因为保持有足够大的炉膛容积，所以把炉排布置得低些。两侧水冷壁的下联箱同时作为链条炉排的防焦箱，从对流排管的下联箱底下引出下降管与防焦箱连接，以保证水冷壁管水循环的安全。

该型锅炉采用抛煤机和倒转炉排燃烧方式，因而飞灰量大、含碳量高，对流管有磨损，故对消烟除尘要求较高。

纵置式锅筒水管锅炉吸收了卧式水火管快装锅炉的优点，也制成了小型的快装水管锅炉。这种类型的快装锅炉主要有双锅筒纵置的 D 形结构，双锅筒纵置 O 形结构，单锅筒纵置 A 形结构等几种。小型快装水管锅炉既具备水火管快装锅炉的结构紧凑、快装出厂、安装运输方便、机械化燃烧、操作方便等优点，又从根本上克服了水火管锅炉难以克服的缺点，其突出的优点是安全可靠、出力足、热效率高、使用寿命长，但快装水管锅炉与水火管锅炉比较，制造工艺复杂，耗工时高，生产成本高，劳动生产率低，目前制造与使用还不广泛，但快装水管锅炉经过长期运行考验，必将得到更大的发展。

2-23　什么叫横置式锅筒水管锅炉？它的结构特征是什么？型号规格有哪些？

答：锅筒纵向中心线与锅炉前后中心线垂直的锅炉称为横置式锅筒水管锅炉，工业锅炉中以双锅筒居多。

横置式双锅筒水管锅炉是一种应用十分广泛的锅炉，在工业锅炉中，其容量为4t/h～40t/h之间，最大可达80t/h。常用的容量为6.5～20t/h，工作压力为1.274MPa和2.45MPa，蒸汽温度为饱和温度，也有250～400℃的过热蒸汽温度。

这一类型锅炉的结构特征是：双锅筒横置于炉膛后部或上锅筒横置于炉膛中间，下锅筒横置于炉膛后部。根据燃煤种类不同，有燃用无烟煤，贫煤和烟煤等型号。一般采用链条炉排，也可用抛煤机倒转炉排，还有沸腾燃烧和煤粉燃烧的。这一类型锅炉已具有中型锅炉特点，机械化程度高，锅炉热效率高，但结构不够紧凑，构架和炉墙结构复杂，金属耗量大。

图2-10为双锅筒横置于炉膛后部的SHL-20-13型锅炉。这种锅炉又称凸型锅炉。

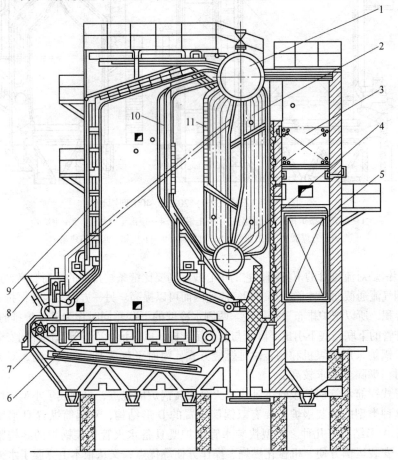

图2-10　SHL20-13型双锅筒横置式锅炉

1—上锅筒　2—锅炉管束　3—省煤器　4—下锅筒　5—空气预热器　6—水冷壁下集箱
7—链条炉排　8—煤斗　9—水冷壁　10—凝渣管　11—烟气隔墙

横置式双锅筒"M"形水管锅炉 SHF20-2.5/400 型锅炉，采用煤粉燃烧，风扇磨煤机，燃用烟煤。从烟气在锅炉内部的整个流程来看，如同"M"字形一样，故称"M"形锅炉。其结构如图 2-11 所示。

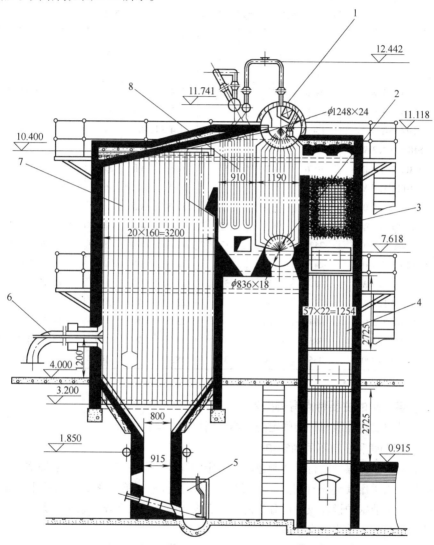

图 2-11　SHF20-2.5/400 型锅炉简图
1—上锅筒　2—下锅筒　3—省煤器　4—空气预热器　5—冲灰装置
6—喷燃器　7—水冷壁　8—过热器

工业锅炉采用煤粉燃烧方式，当锅炉容量较小时，不易保证稳定燃烧和煤粉的充分燃烧，同时由于是直吹给粉系统，其风扇磨煤机的叶轮或竖井磨煤机的锤头磨损较快，维修工作量大，有时影响正常运行；当采用煤粉与炉排混合燃烧方式时，由于炉排温度较高，炉排容易烧坏；还因为煤粉燃烧飞灰量大等原因，煤粉燃烧方式或煤粉与炉排

（层燃）混合燃烧方式，在工业锅炉中没有得到推广。

横置式锅筒水管锅炉的型号规格参数，即 SHL 型锅炉不同容量的主要结构参数见表 2-12。

表 2-12　SHL 型锅炉不同容量的主要结构参数表

序号	锅炉型号	本体受热面积 /m²	省煤器面积 /m²	空气预热器面积 /m²	炉排面积 /m²	适用燃料	金属重量 /t	外形尺寸/m（长×宽×高）
1	SHL4-1.3-WⅠ	104.6	97		7.4	WⅠ	26.7	10.95×5.15×7.86
2	SHL4-1.3-WⅡ	85.8	50		6.2	WⅢ	34.5	9×4×7.36
3	SHL6.5-1.3-A	130	142		8.4	AⅡ,P	40	10.2×6×6.6
4	SHL6.5-1.3-W	131	154		10.5	WⅡ	52	10.86×6.74×6.15
5	SHL6-2.5-AⅡ	130.6	47	85	6.6	AⅡ	35.3	8.09×6.27×6.1
6	SHL10-1.3-A	231	70.8		10.8	AⅡ,P	65	9.44×4.5×8.7
7	SHL10-1.3/350-A	331.8	118	170	11.8	AⅡ	72	12×7×10
8	SHL10-1.3-W	304	94.4	170	11.8	WⅢ	80	11.6×7×9.7
9	SHL10-1.3/350-W	342	94.4	170	11.8	WⅡ	80	11.6×7×9.7
10	SHL10-2.5/400-A	324.6	118	170	11.8	AⅡ	72.8	12×7×10
11	SHL20-1.3-A	388.4	268	350	20.4	AⅡ	116	15×7.8×12.3
12	SHL20-1.3-W	471.4	268	365	23.5	W	119	14.6×8.5×12
13	SHL20-1.3/250-W	494	268	365	23.5	W	119	14.5×8.5×12
14	SHL20-2.5/400-W	585	268	365	23.5	W	129	14.5×8.5×12
15	SHL20-2.5/400-A	435	230	394	18.4	A	105	13.5×7.8×11.4

2-24　燃煤锅炉的主要特点有哪些？

答：锅炉是由燃料性质和种类确定的。燃煤锅炉的主要特点有：

1. 不同的煤种，有不同的锅炉

工业锅炉是按煤种进行设计制造的，一定的煤种，有一定的炉型。如按烟煤设计制造的锅炉，当采用其他煤种时，不但效率下降，而且还可能烧不着，锅炉不能正常运行。因此，工业锅炉设计煤种可分为矸石和石煤、褐煤、无烟煤、烟煤五大类。表 2-13 为上述五类煤代表性煤种数据表。

我国工业锅炉的燃煤主要是烟煤。当锅炉按Ⅱ类烟煤设计制造时，若实际使用Ⅰ类烟煤，其热效率要下降，锅炉出力也可能降低。

2. 不同的煤种有不同的燃烧设备或燃烧方式

不同的煤种，便决定了不同的燃烧设备及燃烧方式。目前工业锅炉常用的燃烧设备，其适应煤种燃烧情况，大致如下：

（1）手烧炉具有最简单的燃烧设备——炉排　手烧常用的固定炉排有条状和板状两种：条状炉排通风截面比约为（20%~40%）适用于高挥发分烟煤；板状炉排的通风截面比为（8%~20%）可燃用贫煤或无烟煤。

表 2-13　工业锅炉设计用代表性煤种

燃料类别		名　称	V^y ×100	C^y ×100	H^y ×100	O^y ×100	N^y ×100	S^y ×100	A^y ×100	W^y ×100	$Q_{DW}^y/$ (kJ/kg)
石煤, 煤矸石	Ⅰ类	湖南珠洲煤矸	45.03	14.80	1.19	5.30	0.29	1.50	67.10	9.82	5033
	Ⅱ类	安徽淮北煤矸	14.74	19.49	1.42	8.34	0.37	0.69	65.79	3.90	6950
	Ⅲ类	浙江安仁石煤	8.05	28.04	0.62	2.73	2.87	3.57	58.04	4.13	9307
褐煤		黑龙江扎赉诺尔	43.75	34.65	2.34	10.48	0.57	0.31	17.02	34.63	12288
无烟煤	Ⅰ类	京西安家滩	6.63	52.69	0.80	2.36	0.32	0.47	35.36	8.00	17744
	Ⅱ类	福建安湖山	2.84	74.15	1.19	0.59	0.14	0.15	13.98	9.80	25435
	Ⅲ类	山西阳泉三矿	7.85	65.65	2.64	3.19	0.99	0.51	19.02	8.00	24426
贫煤		四川美蓉	13.25	55.19	2.38	1.51	0.74	2.51	28.67	9.00	20900
烟煤	Ⅰ类	吉林通化	21.91	38.46	2.16	4.65	0.52	0.61	43.10	10.50	13536
	Ⅱ类	山东良庄	38.50	46.55	3.06	0.11	0.82	1.94	32.48	9.00	17693
	Ⅲ类	安徽淮南	38.48	57.42	3.81	7.16	0.93	0.46	21.37	8.85	24346
页岩		广东茂名	44.4	24.70	3.10	23.0	0.10	0	1.10	48.00	7955

（2）链条炉排　由于燃料在链条炉排上燃烧，燃料着火性能差，燃烧过程沿链条长度分布，分区燃烧，燃料在整个燃烧过程中没有扰动等特点，因此，多水、多灰、低挥发分、低发热值、强黏结性的燃煤，在链条炉排上燃烧是有困难的。它最适宜燃用 $V^r > 15\%$ ；$W^y < 10\%$ ；$30\% > A^y > 10\%$ ；Q_{DW}^y 为 18840 ~ 20934kJ/kg 以上，灰熔点高于 1250°C，弱黏结性，中等粒度的贫煤和烟煤。

（3）振动炉排　振动炉排的燃烧特点和链条炉排基本相同，不同之处，振动炉排在燃烧过程中有扰动，因此，它的煤种适应性比链条炉排好。但振动炉排容易烧坏、漏煤，且飞灰多，还有振动。

（4）往复炉排　在往复炉排上，燃料燃烧有扰动，因此，煤种适应性比链条炉排好，可以燃用低发热值、多灰多水、弱结焦的燃煤。

（5）抛煤机配用摇动炉排；风力抛煤配正转链条炉排；抛煤机配倒转链条炉排等由于抛煤机可将新煤直接抛在已燃煤上，因此，燃烧着火性能好，可燃用高水分的褐煤、烟煤、无烟煤以及挥发分小于 5% 的焦炭等燃料，燃料的适应性很广。但飞灰量大，且含碳量高，易污染环境。

（6）沸腾燃烧　由于床内热容量大，新加入的燃料仅为整个料床的 5% 左右，因此着火性能好，可以燃用热值很低（甚至 4200kJ/kg 左右）的油页岩、石煤、煤矸石、褐煤及劣质烟煤等。还可以燃用低挥发分无烟煤、焦炭末等，燃料适应性很广。

（7）循环流化燃烧　它与沸腾燃烧基本相同。燃料适应性好，几乎可燃用各种优劣质燃料，如泥煤、褐煤、废木料，优劣质烟煤，无烟煤、矸石、炉渣、焦炭、油焦，甚至油、气工业废料、城市垃圾等。

（8）煤粉燃烧　由于煤粉很细，又采用高温预热空气，因此可燃用褐煤、烟煤，无烟煤，贫煤，甚至油页岩等。但对煤粉细度和水分要求较严。

3. 燃煤锅炉污染环境

我国一次能源消费结构是以煤炭为主的国家。据统计，我国一次能源消费构成中，煤占74%，而世界一次能源构成中，煤仅占27.2%。我国工业锅炉燃料消耗约占一次能源消耗总量的30%以上，燃煤工业锅炉烟囱排物，如烟尘浓度、黑度、SO_2、CO_2、NO_x等以及炉渣、飞灰处理，对环境构成污染。我国城市环境污染问题，主要是燃煤引起的。如北京市年用煤量达2800万t，约占总用能量的75%，空气呈现为典型的煤烟型污染特征，大气中SO_2的90%来自于燃煤，采暖期用煤增加，SO_2浓度从非采暖期的30~40$\mu g/m^3$，猛增至标准的3.5倍，总悬浮颗粒物2/3来源于烟尘。世界许多大城市的经验表明，改善大气污染状况的根本途径是改变燃料结构。用天然气供热对改善大气质量有明显的效益。为此，我国从2008年开始对能源消费结构进行调整，北京、上海、西安等大城市从2008年后，市区用热单位不准再兴建燃煤锅炉房。

4. 燃煤锅炉与燃油燃气锅炉相比，体积大、占地多

燃煤锅炉金属耗量大，体积也大，结构不够紧凑。当使用较大容量的工业锅炉时，上煤系统、除渣、除尘脱硫系统较为庞大，因而占地多，建设投资大，锅炉房造价高。

2-25　工业锅炉常用的煤种是什么？使用哪种类型的锅炉（按燃烧方式）数量最多？它的燃烧和通风特性是什么？

答：我国的煤炭资源相对比较丰富，而且烟煤储量较大，因此，我国工业锅炉多数是按烟煤进行设计的，实际使用的煤种，亦大多数为Ⅱ、Ⅲ类烟煤。正因为常用的煤种为烟煤，工业锅炉使用最多的锅炉为层燃方式的链条锅炉。

链条锅炉是我国工业锅炉使用最普遍的炉型。燃料在链条炉上燃烧和通风有如下特点：

1）燃煤着火性能差。

2）燃煤的燃烧过程沿链条长度分布，其各燃烧区划分如图2-12a所示，因此，床层上各烟气成分也沿长度各不相同，其情况如图2-12b所示。

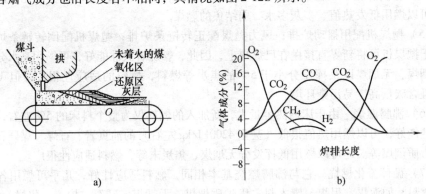

图2-12　链条炉排上燃烧区分布和气体成分

a）燃烧区分布　b）气体成分

3）燃料进入炉内燃烧，燃完后形成灰渣由炉内排出，在这全过程中燃煤没有扰动。

由于链条炉中燃煤燃烧有以上特点，因此它最适宜燃用Ⅱ、Ⅲ类烟煤。链条炉中沿长度的风量分配应按燃烧要求来决定，即应采用分仓送风，如图2-13所示，以保证燃煤完全燃烧和提高锅炉效率。

链条炉的分仓送风，应避免各风仓之间相互串风。沿炉排宽度方向，风量分配应力求均匀。如用单面送风，如图2-14a所示。由于进风口处水平风速大于风室末端（内端）处水平风速，即 $W_1 > W_2$，则这两处相应的静压也不同，即 $p_1 < p_2$，由于炉内静压 p_0 是一定的，这就导致风室末端风量大于入口处，沿炉排宽度就出现风量分配不均匀。研究表明，这种风量的不均匀分配和炉排宽度 b 的平方成正比，与风仓高度 h 的平方成反比。它还和炉排，煤层阻力有关，阻力 Δp 越大，不均匀性越小。由此，要减少沿炉排宽度的不均匀分配，必须增加风仓高度，减少风室长度（即炉宽）。由于炉排宽度是受锅

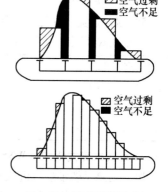

图 2-13　链条炉的风仓送风原理图

炉容量支配的，因此，大容量锅炉可采用双面进风，如图2-14b的办法来实现风量沿较大炉排宽度均匀分配。此外，采用等压风仓图2-14c，加隔板图2-14d、e，全高度进风等方法，也可有效地减少通风的不均匀性。

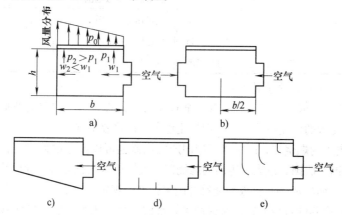

图 2-14　链条炉沿炉排宽度通风不均匀和改进方法

a）单向送风　b）双面送风　c）等压风仓　d）下部加隔板　e）上部加隔板

2-26　常用的燃油燃气锅炉有哪几种类型？其用途和工作参数如何？

答：燃油燃气锅炉，对环境污染危害小，占地面积小，热效率及自动化程度高，起停方便，质量轻，运输、安装和使用方便，受到了市场的欢迎。

目前国内使用最多的燃油燃气锅炉，其类型一般有三大类：

1. 立式燃油燃气锅炉

它是一种小型高效锅炉，在我国南方地区和沿海开放地区得到了广泛的应用。一般

适用于中小型企、事业单位生产、生活用热。其主要特点为：

1）立式结构，占地面积少。

2）快装型式、辅机配套，安装快捷。

3）采用全自动控制，操作使用方便。

4）国产锅炉选用配套进口燃烧器，燃烧效率高。

5）启停迅速，油耗（气耗）低、热效率高。

小型立式系列锅炉有蒸汽与热水两种介质。

蒸汽锅炉参数范围		热水锅炉参数范围	
额定蒸发量/(t/h)	0.1~4	额定热功率/MW	≤2.8
额定压力/MPa	0.7；1.0	额定压力/MPa	常压；1.0
蒸汽温度	饱和温度	供水温度/℃	95

2. 卧式锅壳式锅炉（WNS型）

卧式内燃是燃油燃气卧式锅壳式锅炉的最主要的形式，其类型为WNS型。它是一种中小型燃油燃气锅炉炉型，已广泛应用于工业、民用、宾馆、医院等部门，既能满足对蒸汽的需要，亦可供应热水。该型锅炉质量稳定、技术性能好、品种齐全、效率高，是我国近几年来集国内外先进经验和技术改进的一种较好的燃油燃气锅炉。

WNS型系列锅炉根据供热介质的不同，可分为蒸汽锅炉和热水锅炉两种。

蒸汽锅炉参数范围		热水锅炉参数范围	
额定蒸发量/(t/h)	0.5~20	额定热功率/MW	0.35~7.6
额定压力/MPa	0.7~2.45	额定压力/MPa	0.7，1.0
蒸汽温度	饱和或过热温度	供/回水温度/℃	95/70，115/70

WNS型系列锅炉的主要特点：

1）烟气流程一般采用三回程布置，全对焊的湿背式结构，炉胆为波形管，对流区采用螺纹管与光管的优化组合形式，烟气流程长，传热效果好。

2）采用先进的燃烧器，既可以配用国产燃烧器也可以配用国外燃烧器。目前较多制造厂配备德国、法国、意大利等国的燃烧器，燃烧技术先进完善，起停快速、耗油量少、热效率高，烟尘及NO_x排放均能符合国家标准的规定。

3）配备有完善的自控装置，对锅炉锅筒水位，蒸汽压力，燃烧等实现自动控制及保护，保证锅炉安全稳定地运行。

4）锅炉采用组合式快装结构，布置紧凑合理，质量轻、占地少、安装简便快捷，且检修方便。

5）锅炉辅机配套齐全，除配燃烧器、控制柜、烟囱外，根据用户要求可以成套配置供油供水系统的辅机。

6）根据用户要求，锅炉可使用燃油，如轻油、重油或渣油；也可使用各类燃气，如天然气、人工煤气、液化石油气等；还可以同时使用两种燃料或两种燃料互换使用。根据不同使用要求，配置不同的燃烧。

3. 水管锅炉

燃油燃气水管锅炉,国内已有系列产品。它们目前已被广泛应用于轻纺、化工、印染、油田等行业,也可用于宾馆、高层民用建筑,科研院校等生产生活与采暖用热用汽,还可作为工业企业用汽,亦可供小型汽轮发电机组发电供热用。

水管锅炉与锅壳式锅炉相比,水管锅炉的容量和压力都不受限制,而且受热面可以布置成各种形式。因此,其单台锅炉容量较大、品种较多、规格较齐,是一种燃烧效率高的燃油燃气锅炉。

我国 D 型燃油燃气水管锅炉系列产品的工作参数范围为:

蒸汽锅炉		热水锅炉	
额定蒸发量/(t/h)	4 ~ 40	额定热功率/MW	2.8 ~ 14
额定压力/MPa	0.7 ~ 3.82	额定压力/MPa	0.7 ~ 1.25
蒸汽温度	饱和或过热蒸汽	供/回水温度/°C	95/70, 115/70, 130/70

2-27　什么叫贯流锅炉?其发展情况及其特点如何?

答: 贯流锅炉是由设计排列的较长管子组成,给水泵在管子一端给水,水(工质)在管内经过加热水段、蒸发段(过热段),从管子上集箱产生所需要的蒸汽。它不同于立式水管自然循环锅炉。贯流锅炉没有锅筒,它是由锅炉本体(本体上下集箱、列管等组成)和外部的汽水分离器、水泵、油泵、燃烧器等部件组成。它实质上就是立式直水管燃油燃气锅炉。汽水分离装置设置在锅外的贯流锅炉,如图 2-15 所示。

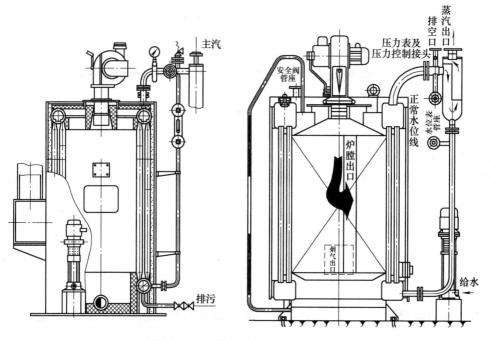

图 2-15　贯流锅炉(立式直水管锅炉)

在二次大战后，美国将贯流锅炉最早应用在内燃机列车的取暖上。以后被日本引进用做通用工业锅炉，其技术在日本得到迅速发展。自 20 世纪 70 年代以来，贯流锅炉在日本的销量持续上升，1990 年日本本国销量达到二百万台。贯流锅炉生产使用在日本不受政府有关部门监检，不需要几年一次的检查，甚至不需要司炉工。现在，这种形式锅炉在我国、韩国都有生产。

贯流锅炉的结构决定了它的性能特点。它有如下主要特点：

1）水容量少（1t/h 锅炉约为 140L），所以产生蒸汽快，一般产生额定压力下的蒸汽量只需 5min 左右。因为水容量少、蓄能少，锅炉压力随负荷变化大。这就要求有一套可靠的反应迅速的燃烧自动控制装置及给水装置。

2）由于列管可以自由排列，因此结构紧凑，燃烧方式特殊，使体积大为缩小。但是锅炉炉膛容积热负荷大，水在一根管子内完成加热到蒸发，循环倍率低，接近于 1，并有可能传热恶化，产生爆管和疲劳裂纹等故障，所以要求严格控制管壁温度在安全工作范围内。

3）这种锅炉结构紧凑，维修性差。贯流锅炉本体几乎是不可能维修的。一旦损坏，只有更换新炉。这就要求严格控制制造质量，执行严格的质量管理体系，制造厂要出合格的高质量产品。同时它对给水水质要求较高，应严格控制给水水质标准，以保证其使用寿命。

4）钢材耗量小，贯流锅炉的钢材耗量与单位产汽之比为 1.1:1（即 1.1t 钢/t 汽），而普通燃烧锅炉约为 4~6t 钢/t 汽。

5）一般认为，这种结构形式的锅炉，其蒸发量适合在 4t/h 以下。如果再往上增大容量，它与其他形式的锅炉（如卧式内燃锅炉）相比优越性小。这种锅炉通常只做到 2t/h。国内最大容量一般在 3t/h 以下。

2-28　燃油燃气卧式锅壳式锅炉为什么是内燃方式？这种锅炉的本体是由哪些主要部件组成的？

答：燃油燃气卧式锅壳锅炉一般都是微正压炉，采用内燃方式比较容易实现微正压燃烧。因为炉胆是一个圆筒，炉膛和锅炉密封问题容易解决；而且火筒（炉胆）的形状比较符合燃油燃气燃烧器的火焰形状；炉膛和对流受热面布置起来比较容易，可采用多回程，可以布置适当的尾部受热面以降低排烟温度。因此卧式内燃方式几乎是燃油燃气卧式锅壳式锅炉的唯一形式。

这种锅炉的本体是由炉胆，转烟室，烟管和锅壳等主要部件组成。在锅壳和管板间根据强度需要布置拉撑件。炉胆一般为波纹形圆筒，也有直圆筒形的或波纹直圆筒混合形等。自作为燃油燃气工业锅炉的优选炉型以来，这种锅炉的本体结构得到了不断的改进，技术比较成熟。

2-29　卧式内燃锅壳式燃油燃气锅炉炉胆布置有哪几种基本布置方式？它们的发展过程如何？

答：卧式内燃锅壳式锅炉的炉胆是布置在卧式锅壳之内的，是燃烧室也是辐射受热面。

　　初期阶段，锅炉的炉胆是单个布置在锅壳的中心偏下的位置。其上方是烟管管束，如图 2-16a 所示。由于炉胆上方有密集的烟管，对锅炉内部、炉胆上方水侧的检查和清理都十分不方便。于是就出现了将炉胆向左下方或右下方偏置炉胆的布置方式，如图 2-16b 所示。这种布置对蒸汽锅炉来说是必要的。因为炉胆和烟管都必须浸没在水中，而且锅壳又必须有蒸汽空间。但是炉胆偏置布置给制造带来不少困难。所以，对热水锅炉，一般就将炉胆布置在锅壳的中心位置，即锅壳与炉胆是同一轴向中心线，炉管周围布置烟管，如图 2-16c 所示。随着锅炉设计出力的增加，燃烧室直径的扩大又受到技术上的限制（如炉胆壁厚的增加会导致热应力过大）。因此出现了一个锅壳中布置两个炉胆的结构，即双炉胆结构，如图 2-16d 所示。工业锅炉的炉胆布置方式基本是这四种形式。

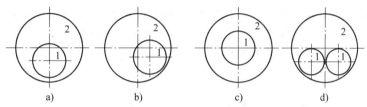

图 2-16　炉胆的布置方式

1—炉胆　2—锅壳

2-30　卧式锅壳燃油燃气锅炉（WNS 型）按结构来分可分为哪几大类？干背式锅炉有什么缺点？

答：卧式锅壳式锅炉总体上可分为干背式、湿背式和中心回燃式结构三大类。

　　干背式结构主要是指炉膛出口的转烟室在锅筒外面，它一边是后管板，另一边是烟室绝热层，因为烟室绝热层没有水冷却，处于干烧状态，所以称"干背"式。由燃烧器喷出燃料点燃后生成的燃烧产物到达炉胆的另一端后，经耐火砖或耐火混凝土砌筑的转烟室折转进入烟管，多为二、三回程结构，如图 2-17 所示。

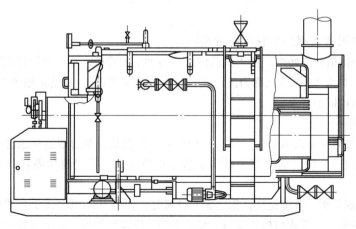

图 2-17　干背锅炉

　　干背式锅炉结构制造工艺简单，省工时，因此许多厂家采用这一结构。但经过几年运行暴露出来的问题主要在转烟室。燃烧器将燃料喷出点燃后，生成的燃烧产物和面积有限的炉胆换热，炉胆出口的高温烟气（一般在900°C以上）直接冲刷转烟室，而且燃油燃气锅炉为微正压燃烧，热强度高，因此，砖制结构的转烟室，不仅温度高，而且常常被烧坏。又由于其密封性差，高温烟气外漏，往往使外部钢制护板严重过热变形，迫使锅炉停止运行，进行抢修。

　　这种干背式结构锅炉，与锅炉容量有关。锅炉容量越大，上述情况越严重，但随着锅炉容量的减小，炉胆的相对面积增加，炉胆出口烟气温度大为降低，可明显改善烟气对转烟室的冲刷和破坏程度，因此，一般认为：2t/h以下的锅炉可以采用干背式结构。但这一结构显然不适合容量稍大的锅炉。

　　为了保护砖衬不被烧坏，于是在转烟室出现了仿效水管锅炉炉膛的水冷壁结构。即在正对炉胆出口的耐火层外面（或中间）加装水冷壁管，以降低耐火层温度。这是半湿背或半干背结构锅炉，如图2-18所示。但这种锅炉还不能克服微正压燃烧所造成的漏烟。

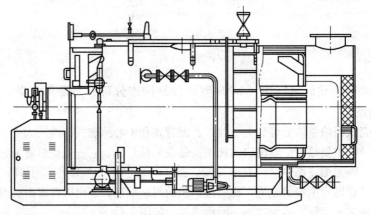

图2-18　半干（湿）背锅炉

2-31　什么是湿背式锅炉？它有何特点？

答： 湿背式是指锅炉的转烟室迁入锅筒内部，转烟室的管板、背板及筒体都被锅水包围着（即浸没于炉水中），所以称为湿背式（也有称为水背式），其结构如图2-19所示。

　　湿背式结构锅炉特点。

　　（1）优点

　　1）烟气经转烟室进入烟管（第一回程烟管）换热后，至前烟箱时烟温已较低（一般在450°C左右），使得前烟箱的结构制造变得简单，一般用内衬隔热材料的钢结构即可。

　　2）湿背式结构，既能适应高温，密封性又好，而且其体积也比干背式的转烟室小得多。因而能避免干背式结构的缺点，延长锅炉正常运行周期，降低了维护费用，所以获得广泛的应用。

（2）缺点

1）湿背式结构的转烟室，制造比较麻烦，装配也比较困难，要增加很多辅助零件，其制造成本包括一些模具的初投资较高。还有，焊缝的数量多，焊接工作量大，增加工人的劳动强度。

2）由于影响燃烧的因素很多，有时有燃烧延滞的情况发生，这就能导致转烟室的烟气温度升高，甚至出现未燃尽的燃料在转烟室内继续燃烧，其后果可能造成湿背式转烟室前管板的泄漏和裂纹。

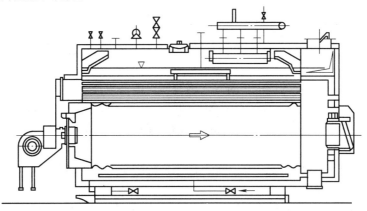

图 2-19　湿背式锅炉

2-32　什么是中心回燃式结构锅炉？它有何特点？

答： 中心回燃是指燃料在炉胆中燃烧后的烟气，由于高速火焰引起烟气在炉胆中回流（卷吸）作用，使烟气往前进入烟管换热。这种结构实质上是湿背式大直径炉胆（波形或直炉胆）的二回程锅炉。其结构如图 2-20 所示。

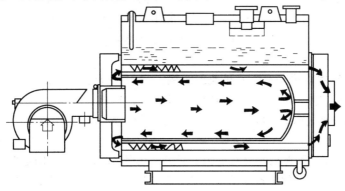

图 2-20　中心回燃锅炉

该结构锅炉有如下特点：

1）受热面积有效利用。根据炉膛辐射换热量和温度的 4 次方成正比的原理，该炉炉胆空间大，有效辐射受热面大，炉膛辐射吸热量占总吸热量的比例大。表 2-14 为几家锅炉厂 4t/h 燃油燃气锅炉的炉胆辐射吸热量和对流吸热量份额的比较，可以发现这种锅炉的受热面的有效利用比较好。

表 2-14　4t/h 燃油燃气锅炉辐射吸热量和对流吸热量份额的比较表

项　目	全螺纹管三回程油炉	全螺纹管二回程油炉	全光管三回程油炉	全光管二回程油炉	中心回燃二回程油炉	中心回燃二回程气炉
辐射受热面	10.96	9.04	12.26	14.35	12.80	12.80
对流受热面	57.68	60.56	66.16	58.57	54.32	50.47
辐射吸热量	53.10	46.6	53.50	53.00	69.90	72.12
对流吸热量	46.90	53.4	44.50	47.00	30.10	27.88

2）炉内气流组织均匀。由于高温火焰对回流的卷吸作用，炉内的温度极为均匀，且降低了火焰的温度，可有效地抑制 NO_x 的生成。是一种有利于环境的燃烧方式，同时由于回流的紊流作用，增加了气流和壁面的对流换热，特别在火焰中心附近设置波纹炉胆时，对流换热更加剧烈。

3）烟管管束为单回程，有效地降低了本体的烟气阻力。可显著降低鼓风机的运行电耗，且该锅炉不需要引风机。

4）散热损失少，可获得比其他结构更高的节约能源。与干背式相比，因为没有后烟室，散热损失减少；与其他湿背式锅炉相比，因为本体的流动阻力小，减少运行耗电量。

5）结构简单，符合锅炉制造厂制造工艺的要求，也符合用户对运行和维修的要求。

6）全湿背式中心回燃结构也存在一些缺点。由于锅炉容量太小时，炉胆受热面积相对增加量比较大，辐射吸热量很大，低温回流的卷吸作用将影响燃烧的稳定。故这种结构不宜在容量太小的锅炉上采用。另外炉胆出口温度较高，前烟箱大，易受热变形漏烟而损坏，可靠性降低，因此对前烟箱（室）的要求较高。

2-33　燃油燃气水管锅炉有哪几种典型结构？它们各有什么特点？

答：水管锅炉的本体由锅筒、集箱和炉管等主要部件构成。

常见的燃油燃气锅炉本体的结构型式，有 D 形、A 形和 O 形三种，其中又以 D 形最为普遍。

1）图 2-21 是一种典型的 D 形锅炉。锅炉是双锅筒纵置式。右侧是水冷壁，左侧上下锅筒间是对流管束。锅炉本体四周，除前墙未布置水冷壁外，其余均为密闭性结构。

该型锅炉的主要特点：

①水冷壁为密闭性结构。锅炉右侧水冷壁是用扁钢将管子焊接连成片的所谓膜式（鳍片管）水冷壁。其他部分则是管子与管子外壁相切的所谓切向管水冷结构。这两种结构，不仅有利于炉墙的密封，而且降低了炉墙向火（烟）面的温度，便于炉墙做成轻型结构。

②D 形锅炉根据需要，也可布置成反 D 形的锅炉（即 D 形）。此时炉膛在左侧，上下锅筒间的对流管束则在右侧，如图 2-22 所示。

图 2-22a 是蒸发量 23 ~ 159t/h 系列。该系列都只在前墙布置一只燃烧器。当锅炉容量变化时，锅炉的长、宽、高也相应变化。

图 2-22b 是蒸发量 181 ~ 272t/h 系列。该系列是在前墙布置两只燃烧器。当容量变化时，锅炉宽度不变，只改变长度和高度。

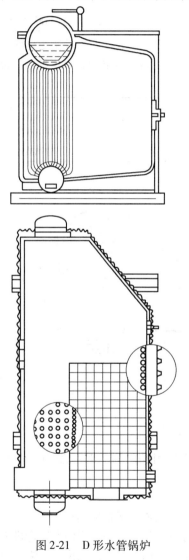

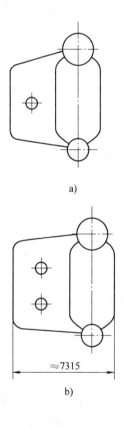

a)

b)

图 2-21　D 形水管锅炉　　　　　图 2-22　D 形系列锅炉（国外）

③D 形锅炉结构比较简单，炉膛容积比较大，适用各种不同容量的锅炉，而且易于制成快装结构和形成系列化产品。

④D 形锅炉，按我国工业锅炉型号编制方法，应为 SZS 型（双锅筒纵置式水管锅

炉）或 SHS 型（双锅筒横置式水管锅炉）。国产的 SZS 型系列，有快装和组装两种型式；采用微正压燃烧，燃烧器按燃料种类进行配置；自控程度较高，可采用计算机控制系统。SZS 型系列锅炉供热介质有蒸汽和热水两种。

蒸汽锅炉参数范围		热水锅炉参数范围	
额定蒸发量/(t/h)	4 ~ 20	额定热功率/MW	2.8 ~ 14
额定压力/MPa	0.7 ~ 2.45	额定压力/MPa	0.7；1.25
蒸汽温度/°C	饱和或过热温度	供、回水温度/°C	95/70，115/70，130/70

SHS 型系列，两个锅筒横置在燃烧室后部，两锅筒之间的管束为对流受热面，从侧面看为反 D 形。燃烧器布置在燃烧室前端。自控程度较高，可采用计算机控制。SHS 型系列锅炉供热介质均为蒸汽，其参数范围：

额定蒸发量	10 ~ 40
额定压力/(t/h)	1.25，2.45，3.82
蒸汽温度/MPa	饱和或过热蒸汽

2）A 型锅炉其结构型式如图 2-23 所示。

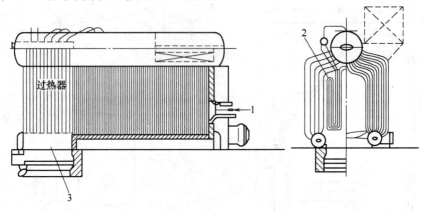

图 2-23　A 形锅炉
1—燃烧器　2—过热器　3—烟道

锅炉是单锅筒纵置式。炉膛和对流管束均由上锅筒和两侧下集箱之间的管子构成。前墙布置燃烧器。该锅炉尾部设置有过热器。

A 型锅炉的主要特点：

①该型锅炉的外形结构为左右对称结构，便于运输或制成快装锅炉。

②该型锅炉的烟气流程两种设计方案。一种方案是烟气从炉膛后向左转弯进入左侧主炉管区，由后向前，横向冲向主炉管，然后由主炉管前端向上流入位于上锅筒前端的转烟室进入右侧主炉管；由前向后，横向冲刷主炉管，最后从该侧主炉管的后部离开锅炉本体。另一种方案是烟气离开炉膛后面，分成左右两路进入两侧主炉管区向前端流动，横向冲刷主炉管，最后汇合于锅炉前部的上烟箱，再入引风机及烟囱。

③该型锅炉水容量较小，产汽快升压快，但运行中汽压波动较大，水位波动也

较大。

3）O形锅炉，如图 2-24 所示。

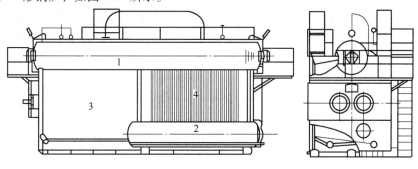

图 2-24　O形锅炉
1—上锅筒　2—下锅筒　3—炉镗　4—对流管束

O形锅炉为双锅筒纵置式。上锅筒长，下锅筒短，前部是 O 形炉腔，后部上下锅筒是对流管束。前部炉腔两侧的水冷壁管在下部弯向对方并与其下集箱相连。燃烧器布置在前墙。烟气在对流管束中的流动可根据需要布置其流程。

这种锅炉与燃煤纵置锅筒锅炉的结构基本相同，其特点也基本一样。

燃油燃气的 O 形锅炉结构更加紧凑，外形近似铁路客车车厢，重心也在锅炉纵向中心平面内，便于铁路运输。

4）燃油燃气水管锅炉的共同特点：

①从以上三种典型锅炉的本体看出，除 O 形锅炉侧墙有两根下降管外，其余的炉型和水管受热面系统都没有专门的下降管。这些受热面上升管的供水是由受热较弱的管束进行的。这种由受热强弱而形成的循环回路是一种最简单的自然循环，即靠下降和上升介质密度差所产生的压头形成流动循环系统，对锅炉的水循环安全是有利的。

②燃油燃气水管锅炉和燃煤水管锅炉一样，锅炉的主要受压部件是锅筒、集箱和炉管等部件，锅炉的受热面布置比较灵活，数量也不受布置上的限制，因此，燃油燃气水管锅炉的工作压力和锅炉容量都不会受到限制。

③水管锅炉的燃烧器都是水平安装，操作和检修比较方便，宽、高尺寸较小，有利于快装和组装生产。

④燃油燃气水管锅炉与同燃料的锅壳式锅炉相比，在结构上要复杂些。因为燃油燃气锅炉的通风（或燃烧）方式基本上都是微正压通风（或燃烧），所以炉墙的强度和密封性要求都很高。同时水管锅炉的给水和锅水品质的要求亦比锅壳式锅炉要高。

随着自动控制技术的发展，锅壳式锅炉的运行控制水平日渐提高，安全性增强，锅壳式锅炉也正在向稍大的容量发展，而且有的锅壳式锅炉上也开始布置过热器，再加上烟管的强化传热技术的发展，一般来说，容量在 10t/h 以下，和锅壳式锅炉相比，水管锅炉无明显的优势。

2-34　对燃油燃气锅炉总体要求是什么？

答：近几年来，由于环境保护问题，我国的能源消耗结构逐渐发生变化，燃油燃气锅炉得到较快的发展。如何设计和选用较好的燃油燃气锅炉是一个重要的问题。为此，应对燃油燃气的工业锅炉提出总体要求。

对中小型燃油燃气锅炉总的来说，应该是向减小体积和质量、提高热效率，以及提高组装化和自动化程度的方向发展。特别是近几年来，采用一些新型燃烧技术和强化传热技术，燃油和燃气锅炉的体积比以前大为减小，热效率已高达 87% ~ 91%。随着工艺技术的发展，人们对燃油燃气锅炉的总体要求将更加严格。这种要求主要应是解决经济性、安全性、可使用性的矛盾，具体表现有如下几个方面。

1. 锅炉的高效率

就燃烧效率来讲，中小型的燃油燃气锅炉的燃烧效率和大型锅炉相差不大，其锅炉热效率的差别主要表现在排烟温度上。如果尾部不安装省煤器，一台额定工作压力 $p = 1.25\text{MPa}$ 的燃油燃气蒸汽锅炉，其饱和温度为 194°C，为不使受热面积过大和维持一定的温压，烟气的最低温度至少应比饱和温度高 50°C，该炉的合理排烟温度应为 250°C 左右。因此，要继续提高热效率则必须增加尾部受热面及采取相应的防腐措施。

2. 结构简单

整个锅炉要合理，受压部件在额定工作压力下有足够的强度，水循环要合理可靠，保证各受热面在运行过程中能够得到良好的冷却，产品必须达到安全和使用可靠。

锅炉结构要紧凑，而且要有一定的弹性，保证受压部件在运行过程中能适应热胀冷缩的作用。占地面积小，安装操作简便。

3. 使用简易配套的辅机

给水泵、重油泵、重油加热器（电气—蒸汽两用）、鼓风机和其他一些辅机要和锅炉本体一起装配，且要保证运输的可靠性。特别是快装锅炉，应尽可能地避免采用引风机。

4. 自动化程度高并配有多级保护系统

燃油燃气锅炉不仅要保证高效率，还要使其操作简单、可靠。不仅要配有完善的全自动燃烧控制装置，更要配有多级安全保护系统，应具有锅炉缺水、超压、超温、熄火保护，点火程序控制、各种联锁控制、检漏系统及声、光、电报警等。

2-35　燃油燃气锅炉与燃煤锅炉相比有何特点？

答：燃油燃气锅炉与同等容量的燃煤锅炉相比，它有如下特点。

1）燃油燃气锅炉的热效率高。与燃烧烟煤锅炉相比，热效率一般要高 7% ~ 20%，锅炉容量越小热效率相差越大，按我国工业锅炉应保证最低热效率的规定，当锅炉容量 ≤1t/h 时，其热效率相差达 24%。

2）燃油燃气锅炉能减少污染物的排放量。表 2-15 是煤、油和燃气的燃烧排放量，单位是每吨油当量排放物的公斤数（即 kg/t 油当量）。

表 2-15　煤、油和燃气的燃烧排放量　　（单位：kg/t 油当量）

排放量	燃烧 1t 油	燃烧 1t 油当量的煤炭	燃烧 1t 油当量的天然气
CO_2	3100	4800	2300

（续）

排放量	燃烧 1t 油	燃烧 1t 油当量的煤炭	燃烧 1t 油当量的天然气
SO_2	20（含 8% 未脱）	6（煤中含 1% 硫 80% 已脱硫）	0
NO_x	6（工业用）	11（工业用）	4（工业用）
CO	6 ~ 30	4.52	0.53
未燃烃	0.5	0.3	0.045
灰	0	220	0
飞灰	0	1.4	0

从表 2-15 中看出：烧油、烧气没有烟尘污染；特别烧天然气的锅炉不排放 SO_2。烧天然气锅炉与燃煤相比，NO_x 减少 64%，CO_2 减少 52%；燃油锅炉与燃煤锅炉相比，NO_x 减少 45%，CO_2 减少 35%。因此改善大气污染状况的重要途径是改变燃料结构。用天然气锅炉供热对改善大气质量有明显的效益。

3）燃油燃气锅炉结构紧凑，体积小，耗钢量小。由于燃油燃气锅炉的燃料燃烧强烈，炉膛内的辐射吸热量比较大，水冷壁可采用膜式水冷壁或切向水冷壁结构，受热面紧凑，缩小了锅炉的体积，特别是近几年来一些新型燃烧技术和强化传热技术的应用，燃油燃气锅炉的体积比以前大为减小。除此以外，与燃煤锅炉相比，没有炉排、除渣等设备，钢材耗量亦大为减少。

4）燃油燃气锅炉自动化程度高并配有多种安全保护，可以实现无人值班。

燃油燃气锅炉必须是操作简便、安全可靠，因此应配有完善的全自动的安全运行的水位压力、温度、燃烧控制装置，各种联锁装置和多种安全保护装置。其中的水位控制，压力控制、熄火保护以及检漏系统和设备故障，应完全自动并有声、光、电报警。

5）燃油燃气锅炉配套设备简易，因而占地面积小，一次性投资小。燃油燃气锅炉没有占地大的上煤系统和除渣除灰系统；10t/h 以下的锅炉微正压燃烧，辅机简单，节约电能；占地面积小，节约基建投资。

6）燃油燃气锅炉的运行成本高于燃煤锅炉。主要原因是燃料成本高。若按现引燃料价格比，燃油燃气为燃煤的 4 ~ 5 倍。若考虑劳务费，设备用电费，设备使用寿命等因素，总的运行费用，燃煤锅炉为燃油燃气锅炉的 1/3 左右。

2-36　什么是电热锅炉？电热锅炉有哪些特点？

答：电热锅炉和电热蓄热器是利用电能来产生蒸汽或热水的装置。

电热锅炉和电热蓄热器和所有的电气设备一样，具有许多优点，特别是与化石燃料锅炉相比，其特点更为优越。具体特点如下：

1）无污染。由于采用电能直接加热给水，电能直接转化为热能，不需要采用燃烧方式将化学能转化为热能，因而不排放有害气体及灰尘，不会产生灰渣，完全符合环境保护的要求。这一点，在当前公众对净化环境要求日益强烈的情况下，其意义十分重要。

2）能量转化效率高。电加热锅炉采用加热元件电热管插入锅壳与给水直接接触，加热时换热系数很高，能量转化效率也很高，一般可高达95%以上，试运行锅炉效率可达98%以上。

3）锅炉起动、停止速度快、运行负荷调节范围大，调节速度快，操作简单。如电阻式电热锅炉由于加热元件电热管的工作由外部电气开关控制，所以锅炉起停速度快，通过控制各电热管组的开关，可在很大范围内调节运行负荷，调节操作迅速、简单。与燃煤、燃油、燃气锅炉相比，操作运行更加方便、简单。

4）锅炉本体结构简单，安全性好。电加热锅炉的本体结构非常简单，如电阻式电热锅炉，电加热管采用三角形连接，三个电热管连成一组；外面罩有接管，装在法兰盘上。与外部电气设备连接，电热管组外面有加热器护罩；给水的加热过程全部在筒体中完成，不需要布置管路。没有燃烧室，没有烟道。不会出现燃油燃气锅炉中存在的爆燃、泄漏等问题，从这个意义上讲，电热锅炉的安全性更好。

5）体积小、质量轻，占地面积小。由于电能本身的特点，使得电热锅炉的体积做得很小，质量很轻。如常压电热锅炉，0.7MW锅炉，其质量只有200kg，1.4MW的锅炉，其本体的质量为550kg。由于体积小，质量轻，可安装在办公区的楼层内。

6）自动化程度高，可以实现无人值班。可以完全实现自动化，采用计算机监控调节。当水位变化时，计算机控制调节自动上水；当压力变化时，计算机控制调节锅炉出口压力和安全保护装置，最大限度地将计算机技术应用于传统的锅炉行业。

7）可适当缓和工业用电供大于需的矛盾，可作为电力工业峰谷负荷的调节手段。当工业用电处于低谷期，电热锅炉和电热蓄热锅炉投入运行，维持电网的稳定运行。这样既可调节电力负荷，亦充分利用了峰谷电价的差价，对减少电热锅炉的成本十分有利。

8）电热锅炉亦存在有不足之处。如用电经济性方面，电热锅炉的运行成本，比燃煤锅炉高约5倍，比燃天然气锅炉高1.5倍左右。

电热锅炉的附加外部设备投资较大。配备计算机监控系统，电控柜及稳压器等，初投资较大。

电热锅炉要求供电稳定性较高，不适合经常断电的地区。

2-37　电热锅炉有哪几种？电热锅炉的主要构成是什么？

答： 电热锅炉品种较多，按用途分，有电热蒸汽锅炉、电热热水锅炉、不锈钢电热水箱、蓄能电热开水器等。

按电热锅炉外形来分，可分为立式锅炉和卧式锅炉两大类。

按电热元件的形式划分，可分为电阻式和电极式两种。

电热锅炉主要由锅炉本体、计算机监控系统和外部电气设备三大部分构成。锅炉本体主要是由锅筒和加热电热元件及其布置所构成；计算机监控系统主要是运算控制、运行参数实时显示及调节控制，完成自动操作程序和控制；外部电气设备主要包括电柜、稳压器和变电设备及给水调节控制设备。为保证安全运行，应配有漏电保护装置，接线绝缘性好、保持干燥清洁以及防止短路保护措施。

2-38　电阻式电热锅炉的主要结构及其特点?

答:电阻式电热锅炉采用高阻抗管形电热元件,接通电源后,管形电热元件在锅筒内依靠对流换热,使电热元件产生的高热使整个锅筒内变热或产生蒸汽,如图 2-25 所示。

管形电热元件是由金属管外壳、电热丝和氧化镁三者组成。金属管外壳一般采用不锈钢或 10 号无缝钢管,氧化镁作为绝缘体和导热介质充填在金属管壁和电热丝之间。电热管的尺寸可根据锅筒内部的情况自行设计确定,例如有的采用总长 980mm,管径为 20mm 的 10 号无缝钢管,弯曲半径为 50mm,换热表面为 0.248m^2,单管功率为 18kW,如图 2-26 所示的电热管。

电热管组的安装根据锅筒内部的截面、高度或长度进行布置安装,并固定在支架上,避免管组由于刚度不足出现弯折现象。同时在布置安装时应考虑锅筒内部对流换热的均匀性,使对流换热更为充分。

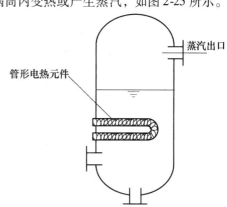

图 2-25　电阻式电热锅炉原理图

电阻式电热锅炉有如下特点:

1)从电热元件的结构可知,电热元件

图 2-26　电热管外形图

的使用寿命,电热锅炉的热效率与氧化镁的质量、制造时的充实程度密切相关。因此,制造厂应充分地保证质量。

1)电阻式电热锅炉最大的优点是水中不带电,使用较为安全,对水质也不造成污染。

3)管形电热元件的功率是固定的。锅炉容量的增大必须依靠增加管形电热元件的数量来实现,并按实际投运数量来调节锅炉负荷。因此,这类锅炉的容量受到了电热元件结构布置的限制。

2-39　电极式电热锅炉的工作原理和主要结构是什么?它有何特点?

答:有低压电极式和高压电极式两种,低压电极式电热锅炉,其使用电压一般低于 660V。

电极式电热锅炉的工作原理是以水作为介质,利用水的高热阻特性,直接将电能转换为热能,在这一转换过程中能量几乎没有损失。

在低压电极式电热锅炉中,如图 2-27 所示,一般都装有套筒,将整个筒体分隔为内外两个空间,其目的有两个:一是在电极加热水时会产生微量的电解氧,设置套筒可以防止氧气对外壳筒壁的腐蚀;二是可以起到负荷的自调节作用。当用汽量少时,锅炉内的蒸汽量增大,水位降低,电极插入水中深度变浅,电通量减少,产汽速度放慢;反之,则增加。这种锅炉只能产生热水和饱和蒸汽,而不可能生产过热蒸汽。如果生产中确实需要焓值更高的过热蒸汽,必须采用附加热源加热饱和蒸汽。

　　在高压电极式电热锅炉中，为了减少变压过程中的能量损耗，使电热锅炉更为经济运行，可以采用如图 2-28 所示的结构型式，而此时电极布置的形式发生了根本变化。

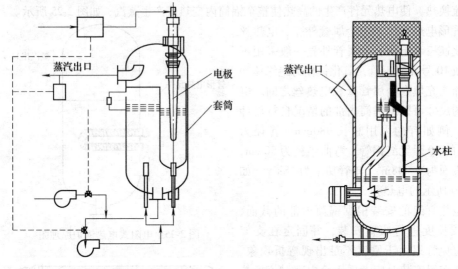

图 2-27　电极插入式锅炉　　　　　　　图 2-28　高电压电极式锅炉简图

　　我们知道，尽管水的阻抗很大，但在高电压下仍有被击穿的可能。因此，插入水中的方式已经不能适应要求，只能改为水帘式布置。此时，电极布置在汽空间（通常认为蒸汽是绝缘介质），利用循环泵和喷嘴将水喷射在电极上；在两个电极之间形成水柱，实现能量转换。因此，只有在两个电极之间的水柱中存在着高压电流，一旦离开这一区域，水就不再带电，也就不会发生电击穿现象。

　　关于电极式电热锅炉的电极布置形式，其布置方法较多，一般可以分为五种，如图 2-29 所示。目前，国外电极式电热锅炉的电极布置形式，采用图 2-29a 所示的较多。

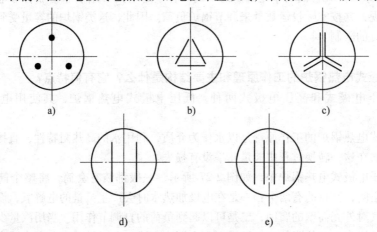

图 2-29　电极式电热锅炉的电极布置形式
a）三点圆柱式　b）星形三平板式　c）星形三折板式
d）三平行板式　e）四平行板式

电极式电热锅炉的主要特点:

1) 电热锅炉直接将电能转换为热能,在这一转换过程中能量几乎没有损失。此时应主要考虑其散热损失,但一般散热损失不超过2%。

2) 因为水具有高热阻特性,在保证不被高压电击穿的情况下,电极式电热锅炉运行应是十分安全的。

3) 电极式电热锅炉不会出现干烧现象。因为一旦锅炉断水,电极间的通路被切断,电功率为零,锅炉自动停止运行,这与化石燃料锅炉相比是完全不同的。

2-40　热水锅炉是怎样分类的?

答: 根据 GB/T 3166—2004 热水锅炉产品的参数系列所示,按锅炉的进、出口、回水温度(°C)有 95/70、115/70、130/70、150/90、150/110、180/110。锅炉工作压力有 0.4 ~ 2.5MPa。

按照锅内工质温度,热水锅炉粗略地可分为低温热水锅炉和高温热水锅炉两大类。低温热水锅炉一般认为锅炉的供水温度在95°C以下(即95°C/70°C的热水锅炉),这种热水锅炉在我国使用最为广泛。高温热水锅炉,其供水温度高于常压下的水的沸点温度,一般是 >120°C。

按照锅炉结构来分,有火管锅炉、水管锅炉、水火管锅炉等。

按锅炉的工作原理来分,可分自然循环热水锅炉和强制循环热水锅炉两类。自然循环热水锅炉,它是靠锅水温度不同所造成的重度差建立起来的循环。这种锅炉水容量大,锅水不易汽化。强制循环热水锅炉,在锅炉中,工质的流动是靠专门的水泵迫使水在锅炉受热面中流动。水容量较少,但有受热面布置灵活,结构紧凑,耗钢量少。

按锅炉工作压力来分,可分为承压热水锅炉和常压热水锅炉两类。承压热水锅炉其工作压力为 0.4 ~ 2.5MPa。常压热水锅炉,由于锅内的水与大气相通,则水面处的压力始终与大气压相等,即表压为零。

按燃用燃料的种类来分,可分为燃煤锅炉、燃油和燃气锅炉及电热锅炉。

按安装方法来分,可分为快装锅炉(锅炉整装出厂)、组装锅炉(分几大件出厂现场拼装)和散装锅炉(锅炉散件出厂,现场组装)。

2-41　热水锅炉的三个主要参数是什么?热水锅炉实际的工作参数是由什么决定的?

答: 压力、温度和供热量是反映热水锅炉工作特性的物理量,是热水锅炉的基本参数。

(1) 压力　锅炉的铭牌压力与实际的工作压力是有区别的。热水锅炉的铭牌压力是锅炉制造厂按 GB/T 3166 热水锅炉产品参数系列设计的,它表示热水锅炉的最高工作压力。热水锅炉的实际工作压力是由循环泵的工作压力决定的,一般它低于铭牌压力。为防止热水锅炉内水发生汽化,应维持锅内的压力高于相应温度下的饱和压力一定程度。

(2) 温度　同样原因,热水锅炉供水温度、回水温度,铭牌上的是按 GB/T 3166 规定标注的。热水锅炉的实际供、回水温度是根据供暖要求和供暖期内气候条件所决定的。根据冬季供暖的调节方法,有改变锅炉供水温度的质调节,也有改变锅炉循环流量的量调节。因此，热水锅炉的供水温度根据需要是可以变动的。

（3）供热量　热水锅炉的供热量亦称锅炉容量。它是指锅炉单位时间内的供热量，过去用 kcal/h 表示。现在我国的法定单位采用 MW。一般容量 0.7MW 的热水锅炉相当于蒸发量为 1t/h 的蒸汽锅炉的热功率。

热水锅炉，目前在我国主要是用于采暖。在供暖期某一时区内，热水锅炉的循环量是一定的，热水锅炉的温升（供、回水温度之差）即反映了锅炉的出力（负荷）。因此，调节或控制热水锅炉的供水温度即控制或调节了锅炉负荷。

热水锅炉的供热量是由采暖热负荷确定的。在选用热水锅炉之前，首先应进行采暖热负荷计算和网路有关计算，确定实际需要热量和网路系统的循环水量及水压头；然后确定热水锅炉的容量和工作压力。

2-42　热水供暖与蒸汽供暖相比有哪些优缺点？

答： 热水供暖与蒸汽供暖相比具有如下优点：

1）热不供暖可以大量节约燃料。在蒸汽供热系统中，用汽设备排出的凝结水热量占蒸汽热量的 15%，加上疏水器不能很好地排水阻汽及凝结水的二次蒸汽，其热量损失达 30% 以上。采用热水供暖可以减少这部分损失。

热水供暖管道散热损失小，即漏泄损失小。热水管径较小散热面小；热水供暖系统不允许管路严重漏泄，否则影响运行；而且供暖水温与环境温差也小。蒸汽供暖管道漏汽损失较大，有资料显示有的可达 15%～20%；同时，蒸汽温度与环境温差较大，因而散热、漏泄损失大。

蒸汽锅炉需要连续和定期排污，此时会造成工质和热量损失。如一台 10t/h 蒸汽锅炉排污率为 5% 时，由于排污损失将使燃料消耗增加 1%；而热水供暖锅炉只需少量的定期排污。

还有热水供暖可根据室外环境温度的变化，灵活地对热水进行质、量的调节，达到既节约燃料又能保证供暖的质量要求。

综上所述，采用热水供暖与蒸汽供暖相比，可以节约燃料 20%～40%。

2）高温水供暖，系统的维修费用比蒸汽供暖低。在蒸汽供暖系统中，因为冷热变化较大，暖气片、管道连接处容易泄漏；管道中疏水器、减压阀及各种阀门需要经常维修；加上凝结水管道容易腐蚀，所以日常维修量大。实践表明，热水供暖维修工作量小，其维修费用只是蒸汽供暖系统的 1/3，维修人员可相对减少一半以上。

3）热水供暖供热半径大，可达几十公里，且运行安全可靠，维修、管理方便。而蒸汽供暖受管道阻力限制，一般仅为 2～3km。

4）热水供暖供热负荷均匀，室内温度均衡。热水供暖适合于区域性集中供热，而区域性集中供热不仅可以节约大量燃料，又可减少锅炉排放物对大气环境的污染。

5）与蒸汽供暖相比，热水供暖有如下缺点：

①热水供暖的热水温度比蒸汽供暖相对较低，散热器设备数量加大，加上循环泵和补水设备。因此，初投资较大。

②对于高层建筑或复杂地形，由于水的密度形成其重位压降（高度差）的影响，

给系统设计和运行带来了很大的复杂性。如循环泵的运行，增加了电能的消耗。

③因蒸汽使用范围广泛，即它能满足各种热用户的要求。而热水只能满足少数热用户的要求。

2-43　热水锅炉与蒸汽锅炉有什么不同？热水锅炉有哪些特点？

答：热水锅炉与蒸汽锅炉相比，其根本不同点是：热水锅炉不生产蒸汽，进、出锅炉的工质都是单相介质水，且决不允许水在热水锅炉中发生汽化。水在热水锅炉中有的靠泵强制流动；有的利用热水锅炉中炉管、管束吸热强弱不同，形成自然循环；有的在炉膛中为自然循环而在对流受热面为强制循环的混合流动。因此热水锅炉具有如下特点：

1）直流热水锅炉（强制循环）可以不设锅筒，结构简单且制造方便；简化的制造工艺，使工时减少。另一方面，热水锅炉受热面传热温差较大，与蒸汽锅炉相比可节省钢材。因此，省工、耗钢量低，其成本下降。

2）对水质要求相对较低，安全性高。因为水在锅炉中不蒸发，故锅炉结垢少。其水处理主要是除氧，其次为防垢。

3）热水锅炉的受热面易腐蚀、易粘灰。这是由于热水锅炉中工质温度比蒸汽低，因此容易产生烟气侧的酸腐蚀；还有的锅炉采用不合理的间断运行方式，锅炉起动时金属壁温较低，尾部受热面极易结露且容易粘灰。为此，要求设计热水锅炉时尾部受热面的水温不能过低；要求运行方式不能频繁起炉、停炉，即不应采用间断运行，而应采用连续运行方式。

4）由于热水锅炉供暖季节性很强，因此供热量与季节环境温度变化有很大关系。为保证锅炉能长期在稳定工况下工作，保证其燃烧效率，要求系统设计要考虑供热负荷调节的可能，同时也要求锅炉要有较大的热负荷适应性。

5）热水锅炉多用于冬季供暖，所以设备利用率低，因此要求热水锅炉结构简单，运行维修管理方便，价格低。

6）运行操作方便。因为锅炉进出都是水，且锅内充满水，自然不必监视水位，也不需要水位表，不会出现"缺水"或"干锅"等现象。运行时只需要监视锅炉的压力和出口水的温度即可。

7）热水锅炉在突然停电、停泵时，锅水容易汽化，为保证锅炉稳定的安全运行，必须设有补水定压装置，以及防止汽化的安全措施，如停泵时的泄压装置等。

2-44　热水锅炉及其系统有哪些安全附件和安全保护设施？

答：为防止热水锅炉在运行中和循环泵停运时出现故障，锅炉上及其系统必须具有必要的安全附件和安全保证措施。

1. 锅炉必备的安全附件和安全设施

在低温热水采暖的热水锅炉本体上应安装压力表、安全阀、排污阀、出口水温度计等仪表和设备。同时还应设置集气罐和排气管。

在汽水两用炉上还应安装混水器和防止出水管吸入端带汽的装置，还要采取一定的措施防止汽压的波动等。

对于高温水采暖用热水锅炉，因锅水温度很高（高于常压下水的沸点温度），如不保证一定的压力，就容易使锅水及网路水发生汽化。为此，除以上基本仪表和设备外，也必须保证有特殊的保压措施，才能使锅炉安全运行。

2. 热水锅炉及其系统热媒膨胀的安全措施

热媒在锅内被加热以后，系统水因加热而膨胀，由于水为不可压缩性液体，膨胀出来的水若不及时排除，锅炉和系统中的水压就会升高，其结果将引起承压能力薄弱的设备破裂或泄漏。为此，在系统安装设计中，应对水的膨胀采取预防性措施。

在采用重力自然循环热水采暖系统中和在小型低温热水机械循环系统中，一般大部分用安装膨胀水箱来解决膨胀问题。

在大型热水采暖系统中，因膨胀水箱受到高度的限制，因而采用在供水管道总管上安装安全阀的方法减少系统水的膨胀容积，其安装方法如图 2-30 所示。当锅炉内及其系统内循环水受热膨胀，水压升高到规定值时（一般比安全阀连接点工作压力大 5m H_2O），安全阀开启，膨胀水量泄出，泄出的膨胀水可排入补给水箱中。

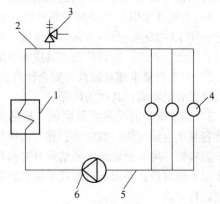

图 2-30 安全阀安装方法
1—锅炉 2—供水总管 3—安全阀
4—热用户 5—回水总管 6—循环水管

3. 解决系统中气体析出及污物排除的安全设施

热水采暖网路和锅炉内，在运行时充满了水，水中有许多游离气体，这些气体无论对锅炉或网路来说都是有害的，必须予以排除。

通常用的方法是在系统中高位用户顶部安装排气装置。同时，还必须在系统回水干管上安装除污器，并在除污器上安装定期排气管。

除污器的主要作用是排污排气。其原理是由于回水进入除污器，流动截面突然扩大，流速突然减小很多，污物便沉积除污器底部便于排除；而系统中溶解气体也将在这里析出而集聚在除污器上部，可以通过除污器安装的排气管，定期排出。因此，除污器在热水采暖系统中是必不可少的安全设施。

4. 防止循环泵停运时锅水汽化的安全设施

在强制机械循环的热水系统中，防止停泵汽化最简单最适用的方法如图 2-31 所示。

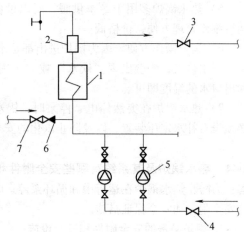

图 2-31 停泵时，防止锅水汽化方法
1—锅炉 2—集气罐 3—供水总管阀
4—回水总管阀 5—循环水泵
6—止回阀 7—上水阀门

在突然停电、停泵时，马上打开阀门7，由于自来水水压的作用，止回阀开启，自来水进入锅炉1，气经集气罐2排出，因此避免了锅炉水汽化，也防止了汽水冲击。同时还要打开炉门，使炉温下降。

对于大容量热水锅炉的结构设计中，因水容量较大，可以考虑在停泵时维持锅水自然循环，也可以防止锅水局部汽化。

5. 突然停泵，防止水击的安全措施

当系统循环泵突然停运时，使高速流动的循环水立刻停止，强大的速度能（水运动的动能）变为压力能（位能），使主回水管道循环水泵吸入端压力急剧升高，产生强烈的水击现象，严重时使低点近端散热器发生损坏事故。

防止水击常用的安全措施是在循环泵处安装一个旁通泄压单向阀（止回阀），其安装形式如图 2-32 所示。

当突然停电、停泵时，循环水泵的吸入端管路水压增高，而压水管路中水压降低，使吸水管中的压

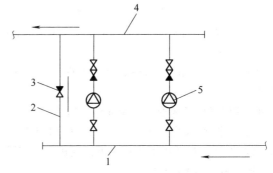

图 2-32　突然停电、停泵预防水击措施的安装形式
1—循环泵吸入端　2—旁路管　3—止回阀
4—循环泵出水管　5—循环泵

力大于压水管中的压力，止回阀将被打开，循环水将从旁通管中通过，使吸水管处压力逐渐降下来，从而防止了水击现象的发生。

2-45　常用热水锅炉按结构型式分有哪几种？其参数范围如何？

答：按锅炉结构型式可分为下面六种。

1. 烟-火管式热水锅炉

这一类型锅炉有立式和卧式两种，适用于燃油燃气。

立式烟-火管燃油燃气热水锅炉的参数范围：

额定热功率　　≤2.8MW

额定压力　　　常压，1.0MPa

供回水温度　　95℃/70℃

WNS 型卧式内燃热水锅炉系列产品的参数范围：

额定热功率　　0.35～7.6MW

额定压力　　　0.7MPa；1.0MPa

供回水温度　　95℃/70℃；115℃/70℃

2. 水-火管式热水锅炉

这一类型锅炉主要由卧式外燃回火管锅炉加上水冷壁管受热面构成，结构比较紧凑，整装出厂，故称"快装"锅炉。这一类型的热水锅炉，在我国使用最为广泛，数量最多。其型号有 KZL 型、KZG 型、KZW 型、KZZ 型等系列产品。其工作参数范围：

额定功率　　　0.35 ~ 14MW；
额定压力　　　0.7 ~ 1.25MPa；
供回水温度　　95°C/70°C；115°C/70°C；130°C/70°C

3. 无锅筒立式排管热水锅炉

这一类型锅炉，一般为强制循环方式，炉膛采用立式排管，对流受热面采用管架式。对燃煤热水锅炉，其功率≤7.0MW；对燃油燃气热水锅炉，其功率≤14MW。这种热水锅炉结构紧凑，制造方便，节省钢材。目前小容量的热水锅炉常采用这种形式。燃烧方式有往复炉排、链条炉排、振动炉排等。

因为管架式对流受热面的布置，在高度方向受到限制，因此容量较大的热水锅炉，不宜采用这种形式。

该型锅炉的产品系列参数有 0.2MW、2.8MW、4.2MW、7.0MW 等燃煤热水锅炉。燃油燃气锅炉有 14MW 的热水锅炉。

4. 带有锅筒弯水管强制循环热水锅炉

过去为汽改水的热水炉，如 SZP10—1.3 型或 SHL20—13 型蒸汽锅炉改为热水锅炉；强制循环。一般由下集箱和下锅筒进水；将下降管节流，水在受热面内以一定的流速上升，并由上锅筒出水。

设计的强制循环的热水锅炉产品系列有 QXL4.2—0.7—95/70—A 型、QXL7.0—1.0—115/70—A 型、QXL14—1.0—115/70—A 型等。

5. 带有锅筒的立式水管自然循环热水锅炉

这种锅炉的特点是回水从上锅筒进入，经锅筒内设有的配水装置，使锅炉的回水送到下降管，水冷壁管或上升炉管中的水受热后引入上锅筒并送出热水。这类锅炉的炉型有 SZW 型、SHW 型、SHL 型、DHL 型、DHD 型等。其参数范围：

额定热功率　　0.35 ~ 29MW
额定压力　　　0.7 ~ 2.45MPa
供回水温度　　95°C/70°C；115°C/70°C；130°C/70°C；150°C/90°C

6. 带有锅筒的汽水两用炉

这种锅炉的特点是既供汽又供热水，而且是高温水。由于在供汽的同时，还可以排除一部分 O_2，与一般热水锅炉相比，减少了锅炉氧腐蚀。这种锅炉容量较小，约在 2.8 ~ 4.2MW 左右，压力在≤1.3MPa 以下。

这种汽、水两用锅炉出水温度接近于饱和温度，因此在进入网路系统前必须采取混水和降温措施，所以运行操作要比一般热水锅炉要复杂些。

2-46　什么叫锅炉受热面？锅炉受热面按传热方式可分为哪几类？

答： 在锅炉中从放热介质吸收热量并将热量传递给受热介质的表面称为锅炉受热面。

根据锅炉的传热方式可将受热面分为三类：辐射受热面、对流受热面、沸腾层埋管受热面。在沸腾燃烧锅炉中设置在沸腾层内的受热面称为埋管受热面。埋管受热面的传热机理比较复杂，既有辐射换热，也有对流换热，还有固体颗粒与受热面的接触换热。本书中不涉及沸腾炉，故不详述。

2-47　什么叫辐射受热面？辐射受热面布置在锅炉中什么位置？

答： 主要通过辐射换热从放热介质吸收热量的受热面称为辐射受热面。辐射受热面主要以辐射换热，对流换热的影响甚小，可以忽略不计。

辐射受热面布置在炉膛内，它有两个作用：一是为了充分吸收高温介质的辐射热量；二是为了保护炉墙。为了不妨碍燃料在炉膛中燃烧，辐射受热面通常是靠炉墙布置的。当锅炉容量增大时，由于炉壁面积的增加相对较慢，为增加辐射受热面，在大型锅炉炉膛中布置双面露光水冷壁，保证炉膛出口烟温不致过高。

为了充分发挥温度高、辐射换热强烈的优点，辐射受热面应布置在高温火焰区域，通常布置在 900℃ 以上的区域。辐射受热面在中、低温区域工作时，其传热的热流密度低于对流受热面，耗钢材多而传热量少，是不经济的。

2-48　辐射受热面按其结构来分，可分为哪几种？水冷壁有哪几种？

答： 辐射受热面按其结构可分为：

（1）板式受热面　内燃型锅壳锅炉的炉胆，外燃型烟管锅炉和水火管锅炉的锅筒的向火表面等均属板式受热面。

（2）管式受热面　管式辐射受热面即所谓水冷壁。水冷壁采用"管屏"结构。由连接在同一进口集箱和同一出口集箱（或锅筒）之间的单排并列管子所构成的受热面称为管屏。

（3）水冷壁有如下几种

①光管水冷壁。光管水冷壁由普通无缝锅炉钢管构成。它应用最早，现仍广泛使用。在工业锅炉中常用的锅炉钢管是 $\phi51 \times 3.5$，$\phi57 \times 3.5$，$\phi60 \times 3.5$，$\phi63.5 \times 3.5$，$\phi76 \times 3.5$ 等管子。

图 2-33 所示为靠炉墙水冷壁的横断面图。图中 S 是并列管的中心线距离，称为节距。节距与管径之比值 S/d 推荐如下：

火床炉炉膛水冷壁：$S/d = 2 \sim 2.5$。

煤粉炉炉膛内，正对着燃烧器的水冷壁：$S/d = 1.2 \sim 1.3$；其余部位的水冷壁 $S/d = 1.5 \sim 1.6$。

管中心线距炉墙内壁的距离为 e，通常取 $e/d = 0.8 \sim 1.0$。

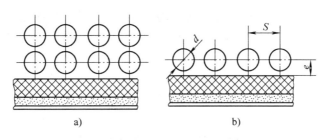

图 2-33　光管水冷壁横断面图

a）单排　b）双排

在燃油燃气水管锅炉中，有的 $S/d=1$，即管子与管子外壁相切构成所谓切向管水冷壁。

在工业锅炉中，光管水冷壁通常是单排布置，如图 2-33a 所示。若采用双排布置如图 2-33b 所示。由于后排管子被前排管子遮挡，能接受来自炉膛高温介质的辐射热不多，因而虽然钢材量成倍增加，但受热面吸热量却很少，使钢材利用率降低。所以，双排布置是不合理的，也是不经济的。

S/d 的比值影响着炉墙结构，当 S/d 的比值较小时，如在 1.1 以下，这样的炉墙内表面温度较低，炉墙可以做得较薄，如轻型炉墙或敷管炉墙等。当 S/d 的比值较大时，如 1.5 以上，炉墙内表面温度相对较高，因此炉墙较厚，如重型炉墙。

②膜式水冷壁。由鳍片管拼焊成的管屏即构成膜式水冷壁。焊制鳍片管由光管和鳍片焊接而成，轧制鳍片管在钢管厂轧成。鳍片管膜式水冷壁在燃油燃气锅炉中应用较多，它气密性好，减少漏风，适用于微正压燃烧。它还具有炉墙薄，易于组装；蓄热量小，可缩短起动和停炉时间，降低金属消耗量等优点。其缺点是制造工艺复杂，且两相邻管子金属温度不得超过 $50°C$，以免水冷壁变形损坏。工业锅炉中的燃油燃气锅炉采用鳍片管膜式水冷壁。对于快装锅炉，为减轻炉墙质量也采用焊制鳍片管膜式水冷壁。但 S/d 较大，往往并不做成气密的，而是留有缝隙，如图 2-34 所示。在实际应用中，经实践证明，快装锅炉的鳍片容易烧坏变形，甚至撕裂水冷壁管，近几年来应用较少。

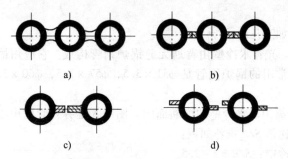

a)

b)

c)

d)

图 2-34　膜式水冷壁的横断面

a）轧制鳍片管　b）焊制鳍片管　c）对缝鳍片管

d）搭缝鳍片管

③带销钉管水冷壁。带销钉管水冷壁主要用于敷设卫燃带。销钉上敷有耐火填料，如铬矿砂制成的耐火材料，可减少水冷壁吸热，并使该部位炉温增高以便燃料迅速着火稳定燃烧并能保持高温。销钉沿管长呈叉列布置，其长度为 20~25mm，直径为 6~12mm。

2-49　什么叫对流受热面？对流受热面布置在锅炉哪些部位？它们的传热效果主要决定什么因素？

答：主要通过对流换热从放热介质吸收热量的受热面称为对流受热面。对流受热面通常布置在锅炉烟气温度为 $900°C$ 以下的区域。辐射换热的因素在传热计算中仍要考虑，但占次要位置。在低温区域工作的对流受热面可以忽略辐射换热的作用。

对流受热面的传热效果主要取决于烟气对受热面冲刷的强烈程度，因而与烟气的流动速度；冲刷方向及受热面的形状和布置有关。

锅炉的对流受热面大多采用管式受热面，很少采用板式受热面。

2-50　什么叫锅炉蒸发受热面？它包括哪几种受热面？对流受热面，按其结构来分，可分为哪几种？

答：锅炉蒸发受热面是指工质在其中吸热汽化的受热面，它包括布置在炉膛中吸收辐射热的水冷壁和布置在低于 900°C 烟道中的对流吸热的受热面。在低压锅炉中，由于锅炉压力低、汽化热所占比例大，水冷壁吸热不能满足汽化热的需要，因此在对流烟道中还需布置吸收对流传热量的锅炉管束，形成对流蒸发受热面，而且锅炉管束受热面一般都比较大。

锅炉对流受热面按其结构划分，可分为管束型、管箱型、蛇形管型及铸铁肋片管组合型。

（1）管束型　由连接在锅筒（或集箱）之间的多排并列炉管构成的受热面称为锅炉管束，如图 2-35 所示。

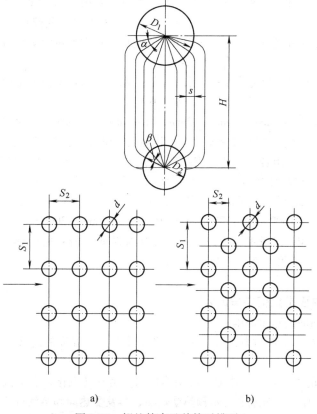

图 2-35　锅炉管束及其管子排列

a）顺列　b）错列

锅炉管束属于水管受热面，烟在管外冲刷。当烟气流向与管子中心线垂直时，为横向冲刷；当烟气流向与管子中心线平行时，为纵向冲刷。

管束内的管子的排列可以为顺排或叉排（或顺列及错列），如图 2-35a、b 所示。管子平行排列时称为顺列，交错排列时称为错列。

工业锅炉管束采用的管径，一般为 $\phi51mm$，$\phi57mm$ 和 $\phi63.5mm$。过去老式锅炉有用 $\phi76mm$ 和 $\phi89mm$ 的。

烟气横向冲刷时，垂直于烟气流向的、同一排内相邻两管的节距为横向节距 S_1。沿烟气流向的、相邻两排管的节距称为纵向节距 S_2。垂直于烟气流向的、一排管内的管子数目称为横向排数 z_1。沿烟气流向的排数称为纵向排数 z_2。

通常取 $S_1 = (2 \sim 2.5)d$；$S_2 = (2 \sim 2.5)d$（顺列）和 $S_2 = (1.5 \sim 2)d$（错列）。

锅炉管束用作蒸发受热面，靠自然循环实现管内工质的流动。

（2）管箱型　由连接在管板之间的多排并列直管构成的受热面属于管箱型。管式空气预热器采用管箱结构。一般情况下管箱呈直立状态，烟气在管内做纵向冲刷，空气在管外做横向冲刷。由于纵向冲刷的换热效果低于横向冲刷，故要求烟气流速大于空气流速。空气预热器管箱也可以横置，此时烟气在管外，空气在管内，风速大于烟速。

锅壳型锅炉的烟管受热面也属于管箱型，烟气在管内，水在管外。

（3）蛇形管型　蒸汽过热器和钢管省煤器采用蛇形管型受热面。由一、二排并列管经过多次弯绕而制成为顺列或错列管束，既能获得较大数量的受热面积，又能保证较少的管内流通截面积，以使工质有足够的流速。

用作省煤器的蛇形管受热面必须水平布置，水在管内自下而上流动。用作蒸汽过热器的蛇形管受热面，以垂直布置居多，水平布置的也有。

蛇形管受热面用 $\phi28mm \times 3mm$，$\phi32mm \times 3mm$，$\phi38mm \times 3.5mm$ 和 $\phi42mm \times 3.5mm$ 的无缝钢管弯成，结构紧凑，传热效果好。工质依靠入口和出口集箱的压差实现强制流动。

（4）铸铁肋片管组合型　铸铁省煤器属于此型。铸铁省煤器由定型生产的带有肋片的铸铁管和相应管径的弯头，组成蛇形似的弯管构成铸铁省煤器。水在管中流动，烟气在外侧流动并加热给水。带有肋片的铸铁管的内径有：$\phi50mm$、$\phi56mm$ 和 $\phi60mm$ 三种；铸铁管长度有 1000mm、1500mm、2000mm、2500mm、3000mm 等几种规格；它们承压能力有 1.6MPa、2.5MPa 两种。铸铁省煤器根据所需要的受热面积，烟道的长、宽、高，选择铸铁管和弯头，组装成省煤器。

2-51　锅炉受热面是如何布置的？

1. 锅炉受热面的布置原则

1）根据锅炉的工作压力，锅炉的性质和用途及排烟温度的高低进行各种受热面的布置。

2）根据水的加热过程，按加热（预热）水、蒸发（汽化）和蒸汽过热各过程中在总热量中所占的比例，分别布置水预热受热面、蒸发受热面和蒸汽过热器受热面。

3）为改善燃料燃烧或燃料的烘干，布置适当的空气预热器受热面。

工业锅炉与电站锅炉根据上述的布置原则是有区别的。

　　在生产饱和蒸汽的工业锅炉中，水的预热吸热量占 15% ~20%，水的汽化所吸收的热量占总吸热量的 75% ~80%；在生产过热蒸汽的工业锅炉中，汽化吸热量占 65% ~70%，预热水的吸热量占 15% ~20%，蒸汽过热吸热量占 15% 以下。所以在工业锅炉中蒸发受热面占主导地位。

2. 工业锅炉的蒸发受热面

　　1）辐射受热面。在水管锅炉中主要是水冷壁受热面；在锅壳式锅炉中主要是炉胆，炉胆可按板式受热面计算。

　　2）对流蒸发受热面。水管锅炉的锅炉管束，锅壳式锅炉的烟管受热面。

　　3）埋管受热面。主要指沸腾炉中的埋管。

　　4）在蒸发受热面内工质受热后部分汽化，成为汽水混合物，工质温度为饱和温度。

　　5）在小型锅炉中，全部受热面均由蒸发受热面构成，不另设预热水的受热面。蒸发受热面同时承担着预热水和使水汽化的任务。

　　在小型锅炉中，可取排烟温度比工质饱和温度高出 100°C 左右。可以采用自然通风。

　　6）当锅炉容量较大，工质压力较高时，饱和温度较高。此时如工业锅炉还采用单一的蒸发受热面，则会出现排烟温度过高。为了既降低排烟温度又不耗费过多的蒸发受热面，需要在蒸发受热面之后布置尾部受热面，即省煤器和空气预热器。

　　在生产需要过热蒸汽的工业锅炉中亦布置对流蒸汽过热器。

2-52　什么是受压元件？锅炉中有哪些？其功能如何？

答：承受内部或外部介质压力作用的零件或部件称为受压元件。

　　在锅炉中主要受压元件及其功能有：

　　（1）锅壳，锅筒　锅壳是卧式锅壳式锅炉的主要部件，它是容纳水和蒸汽，并兼为锅炉外壳的筒形受压容器，其内部还布置有炉胆（内燃）和烟管受热面。

　　锅筒是水管锅炉的主要部件，有的水管锅炉有上下锅筒，有的还有三锅筒。它们不兼做锅炉外壳，上锅筒内部有汽水分离装置和排污及配水装置等，但不布置受热面。其具体功能是：

　　1）作为省煤器、蒸发受热面和蒸汽过热器的联结枢纽（上锅筒）。

　　2）作为汽水分离的场所（上锅筒）。

　　3）作为自然循环回路的组成部分。

　　4）作为连接多排并列管子，构成管束受热面的结合体。

　　5）贮存锅水，形成一定的蓄热能力。

　　上锅筒的直径通常取为内径 900 ~1200mm，下锅筒略小，一般为 700 ~1000mm。锅筒又称"汽包"。

　　（2）集箱　集箱又名"联箱"，是连接并列管子用来汇集或分配多根管子中工质的筒形受压容器。集箱的封口部分称为"端盖"。

　　（3）管子、管道　用作受热面的钢管称管子。不作为受热面用来输送工质的钢管称为管道，如给水管、主蒸汽管、下降管、排污管等。

管子及管道均由锅炉钢管制成。

（4）管道附件　工业锅炉的管道附件包括压力表，温度计、水位表及各种阀门等。

2-53　各种容量的工业蒸汽锅炉，其主汽阀、给水阀及安全附件是如何配置的？

答：根据设计计算，各种容量的工业蒸汽锅炉，其管道及其安全附件按表 2-16 进行配置。

表 2-16　工业锅炉管道及其安全附件

	蒸发量/(t/h)	0.2	0.5		1	2		4	
	压力/MPa	0.5	0.5	0.8	0.8	0.8	1.3	0.8	1.3
蒸汽	主汽阀	DN40	DN40		DN50	DN80		DN100	
给水	止回阀	DN20	DN25		DN32	DN40	DN32	DN40	
给水	截止阀	DN20	DN25		DN32	DN40	DN32	DN40	
排污	快速阀	DN40	DN40		DN40	DN50		DN50	
锅筒	水位表	DN20	DN20		DN20	DN20		DN20	
锅筒	压力表	Y150 0~1.6	Y150 0~1.6		Y150 0~1.6	Y150 0~1.6		Y150 0~1.6	0~2.5
锅筒	安全阀	DN40 1个	DN40 1个		DN40 1个	DN50 1个		DN80 2个	

	蒸发量/(t/h)	6			10		20	
	压力/MPa	0.8	1.3	2.5	1.3	2.5	1.3	2.5
蒸汽	主汽阀	DN125			DN150		DN200	
给水	止回阀	DN50			DN65		DN80	
给水	截止阀	DN50			DN65		DN80	
排污	快速阀	DN50			DN50		DN50	
锅筒	水位表	DN20			DN20		DN20	
锅筒	压力表	Y150 0~1.6	0~2.5	0~4.0	Y150 0~2.5	0~4.0	Y200 0~2.5	0~4.0
锅筒	安全阀	DN80 2个			DN125 2个		DN125 2个	

第3章　锅炉使用维修与检验

3-1　特种设备使用总体要求有哪些内容?

答：特种设备使用总体要求如下：

1）特种设备使用单位应当使用符合安全技术规范要求的特种设备。特种设备投入使用前，使用单位应当核对特种设备出厂时附带的相关文件；特种设备出厂时，应当附有安全技术规范要求的设计文件、产品质量合格证明、安装及使用维修说明、监督检验证明等文件。

2）特种设备在投入使用前或者投入使用后30日内，特种设备使用单位应当向直辖市或者设区的市的特种设备安全监督管理部门登记，如图3-1所示。登记标志应当置于或者附着于该特种设备的显著位置。

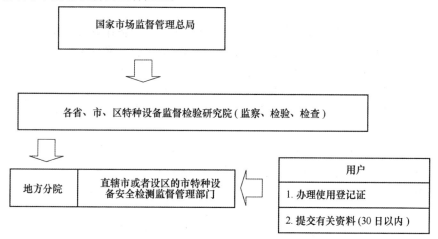

图3-1　特种设备使用登记示意图

3）特种设备使用单位应当建立特种设备安全技术档案。安全技术档案应当包括以下内容：①特种设备的设计文件、制造单位、产品质量合格证明、使用维护说明等文件以及安装技术文件和资料；②特种设备的定期检验和定期自行检查的记录；③特种设备的日常使用状况记录；④特种设备及其安全附件、安全保护装置、测量调控装置及有关附属仪器仪表的日常维护保养记录；⑤特种设备运行故障和事故记录；⑥高耗能特种设备的能效测试报告、能耗状况记录及节能改造技术资料。

4）特种设备使用单位应当对在用特种设备进行经常性日常维护保养，并定期自行检查。特种设备使用单位对在用特种设备应当至少每月进行1次自行检查，并进行记录。特种设备使用单位在对在用特种设备进行自行检查和日常维护保养时发现异常情况的，应当及时处理。特种设备使用单位应当对在用特种设备的安全附件、安全保护装置、测量调控装置及有关附属仪器仪表进行定期校验、检修，并做出记录。

5）锅炉使用单位应当按照安全技术规范的要求进行锅炉水（介）质处理，并接受特种设备检验检测机构实施的水（介）质处理定期检验。从事锅炉清洗的单位，应当按照安全技术规范的要求进行锅炉清洗，并接受特种设备检验检测机构实施的锅炉清洗过程监督检验。

6）锅炉使用单位应当按照安全技术规范的定期检验要求，在安全检验合格有效期届满前一个月向特种设备检验检测机构提出定期检验要求。检验检测机构接到定期检验要求后，应当按照安全技术规范的要求及时进行安全性能检验和能效测试。未经定期检验或者检验不合格的锅炉，不得继续使用。

7）当锅炉出现故障或者发生异常情况，使用单位应当对其进行全面检查，消除事故隐患后，方可重新投入使用。锅炉不符合能效指标的，使用单位应当采取相应措施进行整改。

8）当锅炉存在严重事故隐患，无改造、维修价值，或者超过安全技术规范规定使用年限，锅炉使用单位应当及时予以报废，并应当向原登记的安全监督管理部门办理注销。

9）锅炉作业人员及其相关管理人员（以下统称特种设备作业人员），应当按照国家有关规定经特种设备安全监督管理部门考核合格，取得国家统一格式的特种作业人员证书，方可从事相应的作业或者管理工作。

10）特种设备的安全管理人员应当对特种设备使用状况进行经常性检查，发现问题的应当立即处理。情况紧急时，可以决定停止使用特种设备并及时报告本单位有关负责人。

11）特种设备使用单位应当对特种设备作业人员进行特种设备安全、节能教育和培训，保证特种设备作业人员具备必要的特种设备安全、节能知识。

特种设备作业人员在作业中应当严格执行特种设备的操作规程和有关的安全规章制度。

12）特种设备作业人员在作业过程中发现事故隐患或者其他不安全因素，应当立即采取紧急措施，并且按照规定的程序向特种设备安全管理人员和单位负责人报告。

13）登记机关对准于登记的锅炉应当按照《特种设备使用登记证编号编制方法》编制使用登记证编号，签发使用登记证，并且在使用登记表最后一栏签署意见和盖章。

14）使用单位应当建立安全技术档案，妥善保存使用登记证、登记文件。

15）使用单位应当将使用登记证悬挂在锅炉房内。

即向现场安全管理人员和单位有关负责人报告。

3-2 锅炉如何办理使用登记？

答：对锅炉必须根据规定办理使用登记管理。

1）使用锅炉的单位和个人（以下统称使用单位）应当按照规定办理锅炉使用登记，领取《特种设备使用登记证》，未办理使用登记证的锅炉不得擅自使用。

锅炉使用登记证在锅炉定期检验合格期间内有效。

2）国家市场监督管理总局负责全国锅炉使用登记的监督管理工作，县以上地方质量技术监督部门（以下简称质监部门）负责本行政区域内锅炉使用登记的监督管理工作。

省级有关部门和设区的市的有关部门是锅炉使用登记机关。

3）每台锅炉在投入使用前或者投入使用后 30 日内，使用单位应当向所在地的登记机关申请办理使用登记，领取使用登记证。

使用单位使用租赁的锅炉（压力容器），均由产权单位向使用地登记机关办理使用登记证，交使用单位随设备使用。

4）使用单位申请办理锅炉使用登记时，应当逐台填写使用登记表，向登记机关提交以下相应资料，并且对其真实性负责：①使用登记表（一式两份）；②含有使用单位统一社会信用代码的证明或者个人身份证明（适用于公民个人所有的锅炉）；③锅炉产品合格证（含产品数据表）；④锅炉安装监督检验证明；⑤锅炉能效证明文件。

锅炉房内的分汽（水）缸随锅炉一同办理使用登记；锅炉与用热设备之间的连接管道总长小于或者等于 1000m 时，压力管道随锅炉一同办理使用登记。

5）受理、审查及发证。登记机关收到使用单位提交的申请资料后，能够当场办理的，应当当场做出受理或者不予受理的书面决定；不能当场办理的，应当在五个工作日内做出受理或者不予受理的书面决定。申请材料不齐或者不符合规定时，应当一次性告知需要补正的全部内容。

自受理之日起 15 个工作日内，登记机关应当完成审查、发证或者出具不予登记的决定。不予登记的，出具不予登记的决定，并且书面告知不予登记的理由。

3-3　最新颁布《特种设备使用管理规则》对管理有何要求？

答： 最新颁布 TSG 08—2017《特种设备使用管理规则》，对管理人员和作业人员要求如下：

1. 主要负责人

主要负责人是指特种设备使用单位的实际最高管理者，对其单位所使用的特种设备安全节能负总责。

2. 安全管理人员

（1）安全管理负责人　特种设备使用单位应当配备安全管理负责人。特种设备安全管理负责人是指使用单位最高管理层中主管本单位特种设备使用安全管理的人员。按照本规则要求设置安全管理机构的使用单位安全管理负责人，应当取得相应的特种设备安全管理人员资格证书。

安全管理负责人职责如下：

1）协助主要负责人履行本单位特种设备安全的领导职责，确保本单位特种设备的安全使用。

2）宣传、贯彻《中华人民共和国特种设备安全法》及有关法律、法规、规章和安全技术规范。

3）组织制定本单位特种设备安全管理制度，落实特种设备安全管理机构设置、安全管理员配备。

4）组织制定特种设备事故应急专项预案，并且定期组织演练。

5）对本单位特种设备安全管理工作实施情况进行检查。

6）组织进行隐患排查，并且提出处理意见。

7）当安全管理员报告特种设备存在事故隐患应当停止使用时，立即做出停止使用特种设备的决定，并且及时报告本单位主要负责人。

（2）安全管理员　特种设备安全管理员是指具体负责特种设备使用安全管理的人员。

安全管理员的主要职责如下：

1）组织建立特种设备安全技术档案。

2）办理特种设备使用登记。

3）组织制定特种设备操作规程。

4）组织开展特种设备安全教育和技能培训。

5）组织开展特种设备定期自行检查。

6）编制特种设备定期检验计划，督促落实定期检验和隐患治理工作。

7）按照规定报告特种设备事故，参加特种设备事故救援，协助进行事故调查和善后处理。

8）发现特种设备事故隐患，立即进行处理，情况紧急时，可以决定停止使用特种设备，并且及时报告本单位安全管理负责人。

9）纠正和制止特种设备作业人员的违章行为。

（3）安全管理员配备　特种设备使用单位应当根据本单位特种设备的数量、特性等配备适当数量的安全管理员。按照本规则要求设置安全管理机构的使用单位及符合下列条件之一的特种设备使用单位，应当配备专职安全管理员，并且取得相应的特种设备安全管理人员资格证书：

1）使用额定工作压力大于或者等于2.5MPa锅炉的。

2）使用5台以上（含5台）第Ⅲ类固定式压力容器的。

3）从事移动式压力容器或者气瓶充装的。

4）使用10km以上（含10km）工业管道的。

5）使用移动式压力容器，或者客运拖牵索道，或者大型游乐设施的。

6）使用各类特种设备（不含气瓶）总量20台以上（含20台）的。

除前款规定以外的使用单位可以配备兼职安全管理员，也可以委托具有特种设备安全管理人员资格的人员负责使用管理，但是特种设备安全使用的责任主体仍然是使用单位。

3. 节能管理人员

高耗能特种设备使用单位应当配备节能管理人员，负责宣传贯彻特种设备节能的法律法规。

锅炉使用单位的节能管理人员应当组织制定本单位锅炉节能制度，对锅炉节能管理工作实施情况进行检查；建立锅炉节能技术档案，组织开展锅炉节能教育培训；编制锅炉能效测试计划，督促落实锅炉定期能效测试工作。

4. 作业人员

特种设备作业人员应当取得相应的特种设备作业人员资格证书，其主要职责如下：

1）严格执行特种设备有关安全管理制度，并且按照操作规程进行操作。

2）按照规定填写作业、交接班等记录。

3）参加安全教育和技能培训。

4）进行经常性维护保养，对发现的异常情况及时处理，并且做出记录。

5）作业过程中发现事故隐患或者其他不安全因素，应当立即采取紧急措施，并且按照规定的程序向特种设备安全管理人员和单位有关负责人报告。

6）参加应急演练，掌握相应的应急处置技能。

锅炉作业人员应当严格执行锅炉节能管理制度，参加锅炉节能教育和技术培训。

7）作业人员配备。特种设备使用单位应当根据本单位特种设备数量、特性等配备相应持证的特种设备作业人员，并且在使用特种设备时应当保证每班至少有一名持证的作业人员在岗。有关安全技术规范对特种设备作业人员有特殊规定的，遵从其规定。

5. 特种设备安全与节能技术档案

使用单位应当逐台建立特种设备安全与节能技术档案。

安全技术档案至少包括以下内容：

1）使用登记证。

2）《特种设备使用登记表》。

3）特种设备设计、制造技术资料和文件，包括设计文件、产品质量合格证明（含合格证及其数据表、质量证明书）、安装及使用维护保养说明、监督检验证书、型式试验证书等。

4）特种设备安装、改造和修理的方案、图样、材料质量证明书和施工质量证明文件、安装改造修理监督检验报告、验收报告等技术资料。

5）特种设备定期自行检查记录（报告）和定期检验报告。

6）特种设备日常使用状况记录。

7）特种设备及其附属仪器仪表维护保养记录。

8）特种设备安全附件和安全保护装置校验、检修、更换记录和有关报告。

9）特种设备运行故障和事故记录及事故处理报告。

特种设备节能技术档案包括锅炉能效测试报告、高耗能特种设备节能改造技术资料等。

使用单位应当在设备使用地保存上述中1）、2）、5）、6）、7）、8）、9）规定的资料和特种设备节能技术档案的原件或者复印件，以便备查。

6. 安全节能管理制度和操作规程

（1）安全节能管理制度　特种设备使用单位应当按照特种设备相关法律、法规、规章和安全技术规范的要求，建立健全特种设备使用安全节能管理制度。

管理制度至少包括以下内容：

1）特种设备安全管理机构（需要设置时）和相关人员岗位职责。

2）特种设备经常性维护保养、定期自行检查和有关记录制度。

3）特种设备使用登记、定期检验、锅炉能效测试申请实施管理制度。

4）特种设备隐患排查治理制度。

5）特种设备安全管理人员与作业人员管理和培训制度。

6）特种设备采购、安装、改造、修理、报废等管理制度。

7）特种设备应急救援管理制度。

8）特种设备事故报告和处理制度。

9）高耗能特种设备节能管理制度。

（2）特种设备操作规程　使用单位应当根据所使用设备运行特点等，制定操作规程。操作规程一般包括设备运行参数、操作程序和方法、维护保养要求、安全注意事项、巡回检查和异常情况处置规定，以及相应记录等。

7. 维护保养与检查

（1）经常性维护保养　使用单位应当根据设备特点和使用状况对特种设备进行经常性维护保养，维护保养应当符合有关安全技术规范和产品使用维护保养说明的要求。对发现的异常情况及时处理，并且做出记录，保证在用特种设备始终处于正常使用状态。

法律对维护保养单位有专门资质要求的，使用单位应当选择具有相应资质的单位实施维护保养。鼓励其他特种设备使用单位选择具有相应能力的专业化、社会化维护保养单位进行维护保养。

（2）定期自行检查　为保证特种设备的安全运行，特种设备使用单位应当根据所使用特种设备的类别、品种和特性进行定期自行检查。

定期自行检查的时间、内容和要求应当符合有关安全技术规范的规定及产品使用维护保养说明的要求。

3-4　锅炉运行管理应注意哪些问题?

答：锅炉运行管理，必须严格按照锅炉使用管理要求执行，具体如下：

1）锅炉作业人员应当持有相应的特种设备作业人员证，其主要职责如下：

①严格执行各项锅炉使用安全与节能管理制度并且按照操作规程操作；

②按照规定填写锅炉运行、水（介）质化验、交接班等使用管理记录；

③参加安全教育和技术培训；

④进行设备日常维护保养，对发现的异常情况及时处理并且记录；

⑤在操作过程中发现事故隐患或者其他不安全因素，应当立即采取紧急措施，并且按照规定的报告程序，及时向单位有关部门报告；

⑥参加应急演练，掌握相应的基本救援技能，参加锅炉事故救援。

2）使用单位应当采购具有相应制造许可资质单位制造的锅炉。锅炉产品安全性能、能效指标、技术资料和文件应当符合有关安全技术规范及其相应标准的规定。

①使用单位不得采购国家明令淘汰、能效超标、报废或者超过设计使用年限的锅炉。

②使用单位应当选择具有相应许可资质和能力的单位进行锅炉安装、改造和修理，并且督促施工单位履行锅炉安装改造修理告知义务。

③锅炉的改造、修理应当符合有关安全技术规范的规定。禁止将热水锅炉改为蒸汽锅炉。锅炉改造时，不应当提高额定工作压力或者额定工作温度。

④锅炉安装、改造、重大修理的施工和化学清洗过程，应当由具有相应资质的特种设备检验机构进行监督检验，未经监督检验或者监督检验不符合要求的锅炉不得投入使用。

3）使用单位应当根据所使用锅炉的具体特点，建立健全锅炉使用安全与节能管理制度，所建制度至少包括以下方面：

①岗位责任制，包括锅炉安全管理人员，班组长、运行操作人员、维修人员、水处理作业人员等职责范围内的任务和要求；

②巡回检查制度，明确定时检查的内容、路线和记录的项目；

③交接班制度，明确交接班要求、检查内容和交接班手续；

④锅炉及辅助设备的操作规程，包括设备投运前的检查及准备工作、起动和正常运行的操作方法、正常停运和紧急停运的操作方法；

⑤设备验收、采购、修理、保养、报废等制度，包括设备验收、采购、修理、报废要求，规定锅炉停（备）用防锈蚀内容和要求以及锅炉本体、安全附件、安全保护装置、自动仪表及燃烧和辅助设备的维护保养周期、内容和要求；

⑥水（介）质管理制度，明确水（介）质定时检测的项目和合格标准；

⑦安全管理制度，明确防火、防爆和防止非作业人员随意进入锅炉房的要求，保证通道畅通的措施以及事故应急专项预案和事故处理办法等；

⑧节能管理制度，明确符合锅炉节能管理有关安全技术规范的规定。

4）使用单位对锅炉至少每月进行一次自行检查，并且做出记录。自行检查记录至少包括以下内容，且有检查人员和安全管理人员签字。

①锅炉使用安全与节能管理制度是否齐全、有效，是否按要求填写使用管理记录；

②作业人员证书是否在有效期内；

③锅炉是否按规定进行定期检查，安全标志是否符合有关规定；

④安全阀是否在校验有效期内使用，是否定期进行手动排放试验；

⑤压力表是否在检定有效期内使用，是否定期进行连接管吹洗；

⑥水位表是否进行了冲洗；

⑦联锁保护装置是否进行了可靠性试验；

⑧是否对水（介）质定期进行化验分析；

⑨是否根据水汽品质变化进行排污调整；

⑩水封管是否堵塞；

⑪锅炉承压部件在运行中是否出现裂纹、过热、变形、泄漏等影响安全的缺陷；

⑫其他异常情况。

5）使用单位应当做好停（备）用锅炉及水处理设备的防腐等停炉保养工作。

6）使用单位应当按照有关安全技术规范的要求，在锅炉下次检验日期前 1 个月向特种设备检验机构提出定期检验申请，并且做好定期检验相关的准备工作。

7）使用单位应当建立能效考核、奖惩工作机制。

8）使用单位发生锅炉事故时，应当立即采取应急救援措施，防止事故扩大，并且按照《特种设备事故报告和调查处理规定》的要求，向有关部门报告，同时配合事故调查，做好善后处理工作。

3-5 为什么必须强化锅炉水处理工作？

答：强化锅炉水处理的目的如下：

1. 我国水资源日趋严重短缺

世界各国和地区由于地理环境不同，拥有水资源的数量差别很大，按水资源量大小排队，前几名依次是：巴西、俄罗斯、加拿大、中国、美国、印度尼西亚、孟加拉国、印度。若按人口平均，我国人均水资源量只相当于世界人均量的 1/3。

地球上的水资源 97.5% 是海水，淡水只占 2.5%；而 2.5% 的淡水资源中，地球两极占 90%，世界人口用淡水资源仅占 10%。

根据统计，世界平均人口的水资源量为 $1100m^3/$年·人，而我国人均水资源量小于 $500m^3/$年·人。节约用水对我国来讲，显得更加重要。

2. 水中杂质

1）目前我国水资源主要有地面水和地下水两种，如图 3-2 所示。地面水主要指我国的江、湖、河的水，所以地面水中含有钙离子、镁离子的量少。地下水是地面水经过长年累月不断通过地层渗透，积累在地下各层之中，由于渗透的水与土壤长期接触，故在地下水中含有较多的钙离子、镁离子。

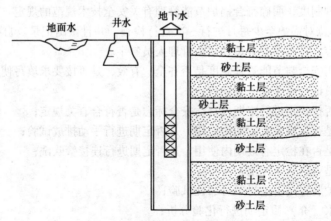

图 3-2　地面水与地下水的示意

在常温情况下，钙、镁离子溶解于水中，但当水加热到 60℃ 以上时，钙、镁离子从水中析出形成水垢，水垢在锅炉设备运行中，不但影响传递热量效果；而且更严重的是，水垢在管子中长期积累会危及锅炉安全运行。

2）水中杂质主要有三种：①泥、砂等小颗粒；②悬浮物（呈胶状物质）；③离子状态物质，如钙、镁、矿物质（微量元素）、有害物质（细菌）等。

3. 做好锅炉水处理

为了保证锅炉安全可靠运行，必须要对进入锅炉的原水进行软化处理，即把水中的钙、镁离子含量控制≤0.03me/L，这样才能使锅炉在运行中不会产生水垢。水管锅炉的水质标准见表3-1。

表3-1 水管锅炉的水质标准

项 目	给 水			锅 水		
工作压力/(kgf/cm²)	≤10	10~16	16~25	≤10	10~16	16~25
悬浮物/(mg/L)	≤5	≤5	≤5	—	—	—
总硬度/(me/L)	≤0.03	≤0.03	≤0.03	—	—	—
总碱度/(me/L)(无过热器)	—	—	—	≤22	≤20	≤14
总碱度/(me/L)(有过热器)	—	—	—	—	≤14	≤12
pH(25℃)	≥7	≥7	≥7	10~12	10~12	10~12
含油量/(mg/L)	≤2	≤2	≤2	—	—	—
溶解氧/(mg/L)	≤0.1	≤0.1	≤0.05	—	—	—
溶解固形物/(mg/L)(无过热器)	—	—	—	<4000	<3500	<3000
溶解固形物/(mg/L)(有过热器)	—	—	—	—	<3000	<2500
SO_3^{2-}/(mg/L)	—	—	—	10~40	10~40	10~40
PO_4^{3-}/(mg/L)	—	—	—	—	10~30	10~30
相对碱度	—	—	—	<0.2	<0.2	<0.2

为了保证锅炉用水达到规定，在锅炉设备中要有水处理设备、水处理化验室和专业操作人员，水处理设备完好标准见表3-2。

表3-2 水处理设备完好标准

项目	内 容	考核定分
1	水处理设备（包括盐水系统）配套齐全合理，符合工艺要求	20
2	水处理系统加药、取样设备齐全、完好，阀门操作方便	20
3	化验室设备仪器齐全完好，分析化验项目与给水、炉水水质符合《低压锅炉水质标准》要求	30
4	水处理操作规程、化验室工作制度健全，化验操作符合要求	20
5	设备与管道无积灰、无锈蚀，色标分明	10

近期下发锅炉水（介）质处理监督管理和检测规则，具体如下：

（1）TSG G5001—2010《锅炉水（介）质处理监督管理规则》 2010年11月4日，由国家质检总局批准颁布，2011年2月1日起实施执行。

本规则增加了对有机热载体产品品质、使用、检验等要求，同时将原《锅炉水处理监督管理规则》改为《锅炉水（介）质处理监督管理规则》。增加了对水（介）质处理检验检测人员的要求及节能的要求，旨在加强锅炉水（介）质处理工作的监督管理，防止和减少由于结垢、腐蚀、水汽质量恶化及有机热载体劣化而造成的锅炉事故，促进锅炉运行的安全、经济、节能、环保。

（2）TSG G5002—2010《锅炉水（介）质处理检验规则》　2010年11月4日，由国家质检总局批准颁布，2011年2月1日起实施执行。

按照修订后的总体要求，本规则增加了对有机热载体检验的要求和锅炉化学清洗监督检验的要求，同时将原《锅炉水处理检验规则》改为《锅炉水（介）质处理检验规则》。本次修订中取消和修订了原《锅炉水处理检验规则》与修订后的《特种设备安全监察条例》规定不一致的条款和内容，修改了部分检验报告的格式，进一步规范锅炉水（介）质处理检验工作。

3-6　如何做好锅炉设备运行调整工作？

答： 锅炉设备运行调整工作具体如下：

（1）锅炉蒸汽的作用　工业锅炉产生的蒸汽主要耗用于以下三个方面。

1）供应用户需要的耗汽量。

2）热力管道的散热及泄漏，其数量与管道长度、保温完善程度、室外温度、管道的日常维护保养有关，损失量一般占输送汽量的5%~10%。

3）锅炉自身散热及锅炉房自用的消耗，如用于除氧、加热燃油或保温等。

（2）锅炉设备运行和调整　为了保证锅炉的安全、正常运行，并按规定压力和数量向用户供应蒸汽，在锅炉运行过程中必须随时调整锅炉所产生蒸汽的压力和锅炉载荷及影响、决定压力和载荷的给水量、引风量、送风量、燃烧的燃料数量及排污次数和数量等。

1）锅炉蒸汽压力和负荷的调整：锅炉的气压调整实际上是气量的调整，在锅炉房内通常设置蒸汽分气缸来调整气压，依靠阀门的节流作用控制送往每个用户的气量。当用户用气波动量不大时，通过蒸汽分气缸的适当调整就可解决，这样锅炉运行可保持相对稳定。但当用户用气量波动较大时，分气缸的调整就无济于事了。最好的办法是及时调整锅炉的载荷，才能保证锅炉与用户间的气压波动不超过±0.15MPa（1.5kgf/cm² 表压），达到规定要求。在压力下降需要增加锅炉载荷时，调整的程序是增大给水，增大引风、送风、增大锅炉的燃料量。当压力上升需降低负荷时，调整的程序为减少加入锅炉的燃料量，减少送风、引风量，减少给水。调整负荷时，司炉应和司水、司泵、副司炉及时联系，互相配合。

由于载荷变化，燃料需要量及软件水需用量均随之而变，故负荷调整应与各岗位保持密切联系。

2）给水调整：对蒸发量稍大的锅炉，满载荷运行时断水几分钟或十几分钟，就会造成事故，甚至发生爆炸；而满水往往又会在蒸汽管道及用热设备上造成水冲击而引起损坏。所以，调整给水使水位保持正常是维持锅炉安全运行的起码条件。在锅炉运行中，不仅要保持正常水位，而且要保持水位无较大波动，故司水应在给水调整中尽量做到使进入锅炉锅筒的水量等于蒸发量加排污量,只有这样,锅炉的载荷和气压才平稳。

3)引风量的调整:锅炉的引风调整一般是通过引风机入口的旋流调风器进行的,调整的目的是保持炉膛有一定的负压。对没有护板的砖墙锅炉,由于它的严密性差,应保持 2~3mm H_2O(1mmH_2O = 9.80Pa)负压;对于有护板的锅炉,负压可以保持 2~5mm H_2O。炉膛负压过大或过小,都会对锅炉运行产生不良影响。炉膛负压过大,漏入炉内的冷空气增多,会使排烟量加大、排烟热损失增加、热效率下降,以及降低了炉膛温度,使燃烧不稳定、不完全;炉膛负压过小,烟气压力的波动往往会使炉膛出现瞬时正压和使锅炉钢架过热变形,严重时还会烧伤或烫伤人。引风调整必须根据负荷变化,其调整量随负荷增减的多少而定。

4)送风量的调整:对于链条炉,送风分为一次风和二次风。一次风的主要作用是把炉排上的煤燃尽,当它具有足够的风压,就能穿过煤层,使炉排上燃烧着的煤有足够的氧助燃。炉排下面一般有 4~5 个热风箱,其中第一道是点燃段,最后一道是为燃尽段,这两段需要的空气量少;中间的为燃烧段,风压必须保持较高,一般不低于 60mm H_2O。一次风的调整通过风道进口处调风板来完成,司炉必须根据煤层厚薄、炉排转动速度的变化调到适当程度,保持较小的过剩空气系数,使煤燃尽。链条炉二次风的主要作用是对炉膛内火焰及烟气进行搅拌,使炉膛内煤干馏出来的挥发物和被一次风吹起的细小煤粒和空气混合均匀而燃尽。二次风一般在炉膛中间喷出,流速可达 30~60m/s。有的企业锅炉上装设了二次风机,将空气预热器出口的热风再次升压 200~400 H_2O 作为二次风。二次风的调整根据烟气的化学分析及目测烟囱冒黑烟程度来进行,它必须在保持化学和机械不完全燃烧为最低情况下,尽量减少二次风量。

5)燃料数量的调整:锅炉燃料数量的调整实际上就是调整进入炉内参加燃烧的燃料数量。负荷增加时,燃料量的调整应在引风、送风调整之后;载荷减少时,燃料量的调整应在引风、送风调整之前。链条炉在调整负荷时,加入锅炉的燃料量与煤层厚度及炉排转动速度成正比。

6)排污调整:锅炉排污可分为定期排污和连续排污两种。

①定期排污:定期在锅炉水循环的最低点排出锅炉内部所形成的黏结物、炉水残余硬度、软质沉渣以及给水管道和锅炉因腐蚀产生的氢氧化铁沉淀物。定期排污水量过大、时间过长,锅炉水循环会有可能被破坏,一般排污控制在 30s 左右,最长不超过 1min。为保证安全,定期排污应逐一进行,同一台锅炉不得几个定期排污点同时进行排污。

②连续排污:也称为表面排污,即连续不断地把蒸发面浓缩的炉水排出,同时也排走了大量溶解在炉水中的盐类和杂质。连续排污一般在锅炉升压到 0.39~0.59MPa(4~6kgf/cm^2)时才进行,排污时阀门开度大小要根据锅炉热化学试验确定的最高允许含盐量及值班化验员对炉水化验结果来操作。正确的连续排污调整应使炉水含盐量保持为最高允许含盐的 70%~80%,这样,能在保证蒸汽品质良好、锅炉不结水垢的前提下,使排污率和排污热损失压缩到最小。由于排出的炉水温度等于锅炉蒸发饱和温度,故连续排污排走了大量热量。有的企业将连续排污的锅炉水引入连续排污扩容器降压到 0.04~0.08MPa(0.4~0.8kgf/cm^2),将在此过程中产生的二次汽送入除氧器以回收一

部分热量，但仍有大量热量损失掉。因此，控制炉水含盐量、加强炉水化验、及时调整连续排污量、保持较小的排污率仍然是十分重要的。

3-7　如何开展锅炉预防性检查工作？

答：锅炉开展预防性检查是确保锅炉安全可靠运行十分重要的工作。

预防性检查主要指锅炉必须贯彻执行按照完好标准进行的定期检查和日常的点检工作，预防性检查如图3-3所示。

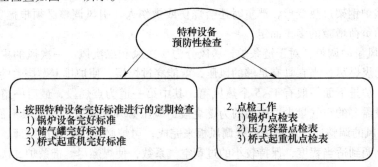

图 3-3　特种设备预防性检查

1. 完好标准

为了确保特种设备安全可靠、经济合理地运行，现介绍有关锅炉完好标准，供企业检查与评比使用，各单位均可根据企业实际情况制定相应的锅炉设备完全标准。

锅炉设备完好程度的检查评分方法如下：

1）对锅炉设备的完好程度采用检查评分进行评定，总分达到85分及以上即为完好设备。

2）企业锅炉完好台数必须是按标准逐台检查的结果，根据检查总台数与完好台数相除，可以得到锅炉完好率。

3）进行检查时，对某些项目达不到完好标准要求的，必须在现场立即整改，达到标准要求后仍可作为完好标准。

4）在用的锅炉完好率应该是100%。

2. 锅炉设备完好标准（见表3-3）

表3-3　锅炉设备完好标准

项目	内　　　　容	定分
1	锅炉蒸发量、压力、温度均达到设计要求或主管部门批准的规定	5
	汽包（锅筒）、人孔、联箱、手孔及管路、阀门等保温良好，无锈蚀，无泄漏现象	5
2	各受热面（包括水冷壁、对流管束、烟管、过热器、省煤器、空气预热器等）无严重积烟垢	5
	受压部件符合技术要求，无泄漏现象	5
3	安全阀、压力表、水位表、水位报警器符合技术要求，使用可靠	10

（续）

项目	内　　容	定分
4	炉墙完整，构件无烧损、保温良好、无冒烟现象	5
	炉墙外表面温度符合有关要求	3
5	燃烧设备完整，燃烧器无烧损，炉排无缺损，传动装置运转可靠，润滑良好	5
	炉膛内燃烧情况良好，锅炉运行热效率达到规定要求	3
6	水、汽管道敷设整齐合理，阀门选用合理、无泄漏现象，保温良好	6
7	给煤（上煤）装置、出渣装置运转正常	8
8	水处理设备使用正常（包括分析仪器）	6
	给水设备配备合理，运转正常	4
9	鼓、引二次风机配备合理，运转正常，润滑良好，各调风门或调风装置调节灵活、可靠	6
10	烟道系统无冒烟现象，吹灰装置良好，烟囱有避雷、拉紧装置，并定期进行检查	3
	除尘设备符合要求（排入大气中有害物质浓度和烟尘浓度符合现行《工业三废排放试行标准》）	5
11	电气设备、电气线路使用良好，安全可靠	5
	各种仪表装置符合技术要求	5
12	锅炉外表清洁，无积灰，管路、设备漆色符合规定要求	6

注：1. 本表适用于一般工业锅炉，其他类型的锅炉（如热水锅炉）可参照执行。

2. 涉及安全附件、安全装置不完好的状况，必须立即现场整改。

3. 开展特种设备点检工作

1）锅炉点检见表3-4，使用说明：点检记录一般用符号，如正常用"√"号，异常或故障用"×"号，异常或故障由作业人员排除用"⊗"号，异常或故障由维修工排除用"×"号。点检表用完后，必须在下月5号前上交设备动力部门归档。

表3-4　锅　炉　点　检

设备编号			所在车间		型号规格				
部位	序号	巡　检　要　求		日期	1			2	
		内　　容	方法	班次	甲	乙	丙	甲	乙	丙
水位表	1	水位指示清晰、各开关畅通严密	看、试①							
压力表	2	指示数值符合要求	看（数值）①							
安全阀	3	无漏气现象	看							
排污阀	4	关闭严密	摸							
水处理装置	5	运行正常，使用符合要求	看、试（硬度）							
给水泵	6	运转正常，无异常噪声	听①							
引、鼓风机	7	运转正常，无杂音	听							

（续）

设备编号			所在车间		型号规格					
部位	巡 检 要 求			日期		1			2	
	序号	内　　　容		班次 方法	甲	乙	丙	甲	乙	丙
上煤机构	8	运转正常		试、听①						
出渣机构	9	运转正常		试、听①						
除尘器	10	无漏气现象		看						
电气系统	11	动作正确,信号装置指示正确		试、看①						
热工仪表	12	指示数值符合要求		看①						
操作工(甲)	维修钳工 (签字)			运转班长 (签字)						
操作工(乙)										
操作工(丙)										

①　增加设备部位正常运行的图片,以帮助操作工更快识别异常情况或故障。

2）开展点检工作既是对特种设备的检查,又能真实了解设备的缺陷情况,为设备开展项修或大修提供了可靠的依据。同时,点检表也反映了检修工作质量,鼓励作业人员参加检修或排除故障的积极性,为确保设备状态完好打好基础。

3）特种设备点检表执行:首先涉及点检部位及巡检内容可操作性,特别要为作业人员提供方便,其巡检内部和部位不宜过多,应根据企业具体设备而定。

对作业人员来讲,点检表内容必须要真实、及时地填写,要提高作业人员的责任心。

对特种设备点检执行中发现的故障和问题,必须组织力量尽快进行修复和处理,以确保特种设备安全可靠运行。

3-8　如何开展锅炉检验工作?

答: 按照 TSG G0001—2012《锅炉安全技术监察规程》、TSG G7001—2015《锅炉监督检验规则》等规定,锅炉检验工作具体如下:

1. 检验机构与人员

检验检测机构应当严格按照核准的范围从事锅炉的检验检测工作,检验检测人员应当取得相应的特种设备检验检测人员证书。

2. 制造监督检验

（1）基本要求　锅炉产品及受压元件的制造过程,应当经过检验检测机构依照相关安全技术规范进行监督检验,未经监督检验合格的锅炉及受压元件,不应当出厂或者交付使用。

（2）监督检验内容　制造监督检验内容包括对锅炉制造单位产品制造质量保证体系运转情况的监督检查和对锅炉制造过程中涉及安全性能的项目进行监督检验。监督检验至少包括以下项目:

1）制造单位资源条件及质量保证体系运转情况的抽查。

2）锅炉设计文件鉴定资料的核查。

3）锅炉产品制造过程的监督见证及抽查。

4）锅炉产品成型质量的抽查。

5）锅炉出厂技术资料的审查。

（3）监督检验证书　经过制造监督检验，抽查项目符合相关法规标准要求的，出具监督检验证书。

3. 安装、改造和重大修理监督检验

（1）基本要求　锅炉的安装、改造和重大修理过程应当经过检验检测机构依照相关安全技术规范进行监督检验，未经监督检验合格的锅炉，不应当交付使用。

（2）监督检验内容　锅炉安装、改造和重大修理监督检验工作内容，包括对锅炉安装、改造和重大修理过程中涉及安全性能的项目进行监督检验和对受检单位质量保证体系运转情况的监督检查。监督检验至少包括以下项目：

1）安装、改造和重大修理单位在施工现场的资源配置的检查。

2）安装、改造和重大修理施工工艺文件的审查。

3）锅炉产品出厂资料与产品实物的抽查。

4）锅炉安装、改造和重大修理过程中的质量保证体系实施情况的抽查。

5）锅炉安装、改造和重大修理质量的抽查。

6）安全附件、保护装置及调试情况的核查。

7）锅炉水处理系统及调试情况的核查。

（3）监督检验证书　经过监督检验，抽查项目符合相关法规标准要求的，出具监督检验证书。

4. 做好定期检验工作

5. 监督检验方法

监督检验一般采用资料审查、现场监督和实物检查等方法进行。

1）进行资料审查时，监督检验人员（以下简称监检人员）按照本规则规定的内容对资料进行审查，审查是否符合相关安全技术规范的要求。

2）进行现场监督时，监检人员在现场对制造、安装、改造、重大修理的活动进行监督。监督制造、安装、改造、重大修理的活动是否满足受检单位质量保证体系及符合相关安全技术规范的要求。

3）进行实物检查时，监检人员对受检单位自检合格的产品或者部件采用抽查的方式进行复查，复查受检单位的自检结果是否真实、正确，并且符合相关安全技术规范的要求。

6. 监督检验项目分类

监督检验项目分为 A 类、B 类和 C 类，要求如下：

（1）A 类　是对锅炉安全性能有重大影响的关键项目，当锅炉制造、安装、改造和重大修理过程到达该项目点时，监检人员及时进行该项目的监督检验，经监检人员确认符合要求后，受检单位方可继续施工。

（2）B 类　是对锅炉安全性能有较大影响的重点项目，监检人员一般在现场进行监督、实物检查，如不能及时到达现场，受检单位在自检合格后可以继续进行下一工序的施工，监检人员随后对该项施工的结果进行现场检查，确认是否符合要求。

（3）C 类　是对锅炉安全性能有影响的监督检验项目，监检人员通过审查受检单位相关的自检报告、记录等见证资料，确认是否符合要求。

监检项目为 C/B 类时，监检人员可以选择 C 类，当选择 B 类时，除要审查相关的自检报告、记录等见证资料外，还应当按照该条款规定进行现场监督、实物检查。

7. 受检单位义务

受检单位应当履行以下义务：

1）持有有效的锅炉制造、安装、改造、维修许可证，或者取证许可申请已经被受理的证明文件。

2）具备完善的质量保证体系并且能够正常实施。

3）在监督检验工作开展前确定专人做好监督检验配合工作以及安全监护工作。

4）提供与监督检验有关的真实、有效的技术资料。

5）制造生产计划或者施工进度计划并且提交监检机构。

6）对监检人员发现的缺陷和问题提出处理或者整改措施并且负责落实，及时将处理或者整改情况书面反馈给监检机构，并且提供重大缺陷处理或者整改情况的见证资料。

3-9　如何做好锅炉定期检验工作？

答： 按照 TSG G7002—2015《锅炉定期检验规则》要求，具体如下：

1. 基本要求

锅炉定期检验，是指根据本规则的规定对在用锅炉的安全与节能状况所进行的符合性验证活动，包括运行状态下进行的外部检验、停炉状态下进行的内部检验和水（耐）压试验。

2. 定期检验周期

锅炉的定期检验周期规定如下：

（1）外部检验　每年进行一次。

（2）内部检验　一般每 2 年进行一次，成套装置中的锅炉结合成套装置的大修周期进行，电站锅炉结合锅炉检修同期进行，一般每 3～6 年进行一次；首次内部检验在锅炉投入运行后一年进行，成套装置中的锅炉和电站锅炉可以结合第一次检修进行。

（3）水（耐）压试验　检验人员或者使用单位对锅炉安全状况有怀疑时，应当进行水（耐）压试验；锅炉因结构原因无法进行内部检验时，应当每 3 年进行一次水（耐）压试验。

（4）定期检验特殊情况　除正常的定期检验以外，锅炉有下列情况之一时，也应当进行内部检验：

1）移装锅炉投运前。

2）锅炉停止运行 1 年以上（含 1 年）需要恢复运行前。

3. 使用单位的义务

使用单位应当履行以下义务：

1）安装锅炉的定期检验工作，并且在锅炉下次检验日期前至少一个月向检验机构提出定期检验申请。

2）做好检验配合工作及安全监护工作。

3）对检验发现的缺陷和问题提出处理或者整改措施并且负责落实，及时将处理或者整改情况书面反馈给检验机构，对于重大缺陷，提供缺陷处理情况的见证资料。

4. 监督管理

国家市场监督管理总局和县级以上地方各级人民政府负责特种设备监督管理的部门（以下简称特种设备安全监管部门）监督本规则的执行。

3-10　锅炉定期检验工作，对内部检验应如何进行？

答：内部检验具体如下：

1. 使用单位准备工作

进行内部检验前，使用单位应当与检验机构协商有关检验的准备及配合工作等事项。

（1）资料准备　进行内部检验前，使用单位应当准备以下资料：

1）锅炉使用登记证。

2）锅炉出厂设计文件、产品质量合格证明、安装及使用维护保养说明及制造监督检验证书或者进口特种设备安全性能监督检验证书。

3）锅炉安装竣工资料及安装监督检验证书。

4）锅炉改造和重大修理技术资料及监督检验证书。

5）锅炉历次检验资料，包括检验报告中提出的缺陷、问题和处理整改措施的落实情况，以及安全附件及仪表校验、检定资料等。

6）锅炉历次检查、修理资料。

7）有机热载体检验报告。

8）锅炉日常使用记录和锅炉及其系统日常节能检查记录、运行故障和事故记录，对于高压及以上电站锅炉，还应当包括金属技术监督、热工技术监督、水汽质量监督等资料。

9）燃油（气）燃烧器型式试验证书、年度检查记录和定期维护保养记录。

10）锅炉产品定型能效测试报告和定期能效测试报告。

11）检验人员认为需要查阅的其他技术资料。

（2）检验现场准备工作　在进行内部检验前，使用单位应当做好以下准备工作：

1）对锅炉的风、烟、水、汽、电和燃料系统进行可靠隔断，并且挂标识牌；对垃圾焚烧炉或者其他存在有毒有害物质的锅炉，将有毒有害物质清理干净。

2）配备必要的安全照明和工作电源以满足检验工作需要。

3）停炉后排出锅炉内的水，打开锅炉上的人孔、手孔、灰门等检查门孔盖，对锅炉内部进行通风换气，充分冷却。

4）搭设检验需要的脚手架、检查平台、护栏等，吊篮和悬吊平台应当有安全锁。

5）拆除受检部位的保温材料和妨碍检验的部件。

6）清理受检部件，必要时进行打磨。

7）电站锅炉使用单位提供必要的检验设备存放地、现场办公场所等。

（3）现场配合及安全监护

1）内部检验开始前，对检验人员进行安全交底。

2）内部检验过程中，做好现场配合及安全监护工作；检验人员进入炉膛、烟道、锅筒（壳）、水冷壁进口环形集箱、循环流化床锅炉的热旋风分离器等受限空间进行检验时，进行可靠通风并且设专人监护。

2. 检验方法

内部检验应当根据锅炉的具体情况，一般采用宏观检（抽）查、壁厚测量、几何尺寸测量、无损检测、理化检验、垢样分析和强度校核等方法进行。

3. 资料查阅

检验人员应当对锅炉的资料进行查阅。对于首次检验的锅炉，应当对本规则规定的资料进行全面查阅；对于非首次检验的锅炉，重点查阅新增加和有变更的部分。

4. 检验结论

现场检验工作完成后，检验机构应当根据检验情况，结合使用单位对缺陷和问题处理或者整改情况的书面回复，做出以下检验结论：

1）符合要求，未发现影响锅炉安全运行的问题或者对问题进行整改合格。

2）基本符合要求，发现存在影响锅炉安全运行的问题，采取了降低参数运行、缩短检验周期或者对主要问题加强监控等有效措施。

3）不符合要求，发现存在影响锅炉安全运行的问题，未对问题整改合格或者未采取有效措施。

3-11　锅炉定期检验工作，对外部检验应如何进行？

答： 外部检验具体如下：

1. 使用单位准备工作

（1）资料准备　进行外部检验前，使用单位应当准备以下资料：

1）锅炉使用管理制度。

2）本规则要求的资料。

3）锅炉作业人员（包括锅炉司炉、锅炉水质处理人员）和锅炉相关管理人员的资格证件。

（2）现场配合以及安全监护　进行外部检验前，做好锅炉外部必要的清理工作，在外部检验过程中，派专人做好现场配合及安全监护工作。

2. 检验方法

外部检验一般采用资料审查、宏观检（抽）查、见证功能试验等方法进行。

3. 资料审查

1）对于首次检验的锅炉，审查《锅炉定期检验规则》中2.1.1规定的资料；对于非首次检验的锅炉，重点审查新增加和有变更的部分。

　　2）审查锅炉使用管理制度，电站锅炉还应当审查运行规程、检修工艺规程或者检修作业指导文件，高压及以上电站锅炉，还应当审查金属技术监督制度、热工技术监督制度、水汽质量监督制度，是否齐全并且符合相关要求。

　　3）审查锅炉作业人员（包括锅炉司炉、锅炉水质处理人员）和锅炉相关管理人员（包括特种设备安全管理负责人、安全管理人员）是否按照《特种设备作业人员监督管理办法》的规定持证上岗，持证人数是否满足设备运行和管理的需要。

4. 锅炉外部检验内容以及要求

（1）锅炉安置环境和承重装置

1）检查锅炉铭牌，内容是否齐全，挂放位置是否醒目。

2）检查锅炉周围的安全通道，是否畅通。

3）检查各种照明，是否完好、满足操作要求。

4）检查防火、防雷、防风、防雨、防冻、防腐等设施、是否齐全、完好。

5）检查承重结构及支吊架等，是否有裂纹、脱落、变形、腐蚀、卡死；吊架是否有失载、过载现象，吊架螺母是否有松动。

（2）锅炉本体和锅炉范围内管道

1）从窥视孔、门孔等部位检查受压部件可见部位，是否有明显变形、结焦、泄漏，耐火砌筑是否有破损、脱落。

2）检查除渣设备，运转是否正常。

3）检查管接头可见部位、法兰、人孔、头孔、手孔、清洗孔、检查孔、观察孔、水汽取样孔周围，是否有明显腐蚀、渗漏。

4）抽查管道与阀门，是否有泄漏，阀门与管道参数是否相匹配，管道阀门标志是否符合要求，阀门是否有开关方向标志和设备命名统一编号，重要阀门是否有开度指示和限位装置。

5）检查分汽（水、油）缸，是否有明显变形、泄漏，保温是否脱落。

6）检查膨胀指示器，是否完好，指示值是否在规定的范围之内。

7）检查锅炉燃烧状况，是否稳定。

8）检查炉墙、炉顶，是否有开裂、破损、脱落、漏烟、漏灰和明显变形，炉墙是否有异常振动。

9）检查炉墙和管道的保温，是否有明显变形、破损、脱落。

5. 安全附件、仪表和安全保护装置

（1）安全阀

1）检查安全阀的安装、数量、型式、规格，是否符合《锅炉定期检验规则》要求。

2）审查控制式安全阀控制系统定期试验记录，是否符合要求。

3）审查安全阀定期校验记录或者报告，是否符合相关要求并且在有效期内，整定压力等校验结果是否记入锅炉技术档案。

4）检查弹簧式安全阀防止随意拧动调整螺钉的装置、杠杆式安全阀防止重锤自行移动的装置和限制杠杆越出的导架，是否完好；检查控制式安全阀的动力源和电源是否可靠。

5）检查安全阀，运行时是否有泄漏，排汽、疏水是否畅通，排汽管、放水管是否引到安全地点；如果装有消声器，消声器排汽小孔是否有堵塞、积水、结冰。

6）在不低于75%的工作压力下，由锅炉操作人员进行手动排放试验，验证安全阀密封性及阀芯是否锈死。

（2）压力测量装置

1）检查压力表的装设及其部位、精确度、量程、表盘直径，是否符合《锅炉定期检验规则》要求。

2）审查压力表检定或者校准记录、报告或者证书，是否符合相关要求并且在有效期内。

3）抽查压力表刻度盘，是否在刻度盘上有高限压力指示标志。

4）抽查压力表，表盘是否清晰，是否有泄漏，玻璃是否有损坏，压力取样管及阀门是否有泄漏。

5）抽查同一系统内相同位置的各压力表示值，是否在允许误差范围内。

6）由锅炉操作人员进行压力表连接管吹洗，检查压力表连接管是否畅通。

（3）水位测量与示控装置

1）检查直读式水位表的数量、装设、结构和远程水位测量装置的装设，是否符合要求。

2）检查水位表，是否设有最低、最高安全水位和正常水位的明显标志，水位是否清晰可见，远程监控水位图像是否清晰。

3）检查分段水位表，是否有水位盲区；双色水位表汽水分界面是否清晰，无盲区。

4）检查就地水位表，是否连接正确、支撑牢固，保温是否完好，疏水管是否引到安全地点。

5）抽查电接点水位表，接点是否有泄漏。

6）审查远程水位测量装置与就地水位表校对记录，其示值是否在允许误差范围内。

7）由锅炉操作人员进行水位表冲洗，检查连接管是否畅通。

（4）温度测量装置

1）检查温度测量装置的装设位置、量程，是否符合《锅炉定期检验规则》要求。

2）审查温度测量装置校验或者校准记录、报告，是否符合相关要求并且在有效期内。

3）抽查温度测量装置，是否运行正常、指示正确，测量同一温度的示值是否在允许误差范围内。

4）抽查螺纹固定的测温元件，是否有泄漏。

（5）安全保护装置

1）检查高、低水位报警和低水位联锁保护装置的装设，是否符合《锅炉定期检验规则》要求；见证锅炉操作人员进行功能模拟试验，验证其是否灵敏、可靠。

2）检查蒸汽超压报警装置和联锁保护装置的装设，是否符合《锅炉定期检验规则》要求；审查有关超压报警记录和超压联锁保护装置动作整定值，是否低于安全阀较低整定压力值；见证锅炉操作人员进行功能试验，验证报警和联锁压力值是否正确。

3）检查超温报警装置和联锁保护装置的装设，是否符合《锅炉定期检验规则》要求；见证锅炉操作人员进行超温报警和联锁保护功能试验，或者审查有关超温报警记录，验证报警装置是否灵敏、可靠。

4）检查燃油、燃气、燃煤粉锅炉点火程序控制及熄火保护装置的装设，是否符合《锅炉定期检验规则》要求；见证锅炉操作人员进行熄火保护功能试验，验证其是否灵敏、可靠。

（6）防爆门　抽查防爆门，是否完好，排放方向是否朝向人行通道。

（7）排污和放水装置

1）检查排污阀与排污管，是否有异常振动或者渗漏。

2）见证锅炉操作人员进行排污试验，验证排污管畅通情况及排污时管道是否异常振动。

6. 辅助设备及系统

1）抽查燃烧设备及系统，是否运转正常。

2）抽查鼓风机、引风机，是否运转正常。

3）检查水汽取样器配置，是否符合《锅炉定期检验规则》要求。

4）审查汽水化验记录和化验项目，是否齐全、有效，水汽品质是否符合相关标准的要求。

7. 按规定做好水压试验工作（详见第 9 章）

3-12　锅炉维修的意义和目的是什么？

答：锅炉是一种承受压力，直接受火的特种设备。它的工作环境比较恶劣，它经常受到水、蒸汽、烟气及空气中各种有害杂质的侵袭，并受到烟气的冲刷，逐渐使钢材腐蚀、磨损甚至变质。有时还会使钢板过热、局部裂纹、鼓包、变形和裂开。

有的新锅炉，由于在设计、制造、搬运和安装中，有可能存在先天性的缺陷，在上述恶劣的工作条件下工作，可能发生事故及损坏设备，给单位和国家造成巨大的损失。

为此，除了做好锅炉运行过程中的维护保养外，还必须有计划地对锅炉设备进行定期修理，使其处于完好状态，确保安全经济运行。

锅炉维修的目的，是通过维护和修理发现锅炉缺陷，摸清锅炉设备各部件的安全状况，对缺陷进行修理，及时消除隐患。保证锅炉安全附件灵敏可靠；定期清除烟灰、水垢等，使其恢复和保持原有的技术性能，延长使用寿命。

3-13　锅炉的维护和修理是怎样分类的？它们主要内容是什么？

答：锅炉维修的分类，按实行分类管理，各部门、各行业、各单位是不完全相同的。有的分为三类，即维护、项修、大修。

按三类划分的管理，其主要内容如下。

1. 维护

维护是锅炉运行过程中的修理，是维护保养性质的。主要是消除汽水管道和阀门的跑、冒、滴、漏等现象；运行设备的清洁卫生和定期加油润滑及检查设备运行情况是否正常；修复管道保温层零碎脱落部分及烟、风道的堵漏风；对于运行中发生的临时故障（如水位表泄漏、压力表失灵、照明损坏等）则随时进行修理。

维护以锅炉的运行操作人员为主，维修人员为辅，其维修情况应记录在锅炉设备维修保养记录和运行日志中。

2. 项修

项修是指按预定计划，常规检查项目和定期检验中发现的问题，对锅炉设备进行常规检查和局部性的零件更换及预防性的检修。如压力表、安全阀的定期检验及维修更换；清除受热面外部的烟灰、内部的水垢以及检查水冷壁的变形情况；燃烧设备烧损零件的更换和检查；炉墙、保温层的修补；各种辅机、水处理设备的修理；消烟除尘、脱硫设备的修理和清扫等。

项修一般根据锅炉缺陷开展修理项目，其详细内容参见常规检修项目。锅炉项修一般都是由锅炉使用单位自己组织进行，同时要求锅炉运行操作人员参加，以便熟悉设备结构，掌握设备运行。设备零部件的更换和修理应有记录，并存入锅炉技术档案中。

3. 大修

根据锅炉历年运行和修理资料、设备安全状况，设备缺陷，机件的磨损记录和锅炉定期检验记录报告，按计划和修理方案，对锅炉进行全面性的、恢复性的设备修理叫大修。其主要内容有：对火管或水管进行抽管检查，并根据检查结果是否确定更换管子；更换损坏的水冷壁管、前后拱管、对流管、过热器、省煤器及空气预热器等受热面管子；对锅筒及其内部装置进行全面检查和检修；前、后拱的重砌；炉排框架的校核和修理；各种辅机的大修；汽水管道的更换；根据运行经验和技术进步，对设备作局部的改进，包括对受压元件的局部改动等。大修后按要求应进行水压试验、烘炉、煮炉或蒸汽严密性试验。

锅炉大修一般每三年进行一次。根据运行情况及定期检验情况，可适当缩短或延长大修周期。锅炉大修的具体内容可参见规定项目。

4. 按分类管理的主要理由

1）工业锅炉大部分是链条炉（或层燃炉），燃煤锅炉都有前、后拱和炉排。如当锅炉的前拱或后拱损坏，需要重砌（或重新浇铸），而水冷壁及其他部分完好，如果把重新砌筑前、后拱划分为小修，则小修的人力、物力等则过大，一般不易接受；同样，如炉排烧坏需要校正炉排框架，需要重新组装，工作量较大，划为小修又不合理。为此，对一些局部的预防性的较大工作量的修理划为中修项目，比较合理。中修在一定程度上可称为针对性修理。

2）根据锅炉定期检验规则的规定，在正常情况下，检验周期为 1 年 1 次外部检验；2 年 1 次内部检验。

3-14　锅炉设备如何开展修理工作？

答：【案例 3-1】　某单位根据锅炉设备运行情况，开展修理工作，修理项目分成大修项目、项修项目（中修项目）及小修项目。

锅炉设备维修项目的多少，视设备的技术状态和各单位的具体情况而定。现将锅炉本体，锅炉附件和辅机、仪表、化学监督设备的一般规定检修项目列于表 3-5、表 3-6、表 3-7 中，仅供参考。

表 3-5　锅炉本体的规定检修项目

序号	名称	大　修　项　目	项（中）修项目	小修项目
1	锅筒及其内部装置	（1）消除内部的锈垢和污物 （2）检查锅筒（锅壳）内外壁、焊缝和人孔门的接合处的严密性 （3）进水管、给水槽（配水管和隔板）、表面排污管等的检修或更换 （4）汽水分离装置的检修和严密性检查 （5）检查吹洗水位计连通管、压力表连通管及加药管 （6）检查前、后水位计指示准确性和一致性 （7）下锅筒的清理和定期排污管的检修 （8）堆焊锅筒壁面的凹坑（在允许堆焊的情况下） （9）经过计算分析允许做焊补或挖补修理 （10）校正锅筒位置，测量锅筒的倾斜和弯曲度 （11）检查清理活动支吊架 （12）锅筒内部清理干净，刷锅炉漆	同大修中的（1）、（2）、（3）、（4）、（5）、（6）、（7）、（12）	（1）检查人孔垫的严密性 （2）锅筒外部检查
2	炉管和水冷壁管	（1）清理受热面管子外壁焦渣和积灰 （2）检查受热面管子外壁的磨损、胀粗、变形和损伤 （3）检查管子支吊架、拉钩及水冷壁膨胀方向 （4）割管检查，确定部分更换炉管和水冷壁管，或全部更换 （5）检查管子的胀口、焊缝，并予以修理	（1）同大修中的（1）、（2）、（3）三项 （2）酸洗锅炉或用机械设备清除水垢 （3）个别管子损坏的更换及加闷堵 （4）割管检查	（1）吹扫受热面管子外部的积灰 （2）检查管子变形、磨损、胀粗、泄漏等情况
3	集箱	（1）集箱外面测量检查；集箱内部清理检查 （2）集箱手孔盖及其接合面的检修 （3）集箱的修理、校直或更换 （4）集箱的支座、拉钩及其膨胀间隙的检查	同大修中的（1）、（2）、（4）项	（1）同大修中的（1）、（2）项 （2）检修手孔盖是否严密

（续）

序号	名称	大 修 项 目	项（中）修项目	小修项目
4	过热器	（1）清扫管子外壁积灰 （2）检查管子磨损、胀粗、弯曲情况；根据检查的情况进行修理 （3）检查修理管子支吊架、管卡、防磨装置等 （4）冲洗过热管	同大修中的（1），（2），（3）项	外部检查
5	省煤器	（1）清扫省煤器外部积灰 （2）清洗省煤器内壁污垢和锈物 （3）更换省煤器管和弯头	同大修	外部检查
6	空气预热器	（1）清除预热器各处积灰和堵灰，并清洗预热器内壁 （2）检查和处理部分腐蚀和磨损的管子、钢板或成组的更换预热器 （3）检查修理或更换伸缩节 （4）做漏风试验并堵漏风	同大修	（1）检查漏风 （2）清除预热器的积灰
7	钢架、平台、失梯	（1）检查钢柱、横梁的变形情况 （2）修复损坏了的平台、栏杆和扶梯	同大修中（2）项	同中修
8	炉墙、烟道	（1）修复或重砌前、后拱 （2）检修或更换看火门、人孔门、防爆门、吹灰孔、放灰门及其框架 （3）检修或更换对流受热面放灰斗的放灰门 （4）清除烟道积灰，检修烟道及其闸门 （5）检修隔焰墙、堵塞短路；检修伸缩缝部分 （6）部分筑炉和整个锅炉筑炉 （7）堵漏风；重新做烟风道保温层或部分重做；修复或重做锅炉保温层 （8）锅炉炉墙表面涂红土；各种管道按色标刷漆	同大修中的（1）、（2）、（3）、（4）、（5）、（7）、（8）项	（1）消除烟道积灰 （2）检修炉门、看火门、防爆门等 （3）堵漏风，修补管道保温层
9	燃烧设备	（1）更换损坏的炉排片 （2）炉排框架的测量、校正，以及重新组装炉排，检修变速装置 （3）检修炉排各风室风门，并检查是否窜风 （4）更换二次风风嘴 （5）检修燃烧器，更换喷嘴等	同大修	（1）同大修中的（1）项 （2）轴承清洗加油，以及变速箱检查 （3）燃烧器检查
10	火管锅炉锅壳部分	（1）修复锅壳及炉胆 （2）烟管、管板的修理和更换	同大修中的（2）项	检查管板、烟管的泄漏情况

表 3-6　锅炉附件规定检修项目

序号	名称	大　修　项　目	项（中）修项目	小修项目
1	压力表	（1）修理或更换压力表 （2）校验压力表 （3）拆除存水弯管及三通旋塞；吹洗管子；外表除锈油漆	同大修	同大修中的（1）、（2）项
2	安全阀	（1）研磨阀芯，保证严密 （2）对门杆、支力点架、刀刃等检修 （3）检修排汽管及疏水管 （4）结合历次现场修理所发现的情况进行调整工作 （5）校验并加铅封 安全阀当地锅炉检验所进行统一管理，使用单位是否送检，视当地情况而定	同大修	（1）检查安全阀，应无泄漏 （2）检查铅封应无损坏；排汽管应畅通
3	水位表	（1）检修或磨研玻璃压板 （2）检修汽水门 （3）更换玻璃片 （4）检修保护罩和照明设备	同大修	（1）检查水位表旋塞，消除漏水漏汽现象 （2）检查照明设备，修复、更换损坏件
4	各种阀及汽水管道	（1）检查、修理或更换各种已损坏或有缺陷的阀门，并消除各种跑、冒、滴、漏现象 （2）检查并修理或更换锅炉范围内的汽水管道、法兰及各种支吊架等	同大修	（1）表面清洁及刷漆，修理保温层 （2）消除管路、阀门漏水漏汽现象 （3）更换填料、垫片

表 3-7　辅机、仪表和化学监督设备规定检修项目

序号	名称	大　修　项　目	项（中）修项目	小修项目
1	风机和水泵	（1）修补磨损的外壳、衬板、叶片、叶轮及轴保护套；做叶轮静平衡 （2）检修进、出口挡板、调节门及传动装置 （3）检修或更换轴承及冷却装置 （4）检查轴的弯曲度（视情况而定）	同大修	（1）检查各部紧固情况 （2）检查外壳及防护设备 （3）检查联轴器及带轮 （4）轴承、油位、油质检查 （5）冷却水管、调风板检查 （6）防振部分检查

（续）

序号	名称	大 修 项 目	项（中）修项目	小修项目
2	除尘器（旋风式除尘器）	（1）消除内部积灰；消除漏风 （2）补焊或更换磨损部件 （3）检修喷嘴、冲（出）灰装置、密封及入口挡板等装置	同大修	（1）消除烟道、除尘器内部积灰 （2）检查出灰装置、进水设备
3	热工仪表及自动控制装置	（1）校验各种仪表，不合格予以更换 （2）校验各种自动装置及联锁装置 （3）清扫仪表盘内部，擦拭表盘表面 （4）修理或更换管路及连接系统	同大修	同大修
4	水处理化学监督装置	（1）水处理设备进水、出水装置检修 （2）溶盐器的检修 （3）炉内加药装置检修 （4）各种取样装置检修	同大修	同大修

除表3-5、表3-6、表3-7中所列项目外，还应包括下列项目：

1）在锅炉检修中需要改进的项目，并作好工艺施工和材料的准备工作。

2）为现场工艺施工做准备和试验项目。

3）现场发现而规定项目中未提及的一切问题。

4）在锅炉大修中，特别是受压元件的重大修理，必须要有详细的工艺施工方案，并报当地锅炉监察部门进行审批。同意后，才能交给有资格、有许可证的专业单位进行施工。在施工过程中，锅炉监察部门进行质量检验，最后整体验收。

3-15　什么项目属于锅炉的重大修理？修理单位应具备什么条件？

答：

1. 下列项目属于锅炉的重大修理

1）锅炉受压元件的重大修理，如锅筒（锅壳）、炉胆、回燃室、封头、管板、炉胆顶、下脚圈、集箱等的更换；挖补、主焊缝的补焊；管子胀接改为焊接及大量更换受热面管子等。

2）增加锅炉受热面，改变原锅炉设计结构。

3）改变燃烧设备或燃烧方式。

4）提高锅炉出力和运行参数，改变原锅炉设计运行参数。

2. 修理单位应具备的条件

1）必须持有国家主管锅炉安全监察部门颁发的修理改造许可证，持证资格的级别应与所修理锅炉级别相一致。

2）有关资格的证件，如焊工证、无损检测证及许可证等必须有效，即在有效期内。

3）各类专业人员必须齐全，技术力量、工装设备和社会信誉都应较好，最好有过优质工程的历史。

　　4）应具有一套质量保证体系并能正常运行，施工中保证大修质量。

　　5）在施工过程中，必须接受当地锅炉安全监察部门的监督检验。

3-16　锅炉定期检验时在什么情况下才进行水压试验？

答： 水压试验是锅炉检验的重要手段之一。用于制造、安装、运行、修理、改造等各个环节。但是，它不是锅炉检验的唯一手段，故不能代替别的检验方法，更不能用水压试验来确定锅炉的工作压力。

　　1）锅炉水压试验，其目的是对锅炉的受热面部件各焊接接头，胀接部位的严密性和耐压强度的检验。

　　2）水压试验在实践工作中有两种：一种是工作压力下的水压试验，其试验压力按锅炉锅筒额定工作压力进行；主要目的是严密性检查。另一种是超压试验，是常说的水压试验；它指的是试验压力超过锅炉额定工作压力的试验。

　　3）水压试验、检验人员或使用单位对锅炉安全状况有怀疑时，应当进行水压试验；锅炉因结构原因无法进行内部检验时，应当每三年进行一次水压试验。

3-17　锅炉检验的具体操作方法有哪些？

答：1. 锅炉的检验方法

　　1）用人的感官结合使用一些简单工具进行测量检查。

　　2）用仪器或仪器设备进行检查（无损检测）。

　　3）取样化学分析、金相分析及物理试验等检查。

2. 通过看、听、摸及使用简单工具的检验

　　（1）外观目测法　这种方法只需要简单工具，基本上是依靠检验人员的感官来发现问题，它可以发现钢板表面上产生的缺陷。如腐蚀、磨损、明显裂纹、变形、焊缝气孔、咬边及焊接不足等。对于壁板有怀疑或有微小裂纹时，可用砂纸把钢板打磨干净，用10%～14%的硝酸溶液将其浸蚀后擦净，再用放大镜观察，以判断是否发生裂纹。对板边有怀疑时，可用小锤将铁锈、水垢敲掉并擦净，然后用5～10倍的放大镜仔细观察。

　　（2）锤击检查法　用小锤头敲击各部位是检查锅炉的基本方法之一。根据小锤弹力，发出声音及振动情况，可对锅炉金属缺陷、裂纹、松动及严重腐蚀程度、焊缝质量做出正确判断。

　　在应用锤击法时首先要检查小锤子手柄有无裂缝、松动等现象，以保证锤击声音得到客观地反应。小锤重约0.5kg，一头圆头，另一头为尖头。用坚实的木料做手柄。为了锤击时富有弹性，在木柄靠近锤头部分应车出细径，其图如图3-4所示。

　　当用小锤敲击锅筒、炉胆等部位时，如果被敲击物发出清脆和单纯的声音，说明是良好

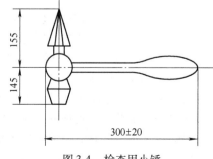

图 3-4　检查用小锤

的象征；如果被击物发出迟钝混浊的声音，则是腐蚀的象征；如果被击物发出闷声（发木的声音），则是水垢积存或钢板内可能有夹灰和夹层的象征；如果被击物发出“沙拉沙拉”的声音，则是裂纹的象征。

（3）渗透检测（简称 PT）　渗透检测（又称渗透探伤）是一种以毛细作用原理为基础的检查表面开口缺陷的无损检测方法。

现场渗透检测，常使用便携式的灌装渗透检测剂，包括渗透剂、清洗剂和显像剂这三个部分。渗透检测的缺陷显示很直观，能大致确定缺陷的性质，检测灵敏度较高。

当锅炉检验中发现金属中有裂纹象征时，为了进一步检查裂纹的去向、长度，一般采用渗透检测。

（4）灯光检查法　用此法可检查锅筒、集箱、管子等不均匀腐蚀、变形（弯曲或鼓包）和粗裂纹等缺陷。检查时，灯光沿着金属表面照射，如图 3-5 所示。被腐蚀的金属表面，在灯光下呈黑色斑点。如果发生鼓包，则鼓出部分被照得发亮，而凹下部位则发暗；如果金属表面有粗裂纹，在灯光下显示出一条黑线。

（5）拉线检查法　它可以检查锅筒、集箱，管子的弯曲度，使用方法如图 3-6 所示。

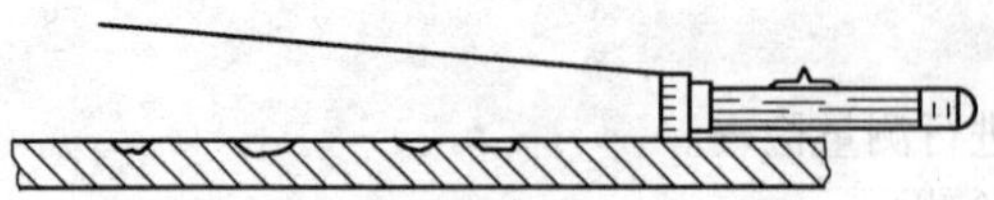

图 3-5　用灯光检查腐蚀方法

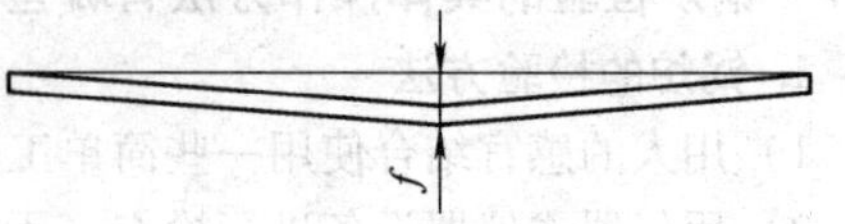

图 3-6　拉线检查法

（6）直尺检查法　它可以检查直管子、锅筒内壁板上的腐蚀深度和平板上的鼓包高度，如图 3-7 所示。

（7）样板检查法　样板是按元件某部分设计尺寸和形状，用薄铁皮或硬纸预先做好，用它与元件检测部分的实际形状和尺寸进行校核，以检查元件的实际形状，尺寸是否符合要求。另外，当元件在使用过程中发生了变形，为了观察变形的发展情况，而按其形状做出的样板，隔一定时期后以此样板与变形的形状尺寸进行比较，以证实其发展与否。

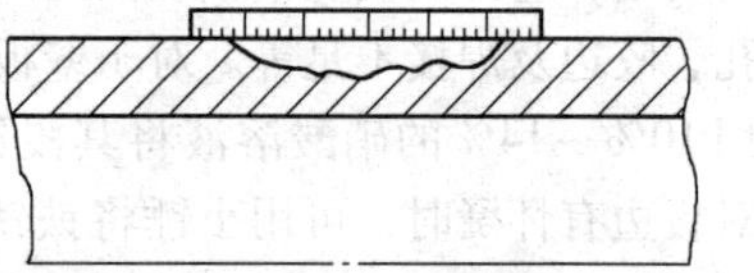

图 3-7　直尺检查法

3. 用仪器或仪器设备进行检验（无损探伤）

（1）超声波测厚仪检查法　用超声波测厚仪检查钢板厚度，其原理是利用声波振荡的原理来测量，测量厚度的有效范围是 1.5 ~ 99.9mm。用超声波测厚仪测厚时，要把被测表面清理干净，用砂布或锉刀打磨光；再用探头紧贴在事先磨光擦净的金属被检查部位表面，并在两者之间抹油（甘油或水玻璃等液体）防止空气进入；然后拧动开关，当探头与金属表面贴紧并稍加移动时，即可在刻度表上读出金属厚度。这种仪表体积小，便于携带。型号以 DM-2、DM-3、UTM-1、LA-10、HCC-16 为常用。

（2）超声检测　超声波是一种高于 20000Hz 的振动波，具有能穿透、反射和折射的能力。故可利用这些特性通过超声探伤仪在荧光屏上显示出的波高和波形的特征和变化，来检查材料内部和表面的缺陷。一般常用的为携带式 A 型脉冲探伤仪。

超声检测对于估判缺陷的性质和对缺陷的长度、大小、进行定量定性，需要一定专业知识和经验。因此，应由专业人员进行。

（3）射线检测　射线检测有 γ 射线检测和 X 射线检测两种。由于 γ 射线和 X 射线能使感光胶片感光，故利用这个特性进行透视摄片。这样可以从胶片上显示出锅炉钢材和焊缝内部缺陷，以便分析其性质、大小、形状和部位，从而能够判断和评定钢材和焊缝的质量。

（4）磁粉检测　磁粉检测属于表面检测方法之一，其灵敏度较高。适用于钢铁等导磁材料。在锅炉检验中，它只能查出材料表面或接近表面的缺陷，诸如裂纹、折叠、夹层、夹渣和冷隔等。对于离开表面稍远的内部缺陷，则不适用。

磁粉检测通过磁粉机产生磁场使被检测的部分磁化后，再向其表面喷洒磁粉，从磁粉的分布情况可以查出缺陷的有无、大小、部位等。如果表面无缺陷，显示出来的磁粉都是均匀分布的；当表面有缺陷时，在缺陷处的磁粉会发生堆积较多的现象，使肉眼容易检查出来。

磁粉通常采用四氧化铁（Fe_3O_4）和红色 γ-氧化铁（γ-Fe_2O_3）。磁粉粒度约在 5 ~ 10μm 之间，不大于 50μm；形状要呈针状条形，有较高的导磁性和较低的矫顽力，使磁粉易于被磁化在缺陷处的较弱磁场下被吸附。

在锅炉检验中，磁粉检测过去多用于对铆钉处钢板上微细裂纹的探测，现在对管孔周围管板上的裂纹检查，仍可应用。

这种方法可以检查管子胀口处的小裂纹。检测时，不必把管头拆掉，可以把需要检查的管头的金属表面和管孔板的表面均先用砂纸打磨光洁。将锥形木塞的外面包扎三层细铜丝网，再紧塞在管孔内。然后在木塞尾端上的夹子上通以电流，如图 3-8 所示。

照上述方法，喷洒磁铁粉。如有裂纹，在裂处则呈现出密集磁粉的黑线痕迹。这样，不但可检查出裂纹，而且还能看出裂纹的分布情况。

上述这四种方法和渗透检查法，无须破损锅炉的钢材就能检查出肉眼不能发现的缺陷，故称为无损检测法。

4. 金相、化学分析和性能试验检验

（1）金相检验法　通过制作金相片，在高倍显微镜下，检验金相组织，确定金属中的显微缺陷和显微组织。对金属结构，裂纹性质和金属性质做出正确的判断。它是确定苛性脆化的最有效方法。在特殊情况下，还可以鉴定金属有无脱碳、硫化等异常现象。

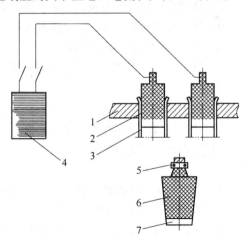

图 3-8　磁力检测

1—金属壁　2—塞子　3—管子　4—变压器
5—铜夹头及螺栓　6—铜丝网　7—木塞尾部

（2）化学分析　在无金属材料证明或对锅炉钢材有怀疑时，可在锅炉某些部位钻孔取得粉末，对锅炉钢材进行化学元素分析，测得含碳、磷、硫、锰、硅等元素，与合格锅炉钢材进行对比，确定钢材是否符合要求。

（3）力学性能试验　在需要决定锅炉钢材金属强度，鉴别钢材性质时，可在锅炉某些部位割取试样件，进行各种力学性能试验（如拉力、弯曲、冲击等试验），以确定锅炉钢材的力学性能。另外对焊缝亦可作力学性能与化学性能试验，以鉴定焊缝质量。

3-18　锅炉大修施工技术方案和施工组织方案是如何编制的？其主要内容是什么？

答：锅炉大修是对锅炉进行全面、恢复性的修理或零部件的更换，其工作条件，环境条件及技术要求都比较复杂。为了保证修理工程按质按量按时顺利完成，必须编制切实可行、可指导施工的技术方案，以及有严密组织的人员安排、场地利用和工装设备的组织设计。

锅炉大修的施工技术方案和施工组织设计的编制，应由修理施工单位进行，并征求锅炉使用单位的意见。完成后单位领导批准，并报当地锅炉安全监察部门审批，同意后方可实施。

施工技术方案和施工组织设计的主要内容有编制施工方案的依据、施工技术方案和施工组织设计等三部分。

1. 编制施工方案的依据

1）原锅炉的设计、制造、安装、运行、维修的技术资料。

2）监察部门最近一次出具的检验报告。

3）锅炉使用单位的大修计划和与使用单位签订的修理锅炉合同。

4）修理工程现场条件及环境状况。

5）修理单位的技术力量、工装设备、工艺规程、质保手册和管理制度。

6）国家有关锅炉修理的安全技术法规、规程、标准、规范等。

2. 施工技术方案的基本内容

1）整个锅炉修理工程概况，包括锅炉的各种技术参数、修理任务（项目）和要求、工程特点和工作量等。

2）锅炉修理程序，如流水作业、交叉作业程序和方法等。

3）修理项目的质量要求和验收标准。

4）为保证修理质量所采取的技术措施和工艺要求，如焊接工艺评定、检验手段和要求等。

5）可用列表说明修理工程施工进度计划。

6）需要更换零部件的拆卸、新部件吊装的技术方案和安全措施等。

7）水压试验，以及烘炉、煮炉及严密试验方案等。

8）冷态及热态试运行方案。

以上内容除概况外，都要按项目结合具体情况逐一编写，并根据项目的不同，适当增减。

3. 施工组织设计的基本内容

1）施工组织领导和人员分工。要做到分工明确、责任到人；建立、健全岗位责任制。

2）施工现场所需的运输车辆，以及水、电、气的数量及供应办法。

3）施工所需机械、工具、材料、劳动力数量及时间要求，现场平面图的绘制，机具、材料的堆放位置等。

4）对现场施工人员的吃、住等生活设施，以及现场技术培训和试用新工艺、新技术的措施及管理。

5）施工前的准备工作，以及完工后的总结和其他有关要求。

3-19　锅炉设备大修后，如何进行验收？

答：锅炉设备大修理共有三种验收方式：分段（项）验收、冷状态下的全面试运验收、带负荷运行72h检查和验收。它们的主要内容如下。

1. 分段验收（亦称分项验收）

在锅炉设备的大修理过程中，如某项工程或某一阶段，当按图的技术条件施工完后，需要进行封闭；在整体验收时无法检验的工程，都必须进行分段或分项验收，如隐蔽工程，重要设备内部零部件的改进或修理等。分项验收一般由施工单位和使用单位共同组织进行，应在施工单位自检合格基础上，邀请使用单位参加，对一些关键和重要项目还应邀请锅炉检验单位参加。对于验收中查出的问题，应及时处理，该返工的必须返工，不能因为怕影响工期耽搁下步工序或忽视安全造成隐患。对于合格的验收项目，应在有关表格上签字，以备日后查找。

2. 冷态下全面试运验收

它基本上属于整体验收。在冷状态下可进行单独试运，如鼓、引风机和炉排等，并把单独试运行的参数测出并做好记录。亦可实践模拟运行，对锅炉设备进行冷态调试，并检查相关部分是否安全可靠，如热工仪表和自控设备、联锁装置等工作是否正常。全面试运工作，以修理单位为主，使用单位操作人员代表参加，检查和熟悉设备，共同组织进行。试运合格后，才能进行下一步的热态试验。

3. 72h 带负荷热试运

它是属于最后总体验收。它必须在烘炉、煮炉和洗炉工作完成后，才能带负荷运行。它是锅炉大修后一次综合性的检验。

3-20　锅炉大修（或改造）后，试运行时，重点应检查哪些方面？

答：1）在锅炉进入试运行阶段，应报请检验单位、锅炉监察部门并派员参加，与使用单位的操作、维修人员和修理单位的人员一起重点检查以下几个方面。

①查看大修理（或改造）单位提供的检验技术文件及有关记录资料，掌握锅炉大修理或改造后的情况及施工质量。

②查看热工仪表、自控仪表能否正常运行，锅炉参数能否恢复或达到原来的设计要求（新设计要求）。

③检查锅炉各部位有无渗漏，如漏汽、漏水、漏风等，检查炉墙砌筑质量、管道设备保温质量状况是否正常。

④检查各安全附件是否灵敏可靠及安装是否合理，包括高低水位警报器、低地位水位计及自动给水装置运行是否正常、可靠。

⑤检查燃烧设备和其他辅助设备的安装是否正确及运行工况是否良好，并观察消烟除尘装置使用效果。

⑥检查水处理设备和水质监督措施，查看锅炉给水、锅炉水（蒸汽）指标是否符合国家标准的规定。

⑦锅炉房的安全电源、照明等是否安全、合理。

2）锅炉应在额定工作压力和负荷下进行连续 72h 的试运转。在此运行期间，应对锅炉的运行热效率进行测试和计算；应邀请环保部门对烟囱进行监测，检查烟囱排放物是否达标。如符合设计要求，也没有出现异常现象，修理单位和使用单位便可共同进行验收，办理移交手续。

3）如在试运期间，锅炉运行指标、烟筒排放指标，有一部分或一种指标未达到设计要求，使用单位和修理单位应共同讨论，寻找其原因。如果确定是设计原因而非施工质量，只能作为遗留问题，下次修理时予以解决。

3-21　总体验收合格后，修理（或改造）单位应向使用单位移交哪些资料？

答：试运行和总体验收合格后，施工单位应做好修理改造工作总结，将整个修理、改造过程中形成的技术资料整理成册，填写修理、改造质量证明书，一式二份。由施工、使用、监检单位审查盖章后，报当地锅炉安全监察部门审查，做出修理、改造质量的综合评价并盖章。然后将一份交使用单位存入该炉技术档案，一份由修理单位自行存档保存，作为今后修理、改造资格审要的依据。

1）修理、改造质量证明书的主要内容包括：

①锅炉型号，锅炉使用登记证编号；

②修理前额定工作参数；修理、改造后允许工作参数（允许工作压力、额定蒸发量或热功率、额定蒸汽温度或供、回水温度）；

③锅炉改造设计总图；更换及增添的受压元件、部件制造图、安装图；

④受压元件的强度计算书，必要时还要有水动力计算及热力计算书；

⑤安全阀排汽量；水处理、消烟除尘设备及风机、水泵、管道等的校核计算资料；

⑥修理项目、部位和尺寸及其检验结果；

⑦使用材料牌号、材质证明及试验数据；

⑧设备安装施工、调试记录；焊缝无损检测报告及胀管记录；

⑨水压试验日期、试验压力及试验结论；

⑩试运行及测试结果、总体验收报告。

2）对于改变锅炉设计参数，结构及燃烧方式，以及改变锅炉型式、用途（如蒸汽锅炉改为热水锅炉；一般燃烧炉改为循环流化床炉等），改造单位还应提供改造后锅炉的金属铭牌，并装置在锅炉明显部位。金属铭牌至少应载明下列内容：

①锅炉型号；

②改造单位名称及许可证级别、编号；

③改造年月及产品编号；

④改造后的允许工作压力；

⑤改造后的额定蒸发量或热功率；

⑥改造后的额定蒸汽温度或供、回水温度；

⑦监检单位名称及监检标记。

3）对更换、新制造的锅筒，集箱等主要受压元件还应在其封头上打上钢印，标明该部件的制造厂名、产品编号、工作压力和制造年月。

3-22　锅炉本体常见缺陷有哪些?

答：锅炉本体受压元件的常见缺陷有腐蚀、裂纹、变形、泄漏、起槽、过热、磨损、水垢等。尽管锅炉结构型式不同，但在使用中出现的缺陷，一般都离不开这些损坏形式。因此，无论在使用、维护、检查和修理中，还是在锅炉的定期检验中，必须要特别重视。

3-23　锅炉哪些部位容易产生腐蚀? 腐蚀的原因是什么?

答：**1. 在水管锅炉中，锅筒容易产生腐蚀**

其容易腐蚀的部位、特征、原因如下：

（1）锅筒内壁的腐蚀

1）上锅筒（汽鼓）汽水表面分界线上，容易发生一长条的局部腐蚀带。

2）在给水管出口处，容易发生腐蚀。

3）锅筒内壁表面有点腐蚀或溃疡性腐蚀，一般常发生在锅炉封头板边和其他受加工应力大的部位，腐蚀都呈不规则形状的深坑。

4）焊渣堆积之处，极易产生针孔形腐蚀。

5）上锅筒底部和下锅筒由于污垢（沉积物）的作用，容易形成垢下腐蚀。

上述的点状腐蚀或溃疡性腐蚀的腐蚀特征是：锅炉内部金属表面，形成棕褐色硬壳的包、硬壳下面充满着黑色的液体。如果擦去黑色的液体，金属表面留有深浅不同的凹坑。凹坑深度 1.5~4mm，大小约为 $\phi 10 \sim \phi 50mm$。

产生这种腐蚀的原因主要是给水不除氧或除氧不正常、停炉保护不佳，还与锅炉起、停频繁操作有关。

（2）锅筒外部表面与炉墙接触部分容易腐蚀

1）腐蚀的特征是外面结成一层坚硬的灰垢和氧化皮。

2）腐蚀的原因主要是由于附件渗漏或不注意防潮，特别是在停炉期间，容易受炉灰和潮气的侵蚀。

2. 在快装卧式锅壳式锅炉中，锅壳内腐蚀

其腐蚀部位、特征和原因如下：

（1）锅壳（锅筒）水位线附近的腐蚀　　锅筒水位线附近的腐蚀是指在水位线上下

约 100mm（总宽度约 200mm），沿锅筒纵向条形带状区域内产生的斑点状腐蚀。

1）其特征是点蚀形状似水滴，腐蚀深度不等且大小不一；分布较为密集，锅炉内进水管附近较为突出。腐蚀严重时，蚀坑表面堆积的腐蚀产物堆积越高坑越深。腐蚀产物为多层状结构，呈褐色；根部有粉末状产物，蚀坑深度 1.5 ~ 4mm，表面尺寸最大可达 $\phi50mm$。管板和烟管在此区域内亦同样有腐蚀。

2）腐蚀的原因主要是给水不除氧或除氧不正常；表面排污（连续排污）不正常，如炉水浓缩后碱度过高，即高 Cl^-、SO_4^{2-} 离子浓度的炉水导致金属材料的腐蚀；操作不当及频繁起炉、停炉，又无保护措施，空气进入锅炉而发生溶解氧的腐蚀。

（2）锅壳（锅筒）底部垢下腐蚀 锅壳式锅筒后端水侧的腹部和后管板的下部区域，锅筒内壁垂直中心线两侧 45°角范围内存在垢下腐蚀。

1）腐蚀特征：为黑褐色隆起的腐蚀疙瘩，呈贝壳状，质地坚硬，去掉腐蚀物后，金属面呈现腐蚀凹坑，凹坑深度 1.5 ~ 4mm，大小为 $\phi10 ~ \phi30mm$。

2）腐蚀原因：

①铁垢腐蚀是造成锅筒底部大面积腐蚀的主要原因。关于垢下腐蚀的机理，至今尚没有一个统一的看法，主要有如下几种观点：一是认为垢下金属由于结垢过热使保护膜破坏，形成了电化学腐蚀电池的阳极；二是锅水在垢下浓缩而产生碱腐蚀；三是垢下金属因过热而发生汽水腐蚀；四是认为上述三种过程同时或交错进行的。

②碱度低，pH 值低，含盐量高是造成锅底腐蚀的又一主要原因。锅水碱度低，金属表面不易形成保护膜，容易产生电化学腐蚀；正常的锅水 pH 值应保持在 10 ~ 12 之间，此时锅炉金属腐蚀轻微或可以认为不受腐蚀。当锅水 pH 值在 9.0 以下时，如果锅内表面不能形成完整的保护膜，金属表面就会暴露在高温水中，pH 值很容易促使金属表面腐蚀；当含盐量高时，其中 Cl^-、CO_3^{2-} 浓度偏高，能吸收阳极金属释放出来的电子，加速了阳极金属的溶解，严重腐蚀锅底金属。

③温差应力产生热疲劳，热疲劳形成塑性变形损伤区。腐蚀严重部位一般集中在锅筒承热负荷最大的区域，也是炉膛温度最高的地方，高温对金属腐蚀起促进作用。当炉膛温度差造成锅筒内壁材质经常处于热疲劳交变应力时，可能产生微小塑性变形损伤区，使锅筒内表面出现粗糙面，加速腐蚀。

3-24 锅炉金属腐蚀，按其本质来分可分为哪几类？腐蚀的破坏形式分为哪几种？

答：锅炉金属表面由于其表面与外部介质（如水、汽等）发生化学或电化学作用而招致损坏的过程称为腐蚀。

1）锅炉金属的腐蚀，按其本质来说，可分为化学腐蚀和电化学腐蚀两大类。在化学腐蚀过程中，不产生电流，仅是金属与周围介质发生化学作用而使金属受到破坏的现象，如金属表面与水、汽接触的表面而发生均匀的腐蚀等都属化学腐蚀；电化学腐蚀过程中能产生电流，金属遇到水分或在潮湿的地方最易发生电化学腐蚀，如锅炉水质不良基本上都属于电化学腐蚀。

2）腐蚀破坏的形式主要可分为两种，即均匀腐蚀和局部腐蚀。均匀腐蚀是在全部金属表面上大致以同一速度进行的腐蚀。化学腐蚀的特点就是有很大的均匀程度。

①局部腐蚀仅发生在金属的某一部分表面，只是个别地点金属受到破坏。这种腐蚀有斑痕腐蚀、溃疡腐蚀、点状腐蚀、晶间腐蚀、选择性腐蚀，以及由于"疲劳"而引起的腐蚀性裂纹，也属于局部腐蚀。

②斑痕腐蚀具有不规则的形状，分散在金属表面的个别部分。如果斑痕腐蚀的面积具有明显的边缘并成为稍深的陷坑，即为溃疡腐蚀；有时金属表面会被腐蚀成许多直径为 0.1~2mm 的凹坑，这种腐蚀称为点状腐蚀。点状腐蚀的深度变化很大，可以一直深到穿透成孔；金属结晶的边缘间所产生的腐蚀是晶间腐蚀，晶间腐蚀使金属结晶间结合力减弱，金属强度大为降低，最后引起金属的脆化或产生结晶间的裂缝，用奥氏体钢制造锅炉会发生这种情况；选择性腐蚀是某些介质对黄铜或其他合金发生作用，把黄铜或合金中某一成分腐蚀了，使金属强度变差；疲劳裂缝则是金属由于在交变应力和侵蚀性介质的作用下，产生穿过金属结晶本体的横断裂缝。

3）局部腐蚀对锅炉危害最大，其中点状腐蚀会形成小孔，最为麻烦。当然，实际上任何一种腐蚀，都是几种腐蚀形式结合在一起的。随着局部腐蚀的程度越大，侵入金属内部的速度越大，其后果越是危险。

3-25 什么叫化学腐蚀？它形成的薄膜与什么因素有关？

答： 化学腐蚀是指金属表面与其周围的介质发生化学反应，生成一种新的物质（氧化物），从而使金属受到破坏的现象。锅炉设备发生的化学腐蚀最典型的是在高温情况下钢材的水蒸气腐蚀，亚硝酸盐的分解而引起的锅炉金属腐蚀及锅炉金属在周围介质作用下所发生的酸性和碱性腐蚀。

1. 薄膜影响

在化学腐蚀中，金属与周围介质发生化学反应的产物常以薄膜状态存在于金属表面。这种氧化物薄膜的性质决定了金属被腐蚀的速度。如果这种氧化物薄膜均匀的密集地覆盖金属表面，这种薄膜便具有保护作用，可以阻止腐蚀过程的继续发展。如果这层薄膜层被破坏，腐蚀过程将继续进行，遭到破坏越严重，腐蚀速度越快。

2. 薄膜的保护作用

（1）薄膜层的厚度与性质 当薄膜的厚度能使金属与外界侵蚀性分子完全隔开，腐蚀作用就停止了。如薄膜厚度过厚，又不致密，则可能产生裂缝，侵蚀性介质从裂缝侵入，促使化学腐蚀作用进一步发展。因此，薄膜应坚固、有一定密度，有一定厚度，热膨胀系数与金属接近，才具有较大的保护性。

（2）薄膜的附着力及内部应力 当薄膜的内部应力越小，在金属表面的附着力越好。弹性较强时，它具有较好的保护作用。

（3）薄膜的可渗透程度 当介质的温度越高，浓度越大时，薄膜的可渗透性增大，腐蚀速度越快，保护作用越差。

（4）介质的成分与温度 介质的成分对金属腐蚀速度有较大影响。如在空气中再加入水蒸气及二氧化碳气体就会大大增加钢的腐蚀速度。

（5）金属的性质 薄膜的保护作用与薄膜所覆盖的金属性质也有较大的关系。铝、钢、铜、镍、合金钢等能生成较好的保护性薄膜。

3-26　什么叫电化学腐蚀？电化学腐蚀过程如何？

答： 在腐蚀过程中有电流产生的现象称为电化学腐蚀。如金属遇水发生的腐蚀即为电化学腐蚀。

1）电化学腐蚀实际上是由于在金属表面形成了微电池的结果。金属的晶格是由许多排列整齐的金属正离子和金属正离子之间游离的电子所组成。当金属与水溶液接触时，往往会以离子形式（Fe^{2+}）溶入水中，等电量的电子则留在金属表面上，造成金属表面带负电，如图 3-9 中的 A 极所示。

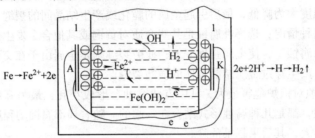

图 3-9　电化学腐蚀过程

1—金属壁　A—阳极　K—阴极

金属铁以水化离子转入到水中，即

$$Fe \longrightarrow Fe^{2+} + 2e$$

金属表面上的过剩电子与水中的金属离子相互吸引，上述过程会自动平衡，金属不再溶解（称为极化）。显然极化使腐蚀减弱并最终停止。

2）当水中含有 O_2、CO_2 气及酸、碱、盐等的阳离子时，金属表面上（K）的电子便会和溶液中的阳离子结合，如与水中 H^+ 结合，则

$$2e + 2H^+ \longrightarrow 2H \longrightarrow H_2 \uparrow$$

结果，造成金属表面带有正电荷，形成阴极 K。阳极 A 的多余电子通过金属内部到达阴极 K，形成电流。当去极剂存在时，电化学腐蚀过程继续进行，金属继续溶解而不断遭受腐蚀。这就是电化学腐蚀过程。

3）从电化学腐蚀来看，促使继续下去的因素有三：存在着不同电化学性质的两种金属电极段，它们是因锅炉金属成分不均匀，机械变形不同，表层状态（水垢，氧化膜）不同而造成的；电解质溶液；去极剂。

3-27　氧腐蚀和 CO_2 腐蚀的过程和作用是怎样的？

答： 从电化学腐蚀过程中看出，氧是一种去极剂，其去极过程为

$$O_2 + 4e + 2H_2O \longrightarrow 4OH^-$$

$$Fe^{2+} + 2OH^- \longrightarrow Fe(OH)_2$$

故使金属加速腐蚀。此外，氧还能把溶于水中的 $Fe(OH)_2$ 氧化，即

$$4Fe(OH)_2 + O_2 + 2H_2O \longrightarrow 4Fe(OH)_3 \downarrow$$

生成的 $Fe(OH)_3$ 沉淀，从而使腐蚀加剧。因此，水中溶有氧气会造成锅炉的强烈腐蚀。

水中含有 CO_2 会使水的 pH 值降低，其反应式为

$$CO_2 + H_2O \longrightarrow H_2CO_3 \longrightarrow H^+ + HCO_3^-$$

反应得到的 H^+（氢离子）也是主要的去极剂，故使腐蚀加强。可见，CO_2 的腐蚀作用主要表现在氢离子去极过程上，而属于酸性腐蚀。

pH 值 = 9.5 ~ 10 的炉水，在金属表面会形成牢固的氧化物保护膜，后者可将金属与腐蚀介质隔开，而使腐蚀速度大大下降，这种现象称为"钝化"。

水中含有 CO_2 时（pH 值降低），氧化物保护膜会变得松软，易被水冲掉，这一方面使金属露出继续遭受腐蚀，同时会将腐蚀产物带入锅炉形成危险的渣垢。

3-28　什么叫苛性脆化？产生苛性脆化应具备哪些条件？

答：常发生在与锅水接触的铆接接缝或胀口处等应力集中的地方，特点是在金属晶粒间产生裂纹，最初很细，肉眼很难看出；以后逐渐发展，以至腐蚀断裂。这种由于晶间腐蚀带来的无任何变形的破坏往往称为脆化或苛性脆化，也称为晶间腐蚀。

1）苛性脆化是锅炉金属的一种特殊的腐蚀破坏形式，它的产生同时需具备以下三个条件：

①锅炉水具有侵蚀性，即含有一定量的游离碱；

②锅炉是铆接的或胀接处，而且在这些部位有不严密的地方或缝隙，因而发生水质局部浓缩的过程，具有高度的碱度；

③金属里有极高的，接近屈服点的应力，具有高度的应力集中。

2）苛性脆性的特点是：

①初期裂纹及其支纹是发生在晶粒边缘间的，随着晶间裂纹的发展，就会产生穿过晶粒的裂纹（穿晶裂纹），迅速扩展甚至导致爆炸；

②裂纹区域内无金属变形，裂纹表面呈暗黑色；

③在接缝泄漏处形成苛性钠溶液（10% 以上的 NaOH）。

苛性脆化可以看作是一种特殊的电化学腐蚀，是由于晶粒和晶粒的边缘在高应力下发生电位差，形成腐蚀微电池而引起的。这时，晶粒边缘的电位比晶粒本身的低得多，因而此边缘为阳极，遭到腐蚀。当侵蚀性溶液（如含游离 NaOH）和存在应力的金属相作用时，可以将处于晶粒边缘的原子除去，因而使腐蚀沿着晶粒间发展。

苛性脆化的发生除了有上述电化学过程外，阴极部分放出的氢对于腐蚀的发展也起很大的作用。因为氢容易扩散到金属中间和钢材中的碳，碳化物和其他杂质反应生成各种气体产物，而这些气体物质在金属中不易扩散，因而产生附加应力，使金属的结构疏松，促使裂缝发展。

苛性脆化的危险性就在于这种腐蚀发生的初期不容易发现，它不会形成溃疡点，也不会使金属变形、变薄，而且一旦有了这种腐蚀时，金属遭到破坏的速度会加速进行。当能观察到裂纹时，金属的损伤可能已达到严重的程度。锅炉苛性脆化的后果是严重的，轻者发现得早，也会使锅炉不能使用，重者会发生锅炉爆炸，造成严重的设备损坏和重大的人身伤亡事故。

3）苛性脆化的预防方法：

①控制锅水的相对碱度。一般认为，锅水相对碱度不应超过 20%；否则，会引起脆化；

②防止锅炉部件产生附加应力；

③防止铆缝、胀口处发生泄漏。

3-29　锅炉哪些部位容易产生裂纹？

答：（1）锅炉容易产生裂纹的部位

1）锅炉锅筒上或管板上管孔带中管孔之间容易出现裂纹，如图 3-10 所示。

2）胀管管口产生裂纹，如图 3-11 所示。

3）锅筒（锅壳）封头扳边圆弧处内外表面容易产生裂纹，如图 3-12 所示。

4）焊缝及热影响区产生裂纹，如图 3-13 所示。

5）卧式锅壳式锅炉管板管孔带和管板上部圆弧处裂纹，如图 3-14 所示。

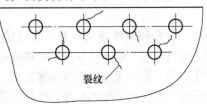

图 3-10　管孔带中管孔之间的裂纹

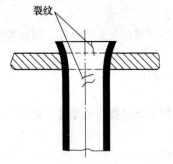

图 3-11　胀管管口裂纹

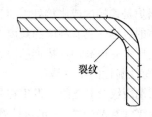

图 3-12　扳边圆弧处裂纹

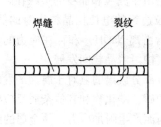

图 3-13　焊缝及
热影响区裂纹

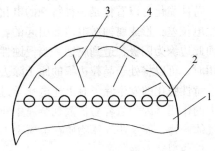

图 3-14　管板上部圆弧处裂纹
1—管板　2—烟管　3—角板拉撑　4—裂纹

6）WN 型锅炉的后管板裂纹，尤其燃油、燃气锅炉后管板裂纹比较多见。

7）受辐射热的锅壳下角板处的裂纹，如图 3-15 所示。这种裂纹沿锅壳周向，且在水侧。

（2）造成上述裂纹的主要原因

1）在锅炉制造时，有材料本身缺陷的裂纹；也有隐蔽焊接裂纹等。

2）设计不良，锅炉结构为刚性结构，若在高温火焰区钢板得不到炉水冷却，管组水循环不好，都会因热应力的作用产生裂纹。

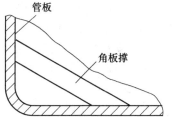

3）胀管工艺不好，管端过长产生裂纹后延伸到管板；过胀或多次胀管，会使管孔壁应力过大，产生硬化，造成管孔之间的裂纹。

4）锅炉安装时没有考虑锅筒热胀冷缩余地，或是在安装过程中炉管装配不良，形成互相吃劲，造成应力集中的裂纹。

5）水质不良、水垢过厚，烟温过高，热应力过大产生裂纹。

6）由于角板拉撑断开，使管板在扳边处发生交变应力，金属产生疲劳裂纹。

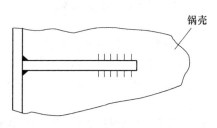

7）锅炉运行过程中，如集中向锅内加冷水；发生缺水事故时盲目补充水；锅炉起、停炉频繁，且时间短促等都可能使受压元件产生裂纹。

图 3-15　受辐射热的
锅壳下角板处的裂纹

锅炉受压元件产生裂纹是锅炉一种严重损坏事故。根据裂纹产生的原因，不同性质的裂纹，其特征是不同的。由机械应力产生的裂纹，其特征是裂纹比较长；热疲劳裂纹的特征是裂纹比较短而细，且数量较多；苛性脆化裂纹是晶间腐蚀裂纹，由内向外发展，外观不易发现，危险最大。

3-30　锅炉哪些部位容易产生过热？过热的原因和特征是什么？

答：（1）锅炉出现过热的部位

1）水冷壁管。

2）锅壳式锅炉的管板。

3）锅壳（锅筒）底部，当严重时，可以过热爆炸。

（2）产生过热的原因

1）锅炉水循环不良，加上在高温区，管子或锅壳受压元件得不到良好的冷却而过热。

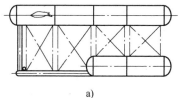

2）水处理不好，锅筒底部或管板上结有水垢，影响传热，高温火焰或烟气将受压部件过热。

3）更主要的是锅炉缺水导致过热。如2012 年 4 月 7 日某厂一台 SZL10—1.27-A Ⅱ型锅炉发生爆炸，其爆破口位置和形状如图 3-16a、b。

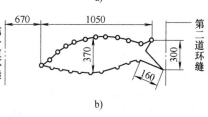

图 3-16　爆破口的位置和形状
a）破口的位置　b）破口的形状和尺寸

事故发生后，经过各方面调查分析得出结论是：根据金相检验结果可以判定，上锅筒和水冷壁管上端发生过热，且发生了相变。由于锅炉内没有水垢，因此只有缺水才可能导致过热。同时，由于爆破口位于锅炉侧面，而锅炉又没有发生位移，可以推断爆炸能量很小，即缺水程度很严重。可以认为，下锅筒内的水迹和水冷壁管外壁不同颜色的分界线附近就是最终的缺水高度。这是一起因缺水干烧引起材料过热、材料强度下降进而发生爆炸的典型事故。该锅炉被判为报废。

（3）锅炉受压元件过热的主要特征

1）金属材料韧性下降。

2）金相分析，晶粒度变大，严重时出现脱碳和组织不均匀，并出现马氏体等淬火组织。

3）锅炉金属材料硬度增加。

4）根据金属的颜色判定金属所受的温度：保持原金属颜色者，一般温度在550°C以下；表面发蓝时，一般为560~600°C；出现氧化皮时，温度一般在850°C以上。

3-31　锅炉受压元件常见变形的位置和原因是什么？

答：锅炉受压元件局部发生塑性变形的现象叫变形。变形使金属材料变薄，强度降低以致造成锅炉损坏。

1）按照造成变形的原因可分为过热变形，超压变形和其他变形三大类。

①过热变形是指受压元件局部受到高温过热而使该部位金属材料强度迅速降低，以致在正常工作压力下造成塑性变形。一般是由于缺水、水循环破坏和水垢过多所造成的。对于金属材料，在长期高温工作状态下发生的蠕变变形，因多发生在电站锅炉中，本书不予以说明。

②超压变形是指受压元件在正常工作温度下（也就是没有发生局部过热），锅炉内工作压力超过金属材料的屈服应力而发生的变形。这种情况一般发生在受压元件结构不太合理的地方。

③其他变形如由于锅炉各部件受热不均匀产生巨大应力及材质夹层而造成的变形，如图3-17所示。或者是在加工、搬运过程中引起的局部的凸起和凹陷等。

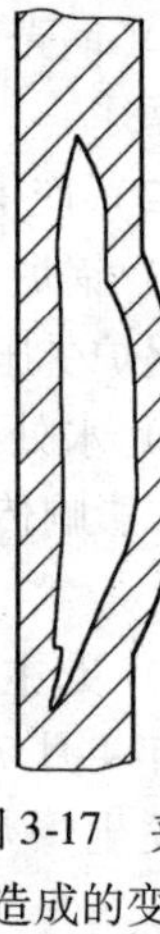

受压元件的变形还可以按变形状态分为鼓包、凹陷和弯曲。

2）造成变形的原因主要是由于运行操作不当和水处理不好所致。少数的也有因为设计、制造、安装上的问题所引起的。

锅炉受压元件常见变形的位置和原因：

①炉胆高温处凹陷变形。一般由于司炉疏忽缺水造成的，如图3-18所示。

②快装锅炉锅壳底部鼓包。主要是由于水质处理不好和排污结构不当造成结垢过多或有过多的污垢堆积而过热变形，如图3-19所示。

③炉膛顶部水冷壁管下塌。由于缺水，水垢过多或倾斜角度不够造成汽水分层等原因都能造成，如图3-20所示。

图3-17　夹层造成的变形

④炉膛两侧水冷壁管变形和鼓包，如图 3-21 所示。它是由于缺水、水垢过多或水循环破坏而造成。

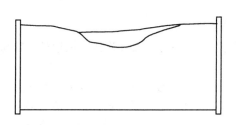

图 3-18　炉胆凹陷

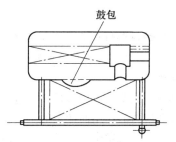

图 3-19　卧式快装锅炉锅底鼓包变形

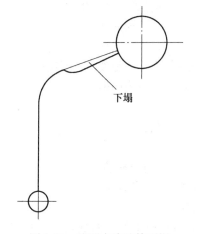

图 3-20　炉顶水冷壁管下塌

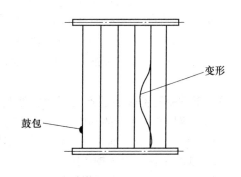

图 3-21　水冷壁鼓包、变形

⑤管板平板部分凸出。由于没有拉撑加强，强度不足或拉撑板断裂，如图 3-22 所示。

⑥立式锅炉炉胆和横水管鼓包，由于积存水垢太多而造成的，如图 3-23 所示。

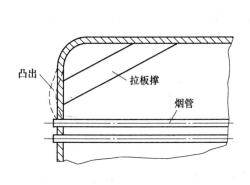

图 3-22　拉撑板断裂造成平板凸出

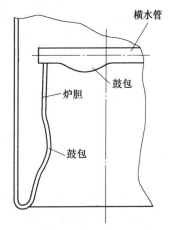

图 3-23　立式锅炉炉胆、横水管鼓包变形

⑦锅筒的蒸汽空间发生鼓包，由于锅筒受热部分超过最低水位而造成局部过热变形。

3-32　锅炉哪些部位容易产生起槽？起槽的原因是什么？

答： 1）立式水管锅炉的封头与锅壳连接的扳边处和封头与冲天管连接的扳边处，容易产生起槽。

其原因主要是扳边圆弧半径过小、加工应力过大及钢板减薄，加上受温度和应力变化的交变应力的作用而产生的。它属于低疲劳破坏性质，裂纹是环向的，一般有多条平行裂纹。当裂纹发生时间较长时，由于交变应力的作用，裂口材料受挤压，主裂纹比较粗，因此称它为"起槽"。

2）卧式锅壳锅炉平封头锅炉的炉胆扳边与前封头连接处容易产生起槽。

炉胆扳边与前封头连接处，此外由于烧炉升火、停炉，周期性加煤、出灰，冷空气大量渗入，炉胆骤冷骤热而产生周期性伸缩运动，造成很大的交变应力。这些应力集中反映到炉胆加强圈的扳边处，若扳边圆弧过小，就容易产生疲劳裂纹。开始产生细小的疲劳裂纹，由于锅水的浸蚀，产生电化学腐蚀，逐渐发展成为凹槽。

3-33　锅炉哪些部位容易产生泄漏？泄漏的原因是什么？

答： 锅炉容易产生泄漏的部位和原因如下。

1）管孔胀接处渗漏。由于胀接质量不好或胀接管子过热松动。

2）铆接缝漏。由于铆接质量不好或铆接过热铆钉和铆缝发生松动。

3）焊缝处渗漏。由于焊接质量不好有砂眼或裂纹。

4）锅壳式锅炉管板变形、裂纹泄漏。主要原因水质不好、温度过高造成管板变形、裂纹或影响烟管胀口或焊接口松动。

5）钢板重皮处渗漏。

6）钢板、管子烂穿渗漏。由于管子内外腐蚀。

7）法兰接触处渗漏。由于垫料不平，没有拧紧，接触表面不平。

8）人孔、手孔、检查孔等渗漏。由于垫料不严，孔盖没有拧紧，孔和盖配合面不平、配合不好。

3-34　锅炉哪些受压元件容易发生磨损？磨损的原因是什么？

答： 产生磨损部位和原因如下。

（1）机械磨损　一般发生在立式锅炉炉门圈或卧式锅炉炉胆下圈或水管锅炉炉膛检查孔周围的水冷壁管，这是人工加煤和清灰或拨火，扒灰铲来回移动，长期造成的磨损。

（2）烟气飞灰冲刷磨损　一般发生在对流烟道中的管束，当烟道转弯、短路时，高速含灰粒的烟气冲刷管束的磨损。

（3）吹灰引起的磨损　锅炉吹灰器位置调整不当，蒸汽或空气喷口直吹管子，时间长了就会磨损管子，甚至吹破。

3-35　锅炉水垢有哪几种？它们的特性是什么？

答：由于水源和水处理方式不同，锅炉的给水和锅水的组成、性质及生成水垢的具体条件不同，使水垢在成分上有很大的差别。如按其化学组成，水垢可以分为下列几种，其特性和结垢的部位简述如下。

（1）碳酸盐水垢　碳酸盐水垢的成分以碳酸钙为主，也有少量的碳酸镁。

它的特性按其生成条件不同，有坚硬性的硬垢；也有疏松海绵状的软垢。此类水垢具有多孔性，比较容易清除。它常在锅炉水循环较慢的部位和给水的进口处结生。

（2）硫酸盐水垢　硫酸盐水垢的主要成分是硫酸钙。它的特性是特别坚硬和致密。它常沉积在锅炉内温度最高，蒸发率最大的蒸发面上。

（3）硅酸盐水垢　硅酸盐水垢的主要成分是硬硅钙石（$5CaO \cdot 5SiO_2 \cdot H_2O$）或镁橄榄石（$MgO \cdot SiO_2$）；另一种是软质的硅酸镁。主要成分是蛇纹石（$3MgO \cdot 2SiO_2 \cdot 2H_2O$）。一般 SiO_2 的含量都在20%以上。

它的特性是非常坚硬，导热性非常小。它常常容易在锅炉温度高的蒸发面上沉积。

（4）混合水垢　混合水垢是由钙、镁的碳酸盐、硫酸盐、硅酸盐以及铁铝氧化物等组成，很难指出其中哪一种是最主要的成分。主要是由于使用不同成分的水质生成的。

（5）含油水垢　硬度比较小的给水中混入油脂后，就会结成含油的水垢。含油水垢色黑，比较疏松，一般含油量5%以上。常沉积在锅炉内温度最高的部位上。由于含油水垢很难清除，因此对锅炉的危害非常大。

（6）泥垢（水渣）　泥垢是在炉水中富有流动性的固形。含有 $CaCO_3$、$Mg(OH)_2$、$MgCO_3$、$3MgO \cdot 2SiO_2 \cdot 2H_2O$、$Ca_3(PO_4)_2$、$Mg_3(PO_4)_4$、$Fe_2O_3$、$Fe_3O_4$ 和有机物等。当泥垢含量较大时，很容易黏附在锅炉蒸发面上，形成难以用水冲掉的再生水垢。还有由于排污不好，很容易沉积在锅筒底部、集箱两端。

3-36　如何定性的鉴别水垢的主要成分，其鉴别方法如何？

答：要消除锅炉中所生成的水垢，必须要定性的了解水垢的主要成分，一般可按表3-8所列方法进行粗略的鉴别。

表3-8　水垢的定性鉴别方法

水垢主要成分	颜色	鉴　别　方　法
碳酸盐	白色	加5%的盐酸,可大部分溶解,而且生成大量气泡,溶液所留残渣量极少
硫酸盐	白色或黄白色	加5%的盐酸,溶解极慢,向溶液加10%氧化钡溶液后,生成大量的白色沉淀
硅酸盐	灰色或灰白色	在5%的热盐酸中也很难溶解,微溶下来的碎片有砂粒样的物质。如 Na_2CO_3 可在800°C下溶解
油垢	黑色	加入乙醚后,乙醚层呈浅黄色
铁垢	棕褐色	加5%盐酸溶解后,盐酸溶解呈黄色

3-37　水垢对锅炉有什么危害？其危害表现在哪几个方面？

答：水垢之所以称其为百害之源，关键在于它是热的不良导体，即导热性能太差，会产生金属局部过热，甚至造成锅炉严重损坏。

锅炉钢板的热导率为 58.15W/m·°C，而水垢的热导率仅是锅炉钢板的热导率几十分之一到几百分之一，见表 3-9。

表 3-9　各种不同水垢的平均热导率

水垢的种类	水垢的特征	热导率/(W/m·°C)
碳酸盐水垢（$CaCO_3$，$MgCO_3$ 占 50% 以上）	结晶形硬垢或非晶形软垢	0.5815 ~ 5.815
硫酸盐水垢（$CaSO_4$ 占 50% 以上）	坚硬致密	0.5815 ~ 2.9075
硅酸盐水垢（SiO_2 占 20% 以上）	坚硬	0.058 ~ 2.326
含油水垢（含油 5% 以上）	比较疏松	0.1163 ~ 0.174
混合水垢	坚硬	0.814 ~ 3.489

其危害表现在如下几方面：

（1）锅炉有水垢，锅炉钢板因温度升高而过热、变形，造成锅炉的损坏　锅炉钢板如结有水垢，又要维持一定的出力，就需要增加一定的热量。因此当有水垢存在时，只有增高锅炉火侧的温度才行。这样水垢越厚，导热性越差，锅炉火侧的温度越高，钢板温度也越高。一般对于压力为 1.4MPa 的锅炉，没有水垢的钢板，温度只有 215 ~ 250°C；如结有 0.8 ~ 1.0mm 厚的混合水垢，钢板温度与无垢时相比，要提高 134 ~ 160°C。当温度升高到 315°C 时，金属强度就开始下降；当越过 450°C 时，金属就会因过热而开始蠕动变形。因此，水处理不好会造成堵管、爆管、锅炉烧坏，甚至报废。

（2）锅炉结有水垢，大量浪费燃料　当锅炉结有水垢时，为保持锅炉出力，就必须增加燃料，提高炉膛温度。由于炉温的提高，散热损失增大；同时，由于水垢导热性差，锅炉吸热减少，排烟温度增加，排烟损失增加，因而浪费燃料。

由于水垢的导热系数与厚度不同、浪费燃料的数量也不相同。对于 1.4MPa 工作压力的锅炉，每结 1mm 厚的混合水垢，大约浪费燃料 1.5% ~ 8%。

（3）锅炉结有水垢，降低了锅炉出力　由于锅炉蒸发面上结有水垢，火侧火焰或高温烟气的热量不能传递给水侧，从而降低了锅炉的出力，使锅炉蒸发量大为降低。

3-38　如何进行锅筒内部定期检修项目？

答：锅筒内部定期检修项目，质量要求和工艺方法见表 3-10。

表 3-10　锅筒内部检修项目、质量要求和工艺方法

序号	检 修 项 目	质 量 要 求	工 艺 方 法
1	检查锅筒内壁和管孔周围	刷洗干净，不得有水垢，污泥油垢和铁锈等杂物，特别是接缝处要清理干净	内部装置拆除后，用手工和机械除锈
2	检查锅筒接缝、扳边、胀口等处	不得有气孔、夹渣、凹坑、渗漏等缺陷	根据缺陷情况制定相应修理工艺

（续）

序号	检修项目	质量要求	工艺方法
3	检查锅筒是否有变形或鼓包，凹坑等异常情况	1）当鼓包高度不超过锅筒（锅壳）直径的1.5%且不超过20mm时，可暂不修理，但不应有裂纹存在。应做实测样板，在每次洗炉或检验时，校核该部位鼓包有无发展，并检查有无新的鼓包产生 2）当鼓包高度超过以上数值，但当钢板减薄≤20%板厚时，应用顶压法修复。复位后的允许变形量要控制在锅壳内径0.5%以内，且最大不超过±6mm 3）钢板上已发现有裂纹或重皮、夹层及钢板减薄超过20%厚板厚时应进行挖补	1）制作实测鼓包样板，便于每次检验时校核 2）顶压法修复 3）挖补（具体施工工艺参见第5章）
4	检查锅筒内侧表面腐蚀情况	1）当腐蚀面积不大，锅壳的残余厚度尚在锅炉工作压力的容许范围内，腐蚀较轻的，可不修理，应除锈涂刷耐锅炉漆 2）当锅壳的残余厚度在原厚度的60%以上或较深的溃疡状、斑点腐蚀可采用堆焊补强方法修理，修后用砂轮磨平 3）当腐蚀面积较大，锅壳剩余厚度小于原厚度60%时，腐蚀严重者可采取挖补	1）除去铁锈，涂刷耐热锅炉漆 2）堆焊 3）挖补
5	检查锅筒裂纹情况	锅筒不允许有裂纹。如材质经理化性能试验、金相检验和冲击韧性试验合格，则可进行挖补对于苛性脆化的裂纹，必须挖补或更换新的锅筒	管孔壁产生裂纹必须找出其产生的原因。一般是管孔壁产生裂纹不能用补焊的方法修理，因为管孔带是锅筒最薄弱的部位
6	检查胀管接头	胀管露头要一致，不能有过胀、偏胀、裂纹、泄漏、渗漏等情况	对于过胀的管头，应重点检查
7	检查锅筒内部所有连接管路	水位计，加药装置进口管、压力表等连通管，必须吹洗干净，并要畅通。炉管必要时要做通球试验	
8	锅筒内侧刷耐热锅炉漆	锅筒内部必须除锈，清理干净。锅筒的缺陷处理完毕，确认无隐患时，应在锅筒内壁涂刷耐热锅炉漆	

3-39　如何进行锅筒外部定期检修项目？

答：检修项目、质量要求和工艺方法见表3-11。

表 3-11　锅筒外部检修项目、质量要求和工艺方法

序号	检修项目	质 量 要 求	工 艺 方 法
1	检查和修理锅筒人孔和人孔门的结合面	1）结合面要彻底清扫，其接合面上不得有旧垫料的残余物和锈垢等杂物 2）结合面应光滑平整，不得有裂纹、径向沟槽和腐蚀麻点 3）垫料形状和尺寸，材质都应符合人孔门的要求，不得有刮、卡、变形和折纹，要求平整 4）人孔门的螺栓扣应完整，不得乱扣，螺帽在丝杆上应转动灵活，不得刮、卡，并应涂上铅油。压杆不得有裂纹和变形 5）安装人孔门时要检查结合面的结合程度，结合面应大于全宽度的 2/3 6）安装人孔门时防止装偏，搁住和垫料挤偏现象出现	有铲子铲干净，当有铁锈或腐蚀凹坑时，应补平磨光 垫料根据锅炉的工作压力和温度按规定选取
2	检查锅筒外表面	锅炉外表面不能有裂纹、裂缝、泄漏和金属损坏现象。锅筒如有卷皮叠层现象，可用手铲铲去，然后磨光，但去掉之后钢板厚度不得小于原厚度的 90%	必要时可拆除绝热材料或炉墙
3	锅筒弯曲检查与测量	锅筒每米长度内其直线度（弯曲值）不得超过 1.5mm，但全长内应符合下列要求：焊接锅筒，锅筒长度 5m 以下者，0.15% × 长；5m 以上者，0.3% × 长	拉线法测量
4	检查锅筒下部支座	锅筒下部的滑动辊轮要光滑，不得锈住或卡住，接触应均匀严密，锅筒能伸缩自如，应有足够的膨胀间隙	检查测量
5	锅筒水平度检查	锅筒中心线与炉膛中心线（纵置式）偏差不得超过 2mm，锅筒的平面度（水平度）差值不得超过 2mm	经纬仪吊线法或用玻璃管水平仪检查
6	支架、托架、吊架，保温绝热、管件等检查	1）支架、托架和吊架等均应完整牢固，不得松动脱落 2）表面焊接口，管接头焊缝不得漏掉，不得有裂纹、裂缝或焊块脱落现象 3）凡接触火焰或烟气的锅筒表面，应刷上防锈漆，应用耐火材料保护，厚度不得少于 80mm 4）安全阀座接触面、锅筒与管道的结合法兰的结合面应光滑平整，严密良好，不得有任何漏泄 5）水压试验应符合规定要求	检查

3-40　如何进行锅筒内部装置定期检修项目？

答：检修项目的质量要求和工艺方法见表 3-12。

表 3-12　锅筒内部装置质量要求和工艺方法

序号	检修项目	质量要求	工艺方法
1	给水管和给水槽检修	1）给水管和给水槽不得有裂纹、裂缝，不得有漏泄现象，槽壁、管壁的腐蚀程度最大不得超过厚厚度的 1/2 2）用平尺检查给水槽溢水边的水平度，其水平差每米不得超过 0.5mm 3）给水管出口孔不可使水喷向锅筒内壁，孔眼要畅通，无泥垢或水锈堵塞 4）给水法兰要严密，不得泄漏 5）安装要牢固，支架要完整	拆卸、清洗、检查
2	阻汽板检修	1）阻汽板腐蚀深度最大不得超过其原厚度的 1/2 2）阻汽板固定要结实，固定位置正确，不得有变形和开焊现象	拆卸检查
3	表面排污管和定期排污管检修	1）表面排污管和定期排污管不得有裂纹、裂缝、腐蚀程度最大不得超过其原厚度的 1/2 2）排污管最大直线度不超过 10mm 3）管内要清洁无垢，孔眼要畅通 4）安装位置要正确、牢靠，较长的排污管应设有撑架，在撑架处应能使排污管自由伸缩	拆卸检查
4	内置旋风分离器检修	1）旋风子筒体的倾斜度，其上下垂直中心线偏斜应不大于 3mm，否则应该加以校正 2）旋风子筒体、入口短管、上部百叶片和下部导水板等，不能有开焊及松动现象，或其他的不正常现象 3）旋风子与汇流箱的连接法兰盘应严密，销子无松动现象，如果法兰盘漏泄，应更换新垫料 4）汇流箱应保持严密性，如有开焊或变形，应查明原因，及时处理 5）检查锅筒壁及汇流箱内各胀口的情况时，应将旋风子按顺序卸下并编号，消除脏物和水垢，按原样复位	拆卸、清洗、测量、检查
5	锅筒内部装置的共同质量要求	1）清除所有零件、部件上的水垢及其他沉淀粘结物 2）内部装置的各部件的螺钉，要求完整，紧固不松 3）分离器支架等不得有漏焊、倾斜和弯曲变形等缺陷 4）分离器的多孔板、百叶片和挡板等，不得有凸凹不平现象	拆卸、清洗

3-41　锅炉管板损坏的修理方法是什么?

答: 管板的腐蚀和裂纹修理的质量要求和工艺方法如下:

对于管板的裂纹应根据裂纹的性质和管板材质理化试验、冲击性能试验和金相检验等因素,分别采取焊补,挖补修理或更换。一般管孔带的裂纹采用挖补修理方法;管板上部扳边圆弧处的裂纹属于热疲劳裂纹,应根据损坏情况,严重程度,可进行焊补或挖补。焊补前应将裂纹彻底清除,开 V 型坡口,补焊后的焊缝高出基本金属的部分应磨平;管板裂纹属于晶间腐蚀裂纹(苛性脆化)必须进行更换。

管板平面度超过表 3-13 中的数值时,应根据情况进行顶压校平或挖补。当管板强度不够时,经强度校核验算后,应重新确定工作压力。

表 3-13　管板表面平面度的允许值　　　　　　　（单位：mm）

管板公称直径	≤1000	1000 ~ 1500	>15000
管板鼓包高度	<11	<13	<15

3-42　拉撑件及其连接焊缝损坏的原因及其修理方法是什么? 有什么预防措施?

答: 锅炉的拉撑件是重要的加强元件。拉撑件有角撑板、圆钢斜拉杆、长拉杆、短拉撑和横梁拉撑等几种。当前拉杆撑与受压元件的连接都采用焊接结构;圆钢长拉杆、斜拉杆和短拉撑与管板连接时,都在管板部件上钻孔后进行填角焊型式,焊接质量一般尚能保证。但角板撑与受压部件的连接和圆钢斜拉杆与锅壳处的焊接都是填角焊。

(1) 损坏的原因　主要是填角焊这部分焊接质量不稳定,经常出现焊缝高度与设计要求不符(焊缝高度不够),有的缝隙太大,焊缝中塞进焊条头等杂物;焊接质量差,还有极个别的角撑板只进行了点焊固定而忘了焊接或焊缝未焊全就出厂了。这样的焊缝是承受不了锅炉的工作压力的,且极容易撕裂。尤其是角撑板与管板焊接的下趾部,如图 3-24 所示。该处承受非常集中的交变弯曲应力,在施焊时该处最容易出现缺陷,因此角撑板的加强结构并不是最合适的,采用这种结构的锅炉(有 WW 型的,也有 WN 型的)中已发现有不少锅炉出现角撑板与管板的焊缝裂纹,并有因角撑板焊缝全部撕开,角撑板失去作用而发生锅炉爆炸事故。

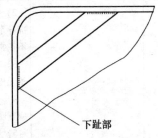

下趾部

图 3-24　焊接式角撑板

受辐射热的锅壳下部不应布置角撑板的焊缝。过去有些 WW（KZ）型锅炉采用了这种结构,其中有不少锅炉的锅壳在该处水侧发现许多细小裂纹(少数锅炉已经裂穿漏水),这种裂纹沿锅壳周向,且从水侧首先发现,属于热疲劳裂纹。

(2) 损坏的修理方法

1) 当角撑板焊缝高度不够时,应焊补至设计要求的高度,且至少不应少于 10mm。对于焊缝质量不合格的,如有咬边、裂纹、未焊透和焊缝中夹有焊条头等杂物时,应将焊缝缺陷全部剔除重新焊接。

2) WW（KZ）型锅炉的下角撑板应切除。当锅壳上裂纹较轻微,且不影响强度时，可用砂轮磨去；也可将裂纹剔除后开坡口焊补，并将高于基本金属部分磨平，且焊后不应有新的裂纹产生。裂纹较严重或裂穿的应进行挖补，在挖补前应搞清锅壳的材质，采用材质相同的补板，并用相应的焊条和可行的焊接工艺施焊；焊后应经无损检测合格。由于该处的裂纹都很细小，所以要注意采用有效而合理的检验手段。

3）横梁、拉撑和短拉撑断裂时应更换，原有的焊缝应剔尽重新焊接。

4）当大箱（或燃烧室）侧板或顶板鼓包时，可顶压复位，鼓包严重或钢板出现裂纹时应挖补。

（3）为了减少损坏事故的发生，应采取的措施

1）制造和安装新锅炉时，应加强拉撑杆焊缝质量检验，及时发现问题，进行解决。

2）当工作压力小于设计压力时，如某台锅炉设计压力 1.27MPa，许多单位在工作压力为 0.69~0.78MPa 下运行，此时在切除下角撑板时，在管板处保留高度为 70~90mm 的原有角撑板作为管板的刚性加强。若工作压力较高时，建议全部切除该处的角撑板，改用圆钢长拉杆加固管板（事前应经强度校核计算）。

3）在角撑板与管板焊接的下趾部加焊一块加强板，使应力分散而不集中于下趾部，加强板的厚度应大于 12mm，宽度为 40mm，长为 60mm，如图 3-25a 所示。如改为图 3-25b 所示结构，则因角撑板端部的刚性有所减弱，可以降低热应力值。

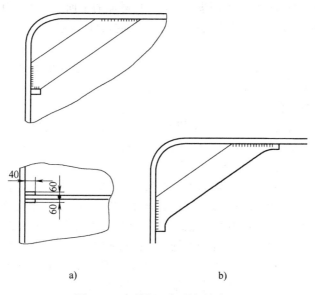

图 3-25　角撑板上加强板的布置
a）简单加强板　b）加延长角加强板

4）对于 WWW（KZW）型锅炉的下角撑板，当锅壳的材质为 20g 时，若未发现这样的裂纹，建议该处的角撑板与锅壳的焊缝处采取绝热措施；当发生裂纹时，也应按上述方法修理。

3-43　集箱常见损坏的形式和原因是什么?

答: 集箱损坏主要有如下情况:

(1) 集箱外部腐蚀　主要原因是附件泄漏或胀口、焊口渗漏, 使集箱与炉墙接触处经常处于潮湿状态; 长期停炉保护不好, 炉墙、烟道潮湿等都能导致集箱的腐蚀。

(2) 集箱内部腐蚀　集箱内部一般腐蚀较轻, 但由于排污不善, 容易出现垢下腐蚀。当给水除氧不好时, 腐蚀常发生在省煤器入口集箱处。

(3) 下集箱的常见缺陷　作为防焦箱的下集箱容易出现鼓包裂纹、弯曲变形等缺陷。其原因如下:

1) 防焦箱直接暴露在炉膛中, 温度较高, 集箱两端没有水冷壁管 (上升管) 的部分产生蒸汽不能及时导出上升形成汽空间, 使壁温升高; 强度下降到不能承受锅炉的压力时, 便发生永久变形——鼓包。

2) 起炉、停炉频繁, 而且起停炉速度过快或水循环不良等原因, 壁温时高时低, 因温差造成的热应力也随着发生交变, 从而产生热疲劳裂纹。

3) 由于温度的变化, 集箱没有膨胀间隙, 能造成集箱弯曲变形。

(4) 集箱端部手孔漏泄　在运行中或检修后, 集箱端部的手孔结合面和手孔盖出现漏泄, 其原因大致有如下几点:

1) 手孔的接触面不平或有较深刻痕, 对于用垫的手孔, 接触平面的平面度应在 0.08 ~ 0.1mm 的范围内; 对于不用垫的手孔, 接触面的平面度不大于 0.02mm。对于手孔接合面上的刻痕, 要用砂布打磨平滑。对于贯通接合面辐射方向的刻痕, 是不允许存在着的。

2) 手孔盖与手孔座的大小不合, 由于手孔盖与手孔座大小不合, 安装时则容易装偏歪。接触面过狭的部分, 运行受热后很容易产生漏泄。这种情况在装手孔盖的时, 必须注意与手孔座的同心度。

3) 手孔盖搁住, 在内手孔盖的集箱上, 由于制作或安装的粗糙, 有时出现手孔盖接触面没有完全放在手孔座结合面上的问题。这种情况, 有时由于热的关系, 水压试验可能未漏, 但运行不长时间就会发生漏泄。

4) 手孔螺钉的缺陷, 手孔螺母没有拧紧, 或螺母接触不平, 使手孔盖与手孔座没有压紧。或者是手孔盖螺钉的强度不够, 受力时拉长, 都会促使手孔发生漏泄。

5) 手孔压板的缺陷, 在用外手孔盖板时, 由于压板太软或者装歪等原因, 有的是压板两端长度不一, 也有的由于压板不均匀或集箱的厚薄不均, 都容易发生漏泄。

6) 垫的缺陷, 手孔垫的材料问题, 不合乎运行要求时, 垫很快就会损坏。或者是安装粗心大意, 应该用垫的手孔未装上垫, 也会发生漏泄。

7) 手孔制造不良, 制造不良包括多方面的情况, 如材料不当、加工不好等。

3-44　集箱检修的质量要求是什么?

答: 集箱检修质量要求如下。

(1) 集箱外部检查

1) 表面不得有裂纹、龟裂及分层等现象　如有裂纹, 一定要测量其深度。深度不超过厚度的 1/10 者可铲去磨平；不超过厚度的 1/3 经核算强度足够者，两端钻止孔，超过厚度的 1/3，则从壁的一面剔槽，然后焊补。

2）集箱的厚度和圆度应做详细检查和记录　集箱一般厚度只有原厚度的 70% 时，就要经过强度核算，才能确定是否继续使用。碳素钢集箱的允许胀粗值，一般不得超过原直径的 3.5%，如超过此值，则应更换集箱。

3）集箱直线度最大不超过表 3-14 的规定。

表 3-14　集箱直线度　　　　　　　　　　　　　　　　（单位：mm）

集 箱 种 类	每米最大直线度误差	全长最大直线度允许值
水排管集箱	3	10
水冷壁集箱（不受热的）	3	20
水冷壁集箱（受热的）	5	30
过热器集箱	3	15
碳管集箱	4	20
省煤器集箱	4	20

注：原弯曲度改为直线度。

4）排管集箱应平齐，不应里出外进，平面差不超过 10mm。

5）焊口合格，无弧坑、夹渣、气孔、未焊透、咬肉、裂纹等缺陷；强度合格。

（2）间隙

1）集箱之间、集箱两头与其附近之钢架及墙壁应留出膨胀间隙。防焦箱与防焦箱之间的间隙为 30 ~ 50mm。若膨胀间隙不明确时，可用下式求得

$$A = 1.2lt + 5$$

式中：A 为膨胀间隙（mm）；l 为集箱长度（m）；t 为集箱温度（以 100℃ 计）。

2）集箱伸出炉外与炉墙接合处应留出间隙，不得卡紧，并需要用石棉绳填充。

3）排管与集箱之间或水冷壁管穿墙部分均应填充二层石棉绳。

4）集箱安装膨胀指示器时，应检查和记录其位移量。

（3）集箱内部检查

1）内部应清洁，不得有水垢铁锈，特别是在管口及手孔处。

2）集箱内部的局部腐蚀深度最大不得超过原厚度的 25%。若有大块面积腐蚀，腐蚀深度超过上述深度时，就应该更换。

3）过热器集箱内隔板应严密、牢固，疏水口应畅通。

（4）吊铁和支架、堵头和法兰盘

1）集箱支撑，托架应牢固，焊接处应无裂纹、松动现象。但应保证集箱两端自由伸缩，不得卡住。

2）支、吊集的弹簧不得断裂、偏斜、卡住，圈间无夹物。

3）焊于集箱上的支板，定位卡铁等应牢固完整。

4）堵头必须进行检查，焊口不得有裂纹，水压试验不得漏泄。

5）法兰盘焊口严密牢固，焊口合乎标准；法兰面平滑、无凹沟、麻坑与深沟。

（5）手孔、手孔盖、排污管

1）手孔接合面应平整光滑、无沟痕。

2）接合面上的腐蚀麻抗，最深不超过 0.2mm，严重的凹坑可焊补后磨平或车平。

3）螺纹扣应完整，无螺纹部分磨损不得超过其直径的 20%。

4）手孔盖应上正、上紧，不得偏斜。螺母接触面应平整严密。水压试验不得漏泄。

5）排污（水）管与集箱接合部分不得有裂缝和漏泄，排污管表面腐蚀超过其厚度 1/3 者，应更换。

（6）保温

1）燃烧室内的水冷壁集箱（防焦箱除外）必须用耐火砖保温，砖缝不得大于 2mm。

2）与火焰接触的集箱，当外面炉烟温度大于 400°C，其内部是汽冷而不是水冷时，外表面应用耐火保温材料保护。

3）炉体外面的集箱要保温，当集箱周围温度为 35°C，则保温层外表面温度不应超过 60°C。

3-45　水冷壁管和对流管损坏的原因和修理方法是什么？

答：1. 损坏的原因

（1）胀口渗漏和裂纹　主要是胀接技术差所造成的。由于胀接过胀，使锅筒孔壁发生塑性变形而失去弹性，管壁与锅筒孔壁之间的结合力减弱而出现渗漏；管子胀偏，管孔失圆度严重，也能出现胀口泄漏；胀管管端退火不合适，胀管率不够等亦会使胀口泄漏。胀接时使管端产生冷作硬化，胀口处产生环形裂纹；点火、停炉太快或运行中压力不稳定，各部位受热不一致，使管壁和锅筒温度变化而产生过大的交变应力，影响胀口质量；锅筒结垢太厚，导致传热不良，造成胀口失去紧密性等使胀口渗漏等。渗漏和裂纹会给苛性脆化创造条件。

（2）管子内外部腐蚀　氧腐蚀是主要原因。在给水没有除氧的情况下，最容易被水中溶解的氧腐蚀。氧腐蚀呈密布均匀的溃疡坑，直至将管子烂穿；遇有在胀管端部，由于电化学腐蚀从伸出部分逐渐往下腐蚀，使管端金属越来越少，直至穿透到管孔内，降低了管子与筒壁的胀力，严重时会发生脱管事故。

停炉时保养不好，潮气太大，管子内外部都容易发生氧腐蚀。水冷壁管的下部接触到的灰渣，常使管子外部腐蚀。

（3）焊口穿孔　有些管子在焊接时，由于焊接电流选大了，将管子烧穿并进一步腐蚀，使焊口穿孔。

（4）管子变形、弯曲、塌陷、鼓包和爆破　这些损坏主要发生在水冷壁管上，造成这些损坏的原因是由于水质不良，结垢严重、锅炉缺水、水循环不良、飞灰磨损以及管材缺陷等。

2. 损坏的修理方法

1）胀口渗漏，如无裂纹和其他损坏，可以补胀；渗漏管子太多或已胀过多次，可以考虑改为焊接。胀口已产生裂纹或损坏或腐蚀严重的应更换。

2）腐蚀管子残余厚度大于原厚度80%的，可暂不修理；否则应更换。

3）焊口穿孔，轻微的可暂不修理，但要注意其变化情况；严重的焊口穿孔应更换。

4）管子变形弯曲、塌陷、鼓包和爆破，原则上都应更换。如损坏只发生在局部管段上时，亦可部分更换。

第4章 事故预防及安全附件的使用

4-1 如何加强锅炉事故预防工作?

答: 做好锅炉事故预防工作,从而确保锅炉设备安全、可靠地运行。具体如下:

1. 安全管理要求

(1)安全技术资料齐全

1)出厂资料齐全,应包括质量证明书、合格证、锅炉总图、主要受压部件图、受压元件强度计算书、安全阀排放量计算书、安装使用说明书及各种辅机的合格证书等。

2)锅炉使用登记证必须悬挂在锅炉房内。

3)在用锅炉必须持有锅炉定期检验证并在检验周期内运行。

(2)安全附件齐全并完好有效

1)安全阀:安全阀每年校验、定压一次且铅封完好;每月自动排放试验一次;每周手动排放试验一次;并做好记录及签名。安全阀应垂直安装在锅筒、集箱的最高位置,其排放管应直通安全地点。

2)水位表:每台锅炉至少应装2只独立的水位表。额定蒸发量小于等于0.2t/h的锅炉可只装1只水位表。水位表应设置放水管并接至安全地点。

3)压力表:锅炉必须装有与锅筒(锅壳)蒸汽空间直接相连接的压力表;根据工作压力选用压力表的量程范围,一般应在工作压力的1.5~3倍。表盘直径应不小于100mm,表的刻盘上应画有最高工作压力红线标志;压力表装置齐全(压力表、存水弯管、三通旋塞),每半年校验一次,铅封完好。压力表使用前应在刻度盘上画出红线,明确指示最高工作压力,警示司炉工谨防出现超压现象。

(3)保护装置齐全并完好有效

1)水位报警装置:所有蒸汽锅炉,应装高、低水位报警器和极低水位联锁保护装置。

2)额定蒸发量大于等于6t/h的锅炉,应装设超压报警和联锁装置。

(4)给水设备要求 采用机械给水时应设置2套给水设备,其中必须有1套为蒸汽自备设备。

(5)水处理要求 可分为炉内和炉外两种,即2t/h以下的锅炉可采用炉内水处理、2t/h以上的锅炉应进行炉外水处理。水质化验员应持证上岗,并按规定进行取样化验、监控水质,并记录齐全。

2. 安全检查项目

1)使用定点厂家合格产品。国家对锅炉压力容器的设计制造实行定点生产制度。

2)登记建档。锅炉压力容器在正式使用前,必须到当地特种设备安全监察机构登记,经审查批准入户建档、取得使用证方可使用。

3)专责管理。使用锅炉压力容器的单位,应对设备进行专责管理,即设置专门机构、责成专门的领导和技术人员管理设备。

4）持证上岗。锅炉司炉、水质化验人员及压力容器作业人员，应分别接受专业安全技术培训并考试合格，持证上岗。

5）照章运行。锅炉压力容器必须严格依照操作规程及其他法规操作运行，任何人在任何情况下不得违章作业。

6）定期检验。锅炉、压力容器定期检验分为外部检验、内部检验和耐压试验。实施特种设备法定检验的单位须取得国家质检总局的核准资格。

7）监控水质。必须严格监督、控制锅炉给水及锅水水质，使之符合锅炉水质标准的规定。

8）报告事故。锅炉压力容器在运行中发生事故，除紧急妥善处理外，应按规定及时、如实上报主管部门及当地特种设备安全监察部门。

3. 锅炉检修工作安全注意事项

1）锅炉检修前，要让锅炉按正常停炉程序停炉，缓慢冷却。当锅水温度降到80℃以下时，把被检验锅炉上的各种门孔统统打开。打开门孔时注意防止蒸汽、热水或烟气烫伤。

2）要把被检验锅炉上蒸汽、给水、排污等管道与其他运行中锅炉相应管道的通路隔断。

3）被检验锅炉的燃烧室和烟道要与总烟道或其他运行锅炉相通的烟道隔断。

4-2　生产安全事故及特种设备事故是如何分类的？

答： 根据《中华人民共和国生产安全法》（已于2014年12月1日起实施）和《中华人民共和国特种设备安全法》（已于2014年1月1日起实施）以及相关条例规定，具体如下。

1. 生产安全事故及其相应法律责任划分（见表4-1）

表4-1　生产安全事故分类及其相应法律责任划分

项　目		特别重大事故	重大事故	较大事故	一般事故
事故分类	死亡人数	30 人及以上	10～29 人	3～9 人	1～2 人
	受伤人数（包括急性工业中毒）	100 人及以上	50～99 人	10～49 人	9 人及以下
	直接经济损失	1 亿元及以上	5000～1 亿元	1000～5000 万元	1000 万元以下
法律责任	事故发生单位对事故负有责任	200～500 万元罚款	50～200 万元罚款	20～50 万元罚款	10～20 万元罚款
	事故发生单位主要负责人未依法履行安全生产管理职责，导致事故发生的（构成犯罪的，追究刑事责任）	一年年收入80%罚款	一年年收入60%罚款	一年年收入40%罚款	一年年收入30%罚款

1）事故发生单位主要负责人有下列行为之一的，处上一年年收入40%～80%的罚款，属于国家工作人员的，要依法给予处分，构成犯罪的还要依法追究刑事责任：①不

立即组织事故抢救的；②迟报或者漏报事故的；③在事故调查处理期间擅离职守的。

2）事故发生单位及其有关人员有下列行为之一的，对事故发生单位处100万元以上、500万元以下的罚款，对主要负责人、直接负责的主管人员和其他直接责任人员处上一年年收入60%～100%的罚款，属于国家工作人员的要依法给予处分，构成违反治安管理行为的，由公安机关依法给予治安管理处罚，构成犯罪的还要依法追究刑事责任：①谎报或者瞒报事故的；②伪造或者故意破坏事故现场的；③转移、隐匿资金、财产，或者销毁有关证据、资料的；④拒绝接受调查或者拒绝提供有关情况和资料的；⑤在事故调查中作伪证或者指使他人作伪证的；⑥事故发生后逃匿的。

2. 特种设备事故分类（见表4-2）

表4-2　特种设备事故分类

项　目	特别重大事故	重大事故	较大事故	一般事故
600MW以上锅炉	发生爆炸	因故障中断运行240h以上	—	—
压力管道、压力容器有毒介质泄漏	造成15万人以上转移	造成5万人以上，15万人以下转移	造成1万人以上，5万人以下转移	造成500人以上，1万人以下转移
客运索道、大型游乐设施高空滞留	100人以上，并且时间在48h以上	100人以上，并且时间在24h以上48h以下	有人员在12h以上	1）客运索道高空滞留人员3.5h以上12h以下 2）大型游乐设施高空滞留人员1h以上12h以下
特种设备运行	—	—	锅炉、压力容器、压力管道发生爆炸	电梯轿厢滞留人员2h以上
起重机械运行	—	—	起重机械整体倾覆	起重机械主要结构件折断或起升机构坠落

4-3　锅炉爆炸事故产生原因有哪些？

答：锅炉爆炸事故主要原因有：水蒸气爆炸、超压爆炸、缺陷导致的爆炸、严重缺水导致的爆炸。

（1）水蒸气爆炸　锅炉容器破裂，容器内液面上的压力瞬即下降为大气压力，与大气压力相对应的水的饱和温度是100℃。原工作压力下高于100℃的饱和水此时成了极不稳定且在大气压力下难于存在的"过饱和水"，其中的一部分即瞬时汽化，体积骤然膨胀许多倍，在容器周围空间形成爆炸。

（2）超压爆炸　指由于安全阀、压力表不齐全、损坏或装设错误，操作人员擅离岗位或没有执行监视责任，关闭或关小出汽通道，无承压能力的生活锅炉改做承压蒸汽锅炉等原因，致使锅炉主要承压部件简体、封头、管板、炉胆等承受的压力超过其承载能力而造成的锅炉爆炸。超压爆炸是小型锅炉最常见的爆炸情况之一。预防这类爆炸的主要措施是加强运行管理。

（3）缺陷导致爆炸　缺陷导致爆炸是指锅炉承受的压力并未超过额定压力，但因锅炉主要承压部件出现裂纹、严重变形、腐蚀、组织变化等情况，导致主要承压部件丧失承载能力，突然大面积破裂爆炸。

缺陷导致的爆炸也是锅炉常见的爆炸情况之一。预防这类爆炸时，除加强锅炉的设计、制造、安装、运行中的质量控制和安全监察外，还应加强锅炉检验，发现锅炉缺陷及时处理，避免锅炉主要承压部件带缺陷运行。

（4）严重缺水导致的爆炸　锅炉严重缺水时，锅炉的锅筒、封头、管板、炉胆等直接受火焰加热的主要承压部件得不到正常冷却，金属温度急剧上升甚至被烧红。在这样的缺水情况下是严禁加水的，应立即停炉。如给严重缺水的锅炉上水，往往酿成爆炸事故。长时间缺水干烧的锅炉也会爆炸。

防止这类爆炸的主要措施就是加强运行管理。

4-4　防止锅炉事故应采取哪些措施？

答： 防止锅炉事故应采取措施具体如下。

1. 防止锅炉爆炸事故

（1）锅炉炉膛爆炸的原因及处理方法

1）炉膛爆炸常发生在燃油、燃气、燃煤粉的锅炉上。炉膛爆炸（外爆）要有三个条件，缺一不可：①燃料必须是以气态积存在炉膛中；②燃料和空气的混合物达到爆燃的浓度；③有足够的点火源。

2）引起炉膛爆炸的主要原因有：①是在设计上缺乏可靠的点火装置及可靠的熄火保护装置及联锁、报警和跳闸系统，炉膛及刚性梁结构抗爆能力差，制粉系统及燃油雾化系统有缺陷；②是在运行过程中操作人员误判断、误操作，此类事故占炉膛爆炸事故总数的90%以上。有时因采用"爆燃法"点火而发生爆炸。此外还有因烟道闸板关闭而发生炉膛爆炸事故。

3）防止炉膛爆炸事故的发生：①应根据锅炉的容量和大小，装设可靠的炉膛安全保护装置，如防爆门、炉膛火焰和压力检测装置，联锁、报警、跳闸系统及点火程序、熄火程序控制系统；②尽量提高炉膛及刚性梁的抗爆能力；③应加强使用管理，提高司炉工人技术水平，在起动锅炉点火时要认真按操作规程进行点火，严禁采用"爆燃法"。特别当锅炉燃烧不稳，炉膛负压波动较大时，如除大灰、燃料变更，制粉系统及雾化系统发生故障、低负荷运行时，应精心控制燃烧，严格控制负压。

防止炉膛爆炸的措施是：点火前，开动引风机给炉膛通风 5 ~ 10min，没有风机的可采取自然通风 5 ~ 10min，以清除炉膛及烟道中的可燃物质。气、油炉、煤粉炉点燃时，应先送风然后点火，最后送入燃料。一次点火未成功需重新点火时，一定要在点火前给炉膛烟道重新通风，待充分清除可燃物之后再进行点火操作。

（2）锅炉爆管的原因及处理方法　炉管爆破指锅炉蒸发受热面管子在运行中爆破，包括水冷壁、对流管束管子爆破及烟管爆破。爆管原因有：①水质不良、管子结垢并超温爆破；②水循环故障；③严重缺水；④制造、运输、安装中管内落入异物，如钢球、木塞等；⑤烟气磨损导致管壁减薄；⑥运行或停炉的管壁因腐蚀而减薄；⑦管子膨胀受阻碍，由于热应力造成裂纹；⑧吹灰不当造成管壁减薄；⑨管树缺陷或焊接缺陷在运行中发展扩大。

炉管爆破时，通常必须紧急停炉修理。由于导致炉管爆破的原因很多，有时往往是几方面的因素共同影响而造成事故，因而防止炉管爆破也必须从搞好锅炉设计、制造安装、运行管理、检验等各个环节入手。

2. 事故预防措施及应急预案

（1）紧急停炉及操作程序　锅炉遇有下列情况之一者，应紧急停炉：①锅炉水位低于水位表的下部可见边缘；②不断加大向锅炉进水及采取其他措施，但水位仍继续下降；③锅炉水位超过最高可见水位（满水），经放水仍不能见到水位；④给水泵全部失效或给水系统发生故障，不能向锅炉进水；⑤水位表或安全阀全部失效；⑥设置在汽空间的压力表全部失效；⑦锅炉元件损坏危及运行人员安全；⑧燃烧设备损坏，炉墙倒塌或锅炉构件被烧红等，严重威胁锅炉安全运行；⑨其他异常情况危及锅炉安全运行。

紧急停炉的操作次序是：立即停止添加燃料和送风，减弱引风；与此同时，设法熄灭炉膛内的燃料。对于一般层燃炉可以用沙土或湿灰灭火，链条炉可以开快档使炉排快速运转，把红火送入灰坑。灭火后即把炉门、灰门及烟道挡板打开，以加强通风冷却；锅内可以较快降压并更换锅水，锅水冷却至70℃左右允许排水。但因缺水紧急停炉时，严禁给锅炉上水，并不得开启空气阀及安全阀快速降压。

（2）锅炉缺水事故的原因及处理方法　锅炉缺水是指锅炉水位低于水位表最低安全水位刻度线，水位表内看不到水位的现象。锅炉缺水时，水位表内看不到水位，表内发白发亮；低水位警报器动作并发出警报；过热蒸汽温度升高；给水流量不正常地小于蒸汽流量。

锅炉缺水是锅炉运行中最常见的事故之一，常常造成严重后果。若严重缺水会使锅炉蒸发受热面管子过热变形甚至烧塌，出现胀口渗漏，胀管脱落现象；受热面钢材过热或过烧，降低或丧失承载能力，出现管子爆破，炉墙损坏事故。锅炉缺水万一处理不当，甚至会导致锅炉爆炸事故。常见的缺水原因有以下几种：①作业人员疏忽大意，对水位监视不严；或者作业人员擅离职守，放弃了对水位及其他仪表的监视；②水位表故障造成假水位而作业人员未及时发现；③水位报警器或给水自动调节器失灵而又未及时发现；④给水设备或给水管路故障，无法给水或水量不足；⑤作业人员排污后忘记关排污阀，或者排污阀泄漏；⑥水冷壁、对流管束或省煤器管子爆破漏水。

发现锅炉缺水时，应首先判断是轻微缺水还是严重缺水，然后酌情予以不同的处理。通常判断缺水的方法是"叫水"。"叫水"的操作方法是：打开水位表的放水旋塞冲洗气连管及水连管，关闭水位表的气连接管旋塞，关闭放水旋塞。如果此时水位表中有水位出现，则为轻微缺水。如果通过"叫水"水位表内仍无水位出现，说明水位已降到水连管以下甚至更严重，属于严重缺水。

轻微缺水时，可以立即向锅炉上水，使水位恢复正常。如果上水后水位仍不能恢复正常，即应立即停炉检查。严重缺水时，必须紧急停炉。在未判定缺水程度或者已判定属于严重缺水的情况下，严禁给锅炉上水，以免造成锅炉爆炸事故。

"叫水"操作一般只适用于相对容水量较大的小型锅炉，不适用于相对容水量很小的电站锅炉或其他锅炉。对于相对容水量小的电站锅炉或其他锅炉，对最高火界在水连管以上的锅壳锅炉，一旦发现缺水即应紧急停炉。

（3）锅炉满水事故的原因及处理方法　锅炉满水是锅炉水位高于水位表最高安全水位刻度线的现象。锅炉满水时，水位表往往看不到水位，但表内发暗，这是满水与缺水的重要区别。满水发生后，高水位报警器动作并发出警报，过热蒸汽温度降低，给水流量不正常地大于蒸汽流量。严重满水时，锅水可进入蒸汽管道和过热器，造成水击及过热器结垢。因而满水的主要危害是降低蒸汽品质，损害以致破坏过热器。常见的满水原因有：①作业人员疏忽大意，对水位监视水严，或者作业人员擅离职守，放弃了对水位及其他仪表的监视；②水位表故障造成假水位而作业人员未及时发现；③水位报警器及给水自动调节器失灵而又未能及时发现等。

发现锅炉满水后，应冲洗水位表，检查水位表有无故障；一旦确认满水，应立即关闭给水阀停止向锅炉上水，启用省煤器再循环管路，减弱燃烧，开启排污阀及过热器、蒸汽管道上的疏水阀；待水位恢复正常后，关闭排污阀及各疏水阀；查清事故原因并予以清除，恢复正常运行。如果满水时出现水击，则在恢复正常水位后，还须检查蒸汽管道、附件、支架等，确定无异常情况，才可恢复正常运行。

（4）锅炉水击的原因及处理方法　水在管道中流动时，因速度突然变化导致压力突然变化，形成压力波并在管道中传播的现象，即"水击"。发生水击时管道承受的压力骤然升高，发生猛烈振动并发出巨大声响，常常造成管道、法兰、阀门等的损坏。

锅炉中易于产生水击的部位有给水管道、省煤器、过热器等。给水管道的水击常常是由于管道阀门关闭或开启过快造成的。如阀门突然关闭，高速流动的水突然受阻，其动压在瞬时间转变为静压，造成对内门、管道的强烈冲击。

省煤器管道的水击分两种情况：一种是省煤器内部分水变成了蒸汽，蒸汽与温度较低的（未饱和）水相遇时，水将蒸汽冷凝，原蒸汽区压力降低，使水速突然发生变化并造成水击；另一种则和给水管道的水击相同，是由阀门的突然启闭所造成的。

过热器管道的水击常发生在满水或汽水共腾事故中，在暖管时也可能出现。造成水击的原因是蒸汽管道中出现了水，水使部分蒸汽降温甚至冷凝，形成压力降低区，蒸汽携水向压力降低区流动，使水速突然变化而产生水击。

锅筒的水击也有两种情况：一是上锅筒内水位低于给水管出口而给水温度又较低时，大量高温进水造成蒸汽凝结，使压力降低而导致水击；二是下锅筒内采用蒸汽加热时，进汽速度加快，蒸汽迅速冷凝形成低压区，造成水击。

为了预防水击事故，给水管道和省煤器管道的阀门启闭不应过于频繁，启闭速度要缓慢，对可分式省煤器的出口水温要严格控制，使之低于同压力下的饱和温度40℃；防止满水和汽水共腾事故，暖管之前应彻底疏水；上锅筒进水速度应缓慢，下锅筒进汽速度也应缓慢。

发生水击时，除应立即采取措施使之消除外，还应认真检查管道、阀门、法兰、支撑等，如无异常情况，才能使锅炉继续运行。

（5）锅炉汽水共腾的原因及处理方法

1）形成汽水共腾原因。形成汽水共腾有两个方面的原因：一是锅水品质太差；二是载荷增加过快和压力降低过快。

2）汽水共腾的处理。发现汽水共腾时，应减弱燃烧，降低载荷，关小主汽阀；加强蒸汽管道和过热器的疏水；全开连续排污阀，并打开定期排污阀放水，同时上水，以改善锅水品质；待水质改善、水位清晰时，可逐渐恢复正常运行。

（6）锅炉省煤器损坏的原因及处理方法　省煤器损坏指由于省煤器管子破裂或省煤器其他零件损坏所造成的事故。省煤器损坏时，给水流量不正常地大于蒸汽流量；严重时，锅炉水位下降，过热蒸汽温度上升，省煤器烟内有异常声响，烟道潮湿或漏水，排烟温度下降，烟气阻力增大，引风机电流增大。省煤器严重损坏会造成锅炉缺水而被迫停炉，省煤器损坏原因有以下几种：①烟速过高或烟气含灰量过大，飞灰磨损严重；②给水品质不符合要求，特别是未进行除氧，管子水侧被严重腐蚀；③省煤器出口烟气温度低于其酸露点，在省煤器出口段烟气侧产生酸性腐蚀；④材质缺陷或制造安装时的缺陷导致破裂；⑤水击或炉膛、烟道爆炸剧烈振动省煤器并使之损坏等。

省煤器损坏时，如能经直接上水管给锅炉上水，并使烟气经旁通烟道流出时，则可不停炉进行省煤器修理，否则必须停炉进行修理。

（7）锅炉过热器损坏的原因及处理方法　过热器损坏主要指过热器爆管。这种事故发生后，蒸汽流量明显下降，且不正常地小于给水流量；过热蒸汽温度上升压力下降；过热器附近有明显声响，炉膛负压减小，过热器后的烟气温度降低。过热器损坏的原因有以下几种：①锅炉满水、汽水共腾或汽水分离效果差而造成过热器内进水结垢，导致过热爆管；②受热偏差或流量偏差使个别过热器管子超温而爆管；③起动、停炉时对过热器保护不善而导致过热爆管；④工况变动（载荷变化、给水温度变化、燃料变化等）使热蒸汽温度上升，造成金属超温爆管；⑤材质缺陷或材质错用（如在需要用合金钢的过热器上错用了碳素钢）；⑥制造或安装时的质量问题，特别是焊接缺陷；⑦管内异物堵塞；⑧被烟气中的飞灰严重磨损；⑨吹灰不当损坏管壁等。

由于在锅炉受热面中过热器的使用温度最高，致使过热蒸汽温度变化的因素很多，相应地造成过热器超温的因素也很多。因此过热器损坏的原因比较复杂，往往和温度工况有关，在分析问题时需要综合各方面的因素考虑。

过热器损坏通常需要停炉修理。

（8）锅炉尾部烟道二次燃烧的原因及处理方法　尾部烟道二次燃烧主要发生在燃油锅炉上。引起尾部烟道二次燃烧的条件是：在锅炉尾部烟道上有可燃物堆积下来，并达到一定的温度及有一定量的空气可供燃烧。这三个条件同时满足时，可燃物就有可能自燃或被引燃着火。

可燃物在尾部烟道积存的条件：锅炉起动或停炉时燃烧不稳定、不完全，可燃物随烟气进入尾部烟道，积存在尾部烟道；燃油雾化不良，来不及在炉膛完全燃烧而随烟气进入尾部烟道；鼓风机停转后炉膛内负压过大，引风机有可能将尚未燃烧的可燃物吸引到尾部烟道中。

可燃物着火的温度条件：刚停炉时尾部烟道上尚有烟气存在，烟气流速很低甚至不流动；受热面上积有可燃物，传热系数差难以向周围散热；在较高温度下，可燃物自氧化加剧放出一定能量，从而使温度更进一步上升。

保持一定空气量的条件为尾部烟道门孔和挡板关闭不严密；空气预热器密封不严，空气泄漏。

要防止产生尾部二次燃烧，就要组织好燃烧，提高燃烧效率，尽可能减少不完全燃烧损失，减少锅炉的起停次数；加强尾部受热面的吹灰，保证烟道各种门孔及烟风挡板的密封良好；在燃油锅炉的尾部烟道上应装设灭火装置。

4-5　如何做好锅炉爆炸事故分析和对策？

答： 做好锅炉爆炸事故分析，并采取相应对策是十分重要的。

【案例 4-1】 某年 4 月，某大型棉纺企业一台 SZL10-1.25-A Ⅱ型工业锅炉发生爆炸，造成 4 人死亡，2 人重伤，直接经济损失 10 多万元。爆炸锅炉为纵置式双锅筒链条炉，额定蒸发量为 10t/h，额定蒸汽压力 1.25MPa，2007 年安装投产。

该锅炉 2012 年 2 月就开始漏水，而且日益严重，后期每小时漏水量达 1.0t 以上，4 月 2 日锅炉在正常工作压力下突然爆炸，爆炸口位于下锅筒，上下锅筒的连管飞出 30m，烟囱振斜 36cm，炉墙严重损坏，造成人员重大伤亡和巨大经济损失。

（1）事故调查与检测　现场检查发现，下锅筒局部有鼓包现象，结垢比较严重，水垢有 2~3mm 厚，大量管束变形，有一根弯水管断裂。

水质基本正常，但锅水相对碱度过高，超过国家标准近 1 倍。泄漏处碱垢非常严重。

爆裂的裂口约为 1000mm，没有明显的塑性变形，裂纹约占爆破断口的 80%，在肉眼看到的主裂纹上，有大量肉眼看不到的分枝细裂纹。通过扫描电镜观察，发现河流状花样，对爆炸锅筒的材质的力学性能、化学成分进行了分析，未发现异常。裂纹边缘齐钝，裂区与非裂区的金相组织均为珠光体 + 铁素体，晶粒度 8 级，未发现有过热或淬硬性组织存在。在裂纹的延伸方向有许多二次分枝裂纹，且沿铁素体晶粒边界扩展，形成网络状晶间裂纹，而且裂纹末端尖锐，有明显向晶间发展趋势。此次锅炉爆炸类型属于苛性脆化断裂。

由于高低水位报警装置失灵，该锅炉曾发生严重缺水事故，造成炉膛内炉顶塌陷，水冷壁严重烧损变形，上锅筒有误操作过热现象。

（2）事故原因分析　经鉴定分析，认定锅炉爆炸为下锅筒钢板苛性脆化所致。锅筒爆炸口处原来可能存在制造、安装过程留下的缺陷，导致该处发生泄漏。在锅炉已发生严重漏水时，企业为了保持生产，仍然不停炉检修，时间达一个多月。炉水碱度本已超标，缝隙区域由于蒸发浓缩形成了很高的碱度，加上裂纹尖端存在很高的局部应力，使该处金属产生苛性脆化，裂纹不断扩展，最终在正常工作压力下发生爆炸。

分析这起事故，可以看出：

1）企业领导明显忽视安全，甚至在锅炉已发生严重漏水时，仍然让设备"带病"运行，表明企业领导安全意识薄弱，企业领导及锅炉运行管理人员，对锅炉这种具有爆炸危险性的设备缺乏了解。

2）对设备不定期检查、维护。使锅炉在水质碱度严重超标、高低水位警报器长期失灵的条件下工作，锅炉运行管理混乱。

3）锅炉运行管理人员工作失职，对事故不能做出正确分析判断及采取正确有效地处理措施，及时正确的向领导反映情况，导致问题长期拖延不决，最终酿成重大事故。

（3）事故教训及应对措施

1）对锅炉进行全面检验，特别是对可能出现苛性脆化的胀接部位，要重点进行监督和检测，以全面掌握锅炉的安全状况，对存在的问题必须采取有效措施解决，不留隐患。锅炉在正常运行期间，要加强巡检和正常维护工作，确保设备运行的灵敏、安全、可靠。要加强水处理工作，确保水质达标。

2）加强企业管理，首先必须建立一个行之有效的质量管理体系，建立健全设备运行、维护、检修规程和各项规章制度，并加强考核确保其贯彻执行。

3）加强企业主管和操作人员的安全意识教育和岗位技术培训，坚持司炉人员、水处理人员等持证上岗，提高司炉人员、水处理人员等的运行操作水平和事故判断、处理能力，针对该企业的情况，特种设备技术监督部门要加强对该企业的安全监督工作。

4-6　如何做好锅炉水冷壁爆管原因分析和对策？

答： 做好锅炉水冷壁爆管原因分析和对策是十分重要的。

【**案例 4-2**】　SG220/9.8—Y296 型燃油锅炉额定蒸发量 220t/h，额定蒸汽压力 9.8MPa，额定蒸汽温度 540℃。水冷壁为鳍片管式，规格 $\phi60mm \times 5mm$，材料 20 钢。水冷壁管发生爆管时蒸汽压力 8.8MPa，蒸发量 40～50t/h。

（1）检验情况

1）爆管、泄漏管检查。爆口位于右墙水冷壁，爆口中心标高距炉底 5.7m；爆口呈喇叭状，长 210mm，宽度 85mm；爆口边缘锋利，其边缘厚度由 5mm 减薄至 1mm；内壁光滑，呈蓝褐色；爆口外壁边缘无纵向蠕变裂纹，属于瞬时超温韧性爆破。锅炉水冷壁管子爆破情况如图 4-1 所示。

经检查，在右墙水冷壁距炉底 3m 处，一根水冷壁管泄漏，泄漏部位位于管子迎火面，并且产生了纵向裂纹，裂纹长 20mm，宽 1mm，呈锯齿状，管外壁附有坚硬的黑褐色高温氧化层，厚度 0.35mm，该管管径由 60mm 胀粗至 62.8mm。从裂纹特征和高温氧化层及胀粗量判断，属于长期超温失效。

2）水冷壁宏观检验。

①水冷壁管变形检查。左、右墙水冷壁管上排火嘴上部 1m 以上位置，从前向后数第 10～50 根管，水冷壁向炉外变形，最大变形量 100mm。

②水冷壁管鼓包检查。左墙、右墙和后墙水冷壁管存在不同程度的鼓包。

3）金相检验。现场对锅炉水冷壁管进行金相抽查。检测部位包括水冷壁管爆口处、爆口背火面及泄漏部位。爆口金相组织为淬火组织，由马氏体 + 贝氏体组成。

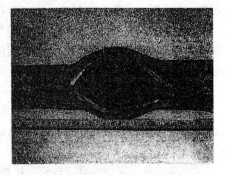

图 4-1　锅炉水冷壁管子爆破情况

爆口背火面金相组织是铁素体+珠光体，晶粒度 7 级，未发现珠光体球化。

泄漏管处金相组织是铁素体+珠光体，晶粒度 8 级，珠光体严重球化，球化级别 5 级。

4）管内沉积物量分析。对水冷壁管割管取样（左侧水冷壁前数第 29 根管距炉底 2.9m 处），分析迎火面垢样成分见表 4-3，迎火面沉积物量 605.9g/m²，沉积速率每年 66.3g/m²。

表 4-3　迎火面垢样成分

成分	Fe_3O_4	SiO_2	PO_4	SO_4	CuO	ZnO	其他
含量（%）	65.55	2.53	15.12	0.24	6.11	2.15	8.22

（2）失效原因分析

1）右墙水冷壁管爆破原因分析。对右墙水冷壁管爆口特征分析，属于瞬时超温爆破。由于水冷壁管在炉膛内直接受到火焰的高温辐射，锅炉的蒸汽量 40~50t/h 为额定出力的 18%~23%；又由于低载荷运行，造成了水循环不良，致使水冷壁管迎火面局部的环状流动被破坏，水膜完全蒸发；流动结构为雾状或单相蒸汽，迎火面内壁与蒸汽直接接触，介质的放热系数大幅下降，使传热恶化导致壁温上升。当壁温超过 20 钢管的 Ac3（855℃）以上 30~50℃时，该处管子的全部组织均转变为含碳量 0.2% 的奥氏体组织。由于管壁温度很高，其强度下降、塑性和韧性上升，在内压力的作用下，使管子以较快的速度变形；当管子变形量增大无法承受内压时便产生爆破，所以破口边缘很薄且开口大。管子爆破后，水冷壁管内的汽水混合物从管内高速喷出，迅速冷却了破口，致使破口边缘的金相组织由奥氏体转变为马氏体+贝氏体，即形成淬火组织。

2）右墙水冷壁管泄漏原因分析。从宏观检查和金相检验可以看出，管子外壁附着高温氧化层且管径粗胀，裂纹成锯齿状，属于脆性断裂，金相组织中珠光体严重球化。从这些特征和组织变化分析，该处管壁长期处在超温状态。20 钢材料在 470~480℃长期运行，金相组织中珠光体发生球化；在 530℃以上，产生高温氧化，在低负荷长期运行工况下导致累计损伤，引起金属强度下降并泄漏。依据以上分析可以确定，水冷壁管爆管属于长期超温引起的失效。

3）管排宏观检验分析。经检验，左右墙和后墙水冷壁管在上排火嘴 1m 以上位置，整片水冷壁向炉膛外变形，以及距离炉底 3~5m 位置部分管子鼓包；进一步说明炉水循环不良，从而引起管壁超温导致变形和鼓包。

（3）今后的对策

1）锅炉水冷壁爆管、泄漏、管排变形和管子鼓包是长期低载荷运行造成水循环恶化所致。应通过水循环计算，确定锅炉运行的最低载荷，保证锅炉水循环安全。

2）水冷壁管内沉积物量超标，应进行化学清洗。沉积物中的铜含量较高，容易引起受压元件的电化学腐蚀，因此化学清洗过程中的钝化工艺应考虑除铜。

3）对变形、鼓包严重的水冷壁管予以更换。

4）对其他部位受热面管和集箱进行全面检验，如屏式过热器、高温过热器及集箱等，以监督检验低载荷运行后上述部件的损坏程度。

4-7　如何做好锅炉爆管原因分析及对策？

答： 做好锅炉爆管原因分析及对策是十分重要的。

【案例4-3】　某公司3台锅炉接连发生水冷壁管爆管事件，严重影响了生产的正常进行，造成了较大的经济损失。该型号炉子出力35t/h，出口蒸汽压力0.4MPa（39kgf/cm²），出口蒸汽温度450℃，水冷壁管规格为 ϕ60mm×3mm，材质为20钢热轧钢管，介质为除盐水。其爆管位置大都在距炉排3~4m处，爆口尺寸为120mm×80mm，爆口纵向破裂，其断面较为锐利，管内壁附着一层厚约0.5mm的垢物，管内外壁均有氧化和脱碳现象，爆口上下管子外径由 ϕ60mm 胀粗到 ϕ69mm。

（1）原因分析

1）化学成分：从爆管上段管子取样做成分光谱分析，结果见表4-4。化学成分分析结果表明，此管子材质在正常范围之内，符合20钢标准。

表4-4　化学成分分析（含量）

项目	C	Si	Mn	P	S
标准值(%)	0.17~0.24	0.17~0.37	0.35~0.65	<0.035	<0.035
取样值(%)	0.21	0.33	0.58	0.03	0.034

2）力学性能试验：分别取爆管上段和未爆正常管子进行抗拉试验，结果见表4-5。从表中可看出，与正常值相比，σ_b 值偏低，其余均在正常范围内。

表4-5　管子力学性能试验

样品	屈服强度 σ_b/MPa	抗拉强度 σ_b/MPa	伸长率 δ_5(%)
正常管子	309	432	36.0
爆管	284	389	32.5

3）金相分析：分别在爆口、爆口上部和爆口下部取样，金相分析结果见表4-6。金相分析结果表明，水冷壁管由于局部过热（温度高于900℃），使其材质晶粒长大，同时在管内水适当的冷却条件下形成了晶粒粗大的魏氏体组织。虽强度没有明显的变化，但使其冲击韧度显著降低，脆性增大。而爆管口存在连续冷却转变产物即粗大的板条马氏体和上贝氏体，这都是在一定的温度（850℃以上）快速冷却而产生的。

表4-6　爆管金相组织与硬度

部位	金相组织	硬度　HV
爆口上部	粗大的上贝氏体 + 沿晶铁素体	266
爆口处	粗大的板条马氏体	402
爆口下部	魏氏体 + 珠光体，组织粗大	184

4）垢物分析：取管内垢物分析，结果表明主要成分是Si、Ca、S、Na、K等元素，充分表明锅炉水质不符合标准。

综上分析，水冷壁管材质符合要求，材料强度没有明显的变化，但是水冷壁管由于长期超温过热，使原本细小均匀的珠光体＋铁素体分解，组织恶化，形成粗大的马氏体等组织，直接影响材料的冲击韧度，使其脆性增加，性能降低。同时由于水质不符合要求而形成的水管内垢物的增多，影响管子传热性能，造成局部快速过热超过材料安全工作温度而产生爆裂。水冷壁管爆口部位明显膨胀、减薄，这正是管子局部快速过热，应力剧增，形成短时过热爆管的体现。

（2）事故处理措施

1）经对未爆裂水冷壁管测厚，厚度均在 2.8mm 以上，决定对爆口采取局部换管，尽快恢复生产。于是以爆口为中心将爆管处上下各截去 150mm 长，取符合 GB 3087—2008 的 20 钢新钢管，规格 $\phi60mm \times 3mm$，长度 300mm，将对接的新旧管口磨平并制成符合要求的坡口，由具有相应资质的焊工按表 4-7 的工艺要求施焊。

表 4-7　修复焊接工艺

焊接层次	焊接方法	焊丝直径/mm	焊接电流/A	焊接速度/(cm/min)
打底	氩弧焊	$\phi2.5$	75～85	4～6
填充盖面	焊条电弧焊	E4303$\phi3.2$	90～110	7～8

2）焊后检查：焊后对两对接接头进行焊缝外观 MT、RT 检验和水压试验，结果合格，可以投入生产使用。

（3）防范措施

1）对锅炉进行一次人工和化学除垢，彻底除去锅筒、集箱、水冷壁管内的结垢。

2）加强锅炉用水处理的管理工作，严格水处理工艺纪律，使锅炉水质符合 GB/T 1576—2008《工业锅炉水质》中的要求，防止锅炉结垢。

3）锅炉定期排污，及时排除锅炉内的散垢渣滓。

4）严格执行锅炉安全运行操作规程，使锅炉受压元件温度变化缓慢，并严禁锅炉超温运行。

采取以上措施后，水冷壁爆管现象至今没有再发生，3 台锅炉平稳运行，保障了公司的正常生产需要。

4-8　安全阀使用有什么要求？

答：安全阀是锅炉运行很重要的安全附件之一，根据 TSG G0001—2012《锅炉安全技术监察规程》要求如下：

1. 基本要求

安全阀制造许可、产品型式试验及铭牌等技术要求应当符合《安全阀安全技术监察规程》（TSG ZF001）规定。

2. 设置

每台锅炉至少应当装设两个安全阀（包括锅筒和过热器安全阀）。符合下列规定之一的，可以只装设一个安全阀：

1）额定蒸发量小于或者等于 0.5t/h 的蒸汽锅炉。

2）额定蒸发量小于 4t/h 且装设有可靠的超压联锁保护装置的蒸汽锅炉。

3）额定热功率小于或者等于 2.8MW 的热水锅炉。

3. 装设安全阀的其他要求

除满足本规程 6.1.2 的要求外，以下位置也应当装设安全阀：

1）再热器出口处，以及直流锅炉的外置式启动（汽水）分离器上。

2）直流蒸汽锅炉过热蒸汽系统中两级间的连接管道截止阀前。

3）多压力等级余热锅炉，每一压力等级的锅筒和过热器上。

4. 安全阀选用

1）蒸汽锅炉的安全阀应当采用全启式弹簧安全阀、杠杆式安全阀或者控制式安全阀（脉冲式、气动式、液动式和电磁式等），选用的安全阀应当符合《安全阀安全技术监察规程》和相应技术标准的规定。

2）对于额定工作压力小于或者等于 0.1MPa 的蒸汽锅炉可以采用静重式安全阀或者水封式安全装置，热水锅炉上装设有水封安全装置时，可以不装设安全阀；水封式安全装置的水封管内径应当根据锅炉的额定蒸发量（额定热功率）和额定工作压力确定，并且不小于 25mm，不应当装设阀门，有防冻措施。

5. 蒸汽锅炉安全阀的总排放量

蒸汽锅炉锅筒（锅壳）上的安全阀和过热器上的安全阀的总排放量，应当大于额定蒸发量，对于电站锅炉应当大于锅炉最大连续蒸发量，并且在锅筒（锅壳）和过热器上所有的安全阀开启后，锅筒（锅壳）内的蒸汽压力不应当超过设计时的计算压力的 1.1 倍。再热器安全阀的排放总量应当大于锅炉再热器最大设计蒸汽流量。

6. 蒸汽锅炉安全阀排放量的确定

蒸汽锅炉安全阀流道直径应当大于或者等于 20mm。排放量应当按照下列方法之一进行计算：

1）按照安全阀制造单位提供的额定排放量。

2）按照下列公式进行计算：

$$E = 0.235A(10.2p + 1)K$$

式中：E 为安全阀的理论排放量（kg/h）；p 为安全阀进口处的蒸汽压力（表压）（MPa）；A 为安全阀的流道面积（mm^3），可用 $\dfrac{\pi d^2}{4}$ 计算；d 为安全阀的流道直径（mm）；K 为安全阀进口处蒸汽比容修正系数，按照下列公式计算：

$$K = K_p \cdot K_g$$

式中：K_p 为压力修正系数；K_g 为过热修正系数；K、K_p、K_g 按照表 4-8 选用和计算。

表 4-8　安全阀进口处各修正系数

p/MPa		K_p	K_g	$K = K_p \cdot K_g$
$p \leqslant 12$	饱和	1	1	1
	过热	1	$\sqrt{\dfrac{V_b}{V_g}}$（注6-1）	$\sqrt{\dfrac{V_b}{V_g}}$（注6-1）

（续）

p/MPa		K_p	K_g	$K = K_p \cdot K_g$
$p > 12$	饱和	$\sqrt{\dfrac{2.1}{(10.2p+1)V_b}}$	1	$\sqrt{\dfrac{2.1}{10.2p+1)V_b}}$
	过热		$\sqrt{\dfrac{V_b}{V_g}}$（注 6-1）	$\sqrt{\dfrac{2.1}{(10.2p+1)V_g}}$

注：$\sqrt{\dfrac{V_b}{V_g}}$ 亦可以用 $\sqrt{\dfrac{1000}{(1000+2.7T_g)}}$ 代替。

表中　V_g 为过热蒸汽比容（m^3/kg）；V_b 为饱和蒸汽比容（m^3/kg）；T_g 为过热度（℃）。

3）按照 GB/T 12241—2005《安全阀一般要求》进行计算。

7. 锅筒以外安全阀的排放量

过热器和再热器出口处安全阀的排放量应当保证过热器和再热器有足够的冷却。直流蒸汽锅炉外置式起动（汽水）分离器的安全阀排放量应当大于直流蒸汽锅炉启动时的产汽量。

8. 热水锅炉安全阀的泄放能力

热水锅炉安全阀的泄放能力应当满足所有安全阀开启后锅炉内的压力不超过设计压力 1.1 倍。安全阀流道直径按照以下原则选取。

1）额定出口水温小于 100℃ 的锅炉，可以按照表 4-9 选取；

表 4-9　低于 100℃ 的锅炉安全阀流道直径选取表

锅炉额定热功率 Q/MW	$Q \leqslant 1.4$	$1.4 < Q \leqslant 7.0$	$Q > 7.0$
安全阀流道直径/mm	≥20	≥32	≥50

2）额定出口水温大于或者等于 100℃ 的锅炉，其安全阀的数量和流道直径应当按照下列公式计算：

$$ndh = \frac{35.3Q}{C(p+0.1)(i-i_j)} \times 10^6$$

式中：n 为安全阀数量；d 为安全阀流道直径（mm）；h 为安全阀阀芯开启高度（mm）；Q 为锅炉额定热功率（MW）；C 为排放系数，按照安全阀制造单位提供的数据，或者按照下列数值选取：当 $h \leqslant d/20$ 时，$C = 135$；当 $h \geqslant d/4$ 时，$C = 70$；p 为安全阀的开启压力（MPa）；i 为锅炉额定出水压力下饱和蒸汽焓（kJ/kg）；i_j 为锅炉进水的焓（kJ/kg）。

9. 安全阀整定压力

安全阀整定压力应当按照以下原则确定：

1）蒸汽锅炉安全阀整定压力按照表 4-10 的规定进行调整和校验，锅炉上有一个安全阀按照表中较低的整定压力进行调整；对有过热器的锅炉，过热器上的安全阀按照较低的整定压力调整，以保证过热器上的安全阀先开启。

表 4-10　蒸汽锅炉安全阀整定压力

额定工作压力 p/MPa	安全阀整定压力	
	最 低 值	最 高 值
$p \leqslant 0.8$	工作压力加 0.03MPa	工作压力加 0.05MPa
$0.8 < p \leqslant 5.9$	1.04 倍工作压力	1.06 倍工作压力
$p > 5.9$	1.05 倍工作压力	1.08 倍工作压力

注：表中的工作压力，是指安全阀装置地点的工作压力，对于控制式安全阀是指控制源接出地点的工作压力。

2）直流蒸汽锅炉过热器系统安全阀最高整定压力不高于 1.1 倍安装位置过热器工作压力。

3）再热器、直流蒸汽锅炉外置式起动（汽水）分离器的安全阀整定压力为装设地点工作压力的 1.1 倍。

4）热水锅炉上的安全阀按照表 4-11 规定的压力进行整定或者校验。

表 4-11　热水锅炉安全阀的整定压力

最 低 值	最 高 值
1.10 倍工作压力但是不小于工作压力加 0.07MPa	1.12 倍工作压力但是不小于工作压力加 0.10MPa

5）直流蒸汽锅炉过热蒸汽系统中两级间的连接管道上装有截止阀时，装于截止阀前的安全阀整定压力按照过热蒸汽系统出口安全阀最高整定压力进行鉴定。

10. 安全阀的启闭压差

一般应当为整定压力的 4% ~ 7%，最大不超过 10%。当整定压力小于 0.3MPa 时，最大启闭压差为 0.03MPa。

11. 安全阀安装

1）安全阀应当铅直安装，并且应当安装在锅筒（锅壳）、集箱的最高位置，在安全阀和锅筒（锅壳）之间或者安全阀和集箱之间，不应当装设有取用蒸汽或者热水的管路和阀门。

2）几个安全阀如果共同装在一个与锅筒（锅壳）直接相连的短管上，短管的流通截面积应当不小于所有安全阀的流通截面积之和。

3）采用螺纹连接的弹簧安全阀时，应当符合 GB/T 12241—2005《安全阀一般要求》的要求；安全阀应当与带有螺纹的短管相连接，而短管与锅筒（锅壳）或者集箱筒体的连接应当采用焊接结构。

12. 安全阀上的装置

（1）基本要求

1）静重式安全阀应当有防止重片飞脱的装置。

2）弹簧式安全阀应当有提升手把和防止随便拧动调整螺钉的装置。

　　3）杠杆式安全阀应当有防止重锤自行移动的装置和限制杠杆越出的导架。

　　（2）控制式安全阀　　控制式安全阀应当有可靠的动力源和电源，并且符合以下要求：

　　1）脉冲式安全阀的冲量接入导管上的阀门保持全开并且加铅封。

　　2）用压缩空气控制的安全阀有可靠的气源和电源。

　　3）液压控制式安全阀有可靠的液压传送系统和电源。

　　4）电磁控制式安全阀有可靠的电源。

　　13. 蒸汽锅炉安全阀排汽管

　　1）排汽管应当直通安全地点，并且有足够的流通截面积，保证排汽畅通，同时排汽管应当予以固定，不应当有任何来自排汽管的外力施加到安全阀上。

　　2）安全阀排汽管底部应当装有接到安全地点的疏水管，在疏水管上不应当装设阀门。

　　3）两个独立的安全阀的排汽管不应当相连。

　　4）安全阀排汽管上如果装有消声器，其结构应当有足够的流通截面积和可靠的疏水装置。

　　5）露天布置的排汽管如果加装防护罩，防护罩的安装不应当妨碍安全阀的正常动作和维修。

　　14. 热水锅炉安全阀排水管

　　热水锅炉的安全阀应当装设排水管（如果采用杠杆安全阀应当增加阀芯两侧的排水装置），排水管应当直通安全地点，并且有足够的排放流通面积，保证排放畅通。在排水管上不应当装设阀门，并且应当有防冻措施。

　　15. 安全阀校验

　　1）在用锅炉的安全阀每年至少校验一次，校验一般在锅炉运行状态下进行；如果现场校验有困难时或者对安全阀进行修理后，可以在安全阀校验台上进行。

　　2）新安装的锅炉或者安全阀检修、更换后，应当校验其整定压力和密封性。

　　3）安全阀经过校验后，应当加锁或者铅封，校验后的安全阀在搬运或者安装过程中，不能摔、砸、碰撞。

　　4）控制式安全阀应当分别进行控制回路可靠性试验和开启性能检验。

　　5）安全阀整定压力、密封性等检验结果应当记入锅炉安全技术档案。

　　16. 锅炉运行中安全阀使用

　　1）锅炉运行中安全阀应当定期进行排放试验，电站锅炉安全阀的试验间隔不大于一个小修间隔，对控制式安全阀，使用单位应当定期对控制系统进行试验。

　　2）锅炉运行中安全阀不允许随意解列和任意提高安全阀的整定压力或者使安全阀失效。

4-9　压力表使用有什么要求？

答：压力表是锅炉运行很重要的安全附件之一，根据 TSG G0001—2012《锅炉安全技术监察规程》要求如下：

1. 锅炉的以下部位应当装设压力表

1）蒸汽锅炉锅筒（锅壳）的蒸汽空间。

2）给水调节阀前。

3）省煤器出口。

4）过热器出口和主汽阀之间。

5）再热器出口、进口。

6）直流蒸汽锅炉的起动（汽水）分离器或其出口管道上。

7）直流蒸汽锅炉省煤器进口、储水箱和循环泵出口。

8）直流蒸汽锅炉蒸发受热面出口截止阀前（如果装有截止阀）。

9）热水锅炉的锅筒（锅壳）上。

10）热水锅炉的进水阀出口和出水阀进口。

11）热水锅炉循环水泵的出口、进口。

12）燃油锅炉、燃煤锅炉的点火油系统的油泵进口（回油）及出口。

13）燃气锅炉、燃煤锅炉的点火气系统的气源进口及燃气阀组稳压阀（调压阀）后。

2. 压力表选用

选用的压力表应当符合下列规定：

1）压力表应当符合相应技术标准的要求。

2）压力表精确度应当不低于 2.5 级，对于 A 级锅炉，压力表的精确度应当不低于 1.6 级。

3）压力表的量程应当根据工作压力选用，一般为工作压力的 1.5～3.0 倍，最好选用 2 倍。

4）压力表表盘大小应当保证锅炉操作人员能够清楚地看到压力指示值，表盘直径应当不小于 100mm。

3. 压力表校验

压力表安装前应当进行校验，刻度盘上应当划出指示工作压力的红线，注明下次校验日期。压力表校验后应当加铅封。

4. 压力表安装

压力表安装应当符合以下要求：

1）应当装设在便于观察和吹洗的位置，并且应当防止受到高温、冰冻和振动的影响。

2）锅炉蒸汽空间设置的压力表应当有存水弯管或者其他冷却蒸汽的措施，热水锅炉用的压力表也应当有缓冲弯管，弯管内径应当不小于 100mm。

3）压力表与弯管之间应当装设三通阀门，以便吹洗管路、卸换、校验压力表。

5. 压力表停止使用情况

压力表有下列情况之一时，应当停止使用：

1）有限止钉的压力表在无压力时，指针转动后不能回到限止钉处；没有限止钉的压力表在无压力时，指针离零位的数值超过压力表规定的允许误差。

2）表面玻璃破碎或者表盘刻度模糊不清。

3）封印损坏或者超过校验期。

4）表内泄漏或者指针跳动。

5）其他影响压力表准确指示的缺陷。

4-10 水位表使用有什么要求？

答：水位表是锅炉运行很重要的安全附件之一，根据 TSG G0001—2012《锅炉安全技术监察规程》要求如下：

1. 基本要求

每台蒸汽锅炉锅筒（锅壳）至少应当装设两个彼此独立的直读式水位表，符合下列条件之一的锅炉可以只装设一个直读式水位表：

1）额定蒸发量小于或者等于 0.5t/h 的锅炉。

2）额定蒸发量小于或者等于 2t/h，且装有一套可靠的水位示控装置的锅炉。

3）装设两套各自独立的远程水位测量装置的锅炉。

4）电加热锅炉。

2. 特殊要求

1）多压力等级余热锅炉每个压力等级的锅筒应当装设两个彼此独立的直读式水位表。

2）直流蒸汽锅炉启动系统中储水箱和起动（汽水）分离器应当分别装设远程水位测量装置。

3. 水位表的结构、装置

1）水位表应当有指示最高、最低安全水位和正常水位的明显标志，水位表的下部可见边缘应当比最高火界至少高 500mm、并且应当比最低安全水位至少低 25mm，水位表的上部可见边缘应当比最高安全水位至少高 25mm。

2）玻璃管式水位表应当有防护装置，并且不应当妨碍观察真实水位，玻璃管的内径应当不小于 8mm。

3）锅炉运行中能够吹洗和更换玻璃板（管）、云母片。

4）用两个及两个以上玻璃板或者云母片组成的一组水位表，能够连续指示水位。

5）水位表或者水表柱和锅筒（锅壳）之间阀门的流道直径应当不小于 8mm，汽水连接管内径应当不小于 18mm，连接管长度大于 500mm 或者有弯曲时，内径应当适当放大，以保证水位表灵敏准确。

6）连接管应当尽可能地短，如果连接管不是水平布置时，气连管中的凝结水能够流向水位表，水连管中的水能够自行流向锅筒（锅壳）。

7）水位表应当有放水阀门和接到安全地点的放水管。

8）水位表或者水表柱和锅筒（锅壳）之间的汽水连接管上应当装设阀门，锅炉运行时，阀门应当处于全开位置；对于额定蒸发量小于 0.5t/h 的锅炉，水位表与锅筒（锅壳）之间的汽水连管上可以不装设阀门。

4. 安装

1）水位表应当安装在便于观察的地方，水位表距离操作地面高于 6000mm 时，应当加装远程水位测量装置或者水位视频监视系统。

2）用单个或者多个远程水位测量装置监视锅炉水位时，其信号应当各自独立取出；在锅炉控制室内应当有两个可靠的远程水位测量装置，同时运行中应当保证有一个直读式水位表正常工作。

3）亚临界锅炉水位表安装调试时应当对由于水位表与锅筒内液体密度差引起的测量误差进行修正。

4-11　锅炉对测温装置、排污装置以及安全保护装置有何要求？

答： 根据 TSG G0001—2012《锅炉安全技术监察规程》要求如下：

1. 在锅炉相应部位应当装设温度测点，测量以下温度：

1）蒸汽锅炉的给水温度（常温给水除外）。

2）铸铁省煤器和电站锅炉省煤器出口水温。

3）再热器进口、出口汽温。

4）过热器出口和多级过热器的每级出口的汽温。

5）减温器前、后汽温。

6）油燃烧器的燃油（轻油除外）进口油温。

7）空气预热器进口、出口空气温度。

8）锅炉空气预热器进口烟温。

9）排烟温度。

10）A级高压及以上的蒸汽锅炉的锅筒上、下壁温（控制循环锅炉除外），过热器、再热器的蛇形管的金属壁温。

11）有再热器的锅炉炉膛的出口烟温。

12）热水锅炉进口、出口水温。

13）直流蒸汽锅炉上下炉膛水冷壁出口金属壁温，启动系统储水箱壁温。

在蒸汽锅炉过热器出口、再热器出口和额定热功率大于或者等于 7MW 的热水锅炉出口应当装设可记录式的温度测量仪表。

14）温度测量仪表量程

表盘式温度测量仪表的温度测量量程应当根据工作温度选用，一般为工作温度的 1.5～2 倍。

2. 排污和放水装置

排污和放水装置的装设应当符合以下要求：

1）蒸汽锅炉锅筒（锅壳）、立式锅炉的下脚圈和水循环系统的最低处都需要装设排污阀；B 级及以下锅炉采用快开式排污阀门；排污阀的公称通径为 20mm～65mm；卧式锅壳锅炉锅壳上的排污阀的公称通径不小于 40mm。

2）额定蒸发量大于 1t/h 的蒸汽锅炉和 B 级热水锅炉，排污管上装设两个串联的阀门，其中至少有一个是排污阀，且安装在靠近排污管线出口一侧。

3）过热器系统、再热器系统、省煤器系统的最低集箱（或者管道）处装设放水阀。

4）有过热器的蒸汽锅炉锅筒装设连续排污装置。

5）每台锅炉装设独立的排污管，排污管尽量减少弯头，保证排污畅通并且接到安全地点或者排污膨胀箱（扩容器）；如果采用有压力的排污膨胀箱时，排污膨胀箱上需要安装安全阀。

6）多台锅炉合用一根排放总管时，需要避免两台以上的锅炉同时排污。

7）锅炉的排污阀、排污管不宜采用螺纹连接。

3. 安全保护装置

（1）基本要求

1）蒸汽锅炉应当装设高、低水位报警（高、低水位报警信号应当能够区分），装设低水位联锁保护装置，保护装置最迟应当在最低安全水位时动作。

2）额定蒸发量大于或者等于 6t/h 的锅炉，应当装设蒸汽超压报警和联锁保护装置，超压联锁保护装置动作整定值应当低于安全阀较低整定压力值。

3）锅炉的过热器和再热器，应当根据机组运行方式、自控条件和过热器、再热器设计结构，采取相应的保护措施，防止金属壁超温；再热蒸汽系统应当设置事故喷水装置，并且能自动投入使用。

4）安置在多层或者高层建筑物内的锅炉，每台锅炉应当配备超压（温）联锁保护装置和低水位联锁保护装置。

（2）控制循环蒸汽锅炉　控制循环蒸汽锅炉应当装设以下保护和联锁装置：

1）锅水循环泵进出口差压保护。

2）循环泵电动机内部水温超温保护。

3）锅水循环泵出口阀与泵的联锁装置。

4-12　如何开展对安全阀维修工作？

答：锅炉使用安全附件种类多：型号规格复杂，所以加强对安全附件维修工作是十分重要的，现将使用弹簧式安全阀作为案例详细介绍，对安全附件的维修必须按规定的修理工艺和标准执行。

弹簧式安全阀被广泛地使用在锅炉、压力容器、受压设备和管道上。作为设备的超压保护装置，它的性能状态好坏直接关系到人身、设备、财产的安全。所以在 TSG ZF001—2006《安全阀安全技术监察规程》中对安全阀的材质、设计、制造、检验、安装、使用和维修等各个环节都做了详细的规定和要求。这对涉及安全阀的各项工作都有着非常重要的意义，在实际工作中必须严格遵守和执行。

在用的安全阀校验维修工作也是其中一个非常重要的环节。安全阀出现的问题约 80% 是因锅炉的水质不好、炉中汽质不好、安全阀质量较差和管理不当而造成的，其表现为起跳后回座不严、阀杆尖与下承压点锈死（蚀）、弹簧锈蚀、阀座与阀瓣密封面锈蚀等，有的接近了报废的程度。

【案例 4-4】　对 A48Y（H）-16、A47Y（H）-16 型弹簧式安全阀，阀瓣是硬质合金，阀座与阀瓣密封面材料都是铜合金。安全阀维修工作步骤如下。

1. 安全阀外观检查

1）检查外观是否有裂纹、砂眼、机械划伤、严重锈蚀、特别是法兰处要仔细检查

（有的用气焊割螺杆，使法兰受伤）。

2）检查阀帽及固定螺杆、手把、双插、小轴等是否完好。

3）检查安全阀的积灰、腐蚀等情况。

2. 安全阀拆卸

1）对校后封闭不严的安全阀，要按顺序拆卸各部件，并妥善保管，不能与其他阀件混放。

2）对相对固定位置的部件要打好对应位置的记号。记清它们的位置，为组装提供方便。

3）取下小轴，抽出双插，拧松螺杆，依次取下阀帽、阀盖、定位套、反冲盘、阀瓣等。

4）对导向套和反冲盘及导向轴锈住不动的，可采用胎具打击法、螺栓松动剂法等进行拆卸。

3. 内部检查

1）辨清弹簧是否有块状锈蚀和点状腐蚀，检查阀杆是否腐蚀和变形，阀杆在调整螺杆孔内是否升降灵活。

2）检查导向套内是否锈蚀，检查阀瓣（或导向轴）在导向套内是否活动自如，有无卡阻。

3）测试一下阀座密封面和下调节圈的高度，以备在研磨时做参考。

4）安全阀的阀瓣是阀的最关键部位，所以对拆卸后的阀座和阀瓣的两个密封面要认真检查。除肉眼观察外再用8倍的放大镜配微型聚光小手电进行观察。找准两个密封面哪个问题比较严重，以便研磨。同时判定密封面是浮锈、厚锈、锈垢、垫伤、擦伤、划痕、大面积腐蚀及深度，然后再确认是判废还是按具体情况确定研磨的方式、方法。

4. 安全阀研磨

对安全阀阀瓣、阀座研磨，主要是平面研磨。

（1）研磨剂研磨注意事项

1）在更换研磨剂时一定要擦拭干净再涂新的研磨剂，防止粗研磨剂掺到细研磨剂内，研而不平，产生划痕。

2）在研磨时研磨剂不要太干，研磨时要勤看、勤换研磨剂，千万不要让研磨剂磨干。

3）研磨结束最后擦拭密封面时，一定要把两研磨面内外的研磨剂擦净。特别是密封面和下调节圈之间不好擦的地方。否则会因校阀起跳气流将未擦净的研磨剂带进密封面产生不严，进而再拆卸1次。

4）研磨剂用多少就稀释多少，用后妥善保管，防止研磨剂变干或异物进入而影响研磨质量。

（2）研磨时应注意事项

1）研磨时要注意阀座密封面上堆焊硬质合金的厚度，防止磨去量过大失去硬度没有了抗冲击性。

2）阀座和阀瓣的密封面千万不要磨偏。一旦磨偏因受导向套的限制，两者很难再相对吻合，要想找平极为困难，会影响密封性。

3）当阀座和阀瓣两密封面磨去量较大时，要注意调节圈和冲盘的高度，以免两面磨去量大时，调节圈和反冲盘接触了，而密封面反倒是接触不上了，还得再次调节调节圈。

4）研磨前要把调节圈和阀座密封面之间锈渣清理干净，以免进入磨面产生划痕。

5）如果阀座和阀瓣的密封面需要车削加工时，一定采取相应手段使被加工面达到原来的水平（车削时不要卡偏），否则因导向套间隙的限制会造成封而不严。

（3）机械研磨阀座密封面注意事项

1）把清理干净要研磨的阀座固定到研磨机转盘上（转盘上有螺孔和压板），固定时要尽量找好中心和水平（紧固时易偏斜不平）。

2）在研磨机靠转盘一侧，再固定一个 400mm 高的可转动的方形立柱。其立柱上端有一个可伸缩长 400mm，直径 $\phi 15mm$ 的元钢的摆臂。摆臂一端固定在有顶丝的方形立柱轴套里，另一端顶端做一个专用夹磨棒的半圆弧夹子。夹子和摆臂用大孔螺栓进行连接固定（夹子内粘薄胶防滑），让夹子既能夹住磨棒又能在阀座转动时，自找中心，自找水平。

3）把选择好磨棒的 M10 螺栓套上和阀座密封面一样直径磨垫、磨片及定位的磨垫再紧固好螺母；然后夹在研磨机的夹子上，调整好中心、找好高度，开动设备进行研磨。

4）研磨时要观察夹子的中心和摆动情况，必要时重新调整夹子再紧固。

5）研磨的力度和时间要根据磨片的目数及密封面的腐蚀程度来决定加力或靠磨棒的自重来进行研磨。

6）抛光时可用手工进行，效果更好。

5. 安全阀装配

1）按要求把应擦的零件都擦拭干净，按着顺序，按着拆前的记号和相对位置进行组装。

2）装配阀瓣和阀座两密封面时，要把两面擦拭干净，将阀瓣轻轻地放在阀座的密封面上不能让它们对动；同时在阀瓣背上的导向轴内和阀杆尖的接触点上滴两滴全损耗系统用油。

3）在确认导向套的定位套完全进入阀体内的止口内，确认弹簧上下座都进入了簧内，再把阀盖放在阀体上，然后进行对角交叉拧紧螺母（杆）。

4）把调节圈的固定螺栓拧好，防止对调节圈产生侧压力。

5）装配时要在阀的导向轴与阀杆尖接触处滴两滴全损耗系统用油。防止在整定时，安全阀调整螺杆在转动时带动阀杆连动阀瓣，使密封面产生摩擦造成划痕而影响密封（最好从高压往低压调）。

6. 安全阀校验

1）安全阀校验必须按《压力容器安全监察规程》执行，调整整定压力的数值。

2）安全阀整定压力时，升压速度不高于 0.01MPa/s，整定压力小于等于 0.5MPa 时，整定压力误差为 ±0.015MPa，大于等于 0.5MPa 时允许误差为 ±3%（标准规定）。

3）校验时要做到目视、听音等进行密封检查。必要时进行封口气泡检查。整定压力试验，要求不少于 3 次均达到要求为合格。

4）检验合格后，紧固锁紧螺母等。然后用钢号冲在标牌的各栏上打上该阀的各种数据再进行铅封。

5）把校好铅封后的安全阀用胶带将手把和阀体缠在一起，防止在安装时有人提升手把使阀瓣开启进去异物而产生密封不严。安装后再将胶带剪开。

6）校验后的记录、报告书均按要求填写。

7）安全阀校验工作应由经批准和已取得相关证件的校验单位进行。在用压力容器安全阀校验（在线校验）和压力调整时，使用单位主管压力容器安全的技术人员和具有相应资格的校验人员应到场确认。

4-13　对锅炉安全附件使用新的要求是什么？

答：根据 TSG G0001—2012《锅炉安全技术监察规程》第一号修改单（2015 年公布），对锅炉安全附件重新作了规定，具体如下：

1）额定工作压力为 0.1MPa 以上的蒸汽锅炉可以采用静重式安全阀或者水封式安全装置，热水锅炉上装设有水封式安全装置时，可以不装设安全阀；水封式安全装置的水封管内径应当根据锅炉的额定蒸发量（额定热功率）和额定工作压力确定，并且不小于 25mm，不应当装设阀门，有防冻措施。

2）蒸汽锅炉应当装设高、低水位报警（高、低水位报警信号应当能够区分）和低水位联锁保护装置，保护装置最迟应当在最低安全水位时动作。

3）锅炉定期自行检查。使用单位每月对所使用的锅炉至少进行一次月度检查，并且应当记录检查情况。月度检查内容主要为锅炉承压部件及其安全附件和仪表、联锁保护装置是否完好，锅炉使用安全与节能管理制度是否有效执行，作业人员证书是否在有效期内，是否按规定进行定期检验，是否对水（介）质定期进行化验分析等，是否根据水汽品质变化进行排污调整，水封管是否堵塞，以及其他异常情况等。

4-14　安全阀的作用是什么？

答：安全阀是锅炉中防止超压工作的重要安全附件。它的主要作用是将锅炉内的压力控制在允许的范围内。当锅炉压力超过允许值时，安全阀将自动开启，排汽、减压；同时发出警报声、提醒司炉人员及时采取措施，迅速降低锅炉压力，确保锅炉始终处于正常压力下安全运行，从而避免锅炉发生爆炸事故。

另外，在锅炉点火进水，灭火排气时，均可将安全阀强行启开，排除或吸入空气。

锅炉是一种压力容器，如发生爆炸事故，就是一种严重的破坏性伤亡事故，必须杜绝发生。因此，必须采取必要的安全措施：一是加强锅炉运行的监视和控制；二是在锅炉上安装足够数量、合格的安全阀，防止超压运行。

4-15　工业锅炉房中常用的安全阀有哪几种？它们的结构原理和适用范围如何？

答：目前我国工业锅炉房中常用的安全阀有杠杆式、弹簧式、静重式、脉冲式和复合式多种。

1. 杠杆式安全阀

杠杆式安全阀又分为单杠杆式和双杠杆式两种，如图 4-2 中的 a 和 b 所示。由于它们是通过杠杆和重锤的重力矩作用到阀芯上，用来平衡蒸汽（水）压力又称为重锤式安全阀。

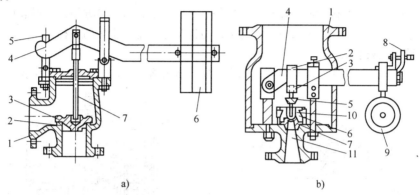

图 4-2　杠杆式安全阀（重锤式）

　　a）杠杆式安全阀　　　　　　　　　b）双杠杆式安全阀

1—阀体　2—阀座　3—阀瓣　4—杠杆　　　1—罩壳　2—提升叉杆　3—阀杆　4—杠杆
5—支点　6—重锤　7—阀杆　　　　　　　5—调整环　6—导筒　7—阀座　8—重锤位
　　　　　　　　　　　　　　　　　　置调整装置　9—重锤　10—阀芯　11—阀体

杠杆式（重锤式）安全阀主要由阀芯、阀座、杠杆、重锤、限位装置等组成。它是用重锤的重量，通过杠杆把阀芯压在阀座上，移动重锤的位置来改变重力矩的大小，以调整安全阀的开启压力。当锅炉压力超过重锤作用在阀芯上部的压力时，阀芯被顶起离开阀座，蒸汽排出。到锅炉压力低于重锤作用在阀芯上部的压力时，阀芯降落，锅炉停止排汽。

这种安全阀结构简单、调整方便，工作性能可靠，所以在锅炉上应用相当普遍。一般单杠杆式安全阀适用于低压锅炉、双杠杆式安全阀适用于中、高压锅炉。

2. 弹簧式安全阀

弹簧式安全阀主要由阀芯、阀座、阀杆、弹簧、调整螺钉等组成，如图 4-3 所示。

这种安全阀主要利用弹簧弹力，把阀芯压在阀座上。当锅炉压力超过弹簧作用在阀芯上部的压力时，阀芯与阀杆被顶起，蒸汽排出；当锅炉压力低于弹簧作用在阀芯上部的压力时，阀芯降落压在阀座上，锅炉停止排蒸汽。阀芯与阀座接触面为锥面，阀芯四周边缘有少许伸出，如图 4-4 所示。当蒸汽顶开阀芯后，阀芯的边缘也受汽压作用，

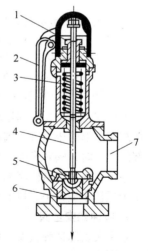

图 4-3　弹簧式安全阀

1—调整螺钉　2—抬把　3—弹簧
4—阀杆　5—阀芯　6—阀座
7—排汽口

使整个作用面积突然增加，安全阀顿时开启；当降力降低后，由于蒸汽作用力突然减小，使阀芯一次闭合，防止阀芯反复跳动。

弹簧式安全阀的主要参数是开启压力和排汽能力，而排蒸汽能力取决于阀座的口径和阀芯的提升高度。由于提升高度的不同，又可分为微启式、中启式和全启式安全阀三种。

弹簧式安全阀结构紧凑，体积小、轻便；严密性好，且调整方便，经得起振动，很少有泄漏的现象。因此，灵敏可靠。它适用范围最广，是最常用的一种。

3. 静重式安全阀

它是由阀芯、阀座，环形铁片，阀罩、防飞螺栓等组成的，如图 4-5 所示。

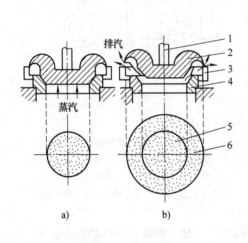

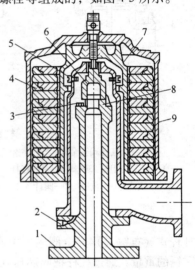

图 4-4　安全阀工作过程
a）闭合状态　b）开启状态
1—阀杆　2—阀芯　3—调整环　4—阀座
5—蒸汽作用于阀芯面积　6—排蒸汽时
蒸汽作用于阀芯扩大了的面积

图 4-5　静重式安全阀
1—阀体　2—泄水孔　3—阀座螺栓　4—环状
生铁块　5—防飞螺栓　6—阀罩　7—载重套
8—阀座　9—外罩

这种安全阀主要是利用环形铁片质量，使阀芯压在阀座上，当锅炉压力超过铁片作用在阀芯上部的压力时，阀芯被顶起，蒸汽排出；锅炉压力下降到低于铁片作用在阀芯上部的压力时，阀芯降落，停止排蒸汽。

静重式安全阀结构简单，制造容易，但体积庞大笨重，调整困难，灵敏度也低，仅适用于低压小型锅炉。目前我国工业锅炉上很少使用。

4. 脉冲式安全阀

它主要由脉冲弹簧安全阀、冲量导管主安全阀等组成，如图 4-6 所示。主安全阀的结构如图 4-7 所示。

脉冲式安全阀的工作原理是：当汽包或过热器的压力超过规定值时，蒸汽通过冲量导管、阀门，进入脉冲弹簧安全阀，将阀芯顶开，经脉冲弹簧安全阀，蒸汽又进入主安全阀活塞上部，使活塞向下移动、打开主安全阀，使蒸汽排出泄压。当压力恢复到正常压力时，脉冲弹簧安全阀关闭，使主安全阀活塞上部蒸汽中断，主安全阀阀芯在蒸汽和弹簧的作用下关闭。

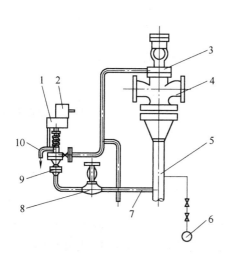

图 4-6　脉冲式安全阀系统图

1—脉冲弹簧安全阀　2—电磁铁　3—主安全阀　4—蒸汽排出　5—蒸汽引入　6—接点式压力表　7—冲量接入导管　8—阀门 9—法兰　10—泄压管

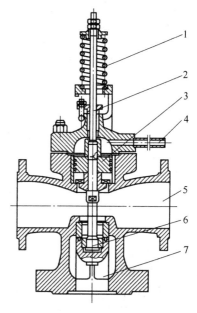

图 4-7　主安全阀

1—弹簧　2—阀杆　3—活塞　4—蒸汽引入 5—蒸汽排出　6—阀芯　7—主蒸汽入口

这种安全阀装置有电器控制系统作为电气保护。当锅炉超压时，接点式压力表接点闭合，接通脉冲弹簧安全阀的电磁铁，使之工作，将阀门打开；当回座压力过低或阀门发生故障时，也可操作电器控制开关，接通电磁铁线圈，关闭电磁铁，使阀门关闭。

这种安全阀在运行中的冲量接入导管上的阀门，要保持全开状态，因而要加铅封。这种安全阀适用于高压锅炉上。

5. 复合式安全阀

复合式安全阀由两个相同的或不相同的安全阀组成一体，同时接在一个阀座上、以减少开孔数量。

4-16　如何根据安全阀工作性能选用安全阀？

答：安全阀的主要参数是整定压力和排蒸汽能力。

1. 安全阀的整定压力和回座压力

安全阀的整定压力，以前称为安全阀的开启压力，锅筒（锅壳）和过热器的安全阀整定压力按《蒸汽锅炉安全技术监察规程》的规定选用，即按表 4-12 的要求进行调整和检验。

省煤器、再热器、直流锅炉起动分离器的安全阀整定压力为装设地点工作压力的 1.1 倍。

表 4-12　安全阀整定压力（开启压力）

额定蒸汽压力 p/MPa	安全阀整定压力
≤0.8	工作压力 + 0.03MPa
	工作压力 + 0.05MPa
$0.8 < p ≤ 5.9$	1.04 倍工作压力
	1.06 倍工作压力
>5.9	1.05 倍工作压力
	1.08 倍工作压力

注：锅炉上必须有一个安全阀，按表中较低的整定压力进行整定。对于有过热器的锅炉，按较低压力进行调整的安全阀，必须为过热器上的安全阀，以保证过热器上的安全阀先开启。

　　表中的工作压力，对于冲量式安全阀系指冲量接出地点的工作压力，对于其他类型的安全阀系指安全阀装置地点的工作压力。

　　安全阀启闭压差一般应为整定压力的 4% ~ 7%，最大不超过 10%，当整定压力小于 0.3MPa 时，最大启闭压差为 0.03MPa。

　　安全阀的启闭压差是指整定压力与回座压力之差。对于新安装锅炉的安全阀及检修的安全阀，都应校验其整定压力和回座压力。控制式安全阀应分别进行控制回路可靠性检验和开启性能试验。

　　如果按表调整有困难，锅炉的使用工作压力比最高允许工作压力低时，可以将安全阀开启压力适当降低。如锅炉最高允许压力为 1.27MPa，使用工作压力为 0.98MPa，则可将安全阀分别调整为 1.1MPa 及 1MPa。

2. 安全阀的排汽能力

　　安全阀的排汽能力决定阀座的口径和阀瓣的开启高度。由于开启高度不同，可分为微启式、中启式和全启式三种。

　　弹簧式安全阀，全启式是阀瓣提升高度等于或大于阀直径的 1/4，即 $h ≥ \frac{1}{4}d$，这种安全阀具有帮助增加阀瓣开启高度的反冲量，在介质的作用下，阀瓣能迅速开启到规定的高度。其排汽量大且回座性能较好。它最适用于饱和蒸汽和过热蒸汽的锅炉上。因此，锅筒上部及过热器部分的弹簧安全阀，一般选用全启式、带手柄、不封闭的安全阀。

　　中启式安全阀是指阀瓣提升高度为阀直径的 $\frac{1}{15} ~ \frac{1}{4}$，即 $h = \left(\frac{1}{15} ~ \frac{1}{4}\right)d$。它通常适用于水的介质。中启式安全阀目前很少使用。

　　微启式安全阀是指阀瓣提升高度为阀直径的 $\frac{1}{40} ~ \frac{1}{15}$，即 $h = \left(\frac{1}{40} ~ \frac{1}{15}\right)d$。它具有开启高度同压力成比例的特性，它在结构上没有帮助阀瓣开启高度的机构，也没有突然起跳和关闭的动作。微启式安全阀排放量小，排放介质适用于液体。在锅炉上主要用于省煤器和热水锅炉超压排放介质场合。因此，对于锅炉省煤器部位的安全阀及热水锅炉的安全阀，宜选用带手柄的，封闭的微启式的弹簧安全阀。

　　杠杆式安全阀通常是微启式的，在工业锅炉的锅筒或过热器部位应选用不封闭的；对省煤器、热水锅炉应选用封闭的。但目前产品规格、种类很少，趋向于淘汰。

3. 弹簧式安全阀弹簧压力级别的问题

选择安全阀时，除了注明产品型号、名称、介质、温度外还应注明弹簧的压力级别。在工业锅炉中由于使用压力范围变化较大，有时买来的锅炉和使用的压力不同，多数在降压运行时，往往会忽略了安全阀中弹簧的压力级别，使安全阀的开启压力往往调不下来，就是因为选择弹簧不当而引起的。选择弹簧压力级别时参见表 4-13。

表 4-13　弹簧安全阀的工作压力级别

序号	公称压力 /MPa	工作压力级别/MPa				
		p_{I}	p_{II}	p_{III}	p_{IV}	p_{V}
1	1.0	>0.05 ~0.1	>0.1 ~0.25	>0.25 ~0.4	>0.4 ~0.5	>0.6 ~1.0
2	1.6	>0.025 ~0.4	>0.4 ~0.6	>0.6 ~1.0	>1.0 ~1.3	>1.3 ~1.6
3	2.5	—	—	—	—	>1.6 ~2.5
4	4.0	—	—	—	>2.5 ~3.2	>3.2 ~4.0
5	6.4	—	—	—	>4.0 ~5.0	>5.0 ~6.4
6	10.0	—	—	—	>6.4 ~8.0	>8.0 ~10.0
7	16.0	—	—	—	>10.0 ~13.0	>13.0 ~16.0
8	32.0	>16.0 ~20.0	>20.0 ~22.0	>22.0 ~25.0	>25.0 ~29.0	>29.0 ~32.0

在选用弹簧式安全阀时，要注意在同一型号、同一公称压力下，有五种不同工作压力的弹簧号。如果不加特别说明，制造厂一般按 p_{V} 级供应弹簧号与安全阀相配。

弹簧号与安全阀实际工作压力级不符，目前在工业锅炉上是一个普遍的问题。即弹簧刚度太硬，其结果安全阀开启压力偏高，对旧锅炉因强度削弱而降低使用压力的锅炉，是相当危险的。另外，弹簧太硬，还将使安全阀回座压力太高，会造成安全阀阀瓣振荡，破坏严密性。

如果弹簧刚度太软，结果使安全阀回座压力太低，浪费介质和能源，造成运行工况的恶化。

制造厂出厂的弹簧安全阀，其弹簧的工作压力级别是按锅炉额定工作压力选定的，按 p_{V} 级弹簧号相配。当用户锅炉低于设计压力运行时，应换成对应的工作压力级档次的弹簧。

4. 安全阀的型号、规格及出厂要求

根据排放的介质、温度、压力级别以及按排放量计量出的安全阀直径，选用安全阀的型号、规格。弹簧式安全阀的型号规格和主要参数见表 4-14 和表 4-15，杠杆式安全阀的型号规格和主要参数见表 4-16。

表 4-14　弹簧式安全阀型号规格和主要参数

名称	型号	公称压力 /MPa	密封压力 范围/MPa	适用介质	适用温度 /℃	公称通径 /mm
外螺纹弹簧式带扳手安全阀	A27H-10K	1.0	0.1 ~1.6	空气，蒸汽，水	200	10, 20, 25, 32, 40
弹簧式带扳手安全阀	A47H-16	1.6	0.1 ~1.6		200	40, 50, 80, 100
弹簧式带扳手安全阀	A47H-16C	1.6	0.1 ~1.6		350	40, 50, 80

（续）

名称	型号	公称压力 /MPa	密封压力 范围/MPa	适用 介质	适用温度 /℃	公称通径 /mm
双联弹簧封闭式安全阀	A43H-16C	1.6	0.1～1.6		350	80，100
弹簧全启式安全阀	A48H-16C	1.6	0.1～1.6	空气、	350	50，80，100，150
弹簧式带扳手安全阀	A47H-40	4.0	1.3～4.0	蒸汽	350	40，50，80
双联弹簧封闭式安全阀	A43H-40	4.0	1.3～4.0		350	80，100
弹簧全启式安全阀	A48H-40	4.0	1.3～4.0		350	50，80，100，150

注：密封压力，阀瓣处于关闭状态，并保持密封时的进口压力（通常又称工作压力）。

表 4-15　弹簧式安全阀进出口通径

安全阀型式	微　启　式	全　启　式
进口通径	同公称通径	
出口通径	同公称通径	比公称通径大一级

表 4-16　杠杆式安全阀型号规格及主要参数

名称	型号	公称压力 /MPa	适用温度 /℃	公称通径 /mm
法兰单杠杆微启式安全阀	A51T-16Z	1.6	≤225	25，40，50，80，100
法兰双杠杆微启式安全阀	A53T-16Z	1.6	≤225	50，80，100
法兰单杠杆微启式安全阀	A51H-16C	1.6	≤350	50，80，100
法兰双杠杆微启式安全阀	A53H-16C	1.6	≤350	50，80
法兰单杠杆微启式安全阀	A51H-25C	2.5	≤350	50，80，100
法兰双杠杆微启式安全阀	A53H-25C	2.5	≤350	50，80
法兰单杠杆微启式安全阀	A51H-40C	4.0	≤350	50，80，100
法兰双杠杆微启式安全阀	A53H-40C	4.0	≤350	50

安全阀出厂时，应标有金属铭牌。铭牌上应载明下列项目：①安全阀型号；②制造厂名；③产品编号；④出厂年月；⑤公称压力（MPa）；⑥阀门流通直径（mm）；⑦开启高度（mm）；⑧排量系数；⑨压力等级级别。

4-17　安全阀的总排汽能力是怎样规定的？安全阀的排汽能力是怎样进行计算的？

答：锅筒（锅壳）上的安全阀和过热器的安全阀的总排放量（排汽能力），必须大于锅炉额定蒸发量，并且在锅筒（锅壳）和过热器上所有安全阀开启后，锅筒（锅壳）内蒸汽压力不得超过设计时计算压力的 1.1 倍。强制循环锅炉按锅炉出口处受压元件的计算压力计算。

以前的锅炉总排放量必须大于锅炉最大连续蒸发量，1996 年版《蒸汽锅炉安全技术监察规程》改为锅炉额定蒸发量来计算安全阀排放量，其理由是：在一般情况下锅炉不应长期超负荷运行。

蒸汽安全阀的排放量（排汽能力）应按照下列方法之一进行计算：

1）按 GB 12241—2005《安全阀一般要求》中的公式进行计算，这里不重复。

2）按下列公式计算：

$$E = CA（10p + 1）K$$

式中：E 为安全阀理论排放量（kg/h）；p 为安全阀入口处的蒸汽压力（表压）（MPa）；A 安全阀的流通面积（mm²），$A = \dfrac{\pi d^2}{4}$；d 为安全阀的流通直径（mm）；K 为安全阀入口处蒸汽比容修正系数 $K = K_p K_g$（按表 4-17 选用）；K_p 为压力修正系数；K_g 为过热修正系数，K，K_p，K_g 按表 4-17 选用和计算；h 为安全阀提升高度（mm）；C 为安全阀的排汽常数，由安全阀制造厂提供的数据或按下列数值选用：

当 $h \geqslant \dfrac{d}{40}$ 时，$C = 0.048$；$h \geqslant \dfrac{d}{20}$ 时，$C = 0.085$；$h \geqslant \dfrac{d}{12}$ 时，$C = 0.098$；$h \geqslant \dfrac{d}{4}$ 时，$C = 0.235$。

表 4-17　安全阀入口处各修正系数（K 值选用）

p/MPa		K_p	K_g	$K = K_p \cdot K_g$
$p \leqslant 12$	饱和	1	1	1
	过热	1	$\sqrt{\dfrac{V_b}{V_g}}$ ※	$\sqrt{\dfrac{V_b}{V_g}}$ ①
$p > 12$	饱和	$\sqrt{\dfrac{2.1}{（10.2p + 1）V_b}}$	1	$\sqrt{\dfrac{2.1}{（10.2p + 1）V_b}}$
	过热	$\sqrt{\dfrac{2.1}{（10.2p + 1）V_b}}$	$\sqrt{\dfrac{V_b}{V_g}}$ ※	$\sqrt{\dfrac{2.1}{（10.2p + 1）V_g}}$

① $\sqrt{\dfrac{V_b}{V_g}}$ 亦可用 $\sqrt{\dfrac{1000}{1000 + 2.7 T_g}}$ 代替。

注：V_g——过热蒸汽比容（m³/kg）；

　　V_b——饱和蒸汽比容（m³/kg）；

　　T_g——过热度（℃）。

此公式的系数 C 若采用 0.235，是按新规程要求蒸汽锅炉采用全启式安全阀。用于低压蒸汽锅炉（压力不大于 2.5MPa）的弹簧式安全阀，其泄放率滞后于锅炉的产汽率，所以要求采用全启式。用于水空间的安全阀没有此规定。

3）按照安全阀制造单位提供的计算公式及数据计算。

对于额定出口热水温度高于或等于 100℃ 的热水锅炉，装在锅炉上的安全阀数量及流通直径可参照下式计算：

$$ndh = \frac{35.3Q}{CP_s（i - i_j）} \times 10^4$$

式中：n 为安全阀个数；d 为安全阀流通直径（cm）；h 为安全阀开启高度（cm）；Q 为

锅炉额定热功率（MW）；p_s 为安全阀的始启压力（绝对）（MPa）；i 为锅炉额定出水压力下的饱和蒸汽焓（kJ/kg）；i_j 为进入锅炉的水焓（kJ/kg）；C 为排放系数，采用安全阀制造厂提供的可靠数据，或按下列数值选用：当 $\dfrac{h}{d} \leqslant \dfrac{1}{20}$，$C = 13.5$；$\dfrac{h}{d} \geqslant \dfrac{1}{4}$，$C = 70$。

4-18 有一台 KZL4-13 型卧式快装锅炉，最大连续蒸发量 $E = 4200\text{kg/h}$，工作压力 $p = 1.3\text{MPa}$，试选用何种型式、规格的安全阀？

答：【案例4-5】（1）若安全阀制造厂未提供排汽常数 C 及有关数据

1）若选用全启式安全阀：

$$A = \frac{E}{0.235\ (10p+1)\ K} = \frac{4200}{0.235\ (10 \times 1.3 + 1)} \times 1\text{mm}^2 = 1277\text{mm}^2$$

2）若选用微启式安全阀：

$$A = \frac{E}{C\ (10p+1)\ K} = \frac{4200}{0.085\ (10 \times 1.3 + 1)\ \times 1}\text{mm}^2 = 3529\text{mm}^2$$

即：若选用制造厂未提供排汽常数的安全阀时，应采用两只全启式 $\left(h \geqslant \dfrac{1}{4}d\right)$ 安全阀，其排汽面积 A 的和不应小于 1277mm^2；若采用两只微启式 $\left(h \geqslant \dfrac{d}{20}\right)$ 安全阀，A 的和不应小于 3529mm^2。按规程要求，应选用全启式安全阀。

（2）某制造厂提供如表 4-18 的不同安全阀特性参数，试选用安全阀

表 4-18　某制造厂安全阀特性

公称直径 DN		15	20	25	32	40	50	80	100	150	200
全启式 PN16，PN40	阀座内径 d/mm				20	25	32	50	65	100	125
	排汽面积 A/cm²				3.14	4.91	8.04	19.63	33.18	78.54	122.7
	开启高度 h	$\geqslant \dfrac{1}{4}d$，$C = 0.3859$									
微启式 PN16，PN25，PN40	阀座内径 d/mm	12	16	20	25	32	40	65	80		
	排汽面积 A/cm²	1.13	2.01	3.14	4.91	8.04	12.57	33.18	50.27		
	开启高度 h	$\geqslant \dfrac{1}{40}d$，$C = 0.0412$				$\geqslant \dfrac{1}{20}d$，$C = 0.0823$					

1）若按表 4-18 选用全启式安全阀

$$A = \frac{E}{C\ (10p+1)\ K} = \frac{4200}{0.3859\ (10 \times 1.3 + 1)\ \times 1}\text{mm}^2 = 777\text{mm}^2$$

选用两只 $PN16$，$DN40$ 的 A48Y-16C 安全阀，查表 4-18 得，实际 $A = 2 \times 491\text{mm}^2 = 982\text{mm}^2$，大于计算面积值 777mm^2，合适可用。

2）若选用该厂的微启式安全阀 $\left(h \geqslant \dfrac{1}{20}d\right)$

$$A = \frac{E}{C\ (10p+1)\ K} = \frac{4200}{0.0823\ (10 \times 1.3+1)\ \times 1} \text{mm}^2 = 3645 \text{mm}^2$$

即选用 $PN16$、$DN80$ 和 $PN16$、$DN50$ 的 A47H-16C 安全阀各一只，查表 4-18 得，实际面积 A = （3318 + 1257）mm^2 = 4575mm^2。实际选用安全阀的面积大于计算值 3645mm^2，应合适可用。

由以上计算可知，当排汽量相等时，全启式安全阀和微启式安全阀的排汽面积是不相等的。因此，锅炉上选用的全启式安全阀绝不能简单地用同面积或用同公称直径的微启式安全阀来代替。

4-19　有一台 **SHL10-13** 型锅炉，最大连续蒸发量为 **11000kg/h**。锅炉上安装两只 **A48H-16C，DN50** 的安全阀，试核算其安全阀是否够用？

答：校核计算如下，见表 4-19。

表 4-19　安全阀校核计算

序号	项　　目	符号	来源或算式	数值	单位
1	SHL10-13 锅炉最大蒸发量	E	给定	11000	kg/h
2	锅炉额定工作压力	p	给定	1.3	MPa
3	锅炉上安全阀规格数量	n	A47H-16C，$DN50 \times 2$	2	个
4	每个安全阀阀座直径	d	给定	50	mm
5	安全阀提升高度	h	全启式 $h \geqslant \frac{1}{4}d$	$\frac{1}{4}d$	mm
6	安全阀的排汽常数	C	由提升高度确定	0.235	
7	安全阀入口处蒸汽比容修正系数	K	饱和蒸汽	1	
8	安全阀排汽面积	A	$A = \dfrac{11000}{0.235\ (10 \times 1.3+1)\ \times 1}$	3343.5	mm^2
9	实际安装安全阀口径总面积	f	$f = n \cdot \dfrac{\pi}{4}d^2 = 2 \times \dfrac{\pi}{4}50^2$	3925	mm^2
10	比较		$f > A$	合格	

在校验安全阀排汽能力时，当锅炉使用压力低于设计压力时，应用实际工作压力来验算。因为当压力降低时，安全阀的排汽量将下降，有时原来的安全阀截面积可能不够，需要更换。

4-20　锅炉应装几个安全阀？安全阀在安装上和使用上有哪些要求？

答：（1）每台锅炉至少应装两个安全阀（不包括省煤器安全阀） 符合下列规定之一的可只装一个安全阀：

1）额定蒸发量小于或等于 0.5t/h 的蒸汽锅炉。

2）额定蒸发量小于 4t/h 且装有可靠的超压联锁保护装置的蒸汽锅炉。

3）额定功率小于或等于 0.1MPa 的蒸汽锅炉可采用静重式安全阀或水封式安全装

置；热水锅炉上设有水封安全装置时，可不装安全阀。水封装置的水封管内径不应小于25mm，且不得装设阀门，同时应有防冻措施。

(2) 安全阀在安装上的要求

1) 安全阀应铅直安装，即阀杆与水平面垂直。并应装在锅筒（锅壳）和集箱的最高位置。在安全阀和锅筒（锅壳）之间或安全阀和集箱之间，不得装有取用蒸汽或热水的出汽管或出水管及阀门。

2) 几个安全阀如共同装置在一个与锅筒（锅壳）直接相连接的短管上，短管的流通截面应不小于所有安全阀流通截面积之和。

3) 对于额定蒸汽压力小于或等于3.8MPa的锅炉，其安全阀的流道直径不应小于25mm；大于3.8MPa的锅炉，安全阀的流道直径不应小于20mm。对于额定出口热水温度低于100℃的锅炉，当额定热功率小于或等于1.4MW时，安全阀直径不小于20mm；大于1.4MW的锅炉，安全阀流道直径则不小于32mm。

4) 采用螺纹连接的弹簧式安全阀，其规格应符合相关要求。此时安全阀应与带有螺纹的短管相连接，两短管与锅筒（锅壳）或集箱的筒体应采用焊接连接。这实际上只适用于水空间的安全阀。

5) 安全阀应装设排放管（排蒸汽或放水），排放管应直通安全地点，管上不允许装设阀门，管子要有足够的流道截面积，保证排放畅通，同时排放管应予以固定。

如排放管露天布置而影响安全阀的正常动作时，应加装防护罩。防护罩的安装应不妨碍安全阀的正常动作和维修。

6) 安全阀排蒸汽管上如装有消音器，应有足够的流道截面积，以防止安全阀排放时所产生的背压过多影响安全阀的正常动作及其排放量，消音板或其他元件的结构应避免因结垢而减少蒸汽流通截面。

7) 安全阀必须有下列装置：

①杠杆式安全阀应有防止重锤自行移动的装置和限制杠杆越出的导架。

②静重式安全阀应有防止重片飞脱的装置。

③弹簧式安全阀应有提升手把和防止随便拧动调整螺钉的装置。

④控制式安全阀必须有可靠的动力源和电源，如a. 脉冲式安全阀的冲量接入导管上的阀门应保持全开加铅封；b. 用压缩空气控制的安全阀必须有可靠的气源和电源；c. 液压控制式安全阀必须有可靠的液压传送系统和电源；d. 电磁控制式安全阀必须有可靠的电源。

(3) 安全阀在使用方面的要求

1) 安全阀的整定压力和回座压力按相关要求进行校验和调整。

2) 安全阀每年应检修一次，其零部件及其校验应符合检修质量要求和校验要求。

3) 锅炉运行中应定期地进行自动或手动排汽或放水试验，防止阀芯与阀座黏住。

严禁加重物、移动重锤或将阀芯卡死等手段，不要任意提高安全阀开启压力以防安全阀失效。

4) 安全阀经过校验调整后，应加锁或铅封。开启压力、回座压力，阀瓣提升高度和调整校验日期等数据结果，应记入锅炉技术档案内。

4-21　锅炉水位计的工作原理是什么？其作用如何？

答：锅炉水位计是利用了连通器的原理，它的本体实际上是一个小容器，其上、下两端分别与锅筒的蒸汽空间、水空间直接连接，因此水位计中水位与锅炉水位是一致的，水位计中的水位变化即为锅筒中水位的变化。

水位计是指示锅炉水位的装置。司炉人员通过观察水位计，掌握锅炉的工作状态，来控制锅炉水位的高低，防止发生缺水或满水事故。

4-22　锅炉常用的水位计有哪几种形式？它们的特点是什么？

答：常用的水位计有四种：玻璃管式、平板式、双色水位计和低地位水位计。

1. 玻璃管式水位计

玻璃管式水位计，公称压力一般不超过 1.6MPa，公称直径有 DN15 和 DN20 两种，玻璃管内径不应小于 8mm，厚度不小于 3mm。

玻璃管式水位计的结构如图 4-8 所示。主要由气旋塞、水旋塞、玻璃管、排污旋塞和连接法兰等组成。

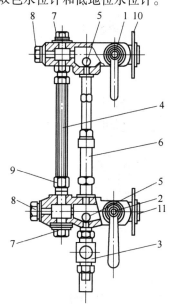

图 4-8　玻璃管式水位计（带钢球）
1—连通汽旋塞　2—连通水旋塞　3—排污旋塞　4—玻璃管　5—弹子（钢球）6—联通管　7、8—塞头　9—压紧螺母　10—接汽法兰　11—接水法兰

锅炉内的水位高低和变化，透过玻璃管显示出来。玻璃管的中心线要与水位计汽、水旋塞的中心线同心，以防止玻璃管受扭曲应力而破裂。为了防止玻璃管爆破伤人，在带有钢球的水位计内，在旋塞内配有弹子，汽、水爆破的冲力使弹子自动关闭汽、水旋塞。同时还应安装防护罩。防护罩一般用较厚的耐温的钢化玻璃板制成。如用铁皮制作防护罩，应在观察水位的方向前、后两个罩壁上都要开有宽 12 ~15mm 的缝隙，其长度应比玻璃管长度大一些。后面留缝隙是为了使光线射入，便于观察。切忌用普通玻璃做防护罩，以防玻璃管破裂后，反而增加危险。

2. 双面玻璃板水位计

双面玻璃板水位计结构如图 4-9 所示，主要由气阀门、水阀门、压板、玻璃板、排污阀、排污管和法兰等构成。它的特点是用平面的玻璃板取代了玻璃管，玻璃板的内表面通常开有三棱形的沟槽，利用光线在沟槽内的折射作用，使汽水分界线非常明显。由于汽、水的折射率不同，汽和水会呈现出不同的颜色，蒸汽呈亮白色，水则显得灰暗，两者的界线十分明显，便于观察。

当锅炉工作压力较高时，可在玻璃板后面嵌衬云母片，以提高运行安全性，延长使用期限。

3. 双色水位计

双色水位计现在主要有透射式、反射式和反透式等数种。

（1）透射式双色水位计　这种水位计由反光镜、光源、红、绿滤光镜、柱面聚镜、平面镜、影屏、框架、汽水旋塞等构件组成，其基本结构如图 4-10 所示。

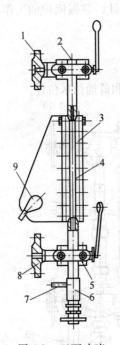

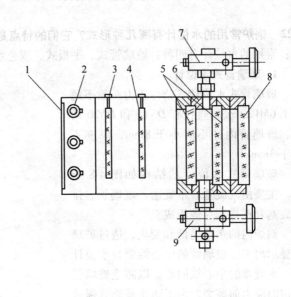

图 4-9　双面玻璃
板水位计结构

1—汽连管法兰盘　2—汽阀门
3—压板　4—玻璃板　5—水阀门
6—排污阀　7—排污管　8—水连
管法兰　9—照明灯

图 4-10　透射式双色水位计基本结构

1—反光镜　2—光源　3—红绿滤光片
4—柱面聚光镜　5—平面镜　6—框架
7—气旋塞　8—影屏镜　9—水旋塞

透射式双色水位计的工作原理与其他形式的水位计基本相同，所不同的是光源的光线经反光镜反射，通过光学系统，使穿过水的那部分光线在影屏镜上呈绿色，而穿过汽的那部分光线在影屏镜上呈红色，从而在影屏镜上显示了代表水绿、汽红锅筒内水位的变化。

（2）反射式双色水位计　反射式双色水位计是利用光在水和蒸汽中具有不同的折射率，通过棱镜的反射作用，使水位计中蒸汽部分呈红色，水部分呈绿色。

（3）反透式双色水位计　它的结构介于透射式与反射式之间，其水位显示既利用了光线的透射，也利用了光线的反射原理。绿色光源装置在表计后面，红色光源装置在表计的左面，也有采用色板的，光线经透射与反射后，使水位计中水部分呈绿色，汽部分呈红色。

4. 低地位水位计

根据规定，当水位计距离操作面高于 6m 时，应加装低地位式水位计。

低地位水位计有液柱差压式低地位水位计和机械式低地位水位计两种。

液柱差压式低地位水位计是利用流体静压力原理，测量两个液柱的静压差而制成。根据低地位水位计指示器中液体相对密度不同，有相对密度大于 1 的重液式低地位水位计，相对密度小于 1 的轻液式低地位水位计。还有差压式低地位水位计等。它们的安装，连接如图 4-11 所示。

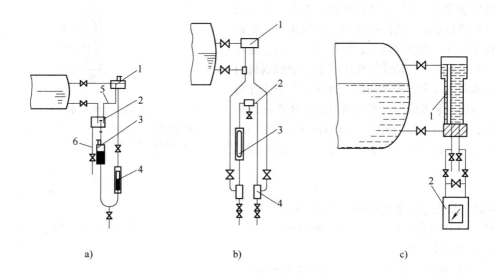

图 4-11　重液式、轻液式、差压式低地位水位计连接

a）重液式低地位水位计

1—凝气室　2—沉淀箱　3—溶液器　4—指示器　5—溢水管　6—排污管

b）轻液式低地位水位计

1—平衡器　2—倒 U 形管　3—指示器　4—沉淀箱

c）差压计式低地位水位计

1—平衡器　2—双玻纹管差压计

对低地位水位计所用的工作液要求如下：

1）不溶于水。

2）可染成鲜明的颜色，与水能形成明显的分界线。

3）沸点较高，且无腐蚀作用。

4）黏度应尽量小。

能满足上述要求的重液有四氯化碳（$\rho = 1623\text{kg/m}^3$）、三氯甲烷（$\rho = 1489\text{kg/m}^3$）、三溴甲烷（$\rho = 2890\text{kg/m}^3$）等或用其他溶液调制的混合物。常用的重液密度为 1600 ~ 2000kg/m³ 为了便于观察水位，可加入可溶性染料。如加入 0.01% 巴豆红，就能使重液呈鲜艳的红色。轻液一般用机油、煤油和汽油按不同比例混合即可，并加入适量酚酞，便可使轻液呈枣红色，常用的轻液密度为 700 ~800kg/m³。

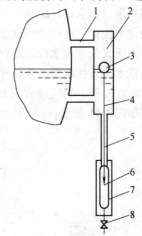

机械式低地位水位计常见的有浮筒式低地位水位计，它由连通器、连通管、平板玻璃、浮筒、连杆、指针等组成，如图 4-12 所示。在连通器的水面上放置一个浮筒，浮筒用连杆或链条与指针（重锤）相连接。当锅筒内的水位发生变化时，浮筒也相应地跟随变化，带动指针直接指示出锅筒内的水位。这种浮筒式低地位水位计具有结构简单，制作要求不高、运行可靠等优点。但是浮筒在连通器内受到锅筒内的水蒸气压力，容易损坏。因此，在制作浮筒时里面可装些液体，当受热后使液体汽化成蒸汽，产生的内压与外压（锅筒内水蒸气压力）相抵消，使浮筒不至于由于受到过高的外压而遭到破坏。

图 4-12　浮筒式低地位水位计
1—连通管　2—连通器　3—浮筒
4—连杆　5—连接管　6—指针
（重锤）　7—平板玻璃
8—放水旋塞

4-23　水位计装置及安装有哪些要求？

答：（1）每台锅炉至少应安装两个彼此独立的水位计　符合下列条件之一的锅炉可只装一个直读式水位计。

1）额定蒸发量小于等于 0.5t/h 的锅炉。

2）电热锅炉。

3）额定蒸发量小于或等于 2t/h，且装有一套可靠的水位示控装置的锅炉。

4）装有两套各自独立的远程水位显示装置的锅炉。

（2）水位计应装在便于观察的地方　水位计距离操作地面高于 6m 时，应加装远程水位显示装置。这种装置的信号不能取自一次仪表，因为如果一次仪表信号有问题，出现假水位，远程显示的水位也是假水位。

（3）用远程水位显示装置监视水位的锅炉　锅炉控制室内应有两个可靠的远程水位显示装置，同时运行中必须保证一个直读式水位计正常工作。主要是为了防止远程水位显示装置在发生故障时显示假水位；可以将两套显示的水位与直读式水位计进行比较即可。

（4）低地位水位计装置应具有的要求

1）水位显示器及 U 形管的位置应保持垂直。为了便于观察和调整水位，低地位水位计应安装在司炉人员便于观察的地方。

2）在冷凝器与锅筒之间应装截止阀，以便在必要时将低地位水位计与锅筒连通管隔断。

3）低地位水位计的汽水连接管应单独由锅筒接出，连接管内径不应小于 18mm。

4）必须将低地位水位计与锅筒上玻璃水位计的水位经常进行校对，防止失灵。如果出现误差超过正常范围，应查出原因进行修理。

5）重液式低地位水位计上的沉淀箱要定期排污，以免污物进入重液箱和低地位水位计内。

6）在判断和处理锅炉缺水和满水事故时，应以锅筒上直读水位计为准。

7）要经常保持差压式低地位水位计传动连接齿轮部位的清洁，防止卡住失灵。

（5）水位计应有的标志和防护装置

1）水位计应有指示最高、最低安全水位和正常水位的明显标志，水位计的下部可见边缘应比锅炉最高火界至少高 50mm，且应比最低安全水位至少低 25mm；水位计的上部可见边缘应比最高水位至少高 25mm。实际上控制从最低水位到锅炉最高火界至少75mm 距离，就有较充分时间进行处理、防止缺水，玻璃管（板）式水位计的标高与锅炉正常水位线允许偏差为 ±2mm。

2）为防止水位计损坏伤人，玻璃管式水位计应有防护装置，但不得妨碍观察真实水位。

3）水位计应有放水阀门和接到安全地点的放水管。

（6）水位计的安装应符合的要求

1）锅炉运行中能够吹洗和更换玻璃管（板）、云母片等元件。

2）水位计或水表柱和锅筒（锅壳）之间的汽水连通管内径不得小于 18mm。连接管长度大于 50mm 或有弯曲时，内径应当放大，以保证水位计灵敏准确。

3）汽水连接管尽可能的短。如连接管不是水平布置时，汽连管中的凝结水应能自行流向水位计；水连管中的水应能流向锅筒（锅壳），以防止形成假水位。汽水连管上应装有阀门，可用来冲洗水位计。运行中更换玻璃板（管）及检查水位示控装置的灵敏可靠性。

4）阀门的流通直径及玻璃管的内径都不得小于 8mm。

5）电接点水位计应垂直安装，其设计零点应与锅筒正常水位相重合。

6）锅筒水位平衡容器安装前，应该检查制造尺寸和内部管道的严密性；安装时应垂直；正负压管应水平引出，并使平衡器的设计零位与正常水位线相重合。

4-24　水位计检修的质量要求是什么？

答： 水位计检修应满足下列质量要求：

1）中心位置要和锅筒内正常水位一致。

2）水位计外壳不得变形，镶玻璃板的接触面应平整光滑。

3）螺栓要完整牢固；紧固螺栓时，用力要均匀。

4）玻璃板外形尺寸要符合要求，外表面不得有凸凹不平和有裂纹等缺陷。

5）照明灯要明亮，照射角度便于观察水位。

6）玻璃板前面不得有任何设备阻挡视线，自下部上视一定要看得清楚。

7）玻璃板磨薄不得超过原厚度的 1/3。玻璃板与外壳的接触面不得泄漏。

8）水位计的汽、水连通管一般不得安装阀门。如装有阀门运行前应在全开位置，并且法兰盘、阀门等元件不得漏泄，管线布置要求水平整齐。

9）管线内部应清洁畅通，不得有水垢污泥、杂质等杂物堵塞。腐蚀最大不得超过管壁厚度的 1/3。管线外部应绝热保温，并保证完整。

10）玻璃管水位计上下阀座接头中心必须对准，防止玻璃管扭断，并要严密不漏。

11）水位计的汽、水旋塞阀，排污阀严密不漏。

4-25　什么叫水位警报器？有什么作用？

答： 水位警报器是监视锅炉水位的一种报警装置。它是利用锅筒和警报器内的水位同升同降，带动浮子的上下运动发出信号与声响，或连通电路，发生声响；或利用水能够导电，直接用水位变化来连通电路。当锅筒水位超出安全界限时，水位警报器就发出警报声，告诉司炉人员采取措施，防止发生严重缺水和满水事故。

对于蒸发量大于 2t/h 的锅炉，一般应装有水位警报器，以便在锅炉整个运行期间内，始终严密地监视锅筒的水位。

4-26　水位警报器的种类、结构和原理如何？

答： 水位警报器种类多，常用的有浮筒式、浮球式、磁铁式和电极式四种。

1. 浮筒式水位警报器

浮筒式水位警报器有安装在锅筒内和装在水表柱内两种形式。安装在锅筒内的水位警报器，因为维修、安装不方便等原因，现在已很少使用。

装在水表柱内的浮筒式水位警报器，主要由报警汽笛、高水位针形阀、低水位针形阀，高、低水位浮筒，连杆等部件组成，如图 4-13 所示。

浮筒式高低水位警报器的工作原理是：当锅筒处于正常水位时，高水位浮筒悬在蒸汽空间之中，低水位浮筒浸没在锅水中，两个浮筒各自对应杠杆分别处于平衡状态，高、低水位针形阀关闭。当水位低于最低危险水位时，低水位浮筒露出水面，由于浮力的减小，连杆失去平衡，将低水位针形阀打开，汽笛报警；当锅筒水位升高到最高危险水位时，高水位浮筒浸入锅水中，由于浮力的作用，连杆失去平衡，将高水位针形阀打开，汽笛报警。

2. 浮球式水位警报器

它主要由浮球、传动杆、杠杆、阀门、汽笛等组成，如图 4-14 所示。

浮球式水位警报器的工作原理是：当锅筒水位正常时，浮球浮在水面上，处于上下传动杆之间，此时，汽笛筒阀门关闭。当水位达到最高或最低危险水位时，浮球随之上

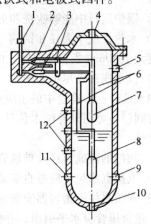

图 4-13　水表柱内浮筒式
高低水位警报器

1—报警汽笛　2—高水位阀　3—低水位阀　4—汽连管　5—水位计汽连管接口　6—连杆　7—高水位浮筒　8—低水位浮筒　9—水位计水连管接口　10—放水管接口　11—水连管　12—试水考克接口

升或下降，推动传动杆，使汽笛阀门开启，汽笛报警。

3. 磁铁式水位警报器

磁铁式水位警报器又称"浮子式水位警报器"，它主要由永磁铁组、浮球、水银开关，调整箱组件等组成，如图 4-15 所示。

磁铁式水位警报器的工作原理是：浮球与永磁钢组连成一体，永磁钢组位于连杆头部，体积较小。当锅炉水位发生变化时，浮球随之上升或下降，带动永磁钢组上下移动。当永磁钢组到达某个水银开关的对应位置时，开关受磁力吸引闭合，水位开关接通发出报警信号。

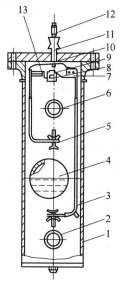

图 4-14 浮球式水位警报器

1—外壳 2—水连管 3—下传动杆 4—浮
球 5—上传动杆 6—汽连管 7—杠杆
8—棱形支座 9—支架 10—阀门
11—笛座 12—汽笛 13—调节螺母

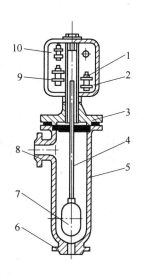

图 4-15 磁铁式水位警报器

1—永磁钢组 2—极限低水位开关
3—调整箱组件 4—浮球组件
5—壳体 6—水连管法兰
7—浮球 8—汽连管法兰
9—低水位开关 10—高水位开关

4. 电极式水位自控警报器

它主要由装在水表柱内的高、低水位电极（信号器），电气开关（控制箱），电铃等组成，如图 4-16 所示。其工作原理如图 4-17 所示。

当锅炉正常运行时，水位在电极触点 B、C 之间波动，这时电极触点 A 悬于蒸汽空间，D 浸入水中；当水位降到最低安全水位时，触点 C 露出水面，K_3 电器线路工作，自动启动给水泵上水；当水位升到最高安全水位时，触点 B 浸入水中，K_2 电器线路工作，自动关闭给水泵，停止上水。

当水位自控失灵时，如果水位降到最低危险水位，电极触点 D 露出水面，K_4 电器线路工作，警铃响。$2H_7$ 红灯亮，可按动手动开关，强迫上水；如果水位升到最高危险水位，触

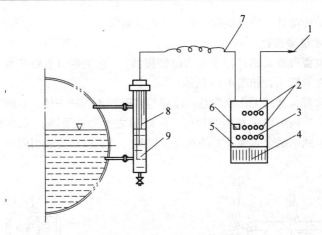

图 4-16　电极式水位自控警报器

1—接水泵引线　2—水位指示灯　3—手动控制开关　4—警铃

5—控制箱　6—警灯　7—信号输出线　8—电极　9—信号器

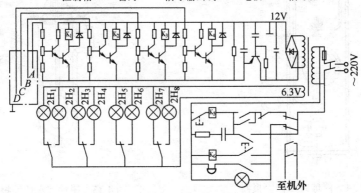

图 4-17　电极式水位警报器工作原理

点 A 浸入水中,K_1 电器线路工作,警铃响,$2H_2$ 红灯亮,按动手动开关,可停止上水。

4-27　高低水位警报器安装有哪些技术要求?

答: 高低水位警报器安装的技术要求如下。

1) 高低水位警报器应能够满足锅炉的工作压力和温度的需要。

2) 在汽水连接管上应安装截止阀。当锅炉运行时,应把阀门全开,并将其上锁,以免别人拧动。

3) 高低水位警报器的浮球位置应保持垂直灵活,在安装时一定要调整好。

4) 高低水位警报器安装完毕后,要与玻璃水位计(现场直读式水位计)校对水位,使两者统一,待确认符合要求后方可使用。

5) 连接高低水位警报器的汽、水连管的直径应不小于 32mm,管子的材料应选用无缝钢管。

6）电极式高低水位警报器，高低电极或浮桶指示的液位应与锅筒水位一致。

4-28　压力表的作用是什么？弹簧管式压力表的结构、原理如何？

答：压力表是保证锅炉安全运行的重要仪表之一，它必须正确可靠地反映所测部位压力的大小。它的作用是用来指示锅炉内的压力，通过压力表指示的数值，来控制燃料进给量、鼓、引风量及蒸汽负荷的变化等，从而使蒸汽压力的变化保持在允许的范围内。如果压力表不灵或不准确，即等于锅炉运行失掉眼睛，锅炉就根本不能运行。

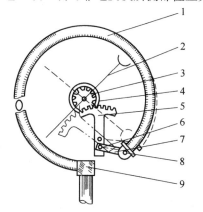

图 4-18　弹簧管式压力表
1—弹簧弯管　2—指针　3—小齿轮　4—游丝　5—锥齿轮　6—支点　7—连杆　8—自由端　9—固定端

工业锅炉上一般多采用弹簧管式压力表。弹簧管式压力表具有结构简单，造价低廉，精度较高，便于携带，安装使用方便，测压范围较宽等特点，所以应用十分广泛。它是由表壳、弹簧管、固定端、拉杆、扇形齿轮、小齿轮、指针、游丝、管接头等零件组成。其结构如图 4-18 所示。

弹簧管式压力表的工作原理是：在表壳里装有一个用磷铜制成的椭圆形弹簧管，管的一端固定并与存水弯管相连接，另一端封闭与连杆和杠杆连接，指针固定在小齿轮轴上。当弹簧管内受压时，由椭圆形膨胀为圆形，迫使弹簧管向外伸展，压力越高，伸展越大。这一动作通过拉杆、杠杆、锥齿轮、小齿轮传递给指针，指针转动指示出容器内的压力。当容器内无压力时，弹簧管恢复原样，指针回到零位。指针指示为表压，单位刻度应为 MPa。

4-29　弹簧管式压力表在使用中应具有哪些附属零件？它们的作用是什么？

答：在使用压力表时，必须具有存水弯头和三通旋塞等附属零件。

存水弯头的作用是产生一个水封、压力表与锅筒连接，起到防止蒸汽直接通到压力表的弹簧管内，使弹簧管受热过高失去弹性，影响压力表读数的准确性和使用寿命。压力表存水弯管的形式很多，常见的如图 4-19 所示。

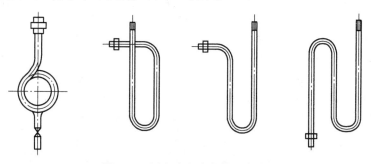

图 4-19　压力表存水弯管形式图

三通旋塞阀应装设在压力表与存水弯管之间，它的作用既可以防止压力表内部机构的振动，又可以起到吹洗存水弯管，校验压力表和卸换压力表的作用。三通旋塞阀部位置及作用如图 4-20 所示。

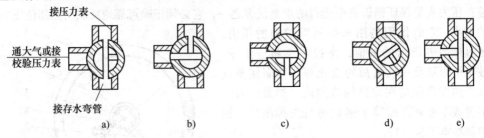

接压力表

通大气或接
校验压力表

接存水弯管

a)　　　　b)　　　　c)　　　　d)　　　　e)

图 4-20　三通旋塞阀位置及作用图

a) 正常工作位置　b) 检查压力表位置（压力表连通大气时的位置）　c) 疏通存水弯管位置
d) 存水弯管积蓄凝结水位置　e) 接通校正压力表位置

4-30　选用压力表时，压力表的量程和精度如何选择？安装和使用还应具有哪些技术要求？

答：1）压力表量程的选择，应根据锅炉工作压力来选择，量程刻度的极限值应为工作压力的 1.5 ~ 3.0 倍，最好是 2 倍。

在工业锅炉中，实际情况是锅炉实际运行时的工作压力总是比铭牌上的额定压力要低，工业蒸汽锅炉和热水采暖锅炉均是如此。如 4t/h 的蒸汽锅炉，额定压力为 1MPa，制造厂如按 1.5 倍来配备压力表，应配备 1.6MPa 量程压力表。若用户由于生产工艺需要，实际运行在 0.5MPa 压力下即能满足工艺要求，这时运行量程，压力表的指针就指在量程的三分之一不到的位置，指针转过的角度很小，即选用的压力表量程太大。

热水锅炉亦是如此，如采暖锅炉额定压力为 0.7MPa，配备压力表应为 1MPa 或 1.6MPa，如配备 1MPa 的压力表，怕在水压试验时使压力表过载，于是便配备量程为 1.6MPa 的压力表。实际运行时，只要 0.2MPa 就能满足采暖要求，压力表的指针指在量程八分之一的位置，很难使人相信压力表的准确性和灵敏性。

为解决上述问题，应采用两种压力表，即在水压试验时，采用锅炉厂按额定压力配备的压力表；在日常运行时按实际工作压力的 2 倍来配备压力表。如工作压力为 0.2MPa，即配用 0.4MPa 量程的压力表。这样指针在刻度盘中间位置，垂直向上。安全阀的起座压力也是按工作压力来调整，压力表仍有足够的裕度应付超压指示。

2）选用压力表的精度应符合下列规定：

①锅炉工作压力小于 2.5MPa 的锅炉，压力表精度不应低于 2.5 级；工作压力 ≥ 2.5MPa 的锅炉，压力表的精度不应低于 1.5 级；工作压力 > 14MPa 的锅炉，压力表的精度应为 1 级。压力表的精度等级与允许误差百分率的关系见表 4-20。

表 4-20　压力表的精度等级与允许误差的百分率

压力表精度等级	0.5	1	1.5	2	2.5	3	4
允许误差百分率	±0.5%	±1%	±1.5%	±2%	±2.5%	±3%	±4%

注：按压力表上限值计算其最大误差。

②压力表盘上刻度值，应根据锅炉实际工作压力选用。其选用量程如上所述。

③压力表的直径大小，应保证司炉人员能清楚地看到压力指示值，表盘直径不应小于100mm。一般高度达5m的锅炉选用压力表的直径应不小于200mm；超过5m时，压力表的直径应不小于300mm。高度较高时，最好用内径10mm的无缝钢管（如 $\phi14mm \times 2mm$），从锅炉顶上压力测管接口处引下，到锅炉前方或前侧离地1.7m处，固定在锅炉外壳便于观察、又便于定期冲洗操作、装卸更换压力表的位置。

3）压力表的安装和使用要求：

①每台锅炉必须装有与锅筒蒸汽空间直接相连接的压力表。在给水管的调节阀前，可分式省煤器出口，过热器出口和主汽阀之间，再热器过热器应装设压力表。

②压力表应装在便于观察，易于冲洗的地方，同时要避免受到振动和高温的影响，并且要有足够光线的照明。

③压力表要独立安装，不应和其他管相连接。

④压力表与锅筒之间应有存水弯管，存水弯管与压力表之间应装三通旋塞。

存水弯管用钢管制成时，其内径不应小于10mm；用铜管制成时，其内径不应小于6mm。

三通旋塞安装应便于经常冲洗存水弯管，校验、检修、拆卸安装的地方。

⑤压力表装置校验和维护应符合国家计量部门的规定。压力表在装用前应做校验，并在刻度盘上划红线指示工作压力。装用后每半年至少校验一次。压力表校验后应铅封。

⑥压力表有下列情况之一者，应停止使用。

a. 有限制钉的压力表在无压力时，指针转动后不能回到限制钉处；没有限制钉的压力表在无压力时，指针离零位的数值超过压力表规定允许的最大误差。

b. 表面玻璃破碎或表盘刻度模糊不清。

c. 铅封损坏或超过校验有效期限。

d. 表内漏汽或指针跳动。

e. 其他影响压力表准确的缺陷。

4-31 影响压力表测量准确度的因素有哪些？对策如何？

答：**1. 温度的影响**

压力表测压是压力的作用使得弹簧弯管变形。如果进入弹簧弯管的介质温度较高，温度的作用亦会使得弯管变形。而且高温介质长期作用于弹簧弯管，还会使弯管产生永久变形。所有这些都会对测量产生不利影响。

预防的办法，是压力表与锅筒之间，装有不同形式的存水弯管，用以积存凝结水，阻止蒸汽直接进入弹簧弯管内。

2. 低温、振动的影响

压力表安装在锅炉外部、受外界条件影响较大。如果外界温过低、冰冻，或来自锅炉本体及压力表内部的各种振动，都会对压力表指针的灵敏度及准确度产生影响。

预防的办法：一是要进行加装保温装置；二是要安装缓冲装置，如三通旋塞就是一种防震装置。

3. 超负荷的影响

压力表中的弹簧弯管、游丝等弹性部件，如经常处于极限或接近于极限状态，经长时工作会导致弹性的减弱或丧失，甚至产生永久变形。如果压力表指针经常处于接近或大于表盘满刻度的2/3的位置，对压力表的长期工作是不利的。

防止的办法是：首先选用压力表时，量程要选得合理，以工作压力处于量程的1/2为最佳；其次要严格防止锅炉超压运行。

4-32　压力表的常见故障有哪些？其主要原因是什么？

答：压力表的常见故障及其产生的原因如下。

1. 压力表指示不准

（1）温度的影响　没有装设存水弯管，高温蒸汽或高温液直接进入弹簧管，除受压力外，尚因温度产生伸长，致使弹簧动作加大，误差变大。

（2）振动的影响　一种是被测气体、液体或被测机构振动；一种是压力表内部机构的振动。振动的结果使压力表齿轮磨损变形、游丝紊乱、指针松动、轴承损坏等，以致压力表失去准确性，甚至损坏。

（3）超负荷的影响　压力表经常指示范围在刻度盘2/3以上位置，长期使用后造成弹簧管弹性不足或产生永久变形，以致影响准确性。

（4）其他影响　压力表进入污物和杂质；未做调整和校验；管理不善或碰坏。

2. 指针不指在零位

1）弹簧弯管失去弹性（伸直）。

2）游丝失去弹性和脱落。

3）三通旋塞的通道，压力表连管或存水弯管堵塞。

4）指针弯曲或卡住。

3. 压力表指针抖动

1）游丝损坏、连杆和扇形齿轮的结合螺栓不活动，

2）中心轴两端弯曲，转动时轴的两端做不同心的转动。

3）压力表三通旋塞或存水弯管的通道局部被垫衬所堵塞或遮盖。

4. 压力表指针不动

1）三通旋塞未打开或位置不正确。

2）三通旋塞、压力表或存水弯管通道堵塞。

3）指针与中心轴的结合部位可能松动或指针卡住。

4）弹簧管与表座的焊口渗漏。

5）扇形齿轮的轴可能松动、脱开、传动不到小齿轮。

5. 表面模糊不清或出现水珠

1）压力表弹簧弯管有泄漏的地方。

2）弹簧弯管与支座焊接不良，有泄漏现象。

3）表壳与玻璃板结合面没有橡胶垫圈或橡皮垫老化，使表壳和玻璃板密封不好。

4-33　压力表的修换要求是什么？如何对压力表进行校验？

答：凡是因长期使用或某种原因损坏的压力表，如弹簧管变形破裂、失去弹性、齿轮磨损、轴承损坏等，均不能修理，只能更换压力表。

对于压力表内部机件松动、油尘阻塞，致使压力表指示不准不稳时，可以清洗和调整。

对于新旧压力表，其精度都应进行校验。校验时应采用专用压力表校验器。一般常用的有三种方法。

（1）液柱式压力表校验器　在校验器的连通管上，一侧接在被校验的压力表上，一侧接在内装有水银的玻璃管容器上，玻璃管上标有刻度为压力指示值。当校验器加压后，容器中的水银从玻璃管上升，通过升高的标尺数值，对比压力表盘读数，校正其精度。

（2）砝码式压力表校验器　在校验器的连通管上，一侧接被校验压力表，一侧接在有面积为 $1cm^2$ 的活塞上，活塞杆上压有许多砝码。当加压器通过对油的加压后，将活塞顶起，其顶起的重量与压力表表盘读数相对比，即可知压力表的准确度。

（3）标准压力表式校验器　在校验器的连通管上，一侧接有被校验的压力表，另一侧接有比被校压力表等级高出 $1\sim2$ 级的标准压力表。当校验器加压时，对比两表读数误差，得出被校压力表的准确度。

也有同时用一台压力表校验器，连通管上有几个接管，亦可利用砝码柱塞，又可兼用标准压力表，与被校压力表三者对比，效果更好。

4-34　锅炉排污有哪两种方式？排污阀为什么是锅炉的重要附件？

答：锅炉排污的两种方式是：一种是连续排污，蒸汽锅炉的锅筒内，由于锅水不断蒸发、浓缩，锅筒水面上盐分、污垢增加，因此必须将盐分、污垢连续地排放出去。锅炉的连续排污是在锅筒内距水位面一定距离，安装一排吸管，通过导管将水引出，用针形阀控制进行连续排污。另一种是定期排污，在锅炉每个盛水部件的底部装有固定的排污阀，根据炉水的情况、定期的排污，重点是定期排污阀。排污阀是关系到锅炉能否通畅和安全地排除锅炉内的水垢、水渣，降低锅水的溶解固形物总含量的重要附件。如果对它的安装、使用不符合要求，将影响锅炉的正常运行和安全运行。曾经发生过排污阀爆炸造成人身伤亡的严重事故。因此对排污阀的安装和使用都必须特别重视。

4-35　锅炉哪些部位应安装排污阀？

答：锅筒（锅壳）、立式锅炉的下脚圈、每组水循环的水冷壁下集箱的最低处都应安装定期排污阀；过热器或再热器集箱，每组省煤器的最低处，都应安装放水阀。因此一台锅炉不仅是一处装设排污阀，可有多处装设排污阀。

4-36　对锅炉的排污装置有哪些安装要求？

答：1）排污阀中经过的液体杂质含量都很高，黏性较大，流动阻力很大。不宜选用通路不直的截止阀作为排污阀。实际应用中排污阀常采用闸阀、扇形阀或斜截止阀。排污阀的公称尺寸为 $20\sim65mm$，卧式锅壳锅炉锅壳底部排污阀的公称尺寸不得小于 $40mm$。

采用上述形式的排污阀和控制公称尺寸的尺寸，都是为了排污畅通，减少排污时的阻力。

2）额定蒸发量大于或等于 1t/h，或额定蒸汽压力大于或等于 0.7MPa 的锅炉、排污管应装两个串联的排污阀。

平时排污阀要保持严密，由于排污阀没有关严，或排污阀泄漏，造成锅炉缺水事故并不少见。排污管上串联两个排污阀，其目的就是为了提高其严密性和安全性。

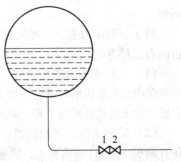

图 4-21 是排污阀的串联形式，一般阀 1 是慢开阀，阀 2 是快开阀。先开阀 1，后开阀 2；关阀时，先关阀 2，后关阀 1。这种开关顺序排污效果好，有利于保护阀 1，阀 2 则易于更换。

图 4-21　锅炉排污阀串联形式

3）每台锅炉应安装独立的排污管。排污管应尽量减少弯头，保证排污畅通并接通到室外安全的地点或排污膨胀箱。采用有压力的膨胀箱时，排污箱上应安装安全阀。

几台锅炉合用一根总排污管时，不应有两台或两台以上锅炉同时排污。

4）锅炉的排污阀，排污管不应采用螺纹连接，因为螺纹连接不能达到严密的要求和承受排污水冲击。

5）锅炉底部的排污弯管应用厚壁无缝钢管煨制，不应用铸铁弯管代替。所有排污管道的连接应采用法兰连接。附近要有一定的操作和维修空间。

4-37　排污阀的常见故障及其产生的原因有哪些？

答： 排污阀的常见故障及原因如下。

（1）阀芯和阀座接触面渗漏　产生的原因有：①接触面之间有脏物；②接触面磨损。

（2）填料处渗漏　产生的原因有：①填料压盖没有压紧或歪斜；②填料过时失效。

（3）阀体和阀盖法兰间渗漏　产生的原因有：①连接螺栓松动；②法兰间垫圈损坏。

（4）手轮转动不灵活　产生的原因有：①填料过紧；②阀杆和填料接触部分的表面生锈；③阀杆上端的方头磨损过大。

（5）闸板不能开启　产生的原因有、①闸板接触片磨蚀损坏；②阀杆螺母的螺纹已磨损。

（6）快速排污阀不快速或卡住　产生的原因有：主要是手柄轴上的小齿轮与齿条啮合不好，啮合的间隙太紧或太大，当手柄转动 1800 时，齿轮不能啮合，齿条向上移动。

（7）排污管堵塞　主要原因有：因为管径和阀径太小，或者久不排污，泥渣结成二次水垢，体积过大，无法排出；有的则是因为修理或清扫锅炉时，遗留在锅内的抹布、焊条头等未取出而造成的。

4-38　燃气燃油锅炉为什么要有些特殊安全附件？大致有哪几方面的保护？

答：燃气燃油锅炉不同于燃煤层燃炉，其特点如下：

（1）燃气燃油锅炉最危险的是出现爆燃　所谓爆燃就是在点火的一瞬间，油或气聚积量太大，点火时出现爆炸事故。因此燃气燃油锅炉必须设置一些特殊的安全附件，来保证锅炉的安全运行。如燃料泄漏检测系统；绝对不能先放气后点火的程序控制系统；以及有关防爆、停炉的安全保护。

（2）燃气燃油锅炉负荷、压力与燃料的供给即时性强　随着燃料供给的增加或减少，负荷、压力变化瞬时做出反应。因为它是空间燃烧，燃烧速度快。因此要求给水和压力随燃料的供给有严格的自动控制能力，所以燃气燃油锅炉自动化程度高，安全附件要求严格，需要增设一些特殊安全附件。

燃气燃油锅炉的特殊安全附件，大致有三个方面的保护内容，即一是炉水的保护；二是燃料的保护；三是锅炉蒸汽压力的保护。

4-39　在炉水方面的保护有哪些安全附件？其作用和原理如何？

答：在炉水方面安全保护，主要安全附件是锅筒水位自动调节的水位调节器、水位变送器以及相关的电气控制系统。

其作用是保证锅筒自动上水，并要求将水位控制在一定的范围内，水位过高或过低都是不允许的。当水位到达极限水位时，应发出报警。

锅筒水位自动控制有位式（非连续）调节和连续调节两种方式。

1. 位式调节

位式调节是非连续调节，它是通过水泵的起停或水路电磁阀的通断进行控制，适用于蒸发量≤4t/h 的蒸汽锅炉。

位式调节的原理如图 4-22 所示。位式调节一般选择如图 4-22 所示 5 个位置，从低到高分别为极低水位保护限、低水位报警、开泵水位、停泵水位、高水位报警。当水位降到开泵水位时，位式调节器接通水泵；水位逐渐升高，当达到停泵水位时，位式调节器切断水泵电路，水泵停止；当水位再次降到开泵水位后，将重复上述过程。正常情况下，水位将在开泵和停泵水位之间波动。当水位超出上述范围，位式控制器将接通报警电路或保护电路。

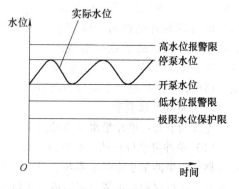

图 4-22　位式锅筒水位调节原理图

常用的位式水位调节器一般有两种，即浮子式水位调节器和电极式水位调节器。

（1）浮子式水位调节器　图 4-23 是浮子式水位调节器，其基本原理是当浮球随液位变化而上下移动时，干簧管的触点发生变化，即常用触点断开，常开触点闭合，将触点接到水泵控制电路中，即可达到自动控制锅筒水位的目的。

浮子式自动调节器电气线路原理图如图 4-23b 所示。当水位降到开泵位置时，触点

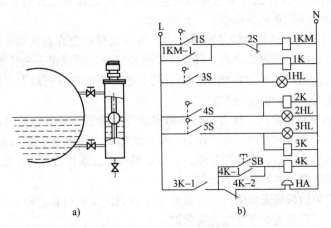

图 4-23　浮子式水位调节器
a）安装示意图　b）电气接线原理图

1s 闭合，接触器 1KM 使水泵起动，锅炉开始上水；当水位升到停泵位置时，2s 断开，接触器 1KM 使水泵停止，锅炉停止上水。当水位到达高或低报警位置时，3s 或 4s 接通，相应的指示灯发出报警信号。当水位降到极低水位时，触点 5s 闭合，指示灯及电铃同时报警，继电器 3K 切断燃烧器，停止向锅炉供给燃料，自动停炉。

（2）电极式水位自动调节器

图 4-24 是电极式水位自动调节器的原理图。它主要由测量筒、电极，放大器和输出继电器组成。当水位升降到各电极时，调节器输出继电器相应的触点接通或断开。将继电器的触点接到水泵控制电路中，可实现锅筒水位自动调节。

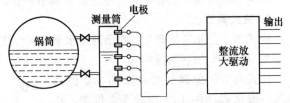

图 4-24　电极式水位调节器原理图

2. 冲量式连续调节

连续调节有：单冲量水位自动调节，双冲量和三冲量水位自动调节三种系统。

（1）单冲量水位自动调节系统　以锅炉锅筒水位为唯一信号的锅炉给水连续调节系统称作为单冲量水位调节系统，其组成如图 4-25 所示。该系统由水位变送器、伺服放大器、执行器和给水调节阀组成。水位变送器将水位信号送到调节器，调节器根据实测水位和给定值的偏差，经过运算放大后输出调节信号，驱动执行器改变调节阀开度，进而改变锅炉上水量，使水位控制在允许范围内。

用电动单元组合仪表很容易实现单冲量水位自动调节系统，典型系统如图 4-26 所示。

单冲量水位调节系统一般用于中、小容量锅炉。调节器一般运用比例积分调节规律，以消除水位偏差。

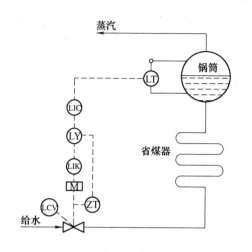

图 4-25　单冲量水位调节系统示意图

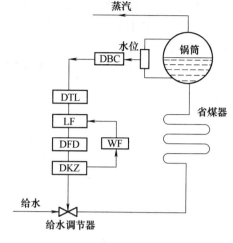

图 4-26　单冲量水位调节仪表框图

（2）双冲量水位自动调节系统　在单冲量水位自动调节系统基础上，加入蒸汽流量作为前馈信号，便构成所谓的双冲量水位自动调节系统。双冲量系统如图 4-27 所示。前馈控制的主要特点是根据扰动的大小直接调节，使调节作用在扰动发生的同时起作用，从而抵消或减小扰动造成的被控参数的变化。引入蒸汽流量前馈信号可以消除虚假水位对水位控制的不良影响，减小或抵消由于虚假水位现象而造成的调节误动作。

双冲量系统调节器一般选用比例积分调节。用电动单元组合仪表组成的双冲量水位自动调节如图 4-28 所示。与单冲量系统相比，它增加了流量变送器，开方器和分流器。

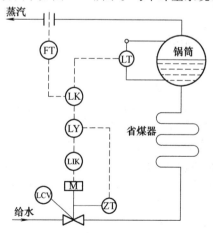

图 4-27　双冲量水位调节系统示意图

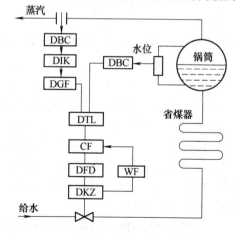

图 4-28　双冲量水位调节仪表框图

（3）三冲量水位自动调节系统　在双冲量水位自动调节系统基础上，为解决给水压力不稳而造成调节性下降的问题，引入给水流量作为调节器的反馈信号，形成如图 4-29 三冲量水位调节系统。

它采用蒸汽流量作为前馈信号，克服负荷变化引起的外扰动，减少假水位引起的调节器误动作；用给水流量作为反馈信号，克服内扰影响，稳定给水量，可以进一步改善给水调节质量。

用电动单元组合仪表组成的三冲量串级调节仪表框图如图4-30所示。

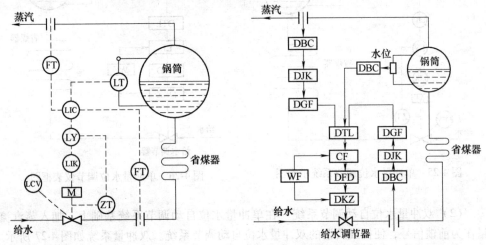

图4-29 三冲量水位调节系统示意图　　　　图4-30 三冲量水位调节仪表框图

近年来，随着智能化仪表的推广数字式单回路调节器在过程控制中得到广泛应用。

在以可编程控制器或微机为核心的控制系统中，通过修改软件、在不改变硬件接线的条件下，灵活地选择单、双、三冲量水位调节。

4-40 燃料方面有哪些特殊安全附件？从哪几方面进行保护？

答：1. 燃油、燃气锅炉的主要部件

对于燃气系统进入锅炉房后应有截止阀、滤清器（过滤器）、调压器、电磁阀、燃气压力表、燃气燃烧头、打火电极及电打火控制系统等。调压器在一定压力范围内，具有稳压的功能，保证输出燃气压力的稳定；电磁阀实际上是一个燃气电动截门，控制煤气的通断；煤气压力继电器，它用来检测煤气压力是否太低，电磁阀是否泄漏，管路是否泄漏，鼓风机风压、风量是否够大和够用，油、气喷嘴流量是否正常等，一旦上述部件出现故障，便通过程序控制系统，进行相应处理或停炉。上述这些部件，都是燃气、燃油的重要安全部件。

2. 燃气、燃油锅炉燃料的安全保护环节

（1）燃料泄漏检测系统　因为燃气发生漏泄，如遇明火，就要发生爆炸事故，所以燃气的泄漏必须严格控制。

（2）火焰监视—指示火焰系统　它是电眼接受火焰的热量和亮度后，由电眼产生出一个电信号，经放大和滤波后，输入火焰监视器内，再经过滤波和放大信号后，推动中间继电器动作，进行火焰监视。它包括点火状态，运行燃烧状态的监视及故障报警声光显示系统。

（3）程序控制系统　锅炉的起炉，停炉必须按严格的规定要求进行，按一定的程序进行控制，程序没做完，是不允许起炉的。

（4）防爆装置　由于煤气（天然气）是易爆气体，锅炉安全技术监察规程对水管锅炉应在炉膛和烟道上装设防爆门。防爆门的作用是炉膛或烟道内的燃气发生爆燃（爆炸）时能自动打开，排出气体泄压，从而防止炉墙不受严重损坏。

（5）锅炉房装设燃气浓度报警装置　燃气锅炉房应有良好的通风换气条件。有条件时，应装设燃气浓度监测报警装置，以防燃气管道、设备漏泄，室内燃气浓度达到爆炸的范围。

4-41　燃气、燃油锅炉蒸汽压力方面的特殊安全附件有哪些？试举例说明

答：主要有蒸汽压力调节器和蒸汽压力限制器，它们均安装在压力表管上。

压力调节器是调整蒸汽压力以控制锅炉的自动停炉和自动起炉，到高压值时自动停炉，在接近停炉时自动改烧小火；到低压值时自动起炉。

压力限制器，它是限制蒸汽压力升高的装置。当到达压力调节器的高压值时未能自动停炉，蒸汽压力继续升高，达到压力限制器调整数值时，则强行停炉。

对燃气燃油锅炉而言，在蒸汽压力方面共有四道保险环节：第一道是压力调节器，控制锅炉的自动起炉和停炉；第二道为压力限制器，当调节器失灵时，压力升高，达到限制器设定数值时，则紧急停炉。第三道和第四道则是常用的安全阀。由于安全阀整定压力（开启压力）不同，排汽动作有先有后，亦即构成两道保险。当蒸汽压力继续升高时，安全阀全部打开，保证了锅炉安全运行。在安全阀校定开启压力时，应将蒸汽压力限制器的设定数值，视为该炉的工作压力。

【案例 4-6】　某台 1t/h 的燃用天然气锅炉，蒸汽压力可在 0.5 ~ 0.8MPa 范围内变动。调节器定为 0.5MPa 起炉，0.8MPa 停炉。当蒸汽压力降至 0.5MPa 时，锅炉自动增压或起炉；当压力升高到 0.8MPa 时，锅炉自动减压或停炉。若压力调节器失灵，达到 0.8MPa 时没有自动停炉，仍然烧火，则压力继续升高。当达到蒸汽压力限制器所设定的数值时，例如压力限制器设定为 0.85MPa，则限制器将动作切断燃料供应，程控器锁死，解除故障后，需要复位方能重新点火。

若压力限制器失灵，由于安全阀开启压力校定为（0.85 + 0.03）MPa = 0.88MPa，当蒸汽压力达到开启压力时，第一个安全阀开始动作，随着压力的升高，第二个安全阀亦开始动作，最后安全阀全部开启，保证锅炉安全运行。

第 5 章　锅炉修理典型工艺

5-1　锅炉修理技术要求有哪些?

答: 根据 TSG G0001—2012《锅炉安全技术监察规程》对工业锅炉修理做了具体规定。

1. 锅炉修理技术要求

1) 锅炉修理技术要求参照相应锅炉专业技术标准和有关技术规定,锅炉受压元(部)件更换应当不低于原设计要求。

2) 不应当在有压力或者锅水温度较高的情况下修理受压元(部)件。

3) 在锅筒(锅壳)挖补和补焊之前,修理单位应当进行焊接工艺评定,工艺试件应当由修理单位焊制;锅炉受压元(部)件采用挖补修理时,补板应当是规则的形状;如果采用方形补板时,四个角应当为半径不小于 100mm 的圆角(如果补板的一边与原焊缝的位置重合,此边的两个角可以除外)。

4) 锅炉受压元(部)件不应当采用贴补的方法修理,锅炉受压元(部)件因应力腐蚀、蠕变、疲劳而产生的局部损伤需要进行修理时,应当更换或者采用挖补方法。

2. 受压元(部)件修理后的检验

1) 锅炉受压元(部)件修理后应当进行外观检验、无损检测(其中挖补焊缝应当进行 100% 无损检测),必要时还应当进行水(耐)压试验,其合格标准应当符合该规程中第 4 章有关规定。

2) 采用堆焊修理时,焊接后应当进行表面无损检测;对于电站锅炉,还应当符合 DL/T 734《火力发电厂锅炉汽包焊接修复技术导则》的有关技术规定。

3. 焊后热处理

修理经过热处理的锅炉受压元(部)件时,焊接后应当参照原热处理工艺进行焊后热处理。

5-2　如何开展工业锅炉的检修工作?

答: 定期对锅炉设备开展检修、检查,是确保锅炉安全运行的最可靠的措施,同时可大大延长锅炉的使用寿命,提高企业经济效益。

1. 锅炉检修计划的编制

(1) 锅炉检修间隔期　锅炉检修一般只分大修与项修,它们的检修间隔期随各种锅炉累计运行时间及其他因素而定。

1) 大修间隔期内锅炉累计运行时间为 10000~15000h,一般锅炉按每年运行 7000h 计,故大修间隔期为 1 年半到 2 年。

2) 项修间隔期内锅炉累计运行时间为 2500~4000h,锅炉每年进行 1~2 次。

(2) 计划编制要求

1) 年度检修计划编制内容主要包括:①锅炉房各台设备的大修、项修具体日期;

②检修费用；③大修中重大检修及有关改造项目；④主要设备的备件、材料的订货规格、要求；⑤各台设备大修、项修项目负责人，检修用劳动力、工种，主要施工机具的协调平衡。

2）大修计划编制内容主要包括：①检修日期、期限；②检修项目及其施工进度的详细要求；③所需备品配件、材料和施工机具；④施工用劳动力及工种配备；⑤检修所需分项费用与总费用。

3）项修计划的内容比大修计划简单，主要有检修日期，检查及修理项目，材料、备品配件，需要劳动力及工种配合和检修费用等。

4）检修计划编制应考虑的情况：①锅炉缺陷记录、锅炉检（修）验记录所记载的锅炉受压元件存在的问题；②上次大修以来的检修记录中，有关在项修中发现、但未检修而保留下来的缺陷；③根据经验估算出因腐蚀或磨损而形成的设备缺陷；④检修队伍的技术力量。

2. 锅炉的检修验收

（1）中间部件验收　在锅炉的检修过程中，一般每检修完一个主要部件或构件后，立即会同有关人员共同检查验收；对于隐蔽工程，则在中间验收后做记录。

（2）冷态下预验收　锅炉检修后在冷态下预验收，一般要进行水压试验、烟风系统严密性试验和机械单机试车等项目。

1）水压试验。锅炉大修后应进行水压试验，试验时水压应缓慢地升降，当水压上升到工作压力时，应暂停升压，检查有无漏水或异常现象，然后再升高到试验压力。焊接的锅炉应在试验压力下保持20min，然后降到工作压力进行检查。检查期间压力应保持不变。

水压试验应在周围气温高于5℃条件下进行的，低于5℃时必须有防冻措施。试验用水的温度应保持高于周围露点的温度，以防锅炉表面结露；试验用水温度也不宜过高，以防止引起汽化。

为防止用合金钢制造的受压元件在水压试验时造成脆性破裂，水压试验的水温应高于该钢种的脆性转变温度。

水压试验前应对锅炉内外部进行检验，必要时还应作强度核算，不得用水压试验的方法确定锅炉的工作压力。锅炉水压试验的压力应符合表5-1的规定。

表5-1　锅炉水压试验所用压力

名称	锅筒（锅壳）工作压力	试验压力
锅炉本体	<0.8MPa	1.5倍锅筒（锅壳）工作压力但不小于0.2MPa
锅炉本体	0.8~1.6MPa	锅筒（锅壳）工作压力加0.4MPa
锅炉本体	>1.6MPa	1.25倍锅筒（锅壳）工作压力
直流锅炉本体	任何压力	介质出口压力的1.25倍，且不小于省煤器进口压力的1.1倍
再热器	任何压力	1.5倍再热器的工作压力
铸铁省煤器	任何压力	1.5倍省煤器的工作压力

注：表中的锅炉本体的水压试验，不包括本表中的再热器和铸铁省煤器。

水压试验时，应力不得超过元件材料在试验温度下屈服强度的90%。

锅炉水压试验的结果符合下列条件时，即可认为合格。①在受压元件金属壁和焊缝上没有水珠和水雾；②当降到工作压力后胀口处不滴水珠；③铸铁锅炉锅片的密封处在降到额定工作压力后不滴水珠；④水压试验后，没有发现明显残余变形。

2）烟风严密性试验。

3）机械单机试车：锅炉检修后，一般被修的机械都要进行单机试车。风机、水泵的单机试车时间为8h，炉排试车时间不少于24h。风机、水泵单机试车合格标准如下：①轴承振幅不超过表5-2所列的数值；②没有摩擦、碰撞等不正常声音；③轴承不超温、不漏油，冷却水畅通；④出口风压、水压达到额定值，并且稳定。

表5-2　轴承振幅（双振幅）

等级	转速/（r/min）				
	≤1000	≤1500	≤2000	≤2500	≤3000
优等/mm	≤0.05	≤0.04	≤0.03	≤0.03	≤0.02
良好/mm	≤0.07	≤0.06	≤0.06	≤0.05	≤0.04
合格/mm	≤0.1	≤0.08	≤0.08	≤0.06	≤0.05

4）炉排在试运转中应达到以下要求：①炉排在行走中无撞击、碰磨等异声，无跑偏、卡住等缺陷；②前后轴齿轮与链节啮合良好；③炉条、边条齐全，固定销完整，且开口销开口角度不小于900°；④链条松紧得当；⑤炉排和其他部件的间隙符合要求；⑥减速机调整转速时应灵活无杂声，润滑处严密不漏油，各部轴承温度正常；⑦风箱风门和放灰门开关灵活，指示正确，炉条压轴滚动灵活。

（3）试运行验收　试运行验收一般指热态下运行验收。

1）烘炉：根据不同型号的锅炉和不同结构的炉墙进行烘炉，一般有燃料烘炉、热风烘炉、蒸汽烘炉等。无论用哪种方法烘炉，烘炉末期都必须使炉墙灰浆水分达到2.5%以下才算合格。烘炉结束后，应将记录的实际温升曲线存档备案，同时对炉墙进行全面检查，检查结果应记录存档。

2）煮炉：锅炉在检修过程中，由于更换新的水冷壁、排管受热面，或者联箱和受热面内壁有锈、油垢、水垢及其他脏物，故必须进行煮炉。

3）带载荷运行及试验：煮炉后把炉水更换成正常运行水质，即可进行安全阀定压，并进行24h额定工作压力下满载荷试运行，以确定锅炉在检修后能否达到额定蒸发量、额定气温及热效率。如果大修中对锅炉进行了提高出力改造或燃烧系统技术改造，则满载荷试运行72h后，还要进行燃烧调整试验。

4）检修移交：大修完毕热态试运行结束后，检修和运行双方负责人可在上级或企业主管部门主持下办理移交。如确认锅炉及辅助设备已消除全部缺陷，且试运行已达到设备设计性能，则锅炉及辅助设备即可由检修移交运行并投入生产。如在试验中仍发现缺陷（仅指热化学及燃烧调整试验），这种移交只能在缺陷消除后或确定消除缺陷期限后才能进行。

检修负责人一般在大修的热态试运行后的30d内将下列资料移交设备及运行主管部

门：①锅炉大修总结报告；②改变系统或部分结构的设计资料及竣工图；③检查腐蚀、磨损、变形等方面的记录；④检修的质量检验记录，冷态、热态试运行记录及其有关总结；⑤各项技术监督的检查和试验报告。

3. 锅炉修理规定

1）对锅炉进行修理的具体规定如下：①锅炉受压元件损坏，不能保证安全运行，要及时检修。②承担锅炉修理的专业单位须经当地特种设备安全监督检验部门同意，焊工应经考试合格方许施工修理。③重大修理工作应先制订施工技术方案，方案应由修理单位技术负责人签字批准，并报特种设备安全监督部门审批备案。④制订修理工艺质量标准。⑤锅炉修理应有图样、材质保证、施工质量检验证明等技术资料，完工后应存入锅炉技术档案内。⑥修理中应注意安全，有专人负责现场安全工作，特别对电气设备、起重和高空作业等，都应有安全、可靠的措施。

2）修理方法：由于工业锅炉损坏的类型不同，损坏的部位和严重程度不同，故修理方法也不同，归纳起来有以下几种基本方法：①堆焊，适用于局部腐蚀、磨损面及裂缝的修理。②挖补，适用于钢板产生严重凹陷变形、钢板夹渣等的修理。③补胀，适用于管端胀接不牢以致管端渗漏的修理。④补焊，焊缝金属本身的缺陷主要有裂纹（缝）、气孔、夹渣、未焊透、弧坑、咬边、焊接高度不足等，如果这些缺陷超出 NB/T 47014—2011《承压设备焊接工艺评定》的规定，就是不合格，必须加以修理。修理时应首先将缺陷彻底铲除、刷清，然后进行补焊，即使是弧坑、咬边、缺焊等缺陷，也应先将局部表面铲光、刷清，再补焊。

5-3　举例说明如何做好锅炉检修工作？

答： 做好锅炉检修，确保安全可靠运行是十分重要的。

【案例 5-1】　某企业有四台锅炉主要用于发电，其锅炉采用的是单炉膛、改进型主燃烧器、分级送风燃烧系统及反向双切圆的燃烧方式，炉膛采用了内螺纹管垂直上升膜式水冷壁和循环泵启动系统，一次中间再热和调温方式除采用煤/水比外，还采用了烟气分配挡板、燃烧器摆动、喷水、等离子点火等方式。水冷壁管、顶棚管及尾部烟道包覆管均采用了板状膜式结构，密封性能好。过热器分为四级，一级（低温）在尾部烟道后竖井上部，二级（分隔屏）、三级（屏式）在燃烧室上部，四级（末级）在水平烟道出口侧。其中一级过热器采用逆流布置，二至四级采用顺流布置。

锅炉运行检修采用的是"两头在外、核心在内"的管理模式，两头在外就是将设备检修、维护保养及辅助设备的运行管理等，委托给了某灭电服务修理公司，实施的是点检定修制。核心在内是企业负责机组的技术功能控制和主要设备的运行管理工作，定期组织专家对委外情况进行跟踪、分析和评估，并根据检修、运行及点检人员的情况反馈，及时安排定期检修和维护。对设备运行和巡检时发现的异常或重大缺陷问题，及时制定排除对策和预防措施。每月定期统计和下发设备缺陷月报，通报缺陷消除率及消缺系数指标完成情况。为保证消缺工作的及时性和可靠性，实现了设备缺陷从发现、下单、消除、验收到总结等工作流程的计算机管理。

1. 优化锅炉设备检修

（1）坚持锅炉受热面泄漏风险评估及检修策划制

1）实施锅炉受热面泄漏风险评估。锅炉受热面泄漏问题一直是国内发电停机的主要原因，锅炉在运行时温度和压力均较高，一旦发生锅炉管失效等故障，不仅造成巨大的经济损失，而且会引发重大安全事故。根据我国某行业集团的历年事故情况统计，锅炉的非计划停运约占全部停运事件的 60%，而锅炉四管泄漏事故又占锅炉事故的 60%，是影响机组安全运行的主要隐患之一。其中水冷壁管泄漏占 33%，过热器管泄漏占 30%，省煤器管泄漏占 20%，过热器管泄漏占 17%。为此，采取对锅炉受热面泄漏风险进行评估的方法不仅确保了受热面安全和可靠运行，也降低了设备检测费用和维修成本。

2）实施受热面泄漏风险评估的阶段性目标。通过实施检修后的风险分析与研究，不但可核查检修效果、高风险部位的风险等级是否降低等，也能进一步验证风险评估方法的准确性及评估结果的真实性。对不同阶段的风险实施不同的监管，是开展和做好此项工作的基础和保障。

3）对设备检修的要求。在制订锅炉受热面的检修计划时，应对机组的重点检修部位进行修前、修中和修后情况的技术评价，以及检修质量和运行效果验收。不但要保证检修工作安全可靠和无责任事故，而且要保证设备技术状态及性能有所提高。重点检修部位主要包括局部机械磨损严重部位、易产生冲刷磨损部位、烟气流速快和飞灰浓度高部位，以及异物容易聚集或节流孔易堵塞位置、异种钢焊接部位和应力集中部位等。

（2）实施在线监督与寿命评估　由于锅炉的高温部件采用了新型耐热钢，如过热器和再热器采用的是 Super304H 和 HR3C 新型奥氏体耐热钢，末级过热器出口集箱采用的是 ASTM A335 P122 钢，主蒸汽管道采用的是 ASTM A335 P92 钢等，因长期在作业环境恶劣情况下运行，如高温、高压、火焰、烟气、飞灰等，不但会使材料结构及性能发生变化，而且会随运行时间的加长、机组的频繁起动等，在产生疲劳损伤同时，微观组织也会产生劣化或蠕变损伤等情况，加大了锅炉安全运行和检修管理的难度。因此对高温炉管实施状态监测和寿命评估，以劣化状态测量或评估值为基础，对故障发生期进行正确的预测，是保证锅炉安全运行和做好高温部件劣化趋势管理的较好方法。

2. 实施在线动态评估和监测

根据锅炉的设计、制造、安装、运行工况等技术资料，发电厂建立了锅炉的材料、强度、性能等技术参数数据库，并结合生产实际需求完成了锅炉状态监测模型、寿命评估模型、氧化皮脱落预测模型等内容的研究与开发，研制出一套适宜机组实际运行要求的设备可靠性寿命预测管理系统，以及设备保养和检修工作质量控制集成系统，不但实现了可在线动态评估高温炉管的工作状况，还可进行其他高温部件的技术状态监测。为保证机组的安全运行和适时进行检修工作，提供了科学依据，有效降低了四管发生泄漏的风险，提高了设备运行的安全性，实现了以状态监测为基础的设备维修管理。

（1）采取离线诊断技术　实施锅炉设备离线诊断技术，是发电厂在实施在线监督技术基础上逐步建立的，需要检查和监测的内容主要有宏观检查、无损检测、理化分析、支吊架管系统的检查等。通过进行现场检验和实验室分析，进一步掌握设备的性能情况和技术状态数据等。开展离线诊断应提前做好以下工作：①摸清锅炉设备运行时的基本情况和特点，特别是重点零部件，如主蒸汽管道、热力管道、过热器出口集箱及其他新材料部件等，都应逐一进行检验；②对施工中的遗留缺陷或运行中的新生缺陷等，不但要认真检查和分类，还应采取措施及时进行消缺；③可根据类似锅炉设备发生缺陷情况，及时采取有针对性的防范措施，以防止类似事故发生。

（2）优化检修模式　发电厂优化设备检修模式的基本思路，主要是通过以"管"为主的检修策略及针对发电设备特点，制订出能进行优化检修的管理模式，使设备的可靠性和经济性得到最佳结合。

1）及时提供设备技术状态信息。发电厂根据生产系统庞大和连续生产等特点，将全部设备按照不同的重要程度进行分类，实施了对不同类别设备采用不同的检修与管理，即根据状态监测和诊断技术提供的设备技术状态信息，正确判断设备异常情况，预知设备故障或劣化发展趋势，在故障发生前就进行检修的方式。如有的锅炉辅助设备采用的是定期检修方式，有的采用的是状态检修方式，还有采用故障检修方式等。无论采用哪种检修方式，都应达到使设备检修方法能逐步形成一套融定期检修、状态检修、改进性检修和故障检修为一体的优化检修模式的目的，使检修目标更加明确及检修人员的工作效率得到提高。

2）优化检修模式管理是一个不断补充和变化的过程。如现在看来是比较好的优化方案，也许会随时间的推移、生产状况的不断改变，以及设备状态诊断和劣化倾向管理工作的逐步深入，不再满足生产实际需求，原来制订的检修方案可能也要修改。同时，随着企业的设备动态管理工作水平不断提高，以及设备技术改造工作速度的逐步加快，原来制订的检修周期也可能会延长等，检修方案也会随之发生改变。所以优化检修模式管理是一个动态的、需要不断组合的过程，只有不断地修改和不断地完善，才能不断提高检修水平和实现优化检修模式的目的。

3）取得的效果：

①发电厂的锅炉机组通过实施优化检修模式，对各层次管理、维修人员不断进行有针对性的技术培训，进一步贯彻和树立优化锅炉状态检修思想的重要性和必要性，使员工在更加了解优化检修工作内涵及重要性基础上，能更加明确自己的工作职责和目标。如实施优化检修需要投入哪些技术和物质资源，需要掌握哪些必要的专业技能，在职责范围内实施优化检修，企业和个人会获得哪些潜在的经济利益等，使各级管理人员在深入了解开展优化检修意义的同时，在检修策略调整和推广实施中都能充分发挥主观能动性作用。员工之间的工作能更加相互支持与配合，在各自的职责范围内，共同促进优化检修工作的顺利开展。通过对设备实施恰到好处的检修，不但节约了检修成本，也极大提高了设备运行的可靠性。企业每年仅此产生的经济效益高达8000多万元，实现了在设备管理工作中追求最佳经济效益的目的。

②发电锅炉设备的维修周期制定应根据本厂发电机组的设备结构特点和实际运行情况来定，不能完全照搬他人经验；否则就会出现检修资源的浪费或不足，以及维修费用上升和设备利用率下降等问题。

5-4　锅筒腐蚀修理的一般原则和堆焊的应用范围是什么?

答: 设钢板腐蚀后的平均残余厚度(简称残厚)为S_1;A为腐蚀部位的面积;S为原设计钢板厚度。

1)S_1与S的比值大于纵向接缝效率(接缝减弱系数)时可不必修理;锅筒壁厚局部腐蚀深度在3mm以内或在管孔区不超过壁厚的15%,或非管孔区不超过原厚度的20%,经过强度计算,确认为不必降低它的工作压力时,可将其凹坑磨光并圆滑过渡,刷上锅炉耐热漆,或用比例1:1的水泥和玻璃粉调水搅成糊状,用刷子在腐蚀处刷0.5~1mm厚,干后再刷,直到刷平为止,将金属保护起来,防止继续腐蚀。这种方法适用于低温部分着水面的腐蚀。

2)当锅筒、封头、平板、炉胆和集箱上发生局部腐蚀或磨损的凹坑,其长和宽度都不大于板厚的2倍,且不超过40mm;两个腐蚀或磨损凹坑之间的距离大于凹坑最长直径的3倍,即≥120mm,不论其残厚还剩多少,都可用电弧焊进行堆焊修复。其修复条件如图5-1所示。

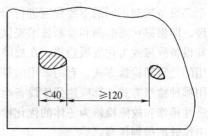

3)锅壳(筒)和封头$S_1 \geq 0.6S$,炉胆$S_1 \geq 0.5S$时,可以堆焊;当部件较厚,且$S \geq 16mm$,$S_1 \geq 0.4S$时也可以堆焊。

图5-1　可做堆焊腐蚀凹坑的条件

4)通常,只要$S_1 \geq 4 \sim 5mm$,都可以堆焊,但腐蚀面积A不宜超过2500mm^2。如腐蚀严重,$A > 2500mm^2$,腐蚀深度超过上述范围或钢板变质,不宜堆焊应采用挖补钢板的方法修理。

5-5　堆焊修复工艺的具体操作和注意事项是什么?

答: 1)堆焊前,必须将腐蚀表面打磨见金属光泽,清除表面的油污、水垢、泥沙、铁锈等脏物,油污可用碱清洗。

2)若每块的堆焊面积不超过150mm×150mm时,可以一次堆焊;若堆焊面积大于150mm×150mm时,应将堆焊的面积划分成许多正方形或等边三角形,每边长100~150mm,跳开堆焊,正方形相互焊道方向要垂直,三角形块要形成60°,以平衡热胀冷缩,减少应力集中,如图5-2所示。

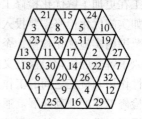

图5-2　分区划片跳焊

3)堆焊时,焊条的金属性质与基体金属的性能相接近,并采用厚涂料焊条,直径2.5~4mm。施焊时电流要小,一般为90~108A,电压为25V,焊接速度为8~10m/h。最好采用平焊,当条件受限制时,也可采用立焊,不宜采用仰焊。

4)钢板腐蚀较深,需作多层熔焊时,每层高度不要超过3mm,上下两层焊道方向互相垂直或呈 60°。上层每格的划分应比下层每格的划分增大或缩小，不要在分界处产生过深的凹坑。最后一层焊缝高度比基体金属板面高出 2mm 左右，如图 5-3 所示。

5）焊条在钢板上熔成的焊珠与板面的交角应大于 90°，以便于消除焊渣。每个焊珠应遮盖前一道焊珠宽的 1/3 ~ 1/2，如图 5-4 所示。

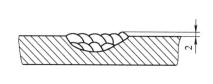

图 5-3 焊缝高出金属板面

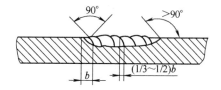

图 5-4 焊珠与板面，焊珠与焊珠的关系

6）每层施焊后，表面焊渣必须及时清理干净。

堆焊结束后，应清除焊缝表面的氧化皮和毛刺。焊缝表面应呈均匀的细鳞状，表面上不允许有弧坑、夹渣、气孔、裂缝。咬边的深度不得超过 0.5mm，

焊后最好将焊缝表面铲平、磨光；若在元件扳边处堆焊的，必须将焊缝高出基体金属部分磨成与原圆弧一致。

5-6 举例说明锅炉腐蚀损坏用堆焊工艺进行修复的实际案例

答：【案例 5-2】 某厂动力分厂 3 号炉为 SZL10-1.27/350 型锅炉，长期运行后，锅筒纵向约有四排管子的区域内，表面产生大面积斑坑腐蚀。蚀坑集中在此四排管子周围的锅筒内表面上。大小蚀坑十余块，最大一块面积达到 720mm × 230mm，蚀坑深度为 1 ~ 10mm。部分蚀坑与管子相接，并且有十余根管子也受到不同程度的腐蚀。被蚀坑包围管子达 90 余根，总腐蚀面积达 579468mm²。决定采用堆焊工艺修复该炉。为获得可靠的施焊工艺，既保证堆焊质量，又完全保住原有胀接接头的密封性能，在施工前必须进行必要的模拟试验。

1. 模拟试验

模拟试验装置完全按锅筒与管子的实际尺寸及胀接接头进行加工，并在单管接头的周围加工出人工腐蚀缺陷，与实际腐蚀情况一致。在试验装置背面，装配了一个可密封的试压盒，便于堆焊修理完毕后进行水压试验。为便于考核，还加了欠胀和过胀接头的两种模拟试焊装置，以观察堆焊施焊工艺对不同胀接质量的影响。

为观察施焊时管子与锅筒变形的整个过程，以及冷却后剩余的最后残余变形。采用 YJ-16 型数字显示应变仪进行监控，其应变片贴在锅筒堆焊区的背面及管子上，如图 5-5 所示。在每一测点的互相垂直的方向上，各贴上一片纸基应变片，以测定其环向与纵向的应变值，如图 5-6 所示。

经测试，各测定点的最大变形值均小于 0.01 的胀管率要求，按此规范在实体上现场施焊，不会破坏原有的胀接接头质量。水压试验结果完全证明焊后胀接接头的密封性能和综合强度合格。

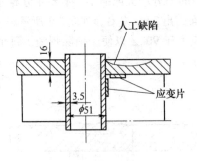

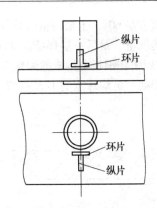

图 5-5　应变片贴在堆焊区背面和管子上　　　　图 5-6　测定环向和纵向的应变值

2. 现场施焊

焊前将锅筒内杂物清除掉、打磨铁锈，以及烘干焊条。按模拟试验确定的施焊规范，焊接电流为90A，电压为25V，每点施焊时间为7s，焊接速度为8～10m/h，选用E4303焊条。

为保证堆焊中不使焊接接头过热，必须使每次焊后有一定的冷却时间。因此以锅筒的纵向管子每10排管为一个间隔段，每个间隔段堆焊一个腐蚀坑后就换到下一段的蚀坑堆焊。如此轮流依次进行，以使每个焊点有足够的冷却时间不致过热。

全部蚀坑焊完后，用石棉绝热物将补焊区及其周围盖严保温，让其缓慢冷至室温；然后用磨光机将各堆焊区高于母材的焊材磨平，打磨的表面弧度应与锅筒壁一致；最后对堆焊表面及与锅筒非腐蚀面交接处进行表面无损检测，且不得有裂纹等缺陷存在。处理完毕即可进行水压试验。

【案例5-3】　某分厂S2L10-1.27/350型号的4号锅炉，锅筒内部下表面沿纵向的5排管子的区域内，大小蚀坑千余处，最大的一块为：1650mm×220mm，深度达0.5～11.8mm（锅筒壁设计厚度16mm）。蚀坑总面积为967320mm²。特别严重的是上下锅筒的对流管束的管端也遭腐蚀，部分管子中段也被腐蚀穿孔。其中有114根管子不能再用，检验判定该炉做报废处理。

使用单位要求修复使用，最后用堆焊修理方法进行修复。

当把需要更换的100多根对流管退出后，发现有61个管孔已被腐蚀成椭圆孔了，其长轴方向是沿锅筒的纵向，椭圆度为51.9～52.6mm，个别为53.5mm，不能用常规方法进行胀接。因此，该炉除了对锅筒内表面大面积的块状蚀坑进行堆焊修复外，还要解决被腐蚀管孔的修复。

对管孔的修理，仍采用试件模拟试验，来确定可靠的工艺方法。

模拟修复管孔的内容和步骤为：①在模拟试件上仿制出锅筒上严重超标的人为椭圆度，尺寸选取最大者；②按【案例5-2】成功堆焊工艺进行补焊，使孔径减小到45mm左右；③用特制的专用镗孔装置镗孔，达到φ51mm的标准要求；④测定补焊区及其附近的表面硬度，并进行表面荧光无损检测；⑤进行胀接并测定胀管率；⑥进行水压试验，对胀口进行综合强度检查。

试验结果合格后，利用试验结果，编制出施工方案，连同模拟试验测试报告，呈报当地锅炉监察部门经审批同意后，才能进入现场施工。

根据该炉现场施工的成功经验和试件模拟试验数据，进行堆焊修复，取得了成功。

5-7　锅炉受压元件（如锅筒、锅壳等）产生裂纹有哪几种？其特征如何？

答：锅炉受压元件（如锅筒、锅壳、炉胆和防焦箱等）产生的裂纹有如下几种。

1. 机械应力作用下产生的裂纹

锅炉某一元件的扳边部分和堆焊过高焊缝，运行时应力集中可能超过金属的屈服点强度而产生裂纹。由机械应力产生的裂纹，其特征是裂纹比较长。

2. 热应力作用下产生的裂纹

金属在高温下过热会产生裂纹，这时往往会引起金属组织的变化（可用金相分析进行检验）。有时虽然金属温度不太高，但在长期反复变化的情况下，也会产生热疲劳裂纹。热疲劳裂纹的特征是裂纹比较短而细，且数量较多。

3. 苛性脆化裂纹

苛性脆化也叫晶间腐蚀裂纹，是一种沿金属结晶晶粒边缘开裂的现象。因为裂纹由内向外发展，在初期很难察觉。当能检查出裂纹时，已经是后期了，并可能已到了危险的程度。因此，苛性脆化裂纹外观不易发现。

受压元件，特别是锅筒、锅壳产生裂纹时，要慎重分析、研究处理，以及查清产生裂纹的原因。即根据裂纹出现的部位和工作条件，确定裂纹的性质，如是苛性脆化裂纹，还是属于疲劳裂纹，然后确定修理方案。

5-8　锅筒（锅壳、封头、管板）的裂纹修理有哪些原则？

答：锅炉受压元件金属上发现裂纹后，首先应查明产生裂纹的原因、裂纹的性质，以及锅炉金属材质是否符合要求、钢材是否变质等情况；然后经分析研究，根据具体情况慎重处理。

（1）锅筒产生如下裂纹时，不允许进行补焊

1）属于苛性脆化裂纹或材质不合要求（包括钢材变质），不能进行补焊。

2）在焊缝上及焊接的热影响区产生的裂纹不能进行补焊。

3）在锅炉封头、炉胆、管板上扳边圆弧处产生环向裂缝、裂纹，其长度大于圆周长的25%，且深度超过2mm时，不允许补焊。因为这种类型裂纹往往由多条平行裂纹或斜交的短裂纹组成，不容易将所有裂纹都剔尽。故即使补焊，也只能作为暂时处理；最好的方法是挖补或更换。

4）锅壳式锅炉的锅壳上有一条或数条纵向裂纹，且其总长度超过每节锅壳长度的50%时，不允许补焊。

5）水管锅炉的锅筒裂纹超过下列范围时不允许补焊：

①当两孔间鼻梁的个别裂纹，纵向裂纹总长度超过全部鼻梁总长的20%时；横向

裂纹超过 25% 锅筒圆周长时。

②当裂纹连续通过几个管子鼻梁时，纵向裂纹总长超过全部鼻梁总长的 10%，横向裂纹总长超过锅筒圆周长的 15%。

锅筒上的管孔间的裂纹，必须查明裂纹的性质和其发生的原因，并应慎重处理。原则上不宜轻易补焊。

（2）管板上管孔间的裂纹有下列情况之一时，不允许补焊

1）裂纹成封闭状，如图 5-7 所示的 A 状。

2）裂纹成辐射状，即管板上管孔带裂纹从管孔指向四个方向，如图 5-7 所示的 B 状。

3）裂纹长度超过四个管孔带间距，如图 5-7 所示的 C 状。

4）管孔带裂纹在最上一排两个管孔的间距上，如图 5-7 所示的 D 状。

5）管孔带裂纹在最外一排管孔上并且向外延伸、如图 5-7 所示的 E 状。

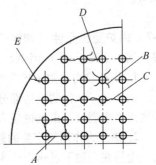

图 5-7　五种裂纹类型不允许补焊

（3）铆接结构的锅炉有下列情况时，不允许补焊

1）铆钉孔间断续裂纹的总长度超过锅筒圆周长的 25%。

2）铆钉孔间连续裂纹的长度超过锅筒圆周长的 10%。

3）未确定铆缝裂纹的性质前和奇性脆化的裂纹严禁补焊。

除上述情况外，钢板合格，对裂纹产生的原因和性质掌握后，视当时的具体情况，可采用补焊。

5-9　裂纹补焊的应用范围和裂纹补焊工艺的具体操作是怎样的？应注意些什么？

答：补焊的应用范围对于合格钢材，局部的较轻的裂纹可以进行补焊。

1. 补焊操作

经过分析研究，确认采用补焊工艺可以保证修理质量时，补焊的具体操作应按下列步骤进行：

1）用无损检测法，如用煤油白粉法或磁粉检测法查明裂纹走向、长度和深度。在裂纹的延伸方向上，在相距离两末端 30 ~ 50mm 处，各钻一个直径为 6 ~ 8mm 停止小孔，以防止裂纹继续延伸，如图 5-8 所示；并由孔剔槽，剔槽应尽可能考虑俯焊。

2）裂纹剔槽的坡口可做成 X 形、V 形或 U 形。焊缝焊补前必须将裂纹铲清，焊缝表面平正，露出金属光泽。

3）钢板边缘延至内部裂纹和钢板中间裂纹，其裂纹焊补长度在 200mm 以下时，可采用单向焊法，如图 5-9a 所示；或焊接前在钢板边缘处打木楔，如图 5-9b 所示。当悍补长度在 200 ~ 400mm 时，则可采用步退法焊接，如图 5-9c 所示。焊接前在焊缝坡口中部打木楔，当焊到木楔附近时，取下木楔移至钢板边缘处打入；然后再继续施焊，以防止在焊接时其边缘外口冷缩变形。

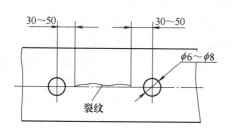

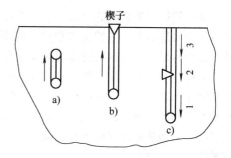

图 5-8　截止孔打法

图 5-9　裂纹补焊施焊方法

4）钢板中间裂纹长度在 200～400mm 时，剔完坡口后，须从两端用步退法向中央焊接。为防止产生新的裂纹，在焊接前预热两端和在焊缝坡口中部打木楔，木楔在焊补完毕前撤除，如图 5-10 所示。

若裂纹长度大于 400mm 时，剔完坡口后，应从两端开始用步退法焊接。在焊接前应分段打木楔。焊接一段则撤除一个木楔，当焊至尚剩 400mm 左右时，应在两端进行预热，并继续用步退法焊接直至全部焊完，如图 5-11 所示。

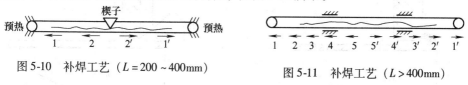

图 5-10　补焊工艺（$L = 200 \sim 400$mm）

图 5-11　补焊工艺（$L > 400$mm）

补焊后应将其加强高度磨平，以免因应力集中再引起裂纹。

2. 补焊的注意事项

1）焊补时，必须注意焊接处由于冷却收缩所产生的焊接内应力所带来的不良后果（如产生新的裂纹）。因此，应十分注意焊接工艺，焊接时的环境温度，对于低强度钢可采用加木楔和预热的方法进行补焊，防止产生变形。

2）对于未穿透的坡口，焊接时不必加木楔，但仍采用步退法焊接工艺，必要时仍应预热。

3）补焊时，每层焊接的接头不应重叠在一起，必须错开。步退法焊接的分段长度与钢板厚度有关，对于板厚较薄的应短些；反之，则可长些。

每层焊接后的焊渣必须及时清除干净，焊后焊缝表面应均匀，不允许有弧坑、夹渣、咬边，气孔存在，更不能有裂纹发生。

4）补焊后应进行无损检测是否合格。

辐射受热元件补焊后，必须将高于板面的焊缝金属铲平磨光。

5-10　DZL 型热水锅炉孔桥裂纹的形成及修复措施如何？

答：【案例 5-4】　某厂使用的 DZL 型热水锅炉，在运行 5 年后，均不同程度地出现后管板高温区孔桥裂纹，导致泄漏。

　　该型锅炉产生裂纹的原因：主要是管孔和烟管装配间隙过大，间隙中产生水垢，造成管板金属过热而产生的疲劳裂纹。该型锅炉水火管（烟管，包括拉撑管）仅在管板外侧进行封焊，焊缝熔入管板的深度仅在 2~3mm 左右，且烟管孔与烟管外径之间整个圆周上存在一定的缝隙，约 0.2~0.6mm，如图 5-12 所示。虽采取胀管措施，但间隙往往不能完全消除，锅炉在运行过程中，间隙中的水产生过冷沸腾，局部生成水垢，使管孔壁和管端传热恶化，造成管孔周围的管板金属过热。加上锅炉起炉、停炉、负荷变化受温差应力和热胀冷缩应力的影响，易产生应力集中，从而形成烟管与管板焊接处的疲劳裂纹，造成泄漏。

　　修理措施：根据管板产生裂纹的原因，应尽可能减少间隙中的过冷沸腾面；增加焊缝抗裂延伸能力，为此，实际施工中采取的措施是：对第二回程入口高温区的管板与烟管的焊缝采用坡口结构。这种结构以全焊透形式最好，但因管板较厚、烟管密集，若坡口角度太大、焊缝影响区重合；坡口角度太小，焊条伸不到根部。实际上选用了如图 5-13 所示的坡口。

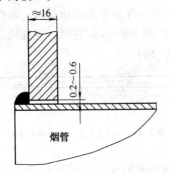

图 5-12　管孔与烟管之间的间隙

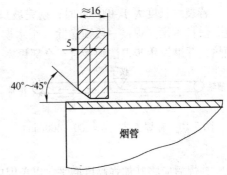

图 5-13　焊接坡口结构形式

　　采用这种坡口结构型式进行焊接，焊接熔入管板的深度可达 7~8mm，而高出管板的焊缝高度仍保持和原设计一致，仍为 5mm。由于一般管板厚度可达 16mm 左右，加之焊接前对烟管逐个预胀，因此管孔与烟管之间间隙深度最大不会超过 8mm，从而使过冷沸腾产生的气泡在间隙内较易浮出，且气泡与周围的交换速度加快，改善了局部金属过热的状况。

　　另外，由于焊缝断面的增大，加强了焊缝抗裂延伸的能力，因烟管热胀冷缩引起对焊缝的剪应力其破坏性也大为降低。

　　采用这种修理措施，对 DZL 型热水锅炉修复十余台，运行近六年无一出现后管板高温区裂纹现象

5-11　挖补修理工艺的应用范围是什么？

答： 锅炉受压元件上产生严重缺陷，如腐蚀、裂纹、鼓包或凹瘪变形等，若变形较大、损坏严重，其损坏性质又不允许用堆焊、补焊或顶压复位等比较简单的方法修理时，都可采用挖补法修复。

　　挖补修理工艺是锅炉受压元件严重缺陷修复的重要手段。如果锅炉损坏到连挖补修理都不能修复使用，那只好将锅炉报废更换。

　　挖补修理工艺方法是先把损坏部位挖掉，用性能相同，厚度相等的钢材，预先制成所要求的补板形状，补焊在被挖掉的部位，恢复钢板原有的强度。

5-12　挖补修理工艺主要技术要求是什么？修理具体工艺是什么？

答：能否采用挖补修理工艺，原锅炉的材质是否变质，材料性能、焊接性等必须事先确定。

1. 对原锅炉材质的确定

　　根据《低压蒸汽锅炉修理安全技术暂行规定》："修理锅炉受压元件的材料，应不低于原元件的性能。采用焊接修理时，应考虑旧材料的焊接性。"对于那些没有任何原始资料、材质不明的锅炉、应做材料的化学分析和力学性能试验，来确定材料的性能。对于使用年限已久、制造日期超过 30 年、连续运行超过 20 年的锅炉，或对材质有怀疑的锅炉，除了做化学分析和拉伸试验外，还要做冲击试验。冲击试验要做三个试样，三个试样的冲击韧度值的平均数不得低于 $39.2J/cm^2$，其中一个试验样本的最低值不低于 $29.2J/cm^2$。对于较新的锅炉亦要做理化性能试验。对于发生过裂纹和过热损坏的锅炉，还应做金相检验。因为在这种情况下，钢板材质晶粒度变化会使其力学性能恶化。对于大部分钢板已普遍腐蚀，其剩余厚度低于 6mm 以下的锅炉；钢材性能恶化无修理价值的，不能作为蒸汽锅炉使用，报废或改为常压锅炉。

　　对于原锅炉材质的确定，应持慎重的态度，即使原锅炉有制造材质证明，也应对需要挖补部分进行材质鉴定。

2. 挖补锅炉选用挖补用的材料

　　挖补用的钢材，应根据原锅炉钢材鉴定结果，选用同型号的钢材。对于老旧锅炉没有同型号钢材时，亦可选用性能相似的钢材，但所选用钢材的性能不能低于原锅炉元件的材质性能，且具有可焊性。在选用材料时应满足下列要求。

　　1）修理锅炉受压元件选用新材料，必须符合 GB 713—2014《锅炉和压力容器用钢板》的技术标准，有钢厂的合格证书（或抄件）。并按照 JB/T 3375—2002《锅炉用材料入厂验收规则》的规定，对修理用材进行验收和复验。

　　2）如对钢材有特殊要求，应在修理方案中加以注明。修理用材应做好记录作为提供材料证明的依据。

　　3）采用电焊修理时，其焊条要符合 GB/T 5117—2012《非合金钢及细晶粒钢焊条》和 GB/T 5118—2012《热强钢焊条》的规定，焊丝要符合 GB/T 14957—1994《熔化焊用钢丝》的规定。

　　4）补板材质及所用焊条化学成分应和原锅筒材质相同或相近，其厚度应不低于锅筒的厚度，也不能太厚，最好相等。

3. 补板的形状和尺寸的确定

　　根据锅筒损坏情况，如裂纹或鼓包变形的位置和形状，一般选用圆形，椭圆形或长方形补板。

1）如用长方形补板时，四角一定要割成圆弧状，切莫割成直角，以免应力集中。圆角的半径不小于100mm，如图 5-14 所示。同时，长方形补板至少要有一端的焊缝布置在锅筒原焊缝上，如图 5-15 所示。

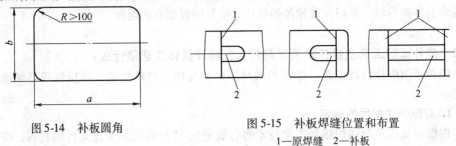

图 5-14　补板圆角　　　　　　图 5-15　补板焊缝位置和布置
　　　　　　　　　　　　　　　　　　1—原焊缝　2—补板

2）如有铆缝，补板焊缝和铆缝之间的距离应大于150mm；否则，焊缝收缩要损坏铆缝。若确实小于150mm，就增大补板面积与铆缝边取齐，如图 5-16 所示。

3）圆形补板一般都是小尺寸，直径在250mm 以内，其他形状补板的长和宽不小于250mm，

4. 焊缝坡口形式的选择

根据焊缝部位选用 V 形或 U 形、Y 形或 X 形焊缝形式。坡口形式的选择是根据钢板厚度和焊接方式确定的。在一般情况下，V 形或 U 形坡口适宜较薄的钢板和适合平焊，若钢板较厚时，则可开成 U 形坡口；尽量采

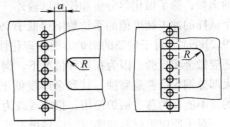

图 5-16　有铆缝的补板
（$a \geqslant 150$，$R \geqslant 100$）

用平焊，保证焊接质量。各种形式的坡口如图 5-17 所示。Y 形坡口适合于立焊或横焊，这种坡口角上大下小；当横焊时，熔化金属不易流失，并可在卧式锅筒的纵向焊缝上或立式锅筒的环向焊缝上采用。X 形坡口适用于钢板较厚，且两面都能施焊的情况；在此情况下为减少熔化金属量和焊后的内应力，应采用 X 形坡口。X 形坡口一般为修理过渡形式，如正 V 形与反 V 形不好连接时，则用 X 形坡口过渡。它也适用于立焊和平焊，Y 形或 X 形坡口结构型式如图 5-17 所示。

5. 补板与锅筒之间的装配尺寸技术要求

1）损坏部位从锅筒割下时，要做好样板。若按长方形割取时，一定要将线划正、割正，决不能歪偏；然后用一个样板在弧板上下料，下料尺寸要比从锅筒割下的部分稍大一些，长和宽各大5mm。弧形补板半径应略小于锅筒半径。

2）拼缝的间隙一般不应超过2mm，个别间隙达到3mm 时，长度不能超过50mm，并且总量不能长于总的焊缝长度的30%；如果有个别间隙达到4mm，则长度不应超过25mm，且总量不应长于总长度的10%。

3）补板与锅筒壁装配时，焊缝边缘偏差 $\Delta\delta$ 不超过钢板厚度的10%，最大不超过3mm，如图 5-18 所示。

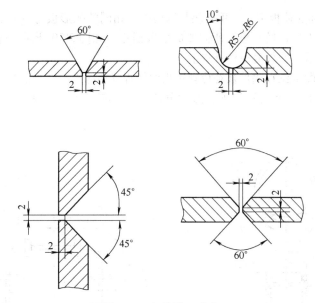

图 5-17　各种坡口形式

4）补板的厚度应不低于原锅筒壁的厚度，最好相等。

5）挖补后的焊缝位置，应符合下列要求：①相邻两节圆筒形部分的纵向焊缝必须错开，错开的距离不得小于 100mm；②同一节圆筒形的两条纵向焊缝间的距离至少为 300mm；③封头上的拼缝和圆筒形部分的纵向焊缝必须错开，错开距离不小于 100mm。

6. 补板的固定与施焊

在焊接前，补板应固定在锅炉被补位置上才能施焊，一般常采用如下固定方式。

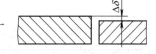

图 5-18　焊缝边缘偏差

（1）定位焊固定定位　将补板放在锅筒被挖掉的空位上，与锅筒壁主板前后左右对齐，并调整其间隙，合适后将补板定位焊在固定位置。补板定位时应注意将补板紧靠主板（锅筒壁）的两边，而定位焊要从有间隙（或间隙较大的）的两边开始。

焊接时的程序是：先由一角用步退法焊接相邻的间隙较大的两边，如图 5-19 中的 1、2、3、…、8。然后将两邻角用乙炔火焰加热，再按图 5-19 中的 1′、2′、3′、…、6′的焊接程序焊另外的两边，这样的施工方法可以减少焊后内应力。

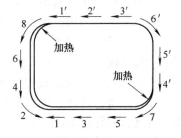

图 5-19　挖补的焊接程序

这种定位固定方法比较方便，但由于施焊时的冷却易将定位点焊点拉断，在焊接时要将点焊处剔除，重新焊接；否则，会使该处焊缝留下缺陷。这种定位固定方法仅适用于补板尺寸较小的挖补。

（2）装合板卡住定位和临时角铁装配定位　装合板卡住定位一般用于圆筒形元件

（锅筒底部）底部的补板定位。用两块与锅筒内径相同的弧形板与事先加工好的补板在锅筒内侧点焊若干处，使补板按所需要的位置摆正，如图5-20所示。焊完后拆去装合板卡，并将补板留下的焊缝空档补焊上。

临时角铁装配定位在锅炉被补位置主板两侧焊缝边缘上，适当点焊上临时角铁，将补板卡在应补的位置上而不焊死；然后分段依次焊接，临时角铁装配定位如图5-21所示。

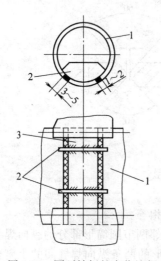

图5-20　圆弧补板的定位施焊

1—主板　2—装合板　3—补板

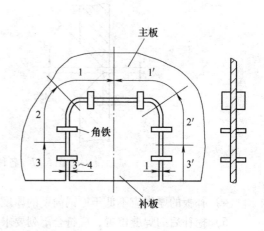

图5-21　临时角铁装配定位

装配间隙调整后，焊接时先焊接的焊缝间隙要比后焊接的焊缝间隙大一些，即先焊间隙大的，如图5-19所示那样。在图5-21中，先用步退法焊1、2、3，后焊1′、2′、3′。这样的施焊法可以减少焊接内应力，且冷却收缩时会使两边的焊缝间隙相接近。

（3）补板自留收缩余量法　为使补板在焊接冷却收缩得到补偿和减少焊接产生的内应力，在制作补板时，可以预先热加工，使补板略带凸形，如图5-22所示。补板的尺寸较小时，凸形高度 $h = 2 \sim 3mm$；补板的尺寸较大时，凸形高度 $h = 3 \sim 5mm$。当补板用角铁固定后，按图中所示的施焊顺序进行施焊。这样，补板上的凸形能够抵消焊缝收缩所造成的拉应力。

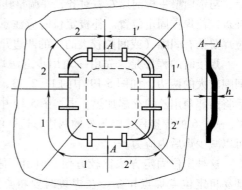

图5-22　预制凸形补板定位

7. 施焊的注意事项

1）锅筒挖补不得采用气焊焊接。

2）焊接的装配时不准用强力组合，必要时可以采用局部加热进行校正。

3）使用焊条、施焊的环境温度、坡口尺寸都应按有关技术要求进行。

4）施焊时必须注意焊接由于冷却收缩所产生的焊接内应力所带来的不良后果。补焊焊接应由经验丰富、持证上岗的焊工来完成。

8. 挖补后的质量检验

挖补工作结束后，应将焊缝清理干净，对补板工艺，焊接质量要进行认真的检验。焊缝除外观检查外，要对焊缝进行无损检测。最后做水压试验。

5-13 管板和燃烧室平板挖补的具体步骤是怎样的？

答： 1）首先要找出管板或平板损坏的原因和性质，如腐蚀的残余厚度、裂纹的性质、鼓包变形的程度等。确定有挖补价值时，应确定损坏部位的位置，检查是否有影响挖补质量的因素，如距原焊缝的距离是否在规定的范围以内，是否满足挖补的技术要求等。

2）确定采用挖补修复时，应将挖去的部位划线，划线的情况可如图 5-23 所示。即在烟管的管孔带中间，转角处应用圆弧过渡，圆弧半径应大于或等于 100mm。

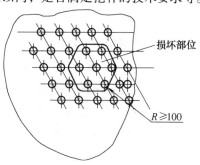

图 5-23 管板上挖补划线情况

3）在划线需要挖去损坏部位的范围内，距划线 10～15mm 处用气割法将损坏部分割开，在另一侧管板上将烟管从管板退除，再在损坏一侧将管子连同损坏的管板一起抽出。在气割时，当管板无水垢时，预留划线处的距离可以小一些，可以减少修整和开坡口的工作量；当管板有水垢时，切割时不易控制，而且烟管也不易抽出，故预留余量要大一些。

4）烟管管板（损坏部分）取出后，应清理原管板的烟灰和水垢，按划线修整加工成一定的形状坡口（单面焊时开 V 形坡口）。

5）根据划线和修整加工后空位，制成新的、材料和原管板相同的补板，经现场校验无误后，可在补板上钻管孔并符合规定要求；然后固定在原管板上进行施焊。施焊要求可见上题。

6）补板焊好后，经检验合格后，将新管插入孔内，进行焊接或胀接。当原管板为胀接时，在胀管时应对周围的烟管进行补胀，因为在焊接补板时可能造成周围烟管的松动。如原胀口已不宜补胀，则可将所有的胀口改为焊接。

7）燃烧室平板的挖补修理程序与管板挖补相同，只是短拉撑与平板都要采用焊接方法修理。补板的高度和宽度尺寸至少是短拉撑节距的 2 倍，补板的四角仍应圆弧过渡，其半径应大于或等于 100mm，如图 5-24 所示。

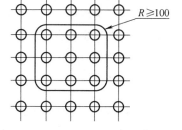

图 5-24 燃烧室平板挖补划线情况

8）管板和燃烧室平板挖补工艺和技术要求都应符合上题中的要求。

5-14　举例分析一台卧式锅壳锅炉管板开裂的原因是什么？修理方法如何？

答：【案例 5-5】**1. 弄清裂纹的情况**

某厂一台 KZL4-13 型锅炉运行中发现锅炉前右上角外包铁皮接缝处有蒸汽喷出，停炉检查，发现有一道穿透性裂纹、管板没有明显塑性变形。

主裂纹起始于角板拉撑与管板连接的角焊缝根部。该焊缝表面质量差，边缘存在 1mm 左右的连续性咬边缺陷。割去这块角板撑，打磨处理后进行表面无损检测，结果表明，主裂纹基本上沿着焊缝发展，并超出角板撑向下穿过管板拼缝，下端有五条形状不规则的细裂纹，主裂纹上端有三条近似平行的细裂纹，如图 5-25 所示。使用 LS-3 型裂纹测深仪测量，裂纹深度在 2~16mm 不等。

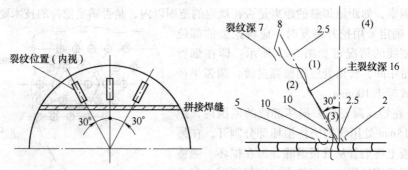

图 5-25　管板裂纹情况

2. 裂纹性质判断及原因分析

锅筒内径 $\phi = 1600mm$，管板材料为 Q345，角板撑材料为 Q345；管板与角板撑连接是未开坡口的双面角焊缝。如图 5-25b 布置 4 点取样做金相覆膜检查，裂纹边缘金属组织未见脱碳；与远离裂纹处（第（4）点）金属组织及形貌皆相同，均为铁素体 + 珠光体。因此可以排除材质原因和苛性脆化，为修复提供了依据。

焊缝严重咬边是产生裂纹的主要原因，它一方面削弱了管板强度，另一方面造成了应力集中。当锅壳、管板、烟管受热膨胀各不相同时，刚性很大的角板拉撑形式加剧了变形的不协调，形成高应力区，成为裂纹源。加上负荷的不均衡，起停频繁，在交变应力作用下加剧了裂纹的发展。上端靠近管板扳边部位，下端本来应力就最为集中，加上靠近管板拼缝，各种应力在此叠加，形成了主裂纹两端的数条小裂纹。

3. 修理方法

由于裂纹较长且穿过管板拼缝，并在主裂纹两端产生数条细小裂纹，不宜采用补焊方法，只能挖补。

根据裂纹影响范围，采用如图 5-26 所示的补板形状和尺寸。在管板上划线，切割出补板形状，用角向砂轮磨出 X 形坡口，角度为 30°，补板采用相同材料，也加工出坡口。组装时用角钢临时固定，采用多层多道对称焊接，焊前预热，焊

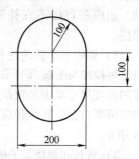

图 5-26　补板的
形状和尺寸

后热处理，并进行 100% 射线检测。

为了避免补板受到角板拉撑的影响，未在原位置重新焊角板拉撑，而是在距补板两侧焊缝约 800mm 处各安装一根圆杆斜拉撑，基本上可让开补板的热影响区。经强度计算，可恢复原有额定工作压力。管板挖补后，使用五年该部位未发现异常。

5-15   试分析某台 SHL10-25/400 型锅炉防焦箱裂纹事故的原因是什么？其修理方法如何？

答：【案例 5-6】1. 事故的基本情况

某厂一台 SHL10-25/400 型锅炉，于 1993 年投入使用，2007 年 11 月 3 日在运行中左防焦箱后部上侧突然喷出气雾，经停炉检查发现，左防焦箱有一条穿透性横向裂纹，经持证焊工补焊后继续运行。不到半月，又在距该处 200mm 内，出现几条穿透性横向裂纹，右防焦箱相对应位置也出现横向裂纹。

对锅炉事故全面检查，得到如下情况：

1）损坏部位：距后端下降管 0.8m 处炉膛高温区左右防焦箱上侧。

2）损坏情况：外观检查，在 400mm×100mm 范围内，有六条穿透性横向裂纹。通过对事故部位切割观察，发现内部有无数条横向裂纹，在壁厚方向上是内宽外窄，边缘是钝的。

3）检查锅筒和防焦箱内部，有轻微结垢。

4）水冷壁管和其他受压元件均无变形和异常现象。

5）水冷壁管焊接时插入防焦箱深度过长，伸入达 20mm 左右。

2. 产生裂纹原因的分析

1）对下降管与上升管截面积的核算   防焦箱尺寸 $\phi159mm×12mm$，材质 20g。下降管前端一根，后端两根，均为 $\phi76mm×3.5mm$；防焦箱中间布置 11 根上升管，尺寸为 $\phi51mm×3mm$；中间定期排污管一根，尺寸为 $\phi45mm×3.5mm$。上升管与后端下降管有 1830.5mm 不设水冷壁管。经计算，下降管总截面积 $\Sigma F_下 = 0.0112m^2$，上升管总截面积 $\Sigma F_上 0.0175m^2$。$\Sigma F_下 / \Sigma F_上 = 64\% > 25\%$。实际上上升管又无堵塞，又没有变形，因此不可能因缺水破坏水循环所造成的事故。

2）事故的直接原因是锅炉安装时水冷壁管插入防焦箱深度过长   由于上升管管端伸入防焦箱内部过长（20mm），阻碍水汽流动，使水循环速度降低，加上防焦箱后端有 1830.5mm 没有水冷壁引出，这对于处于高温区，且水平放置的防焦箱上侧很容易发生汽水分层，从而造成防焦箱上、下侧温差，上侧过热发生裂纹。如上、下侧温差不大，又没有水垢，短时间可能正常运行，但经过长时间的运行，防焦箱上侧结有水垢，上侧壁温也随之升高，传热恶化导致穿透性裂纹的产生。

3）起炉、停炉频繁，锅炉负荷变化大，气压不稳，使防焦箱上侧温度反复发生变化，也是产生裂纹的另一个原因。

3. 修理方法

只有更换防焦箱。在更换防焦箱时，必须控制上升管管端伸入防焦箱内部的长度，最长不得超过 3mm。

在运行时负荷变化适当控制，尽量做到均衡用汽。

经过以上修复和运行调节，运行约 10 年没有再出现类似事故。

5-16　在审查锅筒强度计算时应注意哪些主要事项？

答：当锅筒（锅壳）出现损坏（或缺陷）或修理过程中，必须事先了解原设计状况，就得审查锅筒的强度计算。根据损坏和修理情况，必要时还得进行强度核算。当审查强度计算时和强度核算后应注意如下事项：

1）在任何情况下，锅筒筒体（锅壳）壁厚都不应小于 6mm。

2）采用胀接结构时，锅筒筒体的壁厚一般不得小于 12mm。

3）锅炉出口额定压力不大于 2.5MPa 的不绝热锅筒筒体，允许置于烟温高于 600℃的烟道或炉膛内，在烟温大于 900℃的烟道或炉膛内，其壁厚应不大于 20mm；在烟温为 600~900℃之间的烟道内，其壁厚应不大于 30mm。

4）对于胀接管孔，其孔桥减弱系数 ϕ、ϕ' 和 ϕ''（纵向、横向和斜向孔桥减弱系数）一般不宜小于 0.3。

在焊缝上不应有胀接管孔，胀接管孔中心与焊缝边缘的距离不应小于 0.8d，且不小于 0.5d + 12mm。

5）焊接管孔应尽量避免开在焊缝上，并避免管孔焊缝与相邻焊缝的热影响区相重合。如不能避免时，须同时符合下列条件，方可在焊缝上及其热影响区开孔。

①管孔中心四周 1.5 倍管孔直径（当管孔直径小于 60mm 时为 0.5d + 60mm）范围内的焊缝经射线检测合格，且孔边不应有缺陷。

②管子或管接头焊后经热处理或局部热处理消除应力。

如孔桥与焊缝重合或孔桥中有焊缝通过时，该部位减弱系数取孔桥减弱系数与焊缝减弱系数的乘积。

6）锅筒（锅壳）、集箱所用的钢板、管材、焊条和焊丝，都应符合《蒸汽（热水）锅炉安全技术监察规程》中金属材料及其附录中"焊接接头拉力和弯曲试样"的规定，并经各项力学性能试验和化学分析合格。

5-17　锅筒或集箱在什么情况下应进行强度核算？为什么水压试验不能代替强度计算？

答：1）锅炉的承压部件，如锅筒、集箱、管板，在改造和大修中，需要在锅筒或集箱上增加焊接或胀接炉管，承压部件结构发生了变化，如锅筒、集箱和管板要增加开孔，或原孔径改大等，必须对锅筒、集箱上管孔的孔桥系数进行强度核算。如不经强度核算，就在锅筒或集箱上任意开孔，往往会使锅筒、集箱的强度削弱，那是十分危险的。

2）当锅炉的承压部件上由于严重腐蚀或磨损，使壁厚减薄，应进行强度核算，若强度不足，进行挖补或降压运行。

3）当锅炉多年不运行，对锅炉工作压力有怀疑或锅炉强度计算资料丢失，无法确定工作压力时，应根据锅炉实际结构进行实测，按实测尺寸进行强度计算，并确定工作压力。

锅炉能承受多大的工作压力，在设计锅炉时，是用强度计算标准的规定对锅炉的承压部件进行强度计算来确定的，决不能任意地以水压试验来确定。因为水压试验是用来检查锅炉的严密性及承压部件有否渗漏，任意确定过高的水压试验压力，反而会留下隐患，引起锅炉承压部件的损坏。所以锅炉承压部件的强度主要依靠计算的方法确定。

5-18　在锅炉的改造或修理中为什么要对承压部件的几何形状和尺寸进行检验？

答：锅炉承压部件的几何形状和尺寸及其允许偏差，在锅炉制造的专业标准中是有严格规定的。因为偏差太大，将会增加附加应力，在运行中容易出现事故或缩短锅炉的使用寿命。

对于在用锅炉，由于安装的原因可能使承压部件受到外力的作用（如锅筒没有膨胀余地），致使承压部件几何形状和尺寸发生变化；在运行中，由于负荷的变化和起炉、停炉频繁及管理不善，都会使锅炉发生变化；在锅炉的承压部件的修理中，如挖补、堆焊工艺方法不对，均会造成锅筒、炉胆、管板、炉管等承压部件的变形。因此对锅炉承压部件的几何形状和尺寸检验，应严格地认真执行，按有关标准进行检验。

5-19　锅筒（或锅壳）的几何形状和尺寸检验有哪些要求？

答：1）锅筒筒体一般都是整张钢板卷制而成，尽量减少焊缝。相邻两节的焊缝应错开，错开的外圆弧长度不得小于 100mm。

2）在锅筒的焊缝上及其附近热影响区不允许开孔。若发现开孔或焊有管子，应按相关标准和规定进行核对，并进行减弱系数的核算。

3）焊缝对接的边缘偏差值 ΔS。当厚度相同的钢板对接时，纵缝错口偏差值一般不能大于板厚的 10%，并不能超过 3mm。当厚板与薄板对接时，厚板高出薄板的厚度如果纵缝超过 3mm，环缝超过 5mm 时，要把超出的厚度削薄，削薄长度不小于削薄厚度的 4 倍，如图 5-27 所示。

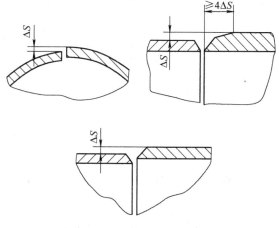

如果对接的边缘偏差较大，锅壳在外力作用下接头处产生不正常的受力状态，并且由于偏差部分要产生位移，在焊缝处会产生较大的二次应力。

图 5-27　焊缝对接的边缘偏差

对于在用锅炉，发现锅筒（或锅壳）筒体的纵向焊缝或环向焊缝边缘偏差值超过上述规定时，是否需要修理的问题，首先应当考虑，当锅筒筒体在内压力作用下产生的拉应力以及由焊缝接头处错边而产生的弯曲应力之和，是否在锅筒筒体材料的许用拉应力以下。可以用下列推荐公式，求出它的许用工作压力。

对于纵缝

$$[p] = \frac{2\varphi \, [\sigma] \, S'}{D_n + S'} \left[\frac{S'}{S' + 3\Delta S} \right]$$

对于环缝

$$[p] = \frac{2\varphi \, [\sigma] \, S'}{D_n + S'} \left[\frac{2S'}{S' + 3\Delta S} \right]$$

式中：$[p]$ 为许用工作压力（MPa）；$[\sigma]$ 为材料的许用应力（MPa）；D_n 为锅筒筒体（或锅壳）内径（mm）；S' 为薄板厚度（取实测薄板厚度减去附加厚度）（mm）；ΔS 为钢板边缘偏差值（mm）；φ 为校核部位的焊缝减弱系数。

以上公式适用于在用锅炉的修理前校核计算，不适用于制造出厂的新锅炉。在用锅炉的环向焊缝错边偏差值超过上述规定，如图 5-27 所示，但未超过 $\frac{1}{3}S'$ 时，只要焊缝质量检验合格，可以不降压运行，也不需要进行任何修理。

4）筒体几何形状和尺寸偏差。锅炉筒体的几何形状和尺寸偏差应不超过表 5-3 中的规定。筒体主要尺寸偏差如图 5-28 所示。

表5-3　锅炉筒体主要形状偏差和尺寸偏差表　　　（单位：mm）

项目		公称内径 DN	内径偏差 ΔDN		圆度（椭圆度）$D_{max} - D_{min}$		线轮廓度（棱角度）ΔC	端面倾斜度 Δf	热卷减薄量 ΔS
			冷卷	热卷	冷卷	热卷			
中低压锅炉		$DN \leqslant 1000$	+3 −2	±5	4	6	3	2	
		$1000 < DN \leqslant 1500$	+5 −3	±7	6	7	4	2	−3
		$DN > 1500$	+7 −5	±8	8	9	4	3	
高压锅炉		$DN \leqslant 1500$	±5		≤0.7% DN		3	2	−4
		$DN > 1500$	±7				3	3	

注：1. 线轮廓度（棱角度）只允许在纵向焊缝处存在，并用样板检查，样板弦长为 $\frac{1}{6}DN$，且不得小于 200mm。

2. 筒体与筒体，或筒体与封头对接时，为保证其边缘偏差符合相关标准的规定，必要时进行选配。

3. 圆度（椭圆度）$D_{max} - D_{min}$，为筒体同一截面上最大内径和最小内径之差。

①中低压锅炉筒体表面：筒节内外表面的凸起、凹陷。疤痕等缺陷，当其深度为 3~4mm 时，可将其磨平。其深度大于 4mm 时，应补焊并修磨平整。

②圆度（$D_{max} - D_{min}$）和线轮廓度（棱角度）ΔC 在锅炉受压时产生应力集中，因此，必须在规定范围之内。圆度是在加工及装配过程中造成的。在运行锅炉中，受内压的筒体在垂直于轴向的同一截面上，其最大内径与最小内径之差（简称筒体直径差），

即为圆度。对于任何截面的测量（取平均）不得超过其计算内径的 1%（其值不超过
20mm）。

　　③线轮廓度 ΔC 主要是在滚卷钢板时造成的。在卷制前未按照要求对两接缝头进行
预弯或焊后未完全找圆所造成的。测量线
轮廓度的方法是将外径样板 1 上的基准线
对准焊缝中心，用直尺在焊缝两侧测出样
板边缘到筒体 2 的距离，与样板高度的差
值即为线轮廓度。其测量方法如图 5-29
所示。

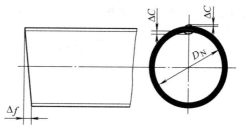

图 5-28　筒体主要形状尺寸偏差

　　④锅筒直线度主要是由各节筒体端面
倾斜及装配误差所造成的。直线度的测量
方法如图 5-30 所示，在锅筒 2 两端离焊缝边缘前 100mm 处，各放置等高的两块垫铁 3，
在其上拉一条直线 4，测量直线到筒体之间最大距离，减去垫块厚度，即为全长直线度
（$W-h$）。焊接后的筒体每米长度直线度不超过 1.5mm，全长直线度：当锅筒长度 $L \leqslant$
5000mm 时，允许 $W-h \leqslant 5$mm；当 5000mm $\leqslant L \leqslant 7000$mm 时，允许 $W-h \leqslant 7$mm；当
7000mm $\leqslant L \leqslant 10000$mm 时，允许 $W-h \leqslant 10$mm；当 10000mm $\leqslant L \leqslant 15000$mm 时，允许 W
$-h \leqslant 15$mm。

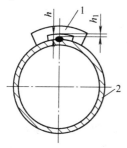

图 5-29　线轮廓度测量
1—样板　2—锅筒

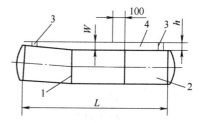

图 5-30　直线度测量
1—焊缝　2—锅筒　3—垫铁　4—拉线

5-20　与锅筒、集箱连接的管头检验的重点项目是什么？

答：与锅筒、集箱连接的管头，如果装配质量不合要求，锅炉投入运行后，很可能会出
现事故。因此，在对它们检验时，应重点检验如下项目。

　　（1）焊接管端伸出（或插入）锅筒、集箱和管板的长度　炉管管端插入上锅筒太
长，锅炉泥渣沉积在接受辐射热的锅筒底部，容易腐蚀和过热变形；停炉时锅水放不
尽，容易造成锅筒底部的腐蚀。

　　炉管管端插入下锅筒太长，将使锅筒顶部积存气体，造成氧腐蚀；排污管插入太长
会影响排污和积水排不尽，也会造成腐蚀。

　　管端插入集箱太长，将会影响水循环。若是防焦箱，则防焦箱内上部气体排不出
去，会引起防焦箱上部局部过热，产生热疲劳裂纹。

当锅壳式锅炉的烟管管端伸出管板过长，在高温区管板的管端就容易过热而被烧损或产生裂纹。

焊接管端伸出或插入锅筒、集箱、管板的长度应尽可能短，以能保证焊接质量要求即可。一般应控制在 2～3mm。

（2）排污管与锅筒、集箱的连接　有些水管锅炉的排污管从封头接出如图 5-31 所示，不能起到排污的作用。这是不合理的，在修理时建议改为从锅筒的底部接出。

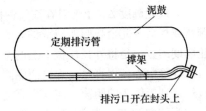

图 5-31　排污口不在最底部致使污水排不干净

有的排污管采取如图 5-32a 所示的连接是错误的，因排污时的冲击力将可能会引起焊缝裂开，应采用如图 5-32b 所示的连接结构。

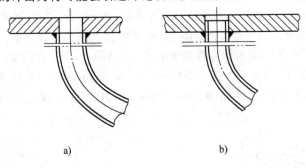

a)　　　　　　　　　b)

图 5-32　排污管的连接

a）错误的连接　b）正确的连接

（3）胀接管头检验

1）应严格控制胀管率，一般应控制在 1%～2.1% 的范围内。胀接管头不得发生过胀、偏胀，管壁不得出现棱角、挤压及管端出现起皮、皱纹、切口、偏斜和裂纹等缺陷。有关胀管质量要求详见第 6 章。

2）管端伸出量以 6～12mm 为宜。管端喇叭口的扳边应与管子中心线成 12°～15°角；扳边的起点与管板（锅筒）表面以平齐为宜。

3）对于锅壳式锅炉，直接与火焰（烟温在 800℃ 以上）接触的烟管管端必须进行 90° 的扳边。扳边后的管端与管板应紧密接触，其最大间隙不得大于 0.4mm，且间隙大于 0.1mm 的长度不得超过管子周长的 20%。

5-21　锅炉在制造、改造和修理时，焊接缺陷有哪些？检验时应检验哪些项目？

答：锅炉在制造、改造和修理时，出现的焊接缺陷共分四类，也是检验时应检验的重点项目。

（1）**焊缝尺寸不符合要求**　如焊缝超高、超宽、过窄，高低差过大，焊缝过渡到母材不圆滑等。

（2）**焊缝表面缺陷**　如咬边、焊瘤、内凹、满溢、未焊透、表面气孔、表面裂纹等。

(3) 焊缝金属不连续　如气孔、夹渣、裂纹、未熔合等。

(4) 焊接接头性能不合要求　如过烧、过热、产生魏氏组织、韧性降低等。

在锅炉的改造和修理中常见的缺陷有裂纹、气孔、夹渣、咬边和未焊透等。

5-22　焊接缺陷对锅炉有哪些危害?

答: 1) 破坏了焊缝的连续性, 降低了焊接接头的力学性能。

2) 引起应力集中。

3) 缩短锅炉的使用寿命。

4) 造成脆断, 产生爆炸, 危害安全。

5-23　焊缝的外观检查有哪些内容?

答: 1) 焊缝外形尺寸应符合设计图样和工艺文件的规定, 焊缝高度不低于母材, 焊缝与母材应圆滑过渡。

2) 焊缝及其热影响区表面无裂纹、气孔、弧坑和夹渣。

3) 锅筒和集箱的纵、环焊缝及封头的拼接焊缝无咬边, 其余焊缝咬边深度不超过 0.5mm。管子焊缝咬边深度不超过 0.5mm, 两侧咬边总长度不超过管子周长的 20%, 且不超过 40mm。

4) 焊缝上的焊渣和两侧的飞溅物必须清除干净。

5-24　无损检测方法有哪些? 它们的代号是什么?

答: 无损检测 (NDT) 有射线检测 (RT)、超声检测 (UT)、磁粉检测 (MT)、渗透检测 (PT)、涡流检测 (ET)、声发射 (AE)、泄漏试验 (LT)、目视检验 (VT)。

5-25　锅炉修理中在什么情况下需要进行无损检测? 无损检测有何规定? 如发现缺陷应如何处理?

答: 锅炉修理中, 在下列情况必须进行检测检验。

1) 锅筒 (锅壳)、封头、管板、炉胆和集箱上的裂纹等缺陷, 经过补焊、挖补或更换后, 焊缝都应进行无损检测检查。

焊缝无损检测检查的比例和质量的评定, 应按 TSG G0001—2012《锅炉安全技术监察规程》的规定执行。

2) 采用堆焊修理锅筒(锅壳), 堆焊后应进行渗透检测(PT)或磁粉检测(MT)。

3) 锅炉受热面管子及其本体管道焊缝, 其射线检测, 应在外观检查合格后进行。

抽检焊接接头数量: 对于额定工作压力大于等于 0.1MPa, 但小于 3.82MPa 的管子, 其外径小于或等于 159mm 时, 至少为接头总数的 10%; 对于额定工作压力小于 3.8MPa 且额定出水温度小于 120℃ 的热水锅炉, 其主要受压元件的主焊缝应进行 10% 的射线检测或者超声检测。

4) 对接接头的射线检测应符合 NB/T 47013—2015《承压设备无损检测》的有关规

定，射线照片的质量要求不应低于 AB 级，焊接接头质量等级不低于 Ⅱ 级。

当射线检测的结果不合格时，除应对不合格焊缝进行返修外，尚应对该焊工所焊的同类焊接接头，增做不合格数的双倍复检；当复检仍有不合格时，应对该焊工焊接的同类焊接接头全部做无损检测。

经射线检测发现焊接接头存在不应有的缺陷时，应找出原因，制订可行的返修方案后方可进行返修；同一位置上的返修不应超过 3 次；补焊后，补焊区仍应做外观和射线检测。

5-26　锅炉校核验算如何进行？

答：【案例 5-7】 某水管锅炉原设计额定工作压力 $p_e = 1.275$ MPa 表压，上锅筒至过热器出口的压力降（表压）$\Delta p = 0.127$ MPa。上锅筒由 20 钢板焊制，内径 $D_N = 1200$ mm，壁厚 $S = 16$ mm，置于烟道内不绝热。管子与筒体胀接。锅筒筒体由于严重腐蚀，检验时测得原设计 $\phi_{min} = 0.57$ mm 处的实际壁厚 $S_1 = 13$ mm，在 $\phi = 0.64$ mm 处的实际壁厚 $S_2 = 11$ mm，验算该锅炉继续投入运行时的最大允许工作压力。

1. 确定计算压力

上锅筒内介质的计算压力：

$$p = p_e + \Delta p = (1.275 + 0.127) \text{MPa} = 1.4 \text{MPa}$$

2. 确定许用应力

由水蒸气表查得 $p = 1.5$ MPa（绝对压力）下饱和蒸汽温度 $t_b = 198$ ℃。

置于烟道内烟温不超过 600 ℃不绝热锅筒筒体的计算壁温：$t_{bi} = (t_b + 30)$ ℃ $= (198 + 30)$ ℃ $= 228$ ℃。

20 钢板在 228 ℃时的基本许用应力：

$$[\sigma]_J = 132 \text{MPa}$$

有非焊接管孔受热的锅筒筒体的修正系数：

$$\eta = 0.85$$

锅筒筒体的许用应力：

$$[\sigma] = \eta[\sigma]_J = (0.85 \times 132) \text{MPa} = 112.2 \text{MPa}$$

3. 确定允许工作压力

预计锅炉以后运行中可能的腐蚀量取 $C = 1$ mm。

在 $\phi_{min} = 0.57$ 处的有效壁厚为

$$S_{y1} = S_1 - C = (13 - 1) \text{mm} = 12 \text{mm}$$

$$\phi_{min} S_{y1} = (0.57 \times 12) \text{mm} = 6.84 \text{mm}$$

在 $\phi = 0.64$ 处的有效壁厚为

$$S_{y2} = S_2 - C = (11 - 1) \text{mm} = 10 \text{mm}$$

$$\phi S_{y2} = (0.64 \times 10) \text{mm} = 6.4 \text{mm}$$

上锅筒筒体的允许工作压力用减弱系数和有效壁厚乘积的较小者代入

$$[p] = \frac{2\phi_1 [\sigma] S_y}{D_n + S_y} = \frac{2 \times 0.64 \times 112.2 \times 10}{1200 + 10} \text{MPa} = 1.187 \text{MPa}$$

则该锅炉的实际允许工作压力为

$$(1.187 - 0.127) \text{MPa} = 1.06 \text{MPa}$$

5-27　锅炉校核验算如何开展？

答：【案例 5-8】　某锅炉锅筒内径 $D_N = 1400 \text{mm}$，设计额定工作压力 $p = 1.4 \text{MPa}$，钢材许用应力 $[\sigma] = 125 \text{MPa}$，最小减弱系数 $\varphi_{min} = 0.568$，附加壁厚 $C = 1 \text{mm}$，求锅筒壁厚力 S？

理论计算壁厚按下列公式计算：

$$S_L = \frac{p \cdot D_N}{2\varphi_{min}[\sigma] - p}$$

将已知值代入公式则

$$S_L = \frac{1.4 \times 1400}{2 \times 0.568 \times 125 - 1.4} \text{mm} = 13.9 \text{mm}$$

最小需要壁厚为

$$S_{min} = S_L + C = (13.9 + 1) \text{mm} = 14.9 \text{mm}$$

5-28　锅炉校核验算如何开展进行？

答：【案例 5-9】　某水管锅炉的左上集箱 $\phi159 \text{mm} \times 8 \text{mm}$，由 20 钢无缝管焊制而成，工作压力 $p = 1.4 \text{MPa}$，置于炉膛外，集箱上管孔的布置如图 5-33 所示，试校核该集箱的强度。

1. 额定许用应力

由水蒸气表查得 $p =$ （$1.4 + 0.981$）MPa ≈ 2.4 MPa（绝对压力）下的蒸汽饱和温度 $t_b = 198 ℃$。

不受热集箱的计算壁温 $t_{bi} = t_b = 198 ℃$。

20 钢管在 198℃时的基本许用应力：

$$[\sigma]_J = 134.4 \text{MPa}$$

有焊接管孔不受热集箱的修正系数：

$$\eta = 1.0$$

集箱的许用应力：

$$[\sigma] = \eta[\sigma]_J = 1 \times 134.4 \text{MPa} = 134.4 \text{MPa}$$

2. 确定未加强孔的最大允许直径

取钢管壁厚最大负偏差的百分数 $m = 15$ 查得系数 $A = 0.18$（集箱壁厚 $S = 8 \text{mm}$）

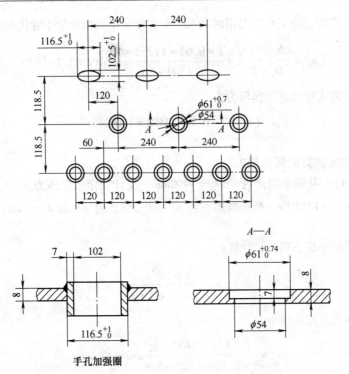

图 5-33　集箱管孔布置图

集箱的附加壁厚：

$$C = \frac{AS + 0.5}{1 + A} = \frac{0.18 \times 8 + 0.5}{1 + 0.18} \text{mm} = 1.6 \text{mm}$$

集箱的有效壁厚：

$$S_y = S - C = (8 - 1.6)\ \text{mm} = 6.4 \text{mm}$$

集箱内径：$D_N = D_W - 2S = (159 - 2 \times 8)\text{mm} = 143\text{mm}$

系数 k：

$$k = \frac{pD_N}{[2[\sigma] - p]S_y} = \frac{1.4 \times 143}{(2 \times 134.4 - 1.4) \times 6.4} = 0.12$$

当集箱的系数 $k = 0.12 < 0.4$，手孔可不必进行加强计算。

3. 确定不考虑相邻两孔间影响的最小节距

凹座开孔的当量直径：

$$d_d = d_1 + \frac{h}{S}(d_1' - d_1) = \left[54 + \frac{7}{8}(61.7 - 54) \right]\text{mm} = 60.7\text{mm}$$

对于 $d_d = 60.7\text{mm}$ 孔桥，不考虑相邻两孔间影响的最小节距：

$$t_0 = d_p + 2\sqrt{(D_N + S)S} = \left[\frac{60.7 + 60.7}{2} + 2\sqrt{(143 + 8) \times 8} \right]\text{mm} = 130\text{mm}$$

孔间节距为 240mm 已大于 t_0，即 $240 > 130$，故该孔间的减弱系数不必计算。

4. 确定孔桥减弱系数

纵向孔桥减弱系数：

$$\phi = \frac{t - d_d}{t} = \frac{120 - 60.7}{120} = 0.494$$

求斜向孔桥当量减弱系数 ϕ_d：

系数：

$$N = \frac{\dfrac{d_{d1} + d_{d2}}{2}}{a} = \frac{\dfrac{60.7 + 60.7}{2}}{118.5} = 0.512$$

当 $N = 0.512$ 时，查得在 $n = 0.86$ 处有极小值：

$$\phi_{min} = 0.7$$

斜向孔桥当量减弱系数的极小值 ϕ_{min} 大于纵向孔桥减弱系数（$0.7 > 0.494$），故斜向孔桥当量减弱系数可不必计算。

最小减弱系数取 $\phi_{min} = 0.494$。

5. 校核集箱的壁厚

集箱的理论计算壁厚：

$$S_L = \frac{pD_N}{2\phi_{min}[\sigma] + p} = \frac{1.4 \times 159}{2 \times 0.494 \times 134.4 + 1.4} mm = 1.66mm$$

集箱的附加壁厚：

$$C = AS_L + 0.5mm = (0.18 \times 1.66 + 0.5)mm = 0.8mm$$

集箱的最小需要壁厚：

$$S_{min} = S_L + C = (1.66 + 0.8)mm = 2.46mm$$

则该集箱的壁厚为 8mm，故强度足够。

第 6 章　锅炉燃煤装置使用与维护

6-1　锅炉燃煤装置、辅助装置技术要求有哪些?

答: 根据 TSG G0001—2012《锅炉安全技术监察规程》对锅炉燃烧设备、辅助设备及系统规定如下:

1. 基本要求

锅炉的燃烧设备、辅助设备及系统的配置应当和锅炉的型号规格相匹配,满足锅炉安全、经济运行的要求,并且具有良好的环保特性。

2. 燃烧设备及系统

1) 锅炉的燃烧系统应当根据锅炉设计燃料选择适当的锅炉燃烧方式、炉膛型式、燃烧设备和燃料制备系统。

2) 燃油(气)锅炉燃烧器应当符合《燃油(气)燃烧器安全技术规则》(TSG ZB001—2008)的要求,按照《燃油(气)燃烧器型式试验规则》(TSG ZB002—2008)的要求进行型式试验,取得型式试验合格证书,方可投入使用。

3) 燃油(气)燃烧器燃料供应母管上主控制阀前,应当在安全并且便于操作的地方设有手动快速切断阀。

4) 具备燃气系统的锅炉,其炉前燃气系统在燃气供气主管路上,应当设置具有联锁功能的放散阀组。

5) 燃用高炉煤气、焦炉煤气等气体燃料的锅炉,燃气系统要装设 CO 等气体在线监测装置,燃气系统的设计应当符合相应的国家和行业安全的有关规定。

6) 煤粉锅炉应当采用性能可靠、节能高效的点火装置,点火装置应当具有与煤种相适应的点火能量。

7) 循环流化床锅炉的炉前进料口处应当有严格密封措施,循环流化床锅炉起动时宜选用适当的床料,防止炉床结焦。

3. 制粉系统

1) 煤粉管道中风粉混合物的实际流速,在锅炉任何负荷下均不低于煤粉在管道中沉积的最小流速。

2) 制粉系统同一台磨煤机出口各煤粉管道间应当具有良好的风粉分配特性,各燃烧器(或者送粉管)之间的偏差不宜过大。

3) 煤粉锅炉制粉系统应当执行 DL/T 5203—2005《火力发电厂煤和制粉系统防爆设计技术规程》等相应规程、标准中防止制粉系统爆炸的有关规定。

6-2　燃煤锅炉按燃烧设备来分,可分为哪几大类? 它们各有什么主要特点?

答: 燃煤锅炉按其燃烧设备来分,可分为层燃炉,室燃炉(煤粉炉)和沸腾炉三大类。

1) 层燃炉又叫火床炉。它的结构特点是有一个炉排(炉算),炉排上有煤层,空气从炉排下送入，煤在炉排上燃烧，形成了"火床"。层燃炉的炉膛内贮存了大量燃料，蓄热条件良好，保证了燃烧的稳定性。

层燃炉燃烧，煤炭无须特别破碎加工，在炉膛里具备了较好的着火条件，对经常开开停停的间断运行尤为适用；层燃炉还能适应各种不同煤炭的燃烧特点，因此工业锅炉几乎都是层燃炉；层燃炉的锅炉房，布置简单，运行耗电少，管理亦比较简单。缺点是燃料与空气的混合不良，燃烧反应较慢，燃烧效率不高。

2）室燃炉，燃煤锅炉主要是煤粉炉。它是先把煤炭制备成煤粉（煤粉颗粒多小于$100\mu m$），预先和空气混合，通过喷燃器使其在悬浮状态下燃烧。细小的煤粉颗粒进入炉膛后，在高温火焰和烟气的加热下，煤粉中挥发分析出并燃烧，直至煤粒变成高温的焦炭颗粒，最后焦炭燃尽。这种悬浮燃烧，反应较为完全、迅速；煤种适应性广；机械化、自动化程度高；燃烧效率高。但设备庞大复杂，建设费用大；运行操作要求高，不适宜间断运行，低负荷运行的稳定性和经济性差。一般适用于较大容量的电站锅炉。

3）沸腾炉，沸腾燃烧又称流化床燃烧。沸腾炉中保持很厚的灼热料层，运行时沸腾料层的高度约 $1.0 \sim 1.5m$，空气经布风板均匀地通过料层，刚加入的煤粒就迅速地和灼热料层中的大量灰渣粒混合，在一起上下翻腾运动。沸腾炉的名称就是因此而得名。

煤和灰渣的颗粒一般在 $8 \sim 10mm$ 以下，大部分是 $0.2 \sim 3mm$ 的碎屑，亦即比一般层燃炉所烧块粒小得多，但又比煤粉炉的细粉大得多。当进入布风板的空气速度较低时，料层在布风板上是静止不动的，空气流从料层缝隙中穿过，这种状态称为"固定床"，大床燃烧就是在这种状态下燃烧时。当进风速度不断提高，达到某一定值时，气流对料层向上的吹托力等于料层的重力，料层开始松动。随着风速的增加，料层开始膨胀，颗粒间隙加大，而在颗粒空隙的空气实际速度却保持不变，这种状态叫作流化床。从流化过程来看，随着风速的增加，通常会出现各种不同的流化工况。即细粒流态化、鼓泡流态化、弹状流态化、湍流化、快速流态化等五种工况。

沸腾炉的主要优点是：燃料适应性能好，几乎能燃用各种燃料，一般无法烧的劣质燃料亦能在沸腾炉燃烧，如煤矸石、炉渣等；由于沸腾炉炉算面积较小，燃烧温度较高，炉膛可做得较小，因而可以缩小锅炉体积，节省钢材，初投资小；炉内直接加入石灰石等脱硫剂，脱硫效率较高，当 $Ca/S = 1.5 \sim 2.0$ 时，脱硫效率可达$85\% \sim 90\%$。

沸腾炉的缺点是：飞灰量大，且含碳量较大，降低了锅炉效率；送风压头要求较高，耗电量较大；受热面易磨损等。

6-3　层燃炉（火床炉）是如何分类的？其结构型式与锅炉出力的关系如何？

答：层燃炉按燃料层相对于炉排的运动方式来分类，大致可分为四类：

1）燃料层不移动的固定火床炉，如手烧炉，一般应用于锅炉出力蒸发量小于$1t/h$的小容量锅炉。

2）燃料层沿炉排面一起移动的炉子，如振动炉排炉和往复炉排锅炉。振动炉排一般适用 $4t/h$ 以下的锅炉，由于有害的振动和锅炉热效率低，现在已很少采用；往复炉排多应用于 $0.5 \sim 10t/h$ 的工业锅炉。

3）燃料层随炉排面一起移动的炉子，如链条炉。链条炉排广泛应用于火床炉，它适用于锅炉蒸发量 2 ~ 65t/h 的小型和中等容量的锅炉。

4）燃料用机械抛撒于固定炉排上或倒转炉排上的炉子，如抛煤机炉。抛煤机链条炉排，它适用于容量大于 10t/h 的中、大型工业锅炉。

我国常用的火床炉形式见表 6-1。

表 6-1　火床炉的形式

类　　型	手烧炉		机械化火床炉					
	固定炉排	双层炉排	链条炉排	往复炉排	抛煤机炉		振动炉排	下饲式炉
					固定炉排	倒转炉排		
操作方式	人工		机械化					
适用锅炉蒸发量/(t/h)	<1		1 ~ 65	1 ~ 6	2 ~ 10	20 ~ 65	<4	1 ~ 4

6-4　锅炉的燃烧设备，其主要任务是什么？为提高燃烧效率，除燃烧设备本身因素以外，还与哪些因素有关？

答：锅炉燃烧设备的主要任务，就是在于最大限度地把燃料所蕴藏的化学能全部释放出来转变成热能。这些热能还要有效地传给受热面并传给受热面的工质。如果燃料在炉膛中以较高的热强度燃烧放热，而很少被受热面吸收，使得炉温过高、严重结焦，影响了正常燃烧。反之，若在炉膛中布置过多的辐射受热面，大量吸热使炉温偏低，又会影响燃烧的稳定和持续进行，使经济性下降。显然，燃烧设备要使燃料燃烧的完善程度，不仅主要取决于燃烧设备本身，而且还与下列因素有关。

（1）与炉膛的容量和形状有关　对于层燃炉，前、后拱的形状对煤种影响极大，不同煤种有不同的前、后拱的形状；前、后拱还能将燃烧产生的烟气与空气进行良好的混合，使燃烧充分，尽可能地使燃料燃烧完全放出热量。炉膛的密封性能，绝热性能都对燃烧设备作用的发挥有重大影响。

（2）与炉膛中辐射受热面布置有关　根据燃用煤种的特性，恰当布置水冷壁，保证炉膛中有足够的热强度，是稳定燃烧的重要条件。

（3）与运行操作有关　合理配风；勤观察，勤调整；因煤司炉，因炉司炉并加强维护管理，对燃烧设备的效能发挥，具有重要的作用。

6-5　层燃炉燃烧设备工作特性参数有哪些？其主要内容及其选用如何？

答：层燃炉燃烧设备工作特性参数有炉排面积热负荷 q_R，炉膛容积热负荷 q_V，炉排通风截面比 f_{tf}，炉排冷却度 w 等。

1. 炉排面积热负荷 q_R

炉排面积热负荷是表征炉排面上燃烧放热强烈程度的一个重要指标。它是单位炉排面积在单位时间内燃料燃烧放出的热量，用公式表示为

$$q_R = \frac{B Q_{DW}^y}{R}$$

式中：q_R 为热负荷（kW/m²）；B 为锅炉的实际燃料消耗量（kg/s）；Q_{DW}^y 为燃料的应用

基低位发热量（kJ/kg）；R 为炉排有效面积（m^2）。

炉排有效面积的计算，对机械化炉排来说，计算有效面积的长度是从煤闸门出口至老鹰铁尖端处，宽度为燃料层表面（即炉排两密封块的距离）宽度。

在设计或改造锅炉时，选用炉排热负荷不是越大越好。q_R 值大，炉排上放出的热量多，使得炉排片工作条件变差，增大了炉排片烧坏的可能性。同时，q_R 值过大，使得燃料层增厚（对于已确定的煤种和炉排），通风阻力增大，使运行耗电增加。由于空气流经燃料层速度增大，吹走的煤屑将增多，造成机械未完全燃烧损失增大，有时还可能出现"火口"，降低了燃烧效率。

合理的炉排热负荷 q_R，应根据不同的燃料种类，不同的燃烧设备形式进行确定和选用。表 6-2 为层燃炉 q_R 及 q_V 的推荐值。

表 6-2　层燃炉 q_R 及 q_V 的推荐值

燃烧设备 燃料种类 名称	链条炉排		抛煤机炉排		往复炉排
	无烟煤、烟煤、褐煤（Ⅰ）	烟煤、贫煤（Ⅱ、Ⅲ）	无烟煤、贫煤、烟煤、褐煤（Ⅲ）	无烟煤、烟煤、褐煤（Ⅰ）	烟煤、贫煤（Ⅱ）
$q_R/(kW/m^2)$	580~800	700~1080	1080~1630	580~800	750~930
q_V（kW/m^3）	230~350		290~470		230~350

在设计和改装锅炉，层燃炉所需要的炉排面积 R，可根据已知的燃料低位发热量 Q^y_{DW}，以及热平衡计算所得的实际燃料消耗量 B，按下列公式计算，即

$$R = \frac{BQ^y_{DW}}{q_R}$$

表 6-3 列出了各种层燃炉生产每吨蒸发量所需炉排面积的推荐值。

表 6-3　层燃炉生产每吨蒸汽所需炉排面积的推荐值

燃烧设备 名称	手烧炉		链条炉、抛煤机炉、振动炉排炉	往复炉排炉
	自然通风	强制通风		
生产每吨蒸汽所需炉排面积/m^2	1.8~2.2	1.5~1.8	0.9~1.1	1.1~1.3

2. 炉膛容积热负荷 q_V

炉膛容积热负荷 q_V 是燃料在单位炉膛容积，单位时间内燃烧放出的热量，用公式表示为

$$q_V = \frac{BQ^y_{DW}}{V}$$

式中：q_V 为容积热负荷（kW/m^3）；V 为炉膛的容积（m^3）。

q_V 对室燃炉而言比较重要，它影响着燃料在炉内的停留时间和炉膛出口温度。q_V 值过小，机械未完全燃烧损失和化学未完全燃烧损失增加，此外还将影响炉膛中受热面

的布置，导致炉膛出口温度过高，影响锅炉的经济性和安全性。

q_V 对于层燃炉而言，它只是一个控制指标。因为燃料的热量主要在炉排上放出，炉膛容积的大小并不是影响燃烧效率的主要因素。层燃炉的 q_V 值主要取决于炉膛结构和受热面的布置。各种形式的炉膛可以相差很大，如火管锅炉的 q_V 值比之水管锅炉往往高出3倍之多。

应该指出，在层燃炉中燃料的传热量，除了在炉排上燃料放出的主要热量外，还有一小部分是在炉膛空间挥发分和悬浮颗粒燃烧时放出的热量。在计算炉膛容积热负荷时，为方便起见，层燃燃炉的 q_R、q_V 仍以燃料燃烧的全部热量作为计算的基础。

3. 炉排的通风截面比 f_{tf}

炉排通风截面比 f_{tf} 是炉排的一个重要的工作特性指标，它等于炉排面上通风孔（或缝隙）的总面积与整个炉排面积的比值，即

$$f_{tf} = \frac{F_{tf}^{yx}}{R_x} \times 100\%$$

式中：F_{tf}^{yx} 为炉排面上各通风孔（缝隙）截面之和，亦即炉排的有效通风面积，（m^2）；R_x 为炉排的总面积，（m^2）。

减少 f_{tf} 能够提高通过炉排的气流速度，使炉排本身的温度降低，改善工作条件；同时，使漏煤减少。但是炉排阻力增大。

对于一般机械通风的层燃炉，其 f_{tf} 值应在 7% ~ 10% 以下。在燃用低挥发分煤种（如无烟煤）时，应选用较小的 f_{tf} 值，这是因为挥发分含量少，大部分热量均在炉排上放出，燃料层中的温度高，为了改善炉排的工作条件，应选用较小的 f_{tf} 值。对于自然通风的炉子，为减少炉排阻力，常选用 f_{tf} = 20% ~ 25%。对于燃用高挥发分的炉排，亦趋向选用较小的 f_{tf} 值。

4. 炉排冷却度 w

它是一个炉排工作可靠性指标。炉排主要依靠通过炉排片缝隙间的空气流来进行冷却，为此炉排片应保持有一定高度或有足够的肋片，以使有足够的侧面积被空气冲刷冷却，空气冷却炉排的程度用冷却度 w 来表示，即

$$w = \frac{F_b}{R} \times 100\%$$

式中：F_b 为炉排片的侧面积（m^2）；R 为炉排面积（m^2）。

6-6　链条炉排结构型式有哪几种？它们的结构型式和技术性能如何？

答：为了实现加煤和除灰的机械化，链条炉排结构作为燃煤工业锅炉的一种燃烧方式，已应用相当广泛。锅炉中采用的链条炉排形式有链带式、横梁式和鳞片式三种。

1. 链带式炉排

图 6-1a 为轻型链带式炉排，图 6-1b 为拔柏葛型链带式炉排。它们的炉排片的形状好像链节，用圆钢串连成一个宽阔的链带。炉排的传动有变速箱传动、间歇液压传动和晶闸管无级调速传动等。变速箱传动时，其电动机最小功率如表 6-4 所列。

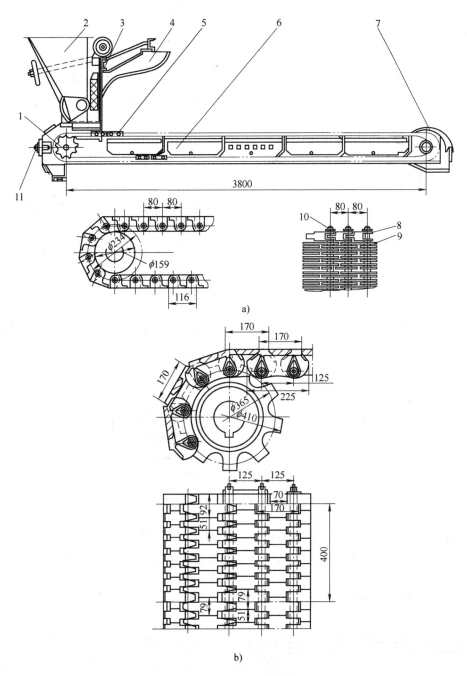

图 6-1　链带式炉排结构

a）轻型链带炉排　b）拔柏葛型链带炉排

1—链轮　2—煤斗　3—煤闸门　4—前拱吊砖架　5—链带式炉排　6—隔风板

7—老鹰铁　8—主动链环　9—炉排片　10—圆钢拉杆　11—调整螺钉

表 6-4　炉排变速箱电动机最小功率

炉排面积/m²	5	10	15	20	30	40
电动机功率/kW	0.75	1.25	1.5	2.0	2.5	3.0

　　间歇液压传动机构简单，但间歇运动对燃料稳定燃烧不利，且液压设备容易漏油，现在已很少采用。一般采用晶闸管和其他机械无级变速传动机构，其效果较好。

　　链带式炉排具有如下几点特性：

　　1）链带式炉排结构简单，金属耗量较少，制造成本低，安装制造和运行管理都比较方便。

　　2）由于自身结构原因，链带式炉排的通风截面是一般的 16% 左右，甚至更高。这使得漏煤量比较大，且运行一段时间后炉排片之间磨损严重，加大了通风间隙与漏煤量，一般漏量可达 3%～7%。

　　3）轻型链带式炉排长时期运行后，圆钢拉杆极易变形，同时炉排片较薄、强度较低，许多炉排片串在一根圆钢拉杆上，有时互相配合不良；主动轴上的链轮直接和主动炉排片契合，使主动炉排片在热应力和拉应力的作用下容易折断，折断后更换比较困难。

　　4）容量较小的锅炉，大多数采用轻型链带式炉排。它只适用于 10t/h 以下的锅炉应用。

　　5）为了解决轻型链带式炉排片断裂问题，我国很多地区研制了大块炉排片，其结构就是把原来分为多片的炉排片合起来铸成一块。其结构如图 6-2 所示。在这基础上经过改进，研制了带活络芯片型链带式炉排片，在使用上取得较好的效果。其结构如图 6-3 所示。

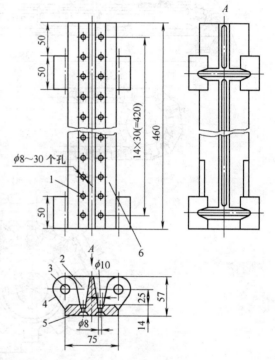

图 6-2　大块炉排片结构
1—通风孔　2—加强肋　3—连接孔　4—脚环
5—梯形凹槽　6—工作面

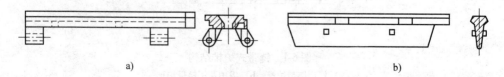

a)　　　　　　　　　　　　　　b)

图 6-3　活络芯片型炉排片
a）炉排片壳　b）活络芯片

2. 横梁式炉排

横梁式炉排结构如图 6-4 所示。它的炉排片是安装在横梁上，炉排片不受力。横梁固定在两根或 3 根的链条上，链条的传动，一般用前轴做主动轴，与电动机变速机械相连，前后轴上链轮啮合，完成炉排的运行。链条上固定的许多横梁，横梁槽内装有几种型号的炉排片，有普通的炉排片，调整炉排片以及封闭炉排片等。

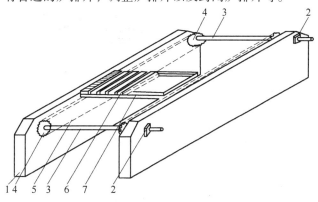

图 6-4　横梁式炉排

1—框架　2—轴承　3—主轴　4—链轮　5—链条　6—炉条　7—横梁

横梁式炉排的特点有：

1）横梁式炉排的结构刚性大，炉排片装在刚性较强的横梁上，主动轴上链轮通过链条带动横梁运动，而炉排片不受力，故工作条件较好，不容易发生受热变形。

2）炉排面比较平整，而且耐用。有的炉排片有一个长长的尾巴，使前后炉排片互相交叠，可以大大减少漏煤损失。炉排通风截面比约 4.5% ~ 9.4%。

3）维修方便，即使有炉排片损坏，亦可在运行中方便地更换炉排片。它可在 20t/h 以下锅炉中应用，并能燃用无烟煤。

4）其缺点是结构笨重，金属耗量太大。另外，这种炉排对链条的强度要求较高。由于链条所承受的载荷大，使得链条与链轮的啮合力量也较大，提高了对链条，链轮的加工精度要求。如果几根平行的链条由于加工质量、安装质量不好，个别链节与链轮脱离啮合，"爬"到链轮的齿顶上去，即产生"爬牙"现象，严重时会损坏链条或磨掉链轮齿牙。

横梁式炉排除一些旧式锅炉外，目前国内已很少使用。

3. 鳞片式炉排

鳞片式炉排的结构如图 6-5 ~ 图 6-7 所示。整个炉排根据宽度不同有 4 到 12 根互相平行的链条，拉杆 3 穿过节距套管 2，把平行工作的炉链串联起来，组成链状的软性结构。炉链通过铸铁滚筒 4 支承在炉排架上，沿支架支承面移动。链片上用销钉固定炉排夹，炉排片就嵌插在炉排夹板上。当炉排转到下部空行程时，炉排片可以翻开，清除粘在上面的灰渣，同时充分进行冷却。这种炉排对链轮的制造和安装要求较低，因为链条之间没有刚性连接，所以主动轴上几个链轮的齿形参差不齐时也可以稍做自动调整，也正因为如此，在炉排较宽时，可能发生炉排片成组脱落或卡住现象。

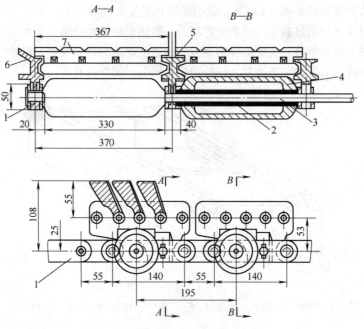

图 6-5　鳞片式链条炉排结构

1—链条　2—套管　3—拉杆　4—铸铁滚筒　5—炉排夹板

6—侧炉条夹板（左，右夹板）　7—炉条

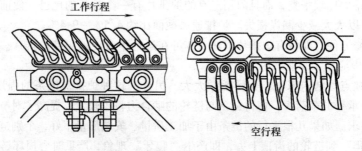

图 6-6　不漏煤式（鳞片式）炉排片的工作行程图

鳞片式炉排结构具有如下几点特点：

1) 由于炉排之间的空隙小，故鳞片式炉排的通风截面比较小，约为 5% ~ 7%。因此，鳞片式炉排结构漏煤量小，仅为 0.15% ~ 0.2%，故亦称它为不漏煤式链条炉排。

2) 鳞片式炉排结构具有自清灰能力，如图 6-7 所示。当炉排处于工作行程时，炉排片依次叠压成鱼鳞状，鳞片式炉排就因此而得名。当行进到后轴，炉排翻转 180°以后，炉排由于自重而依次翻转，倒挂在夹板上，残留于通风缝中的灰渣就掉了下来。鳞片式炉排的这一特点也能帮助炉排片得到良好的冷却。

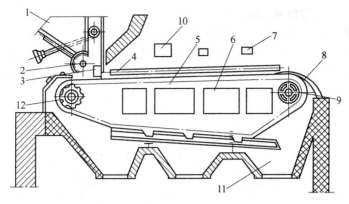

图 6-7　鳞片式链条炉排图
1—煤斗　2—弧形挡板　3—煤闸门　4—防焦箱　5—炉排支架
6—分段送风门　7—观火孔　8—老鹰铁　9—从动轮
10—人孔门　11—灰斗　12—主动轮

　　3）鳞片式炉排结构的链条具有一定的自调能力。由于鳞片式炉排是采用小直径拉杆将平行工作的链条串联而成链状软性结构，即使轴上几个链轮之间齿形略有不齐时，链条能够自动调整，使链轮与链条能正常啮合。另外，这种炉排检修比较方便，在锅炉运行中亦能更换炉排片。

　　4）鳞片式炉排结构的工作条件得到改善。由于鳞片式炉排的炉排片、支承件和链条是分开的，主动链条位于炉排片的下面，不与炽热的火床层接触，使得炉排片受热不受力，链条受力不受热，使炉排的工作条件大为改善。

　　5）鳞片式炉排的缺点是结构较为复杂，装配工作量大。另外，由于鳞片式炉排的结构是软性结构，特别是当炉排宽度较大时，可能会因为鳞片受热变形过大而发生成组炉排片脱落或卡住故障。

　　6）鳞片式炉排结构一般适用于 10t/h 以上的中、大容量的工业锅炉。鳞片式炉排的工作性能参数见表 6-5。

表 6-5　鳞片式炉排的工作性能

项　　目	推　荐　值
炉排通风截面比 f_{tf}（%）	7 ~ 8（$Q_{DW}^y = 23027kJ/kg$）
	10 ~ 12（$Q_{DW}^y = 14653kJ/kg$）
炉排单位面积蒸发量/(t/m² · h)	1 ~ 1.2（$Q_{DW}^y = 23027kJ/kg$）
	0.7 ~ 0.9（$Q_{DW}^y = 14653kJ/kg$）
煤层阻力/Pa	~ 200
燃烧率/(kg/m² · h)	100 ~ 150（自然通风）
	150 ~ 250（强制通风）
炉排速度/(m/h)	5 ~ 25
煤层厚度/mm	0 ~ 250
传动电动机功率/kW	2.5 ~ 4

4. 三种链条炉排技术性能比较

　　三种链条炉排技术性能比较见表6-6。上述三种链条炉排，一般都是用于层燃炉上，但抛煤机炉（半悬浮燃烧）亦采用链条炉排，通常称为倒转炉排。无论是"顺转"或是"倒转"炉排，其主动轴一般都放在温度较低的一端，保护轴承不致过热烧坏。因此，"顺转"炉排主动轴是前轴，"倒转"炉排主动轴是后轴。

表6-6　三种链条炉排技术性能比较表

项　　目	炉　排　型　式					
	链带式链条炉排		鳞片式链条炉排		横梁式链条炉排	
炉排结构型式	国产型	拔柏葛型	钩型	无钩型	国产型	拔柏葛型
炉排通风截面比f_{tf}（%）	~6.5	8~16	~5.5	6~7	~9.4	~9
链条和炉排的金属耗量/（kg/m²）	~600	—	~1250	~900	~1800	1100~1200
燃煤量/（t/h）	0.2~2.0		1.0~10		2.0~5.0	
漏煤量（%）	2~7		0.15~0.2		0.5~1.0	
炉排的安装及炉排片更换	不方便		较方便		方便	

6-7　链条炉排的辅助部件包括些什么？它们的构造和作用是什么？

答： 为了保证链条炉排安全、经济运行，无论哪一种形式的链条炉排，都必须有如下辅助部件。

1. 炉排的可调张紧装置

　　炉排的可调张紧装置，一般是炉排前轴的轴承做成可移动的，用丝杆调节前后移动。它的主要作用是调整炉排的松紧程度和炉排前、后轴的平行度。为了不使炉排在运行时拱起，炉排必须有一定的张紧度；炉排因安装或运行时受各种因素的影响，炉排跑偏时，进行炉排前、启轴的调整，保证炉排安全稳定运行。

　　横梁式、鳞片式炉排还需要依靠自重张紧。

2. 挡渣装置

　　挡渣装置的主要作用有两个：一是为了不使炉渣落入后轴处翻开着的炉排片之间和延长炉渣在炉排上的逗留时间，便于炉渣燃尽，即"挡渣"作用；二是为了防止锅炉尾部渣井处的漏风，提高锅炉的热效率。

　　链条炉排上常用挡渣装置有两种：

　　（1）老鹰铁　它位于链条炉排末端即将转弯处，形如鹰嘴，铸铁制成，因而得名。它具有上述的第一个作用，但不能阻止尾部漏风，因此其热效率较差。由于它结构简单，制造方便，又不易出故障，故得到了广泛的应用。

　　（2）挡渣摆　其结构如图6-8所示。

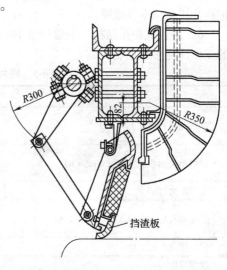

图6-8　挡渣摆结构

挡渣摆安装于链条炉排尾部上方，它具有上述挡渣装置两个作用，因此，能提高锅炉效率。但其缺点是结构比较复杂，使用不当时，炉排后部容易结渣并常常被烧坏，平时维修工作量大。因此，它的应用不如老鹰铁广泛。

3. 侧密封装置

为保证链条炉排灵活移动，炉排与两侧静止框架（墙板）之间必须留有一定的间隙，以免相互摩擦，阻碍炉排运行。但间隙不可太大，尽量避免空气漏入炉腔，恶化炉内燃烧、降低锅炉热效率。因此，必须采用可靠的侧密封装置，尽量减少漏风。常用的炉排侧密封装置如图6-9所示。

炉排的侧密封装置，其具体结构可能稍有不同，其形式各样，如灰封式侧密封，迷宫式侧密封等，其原理都是尽量避免漏风而又不妨碍炉排运行。

4. 防焦箱

防焦箱位于炉排两侧，如图6-9中的5号件。它的内部通以冷却水，是水冷壁管的下联箱，是锅炉循环系统的一部分。其防焦的作用是保护炉墙，使之不受高温的磨损和侵蚀，同时还可以避免紧贴火床的侧墙部位黏结渣瘤，保证炉内正常燃烧和炉排正常运转。

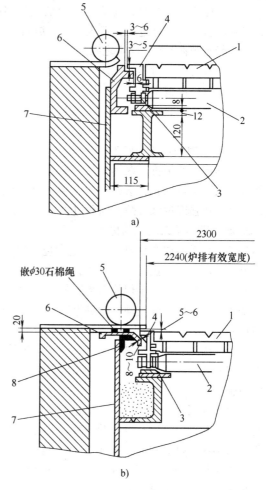

a)

b)

图6-9　炉排两侧密封装置
1—炉条　2—辊子　3—链条　4—侧炉条夹板
5—防焦箱　6—密封板　7—墙板　8—固定角铁

6-8　影响炉排工作性能的有哪些重要因素？它们的影响如何？

答：1. 燃料对炉排工作性能的影响

链条炉排对所用的煤种是有选择性的。它适用于燃烧发热量不低于18841kJ/kg的烟煤和无烟煤，以及发热量在12560kJ/kg以上的褐煤。煤的灰分不宜低于6%，以防炉排过热烧坏，且灰熔点在1250℃以上。由于链条炉排与其上面所承载的燃料之间没有相对运动，故不适用于强黏结性的煤。

对煤的颗粒有一定要求。最大颗粒不应超过40mm，煤中3mm以下的碎屑含量不宜超过 30%。否则，由于通风不均，燃烧效率大为下降。

煤中要保持适当水分，尤其在含煤屑量较多时，能减少漏煤和飞灰，并使煤层疏松，有利通风。但水分过高，着火延迟，炉温下降，排烟热损失增加。所以要求煤中的水分，一般控制在 8% ~ 12% 之间。

煤中的挥发物，对燃料燃烧过程有很重要影响。煤中挥发物越高，越容易着火；挥发物越少，燃烧也越困难。无烟煤，挥发物含量少，需要炉温高，燃烧和燃尽的时间也延长，未完全燃烧热损失增加。挥发物高的煤，掌握不好，因着火快，又容易烧坏煤闸门。

2. 热强度对炉排工作性能的影响

对不同形式的炉排，在燃用某一类燃料时，各有一个合理的炉排热强度。过分提高热强度，缩小炉排面积，会使空气流速加快，燃烧时间缩短，造成不完全燃烧损失增加；反之，热强度过低，炉排面积过大，会使炉温下降，也要增加不完全燃烧热损失。

3. 前、后拱及二次风的影响

为了配合燃料层在炉排上的稳定燃烧，组织炉排上面的灼热烟气和炭粒的合理流动，提高炉膛温度，扰动可燃气体，链条炉的炉膛通常布置前后拱和二次风。

前拱的主要作用在于促使新燃料的迅速着火。后拱的作用，一方面促使焦炭燃尽；另一方面引导气流向前流动，帮助燃料着火。前后拱伸入炉膛中部形成喉口，能增加烟气的扰动能力。

对于燃用劣质煤和难燃煤的链条炉，炉拱的优劣对于锅炉的燃烧效率和出力有决定性的影响。实践证明，改善炉拱的布置是提高锅炉燃烧效率和扩大锅炉燃煤范围的最有效的措施。

我国各地区对链条炉的前后拱进行了广泛的研究和实践，西安交通大学在借鉴国内研究成果的基础上经过反复实验研究，开发成功一种可强化燃烧的对流拱形。这种拱形克服了抛物线炉拱的缺陷，提出了以"再辐射"为主的换热原理。根据这一原理，在拱长和拱高相同的情况下，辐射拱的换热性能与其形状无关。拱长对传热系统总交换面积的影响最大，其次是拱高。

根据对流换热原理计算，认为在中小型工业锅炉中采用"超低"的对流拱为佳。并由此开发出使用效果很好的三种超低对流拱形，即带水平出口段的后拱，超低超长的双人字形后拱和中拱及双人字形前拱。

二次风的良好应用对炉内的燃料的引燃；延长炭粒在炉内的停留时间；过剩氧与可燃气体的混合以防止炉内结渣具有良好的作用。

4. 炉排送风的影响

煤炭在炉排上的燃烧是沿长度分段进行的，因此炉排供应的一次风必须按炉排长度，根据燃烧情况送风。需要分仓送风，分区调节，以使炉前干燥着火区和炉后燃尽区的风量要少，中间燃烧旺盛区的风量要大。一般链条炉排下分为 5 ~ 6 个风室，单独小风门调节。各个风室之间必须严密不漏，以防短路而失去调节作用。为使炉排宽度上的风量分布均匀，采用炉排双面进风比单侧进风要好。由于炉排是不断运动的，与两侧墙板之间必须留有一定的间隙。若不加密封，必然造成严重漏风而影响正常燃烧。链条炉排的侧密封是不可缺少的。

6-9　对流型炉拱的形式是怎样的？它们的优缺点是什么？

答：1. 反倾斜（人字形）前拱

常规型前拱的缺点是后段拱的作用很小，甚至几乎不起有效的辐射作用。原因是这段拱对火床着火区的角系数很小。图 6-10 是人字形纯直线形的反倾斜拱，它的反倾斜后段拱，可使系统总交换面积有所增加。

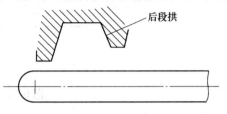

图 6-10　人字形前拱

它的优点是：反倾斜段能阻止拱区内高温烟气过快地离去，从而增大了拱区的火焰充满度，提高了拱区的温度，而温度的影响则要比总交换面积影响大得多。另外，反倾斜拱段面向火床吸热区，这对于提高镜反射的可用率也是有利的。这种前拱结构比较简单，较容易实现，特别适合于改造旧拱，如在原来的炉拱上接上一段反倾斜拱段。

它的缺点是：由于这种拱的尾端较低，阻挡了来自它后面的燃烧面和火焰的辐射，因此必须具有足够的长度，如应覆盖住火床的燃烧最旺区。另外，烟气对下倾拱段的冲刷比较强烈，有一定磨损和腐蚀作用。

2. 带水平出口段的超低长后拱

目前在工业锅炉中广泛使用的后拱，往往是低而不长，长而不低，没有起到间接引燃的作用。图 6-11 所示的是带有水平出口段的超低长后拱。它具有"烧中间，促两头"对流拱型的工作方式。前向，对着火区具有间接引燃；后向，对燃烬区具有保温促燃和混合的作用。

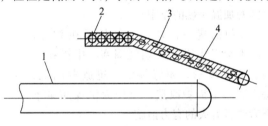

图 6-11　带水平出口段的超低长后拱
1—炉排　2—横向拱管　3—炉拱　4—纵向拱管

这种后拱的优点是：如能与前拱比例良好的配合，一方面能增强煤的引燃，促进煤的燃烬；另一方面能促使高温烟气在炉膛内的对流和旋转，使烟气中的飞灰颗粒沉降于炉排上，使飞灰颗粒得以燃尽，改善燃烧、提高热效率。它为中质以下和难燃煤种的燃烧创造了良好的条件。它具有较好的燃烧性能，着火迅速，燃烧强烈，适应的煤种范围广泛，而且压火性和对煤闸门的保护也较为理想。它比较适用于较大容量的工业锅炉中。

3. 人字形后拱

双倾斜形成的所谓人字形后拱，如图 6-12 所示。

人字形后拱的反倾斜出口段，它能保证有较高的出口烟速，而且还产生一个向下的分速度，有利于气流进入前拱。它的主要优点是后拱能在前后拱间的空间造成一个强烈的气流旋涡区，从而增大该区的火焰充满度，并大大地促进了烟气的混合和飞灰的沉降。

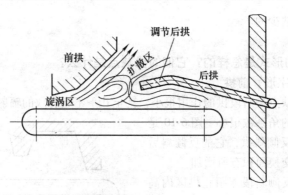

图 6-12　人字形后拱

4. 中拱

中拱是布置在火床中部燃烧旺盛区的短拱，它可以看成是特低长后拱的一部分。由于它能很容易地将高温烟气引入着火区，而不使炉排后段死灰区的低温烟气送入引燃区，因而更有利于劣质煤的着火。合理的中拱应该是前高后低，如图 6-13 所示。这样可以促使高温烟气向前流动，以达到间接引燃的目的。后喷的烟气则起到对燃尽区的加温保燃的作用。

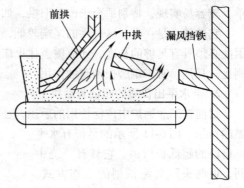

图 6-13　中拱的布置情况

中拱的优点，它和超低长后拱相比，一般不会发生拱区的烟气闷塞。中拱在结构上它长度短，布置灵活，建造费用低，特别适用于锅炉改造，可作为供煤质量下降后改善着火的有力措施。

从对煤种的适应性来看，中拱宜用来燃烧着火困难而炭分不高的燃料，如劣质烟煤等。

中拱的主要缺点是它对燃尽区的保温作用差，火床层一出中拱后，在不太远的距离内燃尽就实际上趋于停止。中拱的另一缺点是其混合作用较差，它不能促使火床后端过量空气和火床前端的煤的挥发分相混合。

6-10　如何选择对流型炉拱形式？炉拱的设计和布置应注意哪些主要问题？

答：**1. 对流型炉拱形式**

锅炉炉拱的形式应根据所用的燃煤种类，按照适用、简单、可靠和有一定通用性的原则，建议按如下方案来选择拱形。

1）对于优质烟煤，采用一般辐射形前拱。必要时可用人字形前拱。

一般的辐射前拱，宜分二段，即低而稍平的前段和高而陡的后段。这样的拱形对减轻烟气外冒，保护煤闸门和改善压火性能都有好处。而这一切都有利于扩大煤种的适用范围。

带反倾斜尾段的人字形前拱，对阻止拱区内的高温气过快地离去，从而增大拱区内火焰的充满度，提高拱区温度有利。因此这种形式的前拱能强化辐射引燃。

2）对于中质烟煤，采用前拱加中拱，或前拱加超低长后拱。

3）对于无烟煤和劣质烟煤，采用前拱加超低长后拱。

4）对现有锅炉的应急改造：对于只有前拱的锅炉，可在原有的前拱上加装反倾斜尾段；对于有前、后拱的锅炉，可在原有的后拱上加装反倾斜出口段。对于上述两种改造在结构上有困难时，可加中拱。

5）对于多种的煤种，采用前拱加超低长后拱。为了防止烟气闷塞的发生，在个别情况下也可采用前拱加长形中拱。

2. 对流型炉拱的设计和布置

要体现出"烧中间、促两头"的工作方式。为了强化炉内燃烧区的燃烧，扩大煤种的适应范围，保证锅炉运行的可靠性，在设计炉拱和布置炉拱时应注意如下问题：

（1）后拱覆盖率的问题　为了保证火床强烈燃烧区处于后拱（对流拱）内，后拱应具有足够的覆盖率。根据试验，在燃用中质煤时，后拱的覆盖率一般应达到50%左右。

（2）后拱烟气出口速度和烟气喷出方向　为了保证从后拱喷出的高温烟气能深入拱外的燃烧区，烟气就需要具有一定的出口动量，即要求有足够的烟气量和一定的出口速度。运行实践表明，在燃用中质煤，并当覆盖率在50%左右，烟气从后拱喷出的方向为水平或略向下时，烟气平均速度取用7m/s左右为宜。

（3）后拱出口段与前拱的配合问题　后拱出口段与前拱的配合应满足如下要求，即：能在拱外燃烧区充满稠密火焰，以强化辐射引燃；能保证烟气的良好混合；能避免在拱区发生烟气闷塞。为满足上述要求，就必须使后拱出口段和前拱的形状配合能够让高温烟气在拱外燃烧区形成密合的曲折火流或旋转火球。显然，向下喷的烟气流容易做到这些。为此前拱尾端高度必须大于后拱出口端高度。当后拱出口段下倾时，前后拱出口端的高度差可以缩小。但为了避免拱区的烟气闷塞，切不可过分缩小拱间开挡和出口端高度。燃烧区需要有足够的容积（高度），以保证空间燃烧的需要。

（4）在燃烧难燃的煤种时　拱内燃烧区不宜布置受热面，对于已有的受热面，应在受热面上敷设围燃带，以提高炉膛温度。

（5）施工技术问题　要注意两个问题：一是炉拱结构选择。由于炉拱材料和钢在受热时，膨胀系数不一样，炉拱不宜加钢骨架；否则在炉拱受热时将形成与钢材的分离，影响炉拱寿命。对于小型锅炉，采用耐火塑料浇注问题不大，而对大容量的锅炉，由于炉拱跨度较大，则需要采用建筑结构新技术——驳壳结构，以确保炉拱的稳定性、承载力和寿命；二是炉拱（包括围燃带）的施工工艺要求。炉拱要选择好拱的支撑点，以确保炉拱有"根"。在浇注前还应对炉管进行防护。一般用石棉绳或油毡进行缠绕，以免炉管与炉拱粘为一体，给以后更换管子造成困难，同时也要留有管子的膨胀空间，保证其运行寿命。

（6）通风系统的校核　为了使新型炉拱的效果充分发挥，应对锅炉进行一次全面的校核。在进行改造炉拱时，应对通风系统、出渣和消烟除尘设备，根据不同情况进行相应的修理和改造。

6-11　什么叫往复炉排？往复炉排有哪几种？它们的结构型式如何？

答：往复炉排是利用炉排往复运动来实现机械给煤、出灰的燃烧装置。一般适用燃用低发热量、多灰多水、弱结焦的燃料。往复炉排多用于 10t/h 以下的锅炉。

往复炉排种类较多，按布置可分为倾斜往复推动炉排和水平往复推动炉排。按煤在炉排上运动方向可分为顺行（煤的运动方向和炉排倾斜方向相同）和逆行两种。按炉排冷却方式可分为风冷和水冷两种。按炉排片运动情况则可分为间隔动作（可动炉排片和固定炉排片间隔布置）和全部动作两种。应用最广的是间隔动作的顺向倾斜往复炉排。对于较小容量的锅炉，采用水平往复推动炉排的也很多。

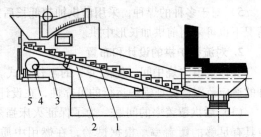

图 6-14　倾斜往复推动炉排结构
1—炉排片　2—斜梁　3—推拉杆
4—偏心轮　5—减速箱

1. 顺推的倾斜往复炉排

如图 6-14 所示为倾斜往复推动炉排结构，它的整个炉排由间隔布置的固定和可动炉排片组成，炉排片结构如图 6-15 所示。

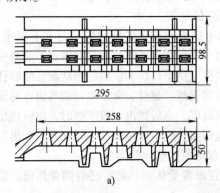

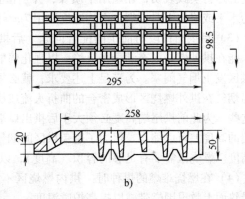

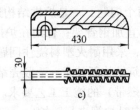

图 6-15　各种往复炉排片结构
a) 少缝炉排片（装在炉排前、后端）　b) 多缝炉排片（装在中间段）
c) 波浪形炉排片（燃用劣质煤时用）

　　燃料由煤斗落在前端的少缝或无缝炉排片上，固定炉排片固定在铸铁或槽钢制成横梁上，横梁则架在炉排框架上。可动炉排片的前端搭放在固定炉排片上，其尾部则坐落在可动的铸铁横梁上，横梁的两端架在滚轮上，各排可动炉排片的横梁连在一起，组成可动的炉排片框架，并由电动机通过减速装置和偏心轮带动框架做往复运动。炉排的框架与水平成20°交角，进入炉内的燃料就可以借助这种往复运动不断向前推动，并经过各燃烧阶段形成灰渣，往复运动的炉排又把灰渣堆入灰斗，从而实现进煤、出渣的机械化。

　　炉排片之间有纵向通风间隙1~2mm，左右相邻有5~7mm的横向通风间隙，总通风截面比约为7%~12%。可动炉排的行程为50~80mm。这种往复炉排的煤层扰动和拔火作用不够强烈，燃烧速度受到限制。

2. 水平往复推动炉排

　　水平往复推动炉排如图6-16所示。它的结构和倾斜式基本相同，但其框架是水平的，为了向后推煤，炉排片是向上翘起的，排列起来如锯齿状。当活动炉排向斜上方推动时，将固定炉排片上前部的煤层推落到它前面一排活动炉排片后部，活动炉排往回运动时，煤受固定炉排阻挡不再随活动炉排返回，这就起到了加煤作用。当活动炉排返回时，其头部的煤向下塌落，煤层扰动和松动较好，煤层在炉内移动时表面呈波浪形。因此，水平燃烧效率比倾斜式好，能燃用有结焦性的煤。但是，强烈的拔火和扰动，使保护炉排的灰层变薄，炉排冷却条件变差，容易烧坏。

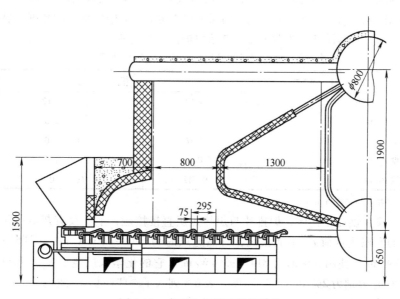

图 6-16　水平往复推动炉排结构

3. 逆向推动往复炉排

逆向推动往复炉排的结构型式如图6-17所示。

由于有逆向推动过程，煤层扰动比水平往复推动炉排还强，逆向推动还可以延长燃料在炉内的停留时间。因此，这种往复炉排热效率高，燃料适应性好。但是强烈的扰动仍有使炉排过热和烧坏的危险，这种形式的炉排也应注意其过热保护。

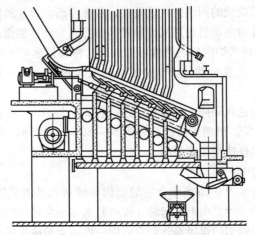

图 6-17　逆向推动的往复炉排结构

6-12　往复炉排的燃烧特性、工作特性及其优缺点如何？

答： 往复炉排的燃烧特性基本上和链条炉排相同，燃料在炉排上的燃烧过程也是沿长度分布的，因此，也应采用分段送风。为强化炉内燃烧，提高燃料的着火性能，炉内应布置炉拱和二次风。当燃用褐煤时，前、后尺寸可参考表 6-7 中所推荐的数据，燃用其他煤种时，其前、后的设计和布置可参考链条炉炉拱有关资料。

表 6-7　燃用褐煤的倾斜往复炉排锅炉炉拱尺寸

项　目	推　荐　值	
锅炉蒸发量/(t/h)	< 12	> 12
前拱高度 h_1/m	1.5	2.5
前拱长度 a_1/m	0.4L	(0.35 ~ 0.4) L
后拱高度 h_2/m	0.7	1.5
后拱长度 a_2/m	0.51L	(0.3 ~ 0.35) L

注：L—炉排有效长度 (m)。

往复炉排在燃烧旺盛区，炉排片与炽热焦炭直接接触，上面没有灰渣层保护，因此，炉排的面积热负荷 q_R 不能太高，自然通风时为 640 ~ 700kW/m²；强制通风时为 200 ~ 756kW/m²；使用热风时为 814 ~ 930kW/m²。它的化学未燃烧损失 q_3 和机械未完全燃烧损失 q_4 分别为 2% 和 (7 ~ 12)%。表 6-8 列入了一些往复炉排的工作特性，可供改造锅炉设计参考。

往复炉排的优缺点：它和链条炉相比，着火性能稍好，因为往复推动能把未燃燃料推到已燃燃料上方，这样就实现了部分燃料的无限制着火。在往复炉排中，燃料有扰动，有些种类的往复炉排中燃料扰动还相当强烈，由此，煤种适应性比链条炉好，即可以燃用低发热量、多灰、多水、弱结焦的燃料；烧一般烟煤时锅炉热效率可达 70% ~

80%。往复炉排结构简单，加工制造方便，运行费用低，耗电省，金属耗量也较低。此外消烟效果较好、排烟含尘浓度低等。

表6-8　倾斜往复炉排工作特性参数

项　目	原机械部第七设计院	北京262医院等单位设计	北京262医院等单位设计	日本	日本	日本	日本
锅炉形式	热水锅炉			水管锅炉改装	WIF4020型改装	HN-300	HN-300
蒸发量/(t/h)		2.0~2.5	4.0~4.5	1.6	6.6	6.3	10.8
工作压力/MPa				0.5	0.5	0.69	0.7
一次风温度/℃	冷风	冷风	冷风	26.5	120	48	52
炉排尺寸：长×宽/m	3.22×1.2	3.01×1.14		2.06×1.52	4.6×2.8		
炉排有效面积/m²	3.86	3.34	5.85	3.03	11.2	11.6	11.6
可动炉排片的行程/mm	0~80	30~100	30~100	0~254	送煤27~80扰动23~70		
可动炉排片的工作频率/(次/min)	6			0.75~3	无级调节		
炉排倾斜角度/(°)	20	20	20	33~35	~25		
炉排面积热负荷 q_R/(kW/m²)	376~451	610	700	700	620	506	830
每平方米炉排有效面积所负担的蒸发量/(t/m²·h)		0.62~0.75	0.68~0.85	0.53	0.59	0.55	0.93

它的缺点是炉排冷却性能差，主燃烧区炉排因温度高而容易烧坏，因此，往复炉排不宜燃用优质燃料（如无烟煤）。此外还有漏煤、漏风较多等缺点。

6-13　抛煤机可分为哪几类？它们各自有什么特点？

答：抛煤机是配合炉排工作实现加煤机械化的设备，一般它与手摇活络炉排或倒转链条炉排配合使用。

抛煤机按其抛煤方式可分为三类。即机械抛煤、风力抛煤和风力机械抛媒。它们的工作情况如图6-18所示。

图6-18a、b为机械抛煤机，它是利用特制的桨叶或摆动的刮板，将煤抛撒到炉膛中；图6-18c为风力抛煤机，它是在煤由落煤斗落下后，用风力将煤吹播到炉膛中；图6-18d为风力机械抛煤机，它综合了前两种抛煤方式，以机械抛煤为主，风力抛煤为辅，在抛煤机给煤板下加装了播煤风口，以便用风力抛播这些细煤屑。

三类抛煤机抛出的煤各有特点，机械抛煤机将较大的煤粒抛到了炉后，而细小的煤

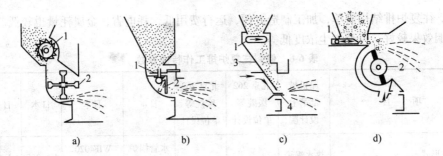

图 6-18　按抛煤机工作原理划分的抛煤机种类

a)、b) 机械抛煤机　c) 风力抛煤机　d) 风力机械抛煤机

1—给煤设备　2—击煤设备　3—倾斜板　4—风力抛煤设备

屑则撒落在抛煤口下面堆成小丘，对炉排上的燃煤不利，有的煤尚未燃烧就进入落灰斗了；风力抛煤机恰好相反，较大粒度的煤不易抛到炉排后部，较小粒度的煤则吹抛得较远，同样炉内燃烧不好；风力机械抛煤机则抛煤比较均匀。由于在抛煤机给煤板下加装了抛煤风口，细煤粒被风吹离抛煤口下部，使得大小煤粒在炉排上分布比较均匀。因此，风力机械抛煤机在各类抛煤机中应用最为广泛。

6-14　风力抛煤机的结构及其传动系统是怎样的？它的给煤量和抛程是如何调节的？

答：国产风力抛煤机的结构如图 6-19 所示。其构造主要由减速传动机构、给煤机构、抛煤机构、壁板等组成。

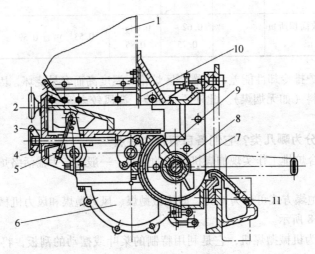

图 6-19　风力抛煤机

1—煤斗　2—给煤活塞　3—调节板　4—调节螺栓　5—活塞摇臂

6—减速器　7—抛煤机转子　8—轴　9—叶片

10—煤层调节器　11—播风室

　　减速传动机构由电动机、带轮、减速器、偏心轮、连杆、月牙板等组成。给煤机构由给煤活塞 2、活塞摇臂 5、调节板 3 等组成。抛煤机构由抛煤转子 7、叶片 9、播风室等组成。壁板分为左右壁板、前盖、上盖、弧形板等。

　　抛煤机传动系统如图 6-20 所示。抛煤转子 9 由电动机经过带轮传动，给煤活塞 20 由活塞摇臂 19 带动，在调节平板 21 上做往复运动，将煤推给转子 9，抛煤机转子不断转动，将煤抛到炉膛中。为了避免细煤屑堆在抛煤口下面，在抛煤机调节板下装有播风室，用风来吹播这些细煤屑；同时，也冷却了抛煤机的导向体。

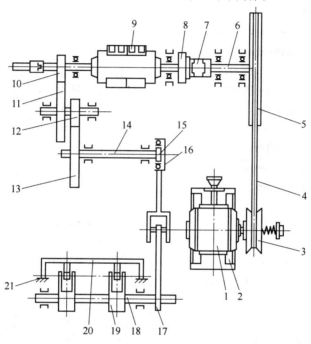

图 6-20　抛煤传动系统

1—电动机　2—滑座　3—调节带轮　4—V 带　5—带轮　6—传动轴
7—虎克联轴节　8—保险联轴节　9—转子　10—齿轮 $z = 19$　11—齿轮
$z = 103$　12—齿轮 $z = 19$（31）　13—齿轮 $z = 60$（48）　14—偏心轮轴
15—偏心轮　16—偏心轮摇臂　17—滑摆　18—活塞传动轴
19—活塞摇臂　20—活塞　21—调节平板

　　国产风力机械抛煤机的主要技术规范列于表 6-9。

表 6-9　机械抛煤机的主要技术规范

序号	部件名称	340mm 转子	510mm 转子
1	电动机转速/（r/min）	1450	1450
2	电动机功率/kW	1.0	1.7
3	调节带轮直径/mm	$\phi 230 \sim \phi 125$	$\phi 230 \sim \phi 125$
4	从动轮直径/mm	$\phi 490$	$\phi 280$

（续）

序号	部件名称	340mm 转子	510mm 转子
5	传动装置变速比	3.84 ~ 2.13	2.24 ~ 1.21
6	转子转速/（r/min）	370 ~ 680	640 ~ 1200
7	转子宽度/mm	340	510
8	转子直径/mm	$\phi 216$	$\phi 216$
9	减速器总速比	17.1	17.1
10	活塞往复数/（次/min）	21 ~ 40	37 ~ 63
11	活塞最大冲程（三档）/mm		
	上孔时（摇臂上栓销位置）	39	39
	中孔时（摇臂上栓销位置）	32.5	32.5
	下孔时（摇臂上栓销位置）	26.5	26.5
12	活塞工作宽度/mm	426	596
13	活塞工作高度/mm	100	100
14	调整平板移动范围：		
	转子中心线后/mm	50	50
	转子中心线前/mm	38	38
15	最大抛煤量/（t/h）	1.6	3.5
16	风嘴出口总面积/m²	4.4×10^{-3}	15.9×10^{-3}
17	喷管出口面积/m²	3.2×10^{-3}	7.2×10^{-3}
18	喷缝出口面积/m²	2.76×10^{-3}	4.44×10^{-3}
19	风嘴和喷管出口风速/（m/s）	20	25
20	喷缝出口风速/（m/s）	13	18
21	风嘴风量/（m³/h）	320	1430
22	喷管风量/（m³/h）	230	650
23	喷缝风量/（m³/h）	130	287
24	风管和喷管进风管风压/Pa	700 ~ 800	1000
25	喷缝进风管风压/Pa	100	300

　　抛煤机的给煤量和煤的抛程调节，根据下述方法进行。

　　抛煤机给煤量调节有三种方法：第一种方法是改变推煤活塞的往复频率，这可以通过改变转子轴的转速来实现。活塞往复频率越高，给煤越多；同时，频率的提高可以改善给煤的连续性，减轻燃烧的脉动和炉膛负压的波动现象。第二种方法是改变推煤活塞的行程，行程越大给煤越多、加大冲程还利于消除燃用湿煤时的堵塞现象。第三种方法是改变推煤活塞上方闸门的开度，控制下煤的厚度；厚度越厚，给煤越多。第一种方法只有在煤种改变时采用，通常是用第二、三种方法调节给煤量。

　　抛煤机煤的抛程的调节亦有两种方法；第一种方法是改变转子的转速，转速越快则抛程越远。干的煤和小粒度的煤比湿煤和粒度大的煤需要的转速快。转速亦不能太快，太快反而使叶片打不着煤，转子空转，因此转速要合理。第二种方法是改变调节平板的位置，当调节平板向前伸时，击煤角度减小，使得抛程缩短；当调节平板向后移时，击煤角度增大、抛程也相应增大。煤的抛程调节原理如图 6-21 所示。

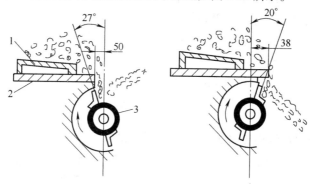

图 6-21　煤的抛程调节原理
1—给煤活塞　2—调节平板　3—转子

6-15　抛煤机锅炉的优缺点及其工作特性如何？

答：抛煤机可配用摇动炉排或链条炉排组成抛煤机固定炉排锅炉或抛煤机链条锅炉，风力抛煤机配正转链条炉排，机械抛煤机配倒转链条炉排。

1. 优点

1）给煤都由抛煤机抛播供给，新燃料能直接抛在已燃燃料上，因此燃料着火性能好。可燃用褐煤、烟煤、无烟煤及挥发分小于 5% 的焦炭等燃料，燃料的适应性较广。

2）抛煤机连续地比较均匀地将燃料抛撒入炉内，燃料相互不直接接触，抛过高温区时表面已经焦化。因此，当燃料抛到火床上时不会粘在一起。抛煤机锅炉中燃料的燃烧由大颗粒在炉排上层状燃烧和细粉悬浮的室烧两部分组成。因此，它兼有这两种燃烧方式的优点，炉排面积热负荷可提高很多。

3）它起动快，调节灵敏，负荷适应性好，适用于较大容量的工业锅炉。

2. 缺点

1）抛煤对燃煤的颗粒度和水分要求比较严格：对煤的颗粒度，一般要求对燃煤进行分选。用煤的颗粒度比例为：13～19mm、6～13mm，小于 6mm 各占三分之一，且不允许最大颗粒度超过 40mm。当燃料的水分 $w^y > 12\%$ 时，抛煤机播撒不开，大大降低了抛煤质量。而且斜坡形推煤活塞推煤时有一个向上的分力，将湿煤挤压成块，难于脱落；最终堵塞煤斗，使抛煤机无法工作。

2）抛煤机锅炉一般是没有前、后拱或前、后拱覆盖率很小，火床上方的空气和可燃气体混合情况较差。虽然设置了二次风，但抛煤时细粉易于在炉内飞扬；且不能完全燃烧，使飞灰含碳量高，未完全燃烧热损失比较大。锅炉上虽然装置了飞灰回收装置，但仍然不能取得满意效果。

3）抛煤机结构比较复杂，制造质量要求高。运行时机械零件运动磨损较快，维修工作量较大。飞灰对炉管亦存在磨损问题。

抛煤机锅炉的工作特性应在下列范围内：

①炉排面积热负荷 q_R：

配摇动炉排时，$q_R = 1046 \sim 1163 \mathrm{kW/m^2}$；

配倒转链条炉排时，$q_R = 1628 \mathrm{kW/m^2}$；

相应的燃烧率，自然通风时为 $100 \sim 160 \mathrm{kg/m^2 \cdot h}$；强制通风时为 $180 \sim 200 \mathrm{kg/m^2 \cdot h}$。

②每 $\mathrm{m^2}$ 炉排面积的蒸发量为 $0.8 \sim 1.2 \mathrm{t}$。

③主要损失：化学未完全燃烧损失 $q_3 = 3\%$ 以下；机械未燃烧损失 $q_4 = 6\% \sim 20\%$；排烟损失 q_2 由锅炉排烟温度确定。

6-16　试对各种层状燃烧设备工作特性进行比较

答：现将各种层状燃烧设备工作特性汇总在表 6-10 ~ 表 6-14 中，以供参考。

表 6-10　各种燃烧设备的容积热负荷

锅炉形式	燃烧方式	炉内容积热负荷/$(\mathrm{kW/m^3})$
手烧锅炉（圆形）	手烧	407 ~ 523
水管锅炉	手烧	105 ~ 128
	层燃炉（无水冷壁）	175 ~ 290
	层燃炉（有水冷壁）	290 ~ 523
	热煤机锅炉	233 ~ 290
	煤粉炉	140 ~ 233

表 6-11　各种燃烧设备的炉排面积热负荷和燃烧率

特性名称 ＼ 燃烧方式	手烧	链条炉	振动炉	往复炉排	抛煤机炉
炉排面积热负荷 q_R/$(\mathrm{kW/m^2})$	581 ~ 814（自然通风）756 ~ 930（强制通风）	581 ~ 1047（烟煤）581 ~ 814（无烟煤）	略高于链条炉	640（自然通风）756（强制通风，冷风）814 ~ 930（强制通风，热风）	1047 ~ 1280（摇动炉排）1047 ~ 1628（链条炉）
燃烧率[①]/$(\mathrm{kg/m^2 \cdot h})$	75 ~ 140（自然通风）120 ~ 160（强制通风）	100 ~ 150（自然通风）150 ~ 200（强制通风）	略高于链条炉	110（自然通风）150 ~ 100（强制通风）	100 ~ 160（自然通风）180 ~ 200（强制通风）

① 燃烧率按燃料发热值 $Q'_{DW} \approx 18840 \sim 20934 \mathrm{kJ/kg}$ 估算。

表 6-12　炉室容积热负荷和炉室容积的关系

炉室容积/$\mathrm{m^3}$	5	5 ~ 10	10 ~ 30	30 ~ 50	50 ~ 80	100 以上
炉室容积热负荷/$(\mathrm{kW/m^3})$	290 ~ 523	209 ~ 349	209 ~ 290	175 ~ 290	151 ~ 209	116 ~ 175

表 6-13　炉排面积估算值（每小时产生 1t 蒸汽时）

燃烧设备	手烧炉排		链条炉	振动炉	往复推动炉排	抛煤机炉
	自然通风	机械通风				
炉排面积/m²	1.8 ~ 2.2	1.5 ~ 1.8	1.2 ~ 1.6	略小于链条炉	1.3 ~ 1.7	0.9 ~ 1.25

表 6-14　各种层状燃烧设备燃烧特性

燃烧设备／项目	手烧	链条炉	振动炉	往复炉排	抛煤机炉
炉排面积热负荷 q_R/(kW/m²)	581 ~ 930	烟煤 581 ~ 1047 无烟煤 581 ~ 814	略高于链条炉	640 ~ 930	1047 ~ 1628
炉室出口过量空气系数 α	1.25 ~ 1.6	烟煤 1.2 ~ 1.4 无烟煤 1.3 ~ 1.5	与链条炉相同	1.3 ~ 1.4	1.2 ~ 1.4
化学不完全燃烧损失 q_3（%）	<3	烟煤 <2 无烟煤 <1	略高于链条炉	<2	<1
机械不完全燃烧损失 q_4（%）	8 ~ 15	烟煤 5 ~ 10 无烟煤 10 ~ 15	与链条炉相同	7 ~ 12	6 ~ 20
炉排下风压/Pa	200 ~ 400	烟煤 400 ~ 800 无烟煤 400 ~ 1000	与链条炉相同	<400	500 ~ 800

6-17　链条炉排在运行中常见故障的一般现象，原因是什么？其处理方法如何？

答：**1. 链条炉排故障的一般现象**

1）炉排停止或完全停止转动。

2）变速器或炉排在运转中发出不正常的响声。

3）炉排保险销子折断或保险弹簧跳动。

4）炉排电动机的电流表读数增大，甚至熔丝熔断。

2. 炉排故障的一般原因

1）炉排两侧的链条调整螺钉调整不当，造成左右两侧链条长短不一，影响炉排前后轴的平行，使炉排跑偏，有碍炉排的正常运转，严重时会卡住或拉断炉排。

2）链条与链轮链齿吻合不良，这样，会加快链齿的磨损；严重时也会影响炉排正常运转。

3）炉排的框架横梁发生弯曲，两侧链条的间距发生了变化，从而导致链条与链齿的接触不良，影响了炉排的正常转动。

4）炉排两侧链条被煤中的金属等杂物卡住。

5）链条销子或链带销子脱落。

6）两侧防焦箱护板与两侧炉排面的间隙过小，或紧紧接触，摩擦力过大而使炉排卡住。

7）边条或炉排片脱落卡住炉排。

8）炉排片折断，一端露出炉排面，当行至挡渣板处有时被挡渣板尖端阻挡。

9）有时炉排片一整片脱落，当行至挡渣板处，使挡渣板尖端下沉顶住炉排。

10）有的链子过长，与链轮吻合不良；如链子卷在齿尖上，也会使炉排卡住。

11）炉排片组装时，片与片紧贴在一起，这样可能产生起拱现象，也会影响炉排正常转动。

3. 炉排故障临时处理方法

1）运行中，一旦发现炉排卡住，应立即切断电源，停止运转然后用专用扳手将炉排倒转一段距离（一般倒转 2～3 组炉排），根据炉排倒转时用力的大小来判断炉排卡住的轻重程度。如果起动不卡住，可继续运行。如反复两三次还不能起动，应停炉检修。

2）如果是挡渣板处堆积大块焦砟卡住炉排，可以在看火门处伸入撬火棍打碎焦渣或掀起挡灰板尖端，让过焦渣落入灰斗，如果这样不能恢复运行，应停炉检修。

6-18　往复炉排安装和检修质量要求有哪些？

答：往复炉排安装和检修后应有如下的质量要求：

1）往复炉排各种铸件表面应光洁，无裂纹，并除净毛刺和浇冒口，应无明显砂眼、气孔、缩孔变形等缺陷。铸件的允许平面误差为：其变形量 1m 以下为 0.03%，1m 以上为 0.05%。材料应符合图样规定要求。往复炉排片、炉排梁的配合接触面，上表面均应保持光滑平整；同炉排片之间，平行度不得超过 2mm。

2）各炉排梁之间要保持均匀安装，间距尺寸差不得大于 3mm，炉排梁与支架梁应垂直，各对角线误差不得大于 5mm。

3）炉排两边要齐平、各排炉排边尺寸差不得大于 3mm，上下炉排之间缝隙最大不得大于 8mm，最小不得小于 2mm。

4）预热区、余燃区炉排片之间膨胀缝为 2～5mm，主燃区为 5～10mm。

5）人字拉杆、推拉轴与炉排倾斜角度应保持一致，角度误差不得超过 0.5°；蜗轮轴与推拉轴应垂直，误差不得大于 0.1°；推拉轴应位于活动中心，中心线位移不得超过 2mm。

6）活动梁与固定梁的滚轮，接触率不得小于 3/4。

7）煤斗边与活动炉排片之间的缝隙应保持在 2～6mm 范围内，煤闸板要升降灵活。

8）变速器的定位应使得各活动梁位于两固定梁中心，左右均匀运动，不均匀尺寸不得大于 5mm。推拉轴与偏心拉杆在死点位置应成一直线，误差不得大于 1°。

9）炉排安装完后，首先以手扳动带轮运动，以不费力即能转动为合格。当变速偏心轮以大行程运转时，炉排片不得互相顶碰，拉杆与隔风板不得摩擦，炉排内及变速器内不得有异常声音。炉排实际行程不得小于 45mm。

6-19　抛煤机安装、检修质量要求有哪些？

答：提高抛煤机安装、检修质量，对抛煤机的运行极为重要，因此必须重视修理质量。

1. 零部件检查测量及装配要求

1）抛煤机的标高偏差不应超过 ±5mm；相邻两抛煤机的间距偏差不应超过 ±3mm。

2）抛煤机采用串联传动时，相邻两抛煤机桨叶转子轴的同轴度不应超过 3mm；传动装置与第一个抛煤机轴的同轴度不应超过 2mm。

3）抛煤机拆卸后，应进行全面的检查和测量。各部零件在检查测量前，应把油污及其他杂物清洗干净，以便测量准确无误。

4）检查齿轮的磨损和啮合情况，一般用样板或游标测齿卡尺进行测量。

5）把轴承和轴承座清理干净，用游标卡尺或内外卡钳测量轴、轴承座的磨损；检查轴承内圈与轴，轴承外圈与轴承座孔的配合是否符合要求。一般轴的极限偏差为 $^{+0.020}_{-0.010}$，轴承座孔的极限偏差为 $^{+0.010}_{-0.020}$。因此，轴的磨损不得超过 0.020mm，轴承座孔的磨损不超过 0.020mm。

6）桨叶的磨损，一般不超过 5mm。

7）用游标卡尺，卡钳测量各键和键槽是否完整无损，是否符合配合要求。

8）转筒应完整光滑，两键槽的同轴度偏差应小于键槽宽度公差的 1/2。

9）转子在安装前，应找好平衡；转子的桨叶左右不得装反，应紧固于转筒上，根部要上紧，不得松动；两侧的间隙应一致。

10）活塞推煤板高度（H）磨损不得超过 4mm，如图 6-22 所示。

活塞推煤板 4 的最大行程：第一档（活塞摇臂上孔）39mm；第二档（中孔）32.5mm；第三档（下孔）26.5mm。活塞推煤板的频率为 21～40 次/min。活塞上平面与后壁下平面接触处运行后，因磨损而增大间隙发生漏煤，应将毡条移下压紧或进行调换。

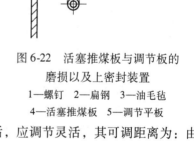

图 6-22　活塞推煤板与调节板的
磨损以及上密封装置
1—螺钉　2—扁钢　3—油毛毡
4—活塞推煤板　5—调节平板

11）调节板的两侧（与活塞推煤板接触摩擦部分）不允许磨出沟槽，其磨损深度最大不超过 2mm；调节板的调节螺钉应完好无损。调节板安装后，应调节灵活，其可调距离为：由转子轴线向后 50mm；由转子轴线向前 38mm。

12）月牙板（滑摆）与滑块的间隙最大不应超过 2mm；若损伤严重不得保证使用时，应予以更换。当滑块在滑摆上端时，活塞推煤板冲程就小，反之就大。调节时滑块与滑摆槽上的上端或下端需留 5～10mm 空隙，因为滑摆摆动时，滑块在滑摆槽内有弧形滑动，如图 6-23 所示。如紧靠上端或下端没有间隙，就会产生抖动，易使机件损坏。

13）活塞摇臂（拨叉）与活塞的传动间隙，不得大于 2mm。

14）煤层厚度调节板应调节灵活，煤层指示装置应与煤层实际厚度一致。

15）转子外壳，左右壁板，前盖、上盖以及变速器外壳应完整，无裂缝、残断、变形等缺陷。

16）风嘴、冷风道，应清洁畅通，风道的各零

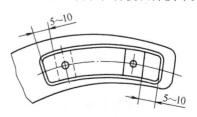

图 6-23　滑块的调节间隙

件相接处,应严密不漏风。风嘴出口空气速度为 20m/s,风力抛煤需要的空气量 320m³/h,抛煤风压为 700 ~ 800Pa,冷却抛煤机外壳所必需的空气压头为 100Pa,冷却抛煤机外壳所必需的空气量为 80m³/h。

17）滚动轴承润滑脂用钠基润滑脂,变速器润滑油每半年更换一次。各油孔、油管,油杯应清洁畅通。密封垫,轴承盖应严密不漏油。

18）传动装置上调速带轮与固定带轮需对正中心线。调速带轮上之弹簧经调整后,当电动机在滑座上移动时不致潜入。传动带应完好,无拉伸或断裂等异常现象。传动装置和抛煤机构连接后手摇应轻松。

19）抛煤机轴承水冷系统,水套、水管应清洁畅通,水门关闭严密,漏斗完整,各接头部分无漏水现象。

2. 试运转要求

1）空载运转不少于 2h,载荷试转为 0.5 ~ 1h。

2）在空载试转中,应以最大转速,处于最大抛煤量的有关位置进行,并检查下列项目:①检视各部件运转方向是否弄错,运转是否平稳、灵活;②减速器内的齿轮只有轻微之扰声,无异常响声;③转子轴承、传动装置轴承等无振动;轴承温度最高不得超过 80℃;④括塞推煤板的冲程,调节平板的调节远近,是否达到规定的要求,动作是否准确、灵敏、可靠;⑤油路、风道,水路应畅通,但不应有漏油、漏风、漏水等现象;⑥噪声不宜过大。噪声过大主要是传动部件间隙过大或润滑不良所致,应仔细检查消除。

3）检查后在调节机构部分用油漆做调节方向和范围的标记。如在操作装置的蜗轮上划出摇臂滑块在滑摆槽的上端与下端之刻度,并写出调整大小的箭头符号,在抛煤角度调整器和煤层调节器手轮上各写出开度大小的箭头符号。

4）空载试运转合格后,应进行抛煤试验。抛煤试验分正常状态和最大抛煤量试验两种。

5）在载荷试验中设备性能应能满足工作要求或达到设计标准。

抛煤在炉排上的分布情况符合下面要求:外表观察,煤层平整,炉前不起堆;颗粒由粗到细,从后墙到前炉墙;两侧不起垄。抛出煤形成的煤层厚度应符合如图 6-24 所示。

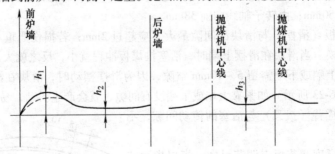

图 6-24　炉排上之煤层厚度分布情况

对于可翻转炉排:$h_1 \leqslant 2.5h_3$,$h_3 \geqslant h_2$;

对于逆行链条炉排:$h_1 \leqslant 1.5h_2$,$h_3 \geqslant h_2$。

第7章 锅炉燃油、燃气装置使用与维护

7-1 燃油（或燃气）锅炉最重要的燃烧设备是什么？它们是由什么部件组成的？

答：燃油（燃气）锅炉最重要的燃烧设备是燃烧器。燃油燃烧器是由雾化器（油喷嘴）和调风器组成。燃气燃烧器则是由燃气喷口和调风器组成。

为使燃油（或燃气）燃烧良好，有效地利用热量，对于燃油必须提高油的雾化质量，并使油雾或燃气与空气充分混合，这主要借助于燃烧器来实现。

7-2 对燃烧器的基本要求是什么？它的燃烧工况与什么有关？它的工作质量不好会造成什么影响？

答：1. 基本要求

为适应炉内燃烧过程的需要，确保锅炉安全经济的运行，燃烧器应具有下列主要技术性能：

1）要有高的燃烧效率。对于燃油燃烧器在一定的调节范围内，应能很好地雾化燃料油，即油粒细而均匀，雾化角适当；油雾沿圆周分布也要均匀，以增大油雾与空气的接触面积。

对于燃气燃烧器在额定燃气压力下，应能通过额定燃气量并将其充分燃烧，以满足锅炉额定热负荷的生产。

2）合理地配风，保证燃料稳定完全燃烧。从火炬根部供给燃烧所必需的空气，要使其与油雾迅速均匀混合，保证燃烧完全，烟气中生成的有害物质（CO、NO_x 等）要少。

能使气流形成一个适当的回流区，使燃料与空气处于较高的温度场中，以保证着火迅速，燃烧稳定。

3）燃烧所产生的火焰与炉膛结构形状相适应。它产生的火焰充满度要好，火焰温度和与黑度都应符合炉膛的要求，不应使火焰冲刷炉墙、炉底和延伸到对流受热面。

4）调节幅度大，能适应调节锅炉负荷的需要。在锅炉最低负荷至最高负荷时，燃烧器都能稳定工作，不发生回火和脱火现象。

5）燃烧雾化所需的能量少。

6）调风装置的阻力小。

7）点火、着火、调节等操作方便，安全可靠和运行噪声小。

8）结构简单、紧凑，器体轻巧，运行可靠，便于调节和修理，并易于实现燃烧过程的自动控制。

2. 燃烧工况及其影响

燃油（燃气）锅炉燃烧工况的好坏，主要取决于燃烧器对燃油的雾化质量和对油气或燃气的合理配风。燃烧器雾化不好或配风不合理将会造成如下不良影响。

1）燃烧不完全，污染锅炉尾部受热面，排烟温度上升，甚至造成二次燃烧。

2）可燃气体出现未完全燃烧，q_3 热损失增加。

3）可燃固体未完全燃烧增加，即 q_4 热损失增加。

4）燃油雾化器或炉膛结焦。

5）熄火、打火炮甚至炉膛爆炸。

7-3　燃油燃烧的特点是什么？强化油的燃烧途径如何？

答：油的沸点低于它的燃点，因此油总是先蒸发成气体，并以气态的形式进行燃烧。其燃烧过程是：蒸发—混合—着火—燃烧。油蒸气的燃烧速度是很快的。因此，油的燃烧速度主要取决于油的蒸发速度。为此，在锅炉中，为了极大地扩大油的蒸发面积，燃油总是先通过雾化器雾化成细小的油滴喷入炉膛与空气混合燃烧。

如果将 1kg 油团成一个球，它的表面积为 $0.052\mathrm{m}^2$，同样的油，若把它粉碎成 $30\mu\mathrm{m}$ 的小油粒，则其总表面积就是 $330\mathrm{m}^2$，比原来扩大了约 6400 倍。由此可知，将燃油粉碎成细小的油粒是增大其蒸发面积的有效途径。这种将燃油粉碎成细小油粒并在空气流中弥散成油的雾炬的过程称为"雾化"。

由理论分析和大量试验证明，油粒燃尽所需要的时间与它的粒径平方成正比，如下式所示。

$$t = \frac{d_0^2}{k}$$

式中：t 为燃尽时间（s）；d_0 为油粒粒径（mm）；k 为燃烧速度常数（mm^2/s）。

燃烧速度常数 k，主要取决于燃料性质，不同燃料的燃烧常数值相差不大。由上式可知，假如最大油粒粒径比平均油粒粒径大 5 倍，则燃尽时间要长 25 倍。可见燃烧器的雾化质量对燃烧有着重要的影响。

在燃烧重油时，则不同于轻质油的燃烧。燃烧时如果空气供应不足或油粒与空气混合不均匀，那就会有一部分高分子烃在高温缺氧的条件下发生裂解，分解出炭黑。炭黑是粒径小于 $1\mu\mathrm{m}$ 的固体粒子，它的化学性质不活泼，燃烧缓慢，所以一旦产生炭黑往往就不易燃尽，严重时未燃烧的炭黑就会进入烟气中，而使烟囱冒黑烟。重油中的沥青成分也会由于缺氧分解成固体油焦。油焦破裂后即成焦粒，后者也是不易燃烧的。由此可见，重油燃烧中的一个重要问题是必须及时供应燃烧所需的空气，以尽可能减少油的高温缺氧分解。

强化油的燃烧有如下途径：

1）提高雾化质量，减小油粒粒径。这样可以增大油粒的吸热面和气化面，从而加快油的气化速度。因为油粒汽化速度与其粒径的大小有关，粒径愈小则汽化愈快。

2）增大空气和油粒的相对速度。这样可以加速气体的扩散和混合，从而有效地加强燃烧。

3）合理配风。分别对不同区域及时供应适量的空气，以避免高温缺氧而产生炭黑并能在最少的过量空气下保证油的完全燃烧。由于油的燃烧和配风条件较煤粉有利，所以应该采用较低的过量空气系数 α。在采用低氧燃烧时，过量空气系数 α 达到很低的数值，甚至可低到 1.03。

燃油燃烧的上述要求是通过燃烧器来实现的。燃油通过雾化器雾化成细油粒，以一定的雾化角度喷入炉内，并与经过调风器送入的具有一定形状和速度分布的空气流相混合。油雾化器与调风器的配合应能使燃烧所需的大部分空气及时地从火焰根部供入，并使火炬各处的配风量与油雾的流量密度分布相适应。同时也要向火炬尾部供应一定量的空气，以保证炭黑和焦粒的燃尽。

7-4　燃油雾化器（或油喷嘴）按其形式是如何分类的？它们的工作特性如何？

答：燃油燃烧器按其部件燃油雾化器（或称油喷嘴）的结构特征和雾化方法，可分为两大类，即机械雾化式喷嘴（包括转杯式喷嘴）和双流体雾化式喷嘴。按其型式分类如下：

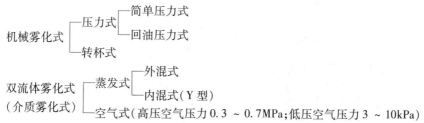

1. 压力式雾化喷嘴

（1）简单压力式雾化喷嘴　其结构如图 7-1 所示。它是由雾化片 1，旋流片 2 和分流片 3 构成的。由油管送来具有一定压力（2.0 ~ 2.5MPa）的燃油，首先经过分流片上的几个进油孔汇合到环形均油槽中，并由此进入旋流片的切向槽，然后以切线方向流入旋流片中心的旋流室，油在旋流室中产生强烈的旋转，最后从雾化片喷口喷出，并在离心力的作用下迅速被粉碎成许多细小油粒，同时形成一个空心的圆锥形雾炬。

这种喷嘴的雾化质量取决于喷嘴前的油压、油的黏度以及喷嘴的结构尺寸。一般要求喷嘴前油压在 2.0 ~ 2.5MPa 范围内。当油压低于 1.0MPa 时，油粒平均直径增大，燃烧恶化；因此负荷调节范围受到限制。所以，这种喷嘴适用于带基本负荷的锅炉。

为保证雾化质量，要求进入喷嘴时油的黏度不大于 3 ~ 4°E，为此必须保证适当的油温。一般重油加热温度约 110 ~ 130℃，但至少比燃油的闪点低 10℃。

喷嘴尺寸越小，油膜越薄，雾化越好。它与喷油量有关，一般直径不超过 5mm，喷油量在 1000kg/h 以下。旋流室直径为喷嘴直径的 2.5 ~ 3.5 倍。切向槽一般为 3 ~ 6 条，截面呈正方形，槽的长宽比约为 1.5 ~ 2.5。这种喷嘴，各生产厂都有自己的结构尺寸系列，以满足不同的需要。

（2）回油式压力雾化喷嘴　其结构如图 7-2 所示。

回油式压力雾化喷嘴的结构原理与简单压力雾化喷嘴基本相同。不同点在于回油式喷嘴的旋流室前各有一个通道：一个通向喷嘴，将油喷入炉膛；另一个则通向回油管，让油回到贮油罐。因此回油式喷嘴是一种可以调节流量特性的压力雾化喷嘴，一般在恒定进油压力下改变回油压力来调节，或者同时改变进、回油压力以维持恒压差来调节。这样在不同负荷下，仍能维持稳定的供油压力。当负荷降低为四分之一时，尚能维持较好的雾化质量。

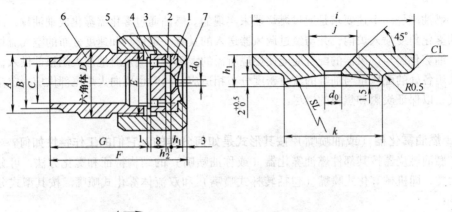

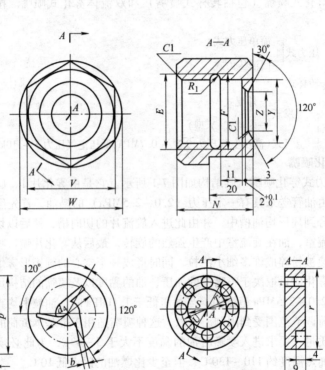

图 7-1　简单压力式雾化油喷嘴

1—雾化片　2—旋流片　3—分流片　4—压紧螺母垫片　5—压紧螺母　6—进油管接头　7—旋涡室

图 7-2　回油式压力雾化喷嘴

1—螺母　2—雾化片　3—旋流片　4—分油嘴　5—喷油座　6—进油管　7—回油管

由于回油式压力喷嘴的调节性能比简单压力式的调节性能好，因而适用于负荷变化较大和较频繁、并要求完全自动调节的锅炉上。国内采用较普通的是分散小孔内回油式喷嘴。

2. 转杯式雾化喷嘴

转杯式雾化喷嘴是一种高速机械转动喷嘴。它将油滴入高速旋转杯中，依靠机械能产生离心力自杯中甩出而雾化成细粒，再被高速一次风进一步雾化。转杯的转速对雾化起决定作用，一般高达 3000 ~ 7000r/min。转杯为喇叭形，锥角约 5°。如图 7-3 所示。

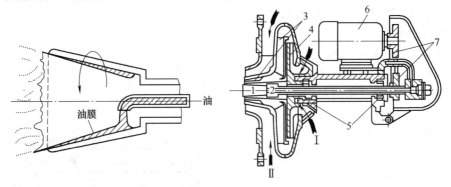

图 7-3　转杯式燃烧器喷嘴
1—转杯　2—空心轴　3—一次风导流片　4—一次风机叶轮
5—轴承　6—电动机　7—传动带轮
Ⅰ—一次风入口　Ⅱ—二次风入口

一次风帮助雾化，同时与油雾充分混合，从而保证良好的燃烧。通常一次风量占总风量的 20% 左右，一次风出口速度为 40 ~ 100m/s。一次风喷嘴装导流片、叶片与轴线倾角约为 30°。一次风的旋转方向与转杯相反，形成雾化角约 40°，火炬长度为 2 ~ 5m。

该喷嘴的喷油量调节范围大，调节比可达 1.6 ~ 1.8，适用于轻质油、柴油、原油和黏度为 7 ~ 8°E 的重油。送油压力小，约为 0.05 ~ 0.1MPa，故不需要装置高压油泵。转杯式喷嘴雾化油粒较粗，但油粒大小和分布比较均匀，雾化角较大，火焰短宽，进油压力低，易于控制。当在低负荷时，油量较少，油膜减薄，在转杯转速不变的情况下，雾化质量反而得到提高。以喷嘴小容量锅炉使用较多。

这种喷嘴最大的缺点是由于它具有一套高速旋转的机构，结构复杂，对材料，制造加工和运行的要求较高，而且运行中噪声和振动也尚需进一步解决。

3. 双流体雾化喷嘴

双流体雾化喷嘴是利用高速喷射的介质（蒸汽或空气）冲击油流，并将其吹散而达到雾化的目的，所以又称为介质雾化喷嘴。常用的有蒸汽雾化喷嘴和空气雾化喷嘴。由于锅炉本身有蒸汽，故比较多的使用蒸汽雾化喷嘴。

（1）蒸汽雾化喷嘴　蒸汽雾化喷嘴常分为外混式和内混式两种。外混式蒸汽雾化喷嘴为蒸汽和油在喷嘴外混合，如图 7-4 所示。

这种喷嘴的出力较小，油压要求在 0.2 ~ 0.25MPa 范围内，蒸汽压力要求 0.5 ~

1.6MPa，但耗汽量较大，平均耗汽量为 0.4～0.6kg/kg。其火焰细长，长度为 2.5～7m。
但它的结构简单，制造方便；运行可靠，雾化质量较好，而且稳定；调节比大，可达 1:5；对油种适应性也较好，对重油的黏度一般为 4～10°E。

由于这种喷嘴需要蒸汽，烟气中水蒸气含量高，容易造成尾部受热面低温腐蚀和堵灰，排烟热损失也较高，故其运行经济性较差。

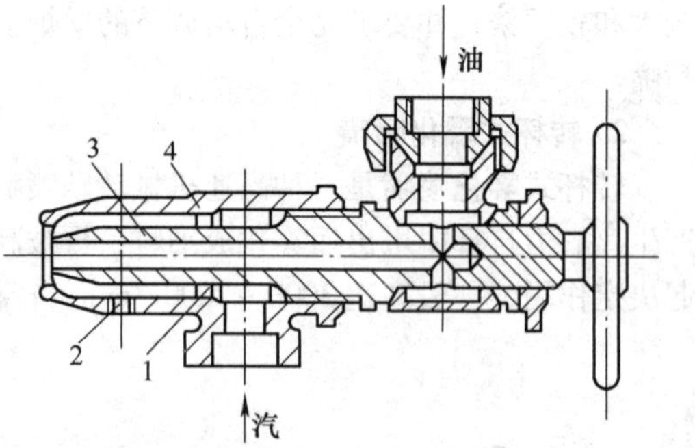

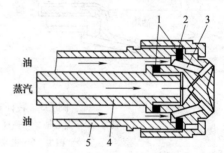

图 7-4　外混式蒸汽雾化喷嘴
1—定位爪　2—定位螺钉　3—油管　4—蒸汽套管

内混式蒸汽雾化喷嘴，蒸汽和油在喷嘴内混合，它的供油压力一般为 0.03～0.05MPa。在混合室内由于流体互相混合，因而必须使流体保持相同压力，通常为 0.2～0.3MPa。这种喷嘴的喷口较大，对油质要求不高，同时从喷嘴喷出的油具有一定的扩散角，火焰可以变得较粗而短。

Y 型喷嘴是一种内混式蒸汽雾化喷嘴，其结构如图 7-5 所示。它利用了压力式雾化喷嘴和蒸汽雾化喷嘴的优点，既采用比压力雾化喷嘴较低的油压，又消耗不太多的蒸汽使之雾化，从而产生了蒸汽压力雾化喷嘴，即 Y 型喷嘴。

图 7-5　Y 型雾化喷嘴
（内混式蒸汽雾化喷嘴）
1—密封垫圈　2—压盖螺母　3—油喷嘴
4—内管　5—外管

Y 型喷嘴的主要优点：

1）油压、汽压不高。通常喷嘴的运行油压为 0.5～2.0MPa；汽压为 0.6～1.0MPa。

2）蒸汽耗量少。一般为 0.07～0.11kg/kg，仅为普通油喷嘴的 1/4，从而使其运行经济性大为提高。

3）雾化质量好。由于油、汽通过分散的细孔道混合，使雾化质量提高，油粒平均直径可达 50μm 左右。

4）锅炉负荷调节比大，在任何负荷下能保持雾化角不变。低负荷时，可采用汽、油压差保持恒定的调节方法。这种喷嘴的调节比为 7～10。此种喷嘴在船用锅炉上用得较多。

（2）低压空气雾化喷嘴　低压空气雾化喷嘴的结构，如图 7-6 所示。

这种喷嘴，油是在较低压力下从喷

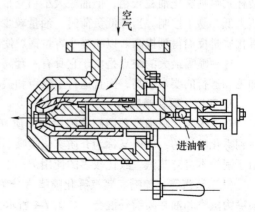

图 7-6　低压空气雾化喷嘴

嘴中心喷出，利用速度较高的空气（约 80m/s）从油的四周喷入，从而将油雾化。这种喷嘴的雾化质量较好，能使空气全部参加雾化，火焰较短；油量调节范围广；对油质要求不高，重油，轻油均可燃烧；喷嘴结构和油系统都简单，因而适用于小型燃油锅炉和小型工业炉上。常用的低压空气雾化喷嘴的主性能见表 7-1。

表 7-1　常用低压空气雾化喷嘴

型号	喷油量 /（kg/h）	风压 /Pa	风量 /（m³/h）	油压 /MPa	喷嘴规格 /in
K	7.5 ~ 154	2940 ~ 6860	—	0.5 ~ 1.5	$1\frac{1}{2}$, 4, 6
C	3.2 ~ 150	2940 ~ 6860		0.5 ~ 1.5	$1\frac{1}{2}$, $2\frac{1}{2}$, 4, 5, 6
C-1	5 ~ 207	2940 ~ 9800		0.5 ~ 1.5	$1\frac{1}{2}$, $2\frac{1}{2}$, 4, 5, 6, 8
D	4 ~ 150	3920 ~ 7840	50 ~ 173	> 1.0	$1\frac{1}{2}$, $2\frac{1}{2}$, 4, 5, 6
（B）R	0.45 ~ 220	3920 ~ 11760	39 ~ 1722	—	40mm, 50mm, 80mm, 100mm, 150mm
RC	2.4 ~ 100.3	3920 ~ 11760	25 ~ 786	0.5 ~ 2.5	$1\frac{1}{2}$, 2, 3, 4
RK	2.4 ~ 109.3	3920 ~ 11760	25 ~ 786	0.5 ~ 2.5	$1\frac{1}{2}$, 2, 3, 4

上述三种双流体雾化喷嘴，因为需要蒸汽、压缩空气，需要配备产生雾化介质的设备，使用不方便，所以工业锅炉上很少采用。

7-5　试将常用燃油雾化器（喷嘴）工作特性进行比较，并指出其适用范围是什么？

答：油雾化器工作特性，适用范围见表 7-2。

表 7-2　燃油雾化器工作特性，适用范围比较表

类别　　　特性	压力式雾化喷嘴		转杯式喷嘴	双流体雾化喷嘴		
	简单式	回油式		蒸汽雾化器（外混式）	Y 型（内混式）	空气雾化式
雾化原理	高压燃料油通过切向槽和旋流室时产生强烈旋转，因离心力作用而雾化	燃料油随高速旋转的转杯旋转，在离心力作用下雾化		利用高速蒸汽冲击油流，使油雾化	综合利用压力式和蒸汽雾化的优点，使油雾化	利用喷射的空气使油雾化
适用油种及油黏度	可燃用各种油，燃油黏度为 2 ~ 4°E	可燃用各种油，燃油黏度为 2 ~ 4°E		可燃用各种油，燃油黏度为 7 ~ 8°E	可燃用各种油，燃油黏度为 7 ~ 8°E	不宜燃用残渣油，油黏度为 5°E

（续）

特性 ＼ 类别	压力式雾化喷嘴		转杯式喷嘴	双流体雾化喷嘴		
	简单式	回油式		蒸汽雾化器（外混式）	Y 型（内混式）	空气雾化式
雾化角	60°~120°		40°~50°	15°~35°	70°~110°	25°~40°
雾化粒度	油粒直径为 180～200μm，粗细不均匀，低负荷时油粒变粗		油粒直径为 100～200μm，粗细均匀，低负荷时，油粒变细	油粒直径小于 100μm，油粒均匀，低负荷时油粒变化不大	油粒直径小于 100μm，油粒均匀，低负荷时，油粒变化不大	油粒直径小于 100μm，细而均匀，低负荷时油粒变化不大
燃烧特性	火焰形状随负荷变化，火焰较短		火焰形状不随负荷变化，易控制，油与空气混合良好	火焰形状容易控制，火焰较长	喷嘴出口能形成回流区，着火迅速	火焰形状容易控制，火焰较短
调节比	1:4		1:6~1:8	1:5	1:10	1:5
出力/(kg/h)	100~1000		100~5000	<3000		<1000
燃油压力	2.0~5.0MPa 需要高压油泵，油压要稳定		0.1~0.4MPa 低压油泵	0.1~0.25MPa 不用油泵或低压油泵	0.5MPa ~2.0MPa	0.05~0.1MPa 不用专门油泵或低压油泵
雾化介质参数	—		转速 3000~7000r/min	蒸汽压力 0.5~1.2MPa	蒸汽压力 0.5~1.2MPa	空气压力为 0.05~0.02MPa
雾化剂喷出速度/(m/s)	—		—	300~400	300~400	50~80
雾化剂消耗量	—		—	0.4~0.6kg/kg	0.07~0.14kg/kg	理论空气量的 75%~100%
雾化能量消耗	最小		较小	很大	较大	较小
喷嘴结构特点	雾化片制造要求高，喷孔易堵塞，运行噪声较小		旋转部件制造要求高，杯口不会堵塞，运行时有响声	结构简单，无堵塞现象，运行噪声大	喷嘴头部加工较为复杂	结构简单，无堵塞现象，运行时有噪声
设备投资及维护费用	较大		大	最省	较大	较省
适用范围	适用于快装锅炉及前墙或两对墙布置的水管锅炉，可用于正压或微正压锅炉		适用于快装锅炉及前墙或对墙布置的水管锅炉，不适用于正压或微正压锅炉	适用于快装锅炉和四角布置的水管锅炉，可用于正压或微正压锅炉	同左	只用于小型锅炉，不适用于正压或微正压锅炉

7-6　燃烧器的调风器的作用是什么？它应满足哪些要求？

答：为使燃油锅炉燃烧完善，除有良好的雾化条件外，还需合理的配风。调风器的作用是对燃油供给适量的空气，并形成有利的空气动力场，使空气和油雾密切混合，并使油燃烧器出口处有大小和位置适当的高温烟气回流，以利稳定着火。空气和油雾的强烈混合，能减少油的高温分解，提高燃烧效率。因此，调风器应满足如下要求。

1）需将空气分为一次风和二次风。一次风必须在着火以前就已经和油雾混合，它的作用是避免油雾在着火时由于缺氧而严重热分解，产生大量炭黑。一次风量约占总风量的 15%～30%。

2）一次风应当是旋转的，可以产生一个适当的回流区，以保持火焰稳定。

3）二次风可以是直流的，或者为了控制火焰形状，可以有一个不大的旋流强度，这样有利于早期混合，而且阻力系数也可以小些。

7-7　调风器按气流流动方式可分为几大类？它们的构造和特点是什么？

答：调风器按气流流动方式可分为直流式和旋流式两大类。

1. 直流式调风器

直流式调风器又称平流式调风器。这种调风器有两种结构型式：一是直管式，如图 7-7 所示；另一种是文丘里管式，如图 7-8 所示。

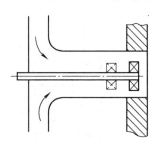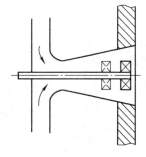

图 7-7　直管式平流调风器　　　　　图 7-8　文丘里式平流调风器

这两种调风器，中心管端都有一个锥形体或叶轮。它是平流式调风器的主要部件，叫作稳燃器。它的作用是：空气流经过稳焰器，在其附近形成一个火焰和高温烟气的回流区，使燃料从燃烧器喷出后立即就被高温火焰的回流点燃，保证燃烧稳定。同时又向火焰根部送风，为燃烧提供氧气。

稳燃器分扩流锥型和叶轮型，如图 7-9 所示。叶轮形式有直叶片，弯曲叶片和抛物线叶片，前者结构简单，但阻力大，后两者阻力小，但制造复杂。

实践表明，平流式配风器比旋流式配风器具有一系列的优点：

1）稳燃器产生的中心回流较弱，回流区的形状位置比较合适。既能保证着火，又能使火炬根部有一定的氧气浓度，可防止燃油的高温分解。

2）二次风速度高，穿透力强，扰动强烈。

3）气流速度衰减慢，射程长，后期混合好。

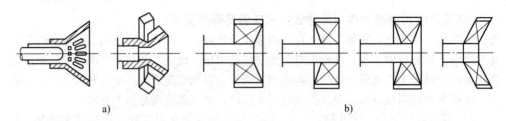

图 7-9　稳燃器

a）扩流锥型　b）叶轮型

4）流动阻力小。

5）气流量易于测量，特别是文丘里式配风器，测量的精度高，这一点对低氧燃烧有利。

6）没有二次风叶轮，结构简单。

平流式配风器由于火焰比较长，过去小型锅炉上很少采用，但经过改进，火焰长度已经能适用于小型锅炉。还由于其火焰较窄，能完全避免炉墙的结焦。

2. 旋流式调风器

（1）切向叶片调风器　可分为简单切向可动叶片和固定切向叶片调风器，它们的结构如图 7-10 和图 7-11 所示。

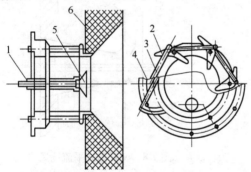

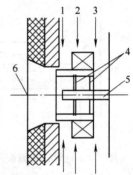

图 7-10　简单切向可动叶片调风器

1—油喷嘴　2—切向可动叶片　3—连杆
4—调节手柄　5—稳燃器　6—风口

图 7-11　固定切向叶片调风器

1—直流风　2—旋流风　3—中心风
4—多孔板　5—油喷嘴　6—喷口

切向可动叶片调风器给出的只是一般旋风，改变可变叶片，可以调节火焰形状。但它不能满足负荷调节需要，低负荷时，旋口易结焦，阻力比较大。图 7-10 所示是 10t/h 燃油锅炉上采用的简单切向可动叶片调风器，锅炉装有两个燃烧器，每个喷嘴的喷油量是 388kg/h，采用预热空气，出口空气温度为 200℃。

另一种是固定切向叶片调风器。它将风分成几股，一股通过装于中心的多孔孔板进入的中心风 3，此股风量不大，仅占总风量的 20% ~ 25%；另一股由外围送入为直流风 1，约占总风量的 20% ~ 25%；再一股是主气流，占总风量的 50% ~ 55%，它借切向叶片而旋转喷入炉膛，既为火焰根部缺氧区提供氧，又使喷嘴获得较好的冷却。只要调整直流风和旋流风的比例，即可调节气流旋转强度，以控制回流区远近、大小及相应的火焰形状。

（2）轴向叶片调风器　调风器有两个叶轮：一次风叶轮和二次叶轮。图 7-12 为轴向叶片式调风器。

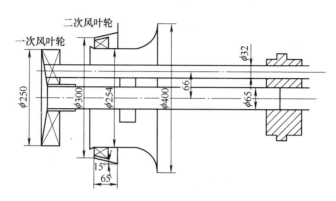

图 7-12　轴向叶片式调风器

一、二次叶轮为轴向叶片式，一次风叶轮的叶片按顺时针方向排列，二次风叶轮的叶片则是按逆时针方向排列，从两个叶轮出来的气流旋转方向是不同的。在两股气流之间还有部分空气是不旋转的。这样三股不同气流之间的速度相差很大，喷进炉膛后可以造成强烈混合。中心管上有 8 个 12mm 直径的小孔，少量空气从这些小孔进入中心管，可以保护喷嘴。图 7-12 是配 10t/h 燃油锅炉的轴向叶片式调风器。每台锅炉有两个燃烧器，喉口直径为 300mm，设计风速为 40m/s，负荷调节比可达 5。

7-8　油燃烧器与炉墙碹口相接，碹口的角度和大小是由什么决定的？它的角度和大小对燃烧器燃烧有何影响？常用的碹口有哪几种？

答： 油燃烧器是与炉墙碹口相连接而安装的，利用炉墙碹口耐高温材料释放的热量，使油雾及时蒸发并开始着火燃烧。炉墙碹口的角度和大小，是由燃烧器的燃油量和火焰扩散角决定的。若炉墙碹口角度比火焰扩散角度小，被雾化重油微粒会冲击碹口内侧面，使油气混合恶化。此外，聚集的重油受高温辐射，造成高温热分解，产生大量炭黑而结焦，亦影响正常燃烧。

若炉墙碹口直径过大，油雾与空气量混合大大减弱，这不仅使燃烧恶化，q_3 和 q_4 增加；还使得过量空气系数 α 增加，排烟损失 q_2 增加，致使锅炉热效率下降。如图 7-13 所示为常用的几种燃烧器碹口形状。

油燃烧器碹口角度 α 比煤粉燃烧器小，对于旋流式配风器，碹口角度 α 通常小于 30°；对于直流式配风器，一般 α 角小于 20°，甚至采用如图 7-13c 图所示的柱形碹口。小型油炉火焰最高温度约离燃烧器出口 150mm 处，若空气不预热，炉内最高温度也达 1500℃，因而碹口必须用耐火材料砌制，而且要有一定机械强度。

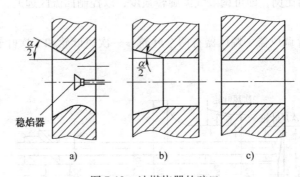

图 7-13　油燃烧器的碹口

a) 缩放碹口　b) 简单碹口　c) 柱形碹口

7-9　油喷嘴与调风器怎样配合才能获得使空气和油雾的良好混合？

答: 为使空气、油雾或燃气获得良好的配合，油喷嘴或燃气分流器（燃气喷嘴）在调风器中的位置是影响油雾或燃气与空气混合的重要因素。

图 7-14 是油喷嘴或燃气喷管在调风器中的位置情况。

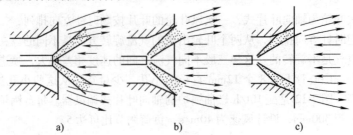

图 7-14　油喷嘴在调风器中的位置

a) 喷嘴位置太前　b) 喷嘴位置适中　c) 喷嘴位置太后

图 7-14a，喷嘴雾化角过小或喷嘴伸入炉膛内部过多，引起空气流和油雾"分层"而导致燃烧不良，火焰拖长。图 7-14c，雾化角度过大或喷嘴缩在调风器中过多，特别在低风速的情况下，油粒容易穿透风层打在碹口或水冷壁管上造成结焦。图 7-14b，喷嘴与调风器的位置配合适当，空气流和油雾或燃气混合良好，燃烧效果好。

油喷嘴或燃气喷管的具体位置的确定，每种燃烧器都不完全一样，应通过试验来确定。

7-10　燃油锅炉的锅炉房供油管路系统的主要任务是什么？主要流程怎样？

答: 燃油锅炉的锅炉房油管路系统的主要任务是满足锅炉要求的燃油送至锅炉燃烧器，保证燃油经济安全的燃烧。其主要流程是：先将油通过输油泵从油罐送至日用油箱，在日用油箱加热（如果是重油）到一定温度后通过供油泵送至炉前加热器或锅炉燃烧器，燃油通过燃烧器一部分进入炉膛燃烧，另一部分返回油箱。

7-11　燃油锅炉的锅炉房，供油管路系统设计安装原则是什么？

答： 油管路系统设计的基本原则是：

1）供油母管问题。一般宜采用单母管制，常年不间断供热时，宜采用双母管制。采用双母管时，每一母管的流量宜按锅炉房最大计算耗油量的 75% 计算。回油管应采用单母管。

2）重油供油系统宜采用经过燃烧器的单管循环系统。

3）燃用重油的锅炉房，当冷炉起动点火缺少蒸汽加热重油时，应采用重油电加热器或设置轻油，燃气的辅助燃料系统。当采用重油电加热器时应仅限于起动时使用，不应作为经常加热燃油的设备。

4）通过油加热器及其后管道的流速，不应小于 0.7m/s。

5）采用单机组配套的自动燃油锅炉，应保持其燃烧自控的独立性，并按其要求配置燃油管道系统。

6）每台锅炉的供油干管上，应装设关闭阀和快速切断阀，每个燃烧器前的燃油支管上、应装设关闭阀。当设置 2 台或 2 台以上锅炉时，尚应在每台锅炉的回油干管上装设止回阀。

7）不带安全阀的容积式油泵，在其出口的阀门前靠近油泵处的管段上，必须装设安全阀。

8）在供油泵进口母管上，应装设油过滤器 2 台，其中 1 台备用。

9）采用机械雾化燃烧器（不包括转杯式）时，在油加热器和燃烧器之间的管路上应设置细过滤器。

10）当日用油箱设置在锅炉房内时、油箱上应有直接通向室外的通气管，通气管上设置阻火器及防雨装置。室内日用油箱应采用闭式油箱，油箱上不应采用玻璃液位计。在锅炉房外还应设地下事故油罐，日用油箱与事故油罐之间的管线上应设置阀门。

11）炉前重油加热器可在供油总管上集中布置，亦可在每台锅炉的供油支管上分散布置。分散布置时，一般每台锅炉设置一个加热器，除特殊情况外，一般不设备用的。当采用集中布置时，对于常年不间断运行的锅炉房，则应设置备用加热器；同时，加热器应设旁通管；加热器组应能进行调节。

7-12　燃油锅炉的锅炉房，供输油系统中燃油过滤器是如何进行选择的？

答： 1）由于燃油杂质较多，在供输油系统中必须安装燃油过滤器。一般是在供输油泵前母管上和燃烧器进口管路上安装油过滤器。油过滤器选用的是否合理直接关系到锅炉的正常运行。

2）过滤器的选择原则如下：

①油过滤器精度应能满足所选油泵，油喷嘴的要求。

②油过滤能力应比实际容量大，泵前过滤器其过滤能力应为泵容量的 2 倍以上。

③过滤器的滤芯应有足够的强度，不会因油的压力而破坏。

④在一定的温度下，过滤器的滤芯应有足够的耐久性。

⑤过滤器结构要简单，易于清洗和更换滤芯。

⑥在供油泵进口母管上的油过滤器应设置2台，其中1台备用。

⑦采用机械雾化燃烧器（不包括转杯式）时，在油加热器和燃烧器之间的管路上应设置细过滤器。

一般情况下，泵前常采用网状过滤器，燃烧器前宜采用片状过滤器，视油中杂质和燃烧器的使用效果也可选用细燃油过滤器。油过滤器滤网规格选用见表7-3。

表7-3　油过滤器滤网规格选用表

使用条件		滤网规格/（目/cm）	滤网流通面积与进口管截面积的比值（倍）
泵前	螺杆泵、齿轮泵	16 ~ 32	8 ~ 10
	离心泵、蒸气往复泵	8 ~ 12	8 ~ 10
炉前	机械雾化喷嘴	≥20	2

7-13　燃烧轻油的锅炉房燃油系统有何特点？

答：其典型的燃油系统，一般是由油罐车运来的轻油，靠自流下卸到卧式地下贮油罐中，贮油罐中的燃油通过供油泵送入日用油箱，日用油箱中的燃油经燃烧器内部的油泵加压后，一部分通过喷嘴进入炉膛燃烧，另一部分返回油箱。如图7-15a所示为燃烧轻油的锅炉房原则性燃油系统，该系统中，没有设事故油罐，当发生事故时，日用油箱中的油可放入贮油罐中。如图7-15b所示为某工程（2×10t/h蒸汽锅炉房）燃油系统及排烟系统图。

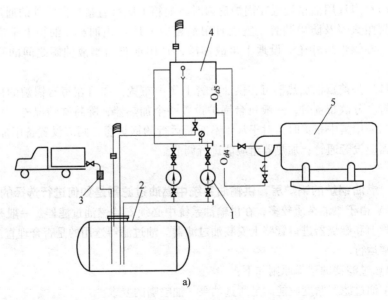

a)

图7-15　燃烧轻油供油系统图

a）燃烧轻油的锅炉房原则性燃油系统

1—供油泵　2—卧式地下贮油罐　3—卸油口（带滤网）　4—日用油箱　5—全自动锅炉

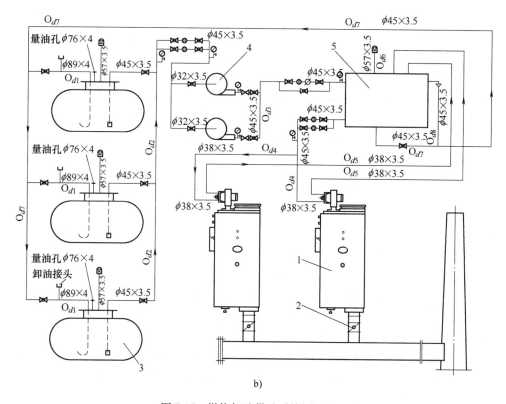

图 7-15　燃烧轻油供油系统图（续）

b）某工程（2×10t/h 蒸汽锅炉房）燃油（轻柴油）系统及排烟系统（实例）

1—燃油锅炉（HD0101—10000 型，额定蒸发量为 10000kg/h；额定工作压力为

1.0MPa；燃烧器 WEISHAUPT，RL70/1-A 型，功率为 14kW；自动调节范围 20%～100%，

燃油输送泵 SPF10-56，流量为 1630L/h，功率为 2.2kW）　2—排烟调节阀（D_N700）

3—贮油罐（$V=60m^3$）　4—油泵（2Cy-2/14.5-1 型，流量为 2m^3/h，扬程为

1.42MPa，吸上真空高度 4.90×10^{4}Pa，电动机 Y100L$_2$-4 型，功率为 3kW）

5—日用油箱（1800×1200×1200（mm），$V=2m^3$）

7-14　燃烧重油的锅炉房典型燃油系统有何特点?

答：如由油罐车运来的重油，靠卸油泵卸到地上贮油罐中，贮油罐中的燃油由输油泵送入日用油箱，在日用油箱中的燃油经加热后经燃烧器内部的油泵加压通过喷嘴一部分进入炉腔燃烧，另一部分返回日用油箱。如图 7-16 所示，该系统中，在日用油箱中设置了蒸汽加热装置和电加热装置，在锅炉冷炉点火起动时，由于缺乏汽源，此时靠电加热装置进行加热日用油箱中的燃油，等锅炉点火成功并产生蒸汽后，改为蒸汽加热。为保证油箱中的油温恒定，在蒸汽进口管上安装了自动调节阀，可根据油温调节蒸汽量。在日用油箱上安装了直接通向室外的通气管，通气管上装有阻火器。

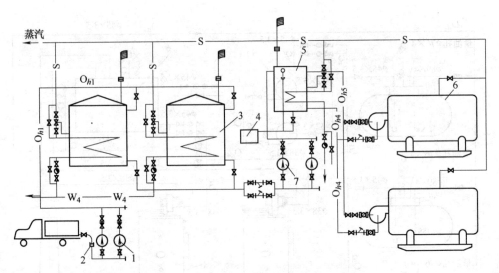

图 7-16　燃烧重油的锅炉房典型燃油系统
1—卸油泵　2—快速接头　3—地上贮油罐　4—事故油池
5—日用油箱　6—全自动锅炉　7—供油泵

7-15　燃油系统辅助设施主要包括哪些？选择的原则是什么？

答：燃油系统辅助设施主要有贮油罐、卸油罐、日用油箱、炉前重油加热器、燃油过滤器、输油泵、供油泵、油泵的热备用等。

1. 贮油罐

锅炉房贮油罐的总容量应根据油的运输方式和供油周期等因素确定，对于火车和船舶运输一般不小于 20～30d 的锅炉房最大消耗量；对于汽车运输一般不小于 5～10d 的锅炉房最大消耗量；对于油管输送不小于 3～5d 的锅炉房最大消耗量。

如工厂设有总油库时，锅炉房燃用的重油或柴油应由总油库统一安排。

重油贮油罐不应少于 2 个，为便于输送，对于黏度较大的重油可在重油罐内加热，加热温度不应超过 90℃。

2. 卸油罐

卸油罐也称零位油罐，其容积与输油泵的排量有关。

卸油罐是卸油的过渡容器，太大不经济；太小操作稍有不慎，就会造成油品溢出事故。在实际工作中，应根据油罐车的总容积及建设地段的地质水文条件，同时结合输油泵的选择来确定。

3. 日用油箱

燃油自油库输入日用油箱，从日用油箱直接供给锅炉燃烧。

日用油箱的总容量一般应不大于锅炉房一昼夜的需要量。当日用油箱设置在锅炉房内时，其容量对于重油不超过 $5m^3$，对于柴油不超过 $1m^3$。同时日用油箱上还应有直接通向室外的通气管，通气管上要设置阻火器及防雨装置。室内日用油箱应采用闭式油箱，油箱上不应采用玻璃管液位计。在锅炉房外还应设地下事故油罐（也可用地下贮油罐替代），日用油箱事故放油阀应设置在便于操作的地点。

4. 炉前重油加热器

重油在油罐中加热最高温度不超过 90℃，为了满足锅炉喷油嘴雾化要求，重油在进入喷油嘴之前需要进一步降低黏度，所以必须经过二次加热。

某些全自动燃油锅炉重油燃烧器本身带有燃油加热装置，可不再单独设加热器。

5. 燃油过滤器

参见题 7-12。

6. 卸油泵

当不能利用位差卸油时，需要设置卸油泵，将油罐车的燃油送入贮油罐。

卸油泵的总排油量按下式计算：

$$Q = \frac{nV}{t}$$

式中：Q 为卸油泵的总排量（m^3/h）；V 为单个油罐车的容积（m^3）；n 为卸车车位个数；t 为油泵卸油时间（h）。

油泵卸油时间与罐车进厂停留时间有关，一般停留时间为 4～8h，即在 4～8h 内应完全卸完车位上的油罐车。在整个卸车时间内，辅助作业时间一般为 0.5～1h，加热时间一般为 1.5～3h，油泵实际卸油时间为 $t = 2～4h$。

7. 输油泵

为把燃油从卸油罐输送到贮油罐或从贮油罐输送到日用油箱，需设输油泵，输油泵通常选用螺杆泵和齿轮泵，也可以选用蒸汽往复泵、离心泵。油泵不宜少于 2 台，其中 1 台备用。

用于从贮油罐往日用油箱输送燃油的输油泵，容量不应小于锅炉房小时最大计算耗油量的 110%。

在输油泵进口母管上应设置油过滤器 2 台，其中 1 台备用，油过滤器的滤网网孔宜为 8～12 目/cm，滤网流通面积宜为其进口截面的 8～10 倍。

8. 供油泵

供油泵用于往锅炉中直接供应一定压力的燃料油。一般要求流量小、压力高，并且油压稳定。供油泵的特点是工作时间长。在中小型锅炉房中通常选用齿轮泵或螺杆泵作为供油泵。

供油泵的流量应不小于锅炉房最大计算耗油量与回油量之和。锅炉房最大计算耗油量为已知，故供油泵的流量在于合理确定回油量。回油量可根据油喷嘴的额定回油量确定，并合理地选用调节阀和回油管直径。油喷嘴的额定回油量，由锅炉制造厂提供，一般为油喷嘴额定出力的 15%～50%。

现在生产的某些全自动燃油锅炉燃烧器本身带有加压油泵，因而一般不再单独设供油泵，只要日用油箱安装高度满足燃烧器的要求即可。

9. 油泵的热备用

重油的凝固点高，在常温下就会凝固。因此，当采用齿轮泵，螺杆泵和离心泵等由电机带动的泵作备用泵时，必须热备用，否则泵壳内的重油黏度过高甚至凝固，油泵起动时会造成电机过载或油泵损坏。

　　如图 7-17 所示为油泵的热备用系统。在泵的排出管上安装止回阀 5 及其旁通小口径回流阀 4。假如泵Ⅰ工作，泵Ⅱ备用。打开备用泵Ⅱ的进出管阀门 1 和 6，微开回流阀 4，压力油管内的热油经回流阀 4 流入泵壳内，随后进入工作泵Ⅰ的进油管，造成备用泵壳内热油循环，在泵Ⅱ处于备用状态中，始终使少量热油流经泵内通道，处于热备用状态（此时备用泵缓慢逆转）。一旦工作泵发生故障，备用泵很快就可投入运转，在备用泵投入工作之前，应先关闭回流阀 4。

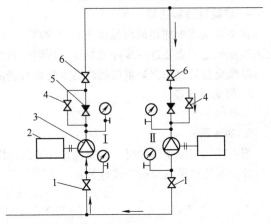

图 7-17　油泵热备用安装系统图
1—进油管阀门　2—电动机　3—油泵　4—旁通
回流阀　5—止回阀　6—排出管阀门

7-16　如何对自动燃油锅炉的控制箱、程序控制器、火焰监察器及压力控制元件进行维护保养？

答：燃油锅炉燃烧设备如燃烧器是机电一体的设备，应认真维护保养，应做到：

　　1）定期清洁电器元件表面的灰尘及油垢，检查各电气线路是否接触良好，清洁各启动电源的接触点。以上保养应在切断电源之后才能进行。

　　2）程序控制器出厂时已调校好，使用中不得擅自进行调动和更换部件。火焰监察器的光电管透镜应经常清洁，保持感应灵敏。火焰监察系统能否正常工作，可以在发火程序控制的各个阶段中进行检查。

　　3）压力调节器、超压切断控制器应定期进行校验，一般可每 3 个月校验 1 次。检查其动作压力是否与设定数值相符，以保证各控制器的控制准确无误。平常注意观察，如正常就不要调整，更不要让非专业人士调整。

7-17　如何对自动燃油锅炉、燃烧器及燃油系统进行维护保养？

答：根据锅炉具体情况，结合本单位的实际情况，应制订具体的保养措施。一般应进行下列维护保养：

　　1）定期清洗燃油系统的各过滤器。轻油过滤器应每月清洗一次。重油过滤器的旋把经常用手转动（正向及反向），一般每班 2 次。

　　2）燃油加热器应定期拆开清理，用药剂或工具去除容器内壁及加热器上的碳积物或油垢。拆除电加热器时应做各条线路的标记号，以免接错。

　　3）油燃烧器的火焰狭窄无力或助燃空气压力上升，均显示燃烧器堵塞，应对燃烧器进行检查，小心拆下喷油枪组件进行清理。喷嘴一般是铜的，不要用铁丝去捅它，要用木质或竹质的工具清理比较好。因为用铁丝可能划伤，油就喷不好。

4）擦净点火棒的油垢和炭积物，并检查电极距离是否正确（陶瓷部分积垢应清除，不然易漏电；另外陶瓷易碎）。

5）雾化气泵及其润滑系统的保养。气泵在充足的润滑下一般不需要维修。油气柜的油位视镜必须保持可见的油位。油气柜中的金属棉必须定期更换，更换时须使金属棉垫满全部空间，但不可使金属棉压缩。

6）炉壁及烟管的清理。锅炉运行一段时间后，炉膛及烟管会有烟垢生成，如燃油燃烧不充分，烟垢的形成会更快。烟垢会使炉壁及管壁的传热能力显著降低，因而温度升高（可从排烟管的温度表观察到），燃料消耗量增加，这时应打开炉的前后端门进行清理。

排烟温度突然上升的原因可能是：雾化不良，或烟气短路，以及耐火砖烧坏脱落。

7-18　燃油锅炉燃烧器的故障、原因及其处理方法是什么？

答：故障现象、原因及其处理方法：

1. 燃烧器点火棒不点火

原因如下：

1）点火棒间隙夹有炭渣，或有油污。

2）点火棒碎裂、潮湿、漏电。

3）点火棒之间距离不对，太长或短。

4）点火棒绝缘外皮有损坏，对地短路。

5）点火电缆和变压器出现故障，如电缆断线、接插件破损造成打火时短路，变压器断线或出现其他故障。

处理方法：①清除；②换新；③调整距离；④换线；⑤换线，换变压器。

2. 点火棒有火花但点不着火

原因：

1）旋风盘通风间隙被积炭堵塞，通风不良。

2）油喷嘴不洁，堵塞或磨损。

3）风门设定角太小。

4）点火棒尖端距油喷嘴前缘距离不适当（太突出或内缩）。

5）第一油枪电磁阀被杂物堵塞（小火油枪）。

6）油质太黏，流动不易，或过滤系统堵塞，或油阀未开，使油泵吸油不足，油压低。

7）油泵本身滤网阻塞。

8）油含水较多（加热器内沸腾异声）。

处理方法：①清除；②先清洗，如不行换新；③调小试验；④调整距离（以 3 ~ 4mm 为好）；⑤拆下清洗（将零件用柴油清洗）；⑥检查管路及油过滤器，保温设备；⑦拆下油泵外围螺钉，小心取下外盖拿出里面的油网，用柴油浸洗；⑧换新油试之。

3. 小火正常而转大火时，熄灭或火焰闪烁不稳

原因：

1）大火的风门风量设定太大。

2）大火的油阀微动开关（风门最外那一组）设定不适当（设定得比大火的风门风量还大）。

3）油质黏度太高不易雾化（重油）。

4）旋风盘与油嘴间距不当。

5）大火油嘴磨损或脏污。

6）预备油箱加热温度过高，致使蒸汽使油泵送油不顺。

7）油含水。

处理方法：①逐步减小试验；②$D_I = D_{II} + （5° \sim 10°）$，禁止：$D_I = D_{II}$，$D_I < D_{II}$；③提高加热温度；④调整距离（在 $0 \sim 10mm$ 之间）；⑤清洁或更换；⑥设定约 50℃ 左右即可；⑦换油或排水。

4. 燃烧器噪声增大

原因：

1）油路中截止阀关闭或进油量不足，油过滤器阻塞。

2）进油温度低，黏度太高或泵进油温度过高。

3）油泵出现故障。

4）风机电动机轴承损坏。

5）风机叶轮太脏。

处理方法：①检查油管路中的阀门是否打开，油过滤器工作是否正常，清洗泵本身过滤网；②油加温或降低油温；③更换油泵；④更换电动机或轴承；⑤清洗风机叶轮。

5. 燃烧不良

（1）点小火时就冒浓黑烟　原因：

1）小火风门设定太小。

2）油喷嘴磨损，雾化不良。

3）$D_I \leqslant D_{II}$。

处理方法：①调大小风门；②更换油喷嘴；③调整为 $D_I = D_{II} + （5° \sim 10°）$。

（2）冒黑烟风门调整无效　原因：油喷嘴磨损，雾化不良。

处理方法：更换喷嘴。

（3）冒白烟　原因：

1）风门太大。

2）油中渗水。

处理方法：①调整风门；②改善油质。

7-19　燃烧器上油泵（供油泵）的主要故障、原因及处理方法是什么？

答：油泵的故障现象、产生故障的原因及其处理方法如下。

1. 油泵不运转

为了排除故障，必须检查产生故障的原因。为此，应对油箱中是否有油、阀门是否关闭堵塞；系统中是否有空气；油过滤器及喷油嘴是否干净、油压及真空度是否正常等可能的原因进行排除。若仍无法解决问题，应检查电动机与油泵间的联轴器是否完好。如果油泵仍无法运转，应更换油泵。

2. 油泵不吸油

整个系统的可靠运行与油泵的吸油能力、油箱与油泵相对位置有很大关系。在油泵无法吸油的情况发生时，首先将真空表安装在油泵的正确接口上，假如在系统运行后，真空表的指示数值仍为 0，则需检查：

1）是否只有马达转动，而油泵轴没有转动。这极有可能是联轴器失效或松动。

2）假如油泵确实运转，则检查油泵的旋转方向与速度是否正确。

在检查时，真空表应接在油泵上，假如确定没有真空度，可做大致的检查，即在油泵旁边放置一小桶燃油，油泵吸入端插入油桶，起动油泵，看油泵是否能吸入，并注意油泵的滤油器是否已及时装上。经检查，仍然不能吸油，只能更换油泵。

3. 油泵油压无法调节

如油泵油压无法调节或油压表指示不对，其可能的原因如下：

1）油泵与电动机间的联轴器失效。

2）油压表失效。

3）油压表安装不正确。

4）油压调节阀失效或堵塞，在这种情况下，油压表只能指示一个压力。

5）油中有空气，这会使油压表的指示不稳。

6）油泵选型不当。如选用的油泵流量比喷油嘴流量小，这时油压表测得的压力很低。

7）齿轮磨损，油泵不能产生足够的压力。

8）燃油太稀。黏度降低，喷嘴流量降低。

9）油泵可能不适宜用煤油。

针对上述故障原因，然后采取相应的处理方法。

4. 油压不稳

油压不稳，会导致流量及喷雾方式的变化，从而导致燃烧效果不好。油压不稳的可能原因如下：

1）管路上有空气或油泵真空度太高。

2）油泵调压阀太脏。

3）调压阀上的弹簧失效。

4）联轴器不好，导致速度有变化。

5. 油泵无输出

油泵无输出，应检查并做到：打开吸油管路上的阀门、油泵排气、利用压力表及真空表检查油压及真空度、检查联轴器、检查油泵旋转方向、检查油泵的安装方式（单管或双管）等。

在做好上述检查后，喷嘴仍无油喷出，此时应检查：吸油管与回油管位置是否正确、电磁阀是否正常、喷油嘴是否堵塞、吸油管上的截止阀方向是否正确、吸油管路是否有泄漏或被压坏等。

要特别注意：在进行上述步骤时，燃油可能流出，积存在锅炉燃烧室内，再次点火时，这些油会气化，从而会产生爆响。经过几次起动、点火不成功后，应将锅炉内的燃油排掉。

6. 油泵过热

如油泵温度很高，说明问题比较严重。其原因可能有：联轴器安装不合适。假如其长度大，可能会对泵轴施力。这种力会传递给油泵，使油泵负载过大，产生热量。这主要发生在换用不同长度的联轴器而引起的。

在单管系统（无回油管）中，大规格的油泵在小流量的喷嘴供油时也会使油泵过热。如使用的油泵流量为 100L/h，而喷嘴流量仅为 20L/h，在单管系统中，只有 20L/h 的新油从油箱中供给，而其他的 80L/h 的油是在系统中循环，这样会导致油泵温度升高（双管系统中的情况则相反，在大流量油泵给小流量喷嘴供油时，会使泵降温）。

油泵太脏，也会使其内部摩擦增大，使油泵温度升高。

根据检查出的问题，然后采取相应的处理方法。

7. 油泵产生噪声

在启动后不久，油泵即发出噪声，并且其声量逐渐增加，则很可能是吸油管路上的阀门仍关闭，没有打开；使真空度增加，油气分离，空气进入油泵，油泵发出了"抗议声"。一般情况下，当真空度达到 -0.5×10^5 Pa 时，油泵即会"吼叫"，这时应立即将阀门打开。

在吸油管上的油过滤器、截止阀被堵塞或吸油管被压坏时，也会使油泵产生噪声。其他原因还有：吸油管径不匹配，太大的吸油高度差或管路被污物堵塞等。

当吸油管漏气时，油泵也会发出噪声，这时安装压力表来检查油压，这时压力表的指针会乱跳。即真空度太低时，表明有漏气。

故障原因确定后，即可采取相应的处理方法。

7-20　如何检查燃烧器上油泵的工作性能？

答： 在使用燃烧器若干年后，需要对燃烧器做一些必要的调整，这时应检查油泵的工作性能。检查的主要内容是测量正常时油泵的真空度和油压。

（1）检查油泵的真空度　一般说来，新的油泵的吸油能力在 $-0.60 \times 10^5 \sim -0.80 \times 10^5$ Pa 范围内。多次试验证明，在真空度达到 0.33×10^5 Pa 时，油气将分离，导致油泵缺油、使油泵加速磨损，产生噪声。

在检查真空度时，要关闭吸油管路上的阀门，此时测量油泵的真空度。假如油泵真空达到 $(-0.3 \sim -0.7) \times 10^5$ Pa 时，油泵将会产生"吼叫"声，应立即打开吸油管上的阀门。若油泵在无油状况下运行时间太长会损坏油泵，一般不应超过 5min。

（2）检查油泵油压　检查油压，必须转动调节螺钉，看油压变化是否均匀，平衡。若没有问题，应将油压调回至正常压力。

经过上述检查，都在规定的范围内，可以判断油泵的工作性能是正常的。

在检查油泵时必须采用正确的压力表和真空表。

7-21　燃烧器的喷油嘴为何滴油？

答：喷油嘴滴油并不一定就是喷油嘴的原因，但无论如何，滴油问题必须解决，否则既浪费能源又污染环境。

（1）在刚工作时就滴油　如在刚工作时油压过低，将会使燃油从喷油嘴中流出，而不是喷出。油压过低的原因通常是由于电磁阀或液压阀被污物堵死或失效引起的。

（2）在工作过程中滴油　其原因可能有：喷油嘴的安装位置相对于燃烧头太靠后；点火电极位置不当，进入雾化油中；喷油嘴与固定座间安装不紧，但也注意安装时不要使太大力；喷油嘴太脏；清洗喷油嘴划伤或损坏；油压过低等。

（3）停止工作时滴油　其原因有：在油泵与喷嘴之间的管路中有空气；电磁阀或液压阀太脏或失效等。

7-22　燃烧器的喷油嘴的使用寿命有多长？当它损坏更换喷油嘴时应注意些什么？

答：1. 燃烧器的喷油嘴使用寿命

喷油嘴的使用寿命究竟有多长，很难有确切的数据，因为喷油嘴的磨损很大程度上取决于燃烧时间、油质和燃烧室的热反射等因素。

一般说来安装在民用燃烧炉上的喷油嘴，使用 1 年后的喷油嘴，建议更换为好。

2. 在更换喷油嘴时应注意下列事项

1）购买来的新喷油嘴，应检查喷油嘴上标注的尺寸，燃油黏度、油压、喷油量、雾化角及雾化方式等参数，是否与燃烧机上需要的喷油嘴参数一致。

2）新的喷油嘴要认真保护，直到安装时，才将喷油嘴从保护套中取出，也不要将喷油嘴安装在长期不用的燃烧机上。

3）不宜在喷油嘴冰冷时安装；不要用油污的脏手触摸喷油嘴前部；不要将没有保护套的喷油嘴放在口袋或工具箱内；在安装喷油嘴时不要使太大劲，否则容易损坏其螺纹。

4）为了能保证最好的燃烧效果及效率，最好是更换新喷油嘴，而不是清洗喷油嘴。

5）在更换喷油嘴时，切不要改变安装位置，一定要符合燃烧机安装说明书所指定的位置。如喷油嘴安装太靠前，将使喷油嘴周围的空气流速过快，导致点火时就像是爆炸。即使是点火成功，火焰也将是不规则的、杂乱的；如喷油嘴安装位置太靠后时，喷出的油将会被燃烧头挡住，在燃烧筒中形成油流。

7-23　燃气的燃烧特点是什么？按燃气的燃烧方法可分为几种？它们有何优缺点？

答：1. 燃气燃烧的特点

1）燃气和空气都是气体，燃烧很容易进行。它的燃烧过程是：燃气和空气的混合

—着火—燃烧。没有燃油雾化与气化过程,只有同空气混合和燃烧过程。

2) 燃气发热量高,燃用发热量高的燃气、空气用量大,如在标准状态下 $1m^3$ 天然气或液化石油气需 $10\sim25m^3$ 的空气,因此要使燃气充分燃烧,需要大量空气与之混合。

3) 燃气的热容量比煤小得多,只要很小的外界热源就能将其加热至着火点,并以瞬时着火形态出现,故有一定爆燃的危险性。

各种气体燃料是一种混合气体,它们是由不同成分气体组成的,其着火温度没有固定的数值,它取决于所含成分的性质及所占比率的大小。一些可燃气体的着火温度,参见表7-4。

表7-4　几种可燃气体在空气中的着火温度

气体名称	着火温度/℃		气体名称	着火温度/℃	
	量得的最小值	最得的最大值		量得的最小值	最得的最大值
氢	530	590	苯	720	770
一氧化碳	610	658	甲苯	660	
甲烷	645	850	硫化氢	290	487
乙烷	530	594	乙烯	510	543
丙烷	530	588	炼焦煤气	640	
丁烷	490	569	未除二氧化碳的页岩气体	约700	
己烷	300	630			
乙炔	355	500			

2. 燃烧方式

燃气与空气的混合方式,对燃烧的强度、火焰长度和火焰温度都有很大的影响。根据混合方式的不同,燃气的燃烧方法可分为以下三种。

(1) 扩散燃烧　此种燃烧方法即燃气与空气不预先混合,而是在燃气喷嘴口相互扩散混合燃烧。整个燃烧过程所需的总时间近似等于燃气与空气之间扩散混合的时间。扩散燃烧有层流扩散和紊流扩散两种,前者是分子之间的扩散,燃烧强度较低;后者是气体分子团之间的扩散,燃烧强度相对较高,但也只用于小容量工业锅炉。

扩散燃烧方法的优点是燃烧稳定,不易发生回火和脱火,且燃具结构简单。但其火焰较长、过量空气系数偏大,燃烧速度慢,易产生不完全燃烧,使受热面积积炭。

(2) 预混部分空气燃烧(半预混式或大气式或引射式)　此种燃烧方法即燃烧前预先将一部分空气与燃气混合(一次空气过量系数 $\alpha=0.2\sim0.8$ 之间变动),然后进行燃烧。因为一次空气是依靠一定速度和压力的燃气,从喷嘴喷出的引射作用从大气中引入的,所以称这种燃烧方法为大气式或引射式燃烧。

这种燃烧方法的优点是燃烧火焰清晰,燃烧强化,热效率高;但燃烧不稳定,对一次空气的控制及燃烧组分要求较高。燃气锅炉的燃烧器,一般多采用此种燃烧方法。

(3) 无焰燃烧　此种燃烧方法即燃气所需要的空气,在燃烧前已完全与燃气均匀混合,一次空气系数等于燃料完全燃烧时的空气过量系数 ($\alpha\geq1.0$),在燃烧过程中不需要从周围空气中取得 O_2,当燃气与空气混合物到达燃烧区后,能在瞬间燃烧完毕。这种燃烧方法,只要燃烧器出口有热源(火种),燃烧在瞬间完成,而且没有火焰产生,故称为无焰燃烧。它具有燃烧速度快,燃烧强度大等特点,其炉膛容积热负荷可为扩散燃烧热负荷的数百倍,而且燃烧完全,偶尔发生回火。

7-24 燃气锅炉常用的燃烧器是怎样分类的？

答： 燃气燃烧器是燃气锅炉的重要部件，其种类繁杂，可从不同方面进行分类，燃气锅炉常用燃烧器的主要分类如下：

1. 按燃烧方式分类

1）扩散式。燃烧所需要的空气不预先与燃气混合，一次空气系数 $\alpha_1 = 0$。

2）大气式。燃烧所需要的部分空气预先与燃气混合，$\alpha_1 = 0.4 \sim 0.7$。

3）无焰式。燃烧所需要的空气全部预先与燃气混合，$\alpha_1 = 1.05 \sim 1.10$。

2. 按空气供给方式分类

1）空气由炉膛负压吸入。

2）空气由高速喷射的燃气吸入。

3）空气由机械鼓风机送入。

3. 按燃料种类分类

1）纯燃气燃烧器，仅限于燃用燃气。

2）燃气-燃油联合燃烧器，可同时或单独燃用燃气或燃油。

3）燃气-煤粉联合燃烧器，可同时或单独燃用燃气或煤粉。

4. 按特殊功能分类

1）浸没燃烧器。

2）高速燃烧器。

3）脉冲燃烧器。

4）低 NO_x 燃烧器。

7-25 常用的火焰燃烧器有几种？它们的结构和工作性能有何特点？

答： 火焰燃烧器有套管式燃烧器、蜗壳式旋流燃烧器和大气式燃烧器三种。

1. 套管式燃烧器

套管式燃烧器结构如图 7-18 所示，它是由大管套小管组成的。燃气从中间小管喷出，空气从管子夹套中吹出，两者在火道或燃烧室内边混合边燃烧。其优点是结构简单，工作稳定。其缺点是燃气与空气属同心平行气流，混合效果差，火炬较长，适用于小型燃气锅炉。

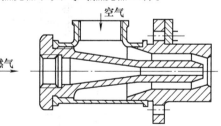

图 7-18　套管式燃烧器

2. 蜗壳式旋流燃烧器

蜗壳式旋流燃烧器，其结构如图 7-19 所示，它是由蜗壳形空气管和中心燃气管构成。空气经蜗壳形成旋流，燃气从中心燃气管上的许多小孔垂直喷入空气旋流中，从而增大两种气流的接触面使混合强化。燃气与空气混合后经缩放型喷口再进入炉膛。这样既增强混合又使流速均匀提高，有利于防止火道内产生回火。当燃用天然气时，燃气压力约为 15kPa。空气流速为 $20 \sim 40m/s$。喷口处气流速度为 $20 \sim 50m/s$。喷嘴出口处流速为 $10 \sim 20m/s$。过量空气系数为 1.1。喷入天然气的距离约在 $400 \sim 500mm$ 以上。此时预混合已相当强烈，火焰已不发光了。

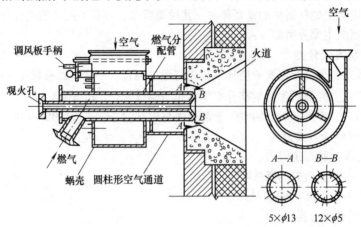

图 7-19　中心供气蜗壳式旋流燃烧器

3. 大气式燃烧器

大气式燃烧器示意图如图 7-20 所示。大气式燃烧器的特点是不需要配置鼓风装置鼓风，燃烧所需的空气量靠燃气引射作用吸入。燃气可在较低压力下工作。在燃烧器内，仅有一部分空气预先和燃气混合，在炉膛内还需补入二次空气，大气式燃烧器适用于燃烧各种特性的燃气。其优点是结构十分简单，主要由引射器及头部两大部件组成。但当燃烧器热功率大时，结构显得笨重，故一般多用于小型锅炉。民用炉灶的燃烧器亦属于此类。

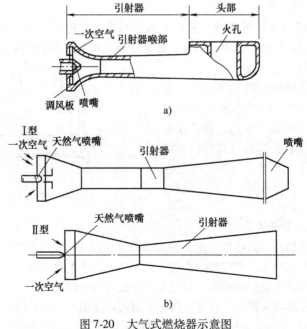

图 7-20　大气式燃烧器示意图
a) 大气式引射燃烧器　b) 大气式燃烧器

7-26　无焰燃烧器常用的有几种？它们的结构和工作性能有何特点？

答：无焰燃烧器常用的有：燃烧道型无焰燃烧器，带稳焰器无焰燃烧器，矩形火孔无焰燃烧器和多引射无焰燃烧器等四种。

1. 燃烧道型无焰燃烧器

该型燃烧器是由混合装置、燃烧道和喷头三个部分组成，其结构简图如图 7-21 所示。

（1）混合装置　其作用是使燃气和空气良好混合。

燃气和空气均被加压后在混合装置内混合，喷射器引射混合。它可以是空气引射燃气，亦可是燃气引射空气，但多数情况下，是以燃气做喷射介质，直接从大气中吸入空气。为保证吸入必要的空气并防止回火，要求燃气具有一定的压力：高炉煤气为 5 ～ 10kPa；天然气为 30 ～ 100kPa；高炉—焦炉混合煤气 15 ～ 20kPa。

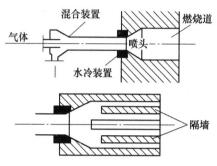

图 7-21　无焰燃烧器原理图

（2）燃烧道　它是用耐火材料制成。其结构由若干层耐火隔墙组成，炽热的耐火材料隔墙，既是可燃气体迅速稳定着火的点火源，又将可燃气体分割成许多薄层，增加可燃气体的燃烧表面积，改善混合，从而大大强化燃烧。

燃烧道内的容积热强度为 $2093.4 \times 10^3 \sim 4186.8 \times 10^3 kJ/m^3$。

（3）喷头　它的作用是将燃气和空气混合物以一定的速度喷入燃烧道内。并要求在最小负荷时，燃气、空气混合物流出喷头的速度应比火焰的传播速度高出 25% 以上，以防止回火，但亦不宜过高，以避免火焰不稳定或造成脱火现象。对热负荷大的喷头，需用空气或水来冷却，以防止烧坏喷头。

2. 带稳焰器的无焰燃烧器

它是由篦状稳焰器、扩散管、喉管、收缩管、吸声罩和喷嘴等部件组成，其结构原理图如图 7-22 所示。

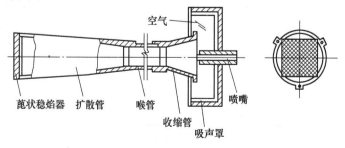

图 7-22　带稳焰器的无焰燃烧器

篦状稳焰器是用宽 16mm，厚 0.5mm 的耐高温薄钢板制成。

　　带稳焰器的无焰燃烧器的主要性能：有Ⅰ、Ⅱ、Ⅲ三种规格；天然气压力为10，30，50kPa；相应地天然气流量为50～147m³/h，88～255m³/h，123～331m³/h；喷嘴孔径10.8mm、13.2mm、19.0mm；总长度为2127mm、2424mm、3200mm；燃气进口直径50mm、50mm、80mm；质量39kg、47kg、65kg。

3. 矩形火孔无焰燃烧

　　它是由调风手柄、调风板、燃气管、喷嘴混合管，以及水冷矩形头部等部件组成，其结构如图7-23所示。

　　其主要特性有：1～7号规格；天然气流量为50～1000m³/h，天然压力为40kPa；燃气喷孔直径 $\phi2.8\sim\phi8.2mm$，个数8～15个；其他尺寸如图所示。它的主要优点是喷嘴喷出的火焰呈扁平形，燃气与空气在扁平形引射器中能较好地混合。

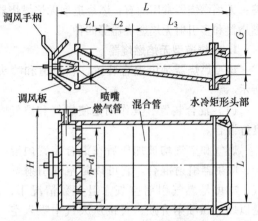

图7-23　矩形火孔无焰燃烧器

4. 多引射器无焰燃烧

　　它是由喷孔、混合管，水冷头部，稳焰锥体等部件组成，其结构如图7-24所示。

　　它的主要优点是：采用多喷孔、混合管较短，混合气流遇到稳焰锥体后，相互撞击，强化燃烧。其主要特性见表7-5。

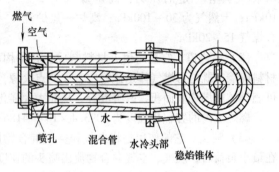

图7-24　多引射器无焰燃烧器

表7-5　多引射器无焰燃烧器

项 目	型 号				
	Ⅰ	Ⅱ	Ⅲ	Ⅳ	Ⅴ
天然气流量/(m³/h)	37～132	26～114	67～196	31～140	140～350
天然气压力/kPa	50～60	30～60	50～60	30～60	18～60
调节比	1:3.6	1:4.5	1:2.9	1:4.5	1:2.5
火孔直径/mm	210	210	250	250	350
稳焰锥孔直径/mm	80	110	80	150	150

7-27　鼓风式燃烧器有何特点？常用的有几种？

答：为了强化燃气与空气的混合，提高燃烧强度，可使燃烧器结构紧凑；提高单个燃烧器的热负荷。工业锅炉的燃烧器常采用机械鼓风的办法来供应空气。燃气的燃烧速度、燃烧完善程度和火焰长度完全取决于燃气和空气的混合。利用鼓风式燃烧器的主要部件，即配风器和燃气分流器，可使空气和燃气之间有一定的速度差；使燃气和空气分成相互有交叉的细流，空气流强产生剧烈旋转，混合更加完善；保证了气体混合物在火道或炉膛内迅速燃烧。

鼓风式燃烧器可以利用空气预热器来的热空气，因这样具有较大的调节比，并能使用低压蒸汽，这种燃烧器是目前工业锅炉应用最广的燃烧器。其缺点是因鼓风需增加电耗。鼓风式燃烧器一般由配风器、燃气分流器和火道组成。其种类繁多，常用的有旋流式和平流式两种。

这种燃烧器的配风器结构与油燃烧器基本相似，燃气分流器的基本形式见表 7-6，其结构较简单。燃烧形成的火焰特征与通常旋流式和直流式油燃烧器相似。

表 7-6 鼓风式燃烧器的分类

类 别	配风器形式	燃气分流器形状	
套管式	圆筒式	单管式或多管式	
旋流式	切向式	中心式、周边式	圆形喷孔、环形喷孔、矩形喷孔
	蜗壳式		
	轴向叶片		
	切向叶片	中心-周边联合式	
平流式	圆筒式	中心式、多枪式、中心-周边联合式	
	文丘里式		

7-28 常用的周边供气蜗壳燃烧器的结构和工作原理如何？

答：周边供气蜗壳燃烧器的结构如图 7-25 所示。

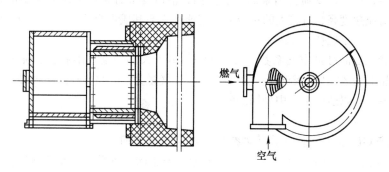

图 7-25 周边供气蜗壳式燃烧器

它是配容量为 4t/h 燃用天然气锅炉。天然气热值 $Q_{DW}^Y = 3.52 \times 10^4 kJ/m^3$，燃气量为 $0.49 m^3/s$。

从图 7-25 中可知，空气通过蜗壳产生强烈旋转，后进入内筒继续旋转向前。燃气由管子进入内环套，并从内筒中部和端部的两排小孔径向高速喷入旋转的空气流，两者强烈混合后进入火道燃烧。在内筒进口处的圆周上均布着一排曲边矩形孔，一小部分空气从这些小孔通过外环套，作为二次空气在内筒端部环缝流出。它有冷却燃烧器头部的作用。这种燃烧混合强烈，燃烧完善；过量空气系数小，$\alpha = 1.05$。但阻力较大，燃气压力为 1000Pa，空气压力为 1000Pa。

7-29　常用的多枪平流式燃烧器的结构和工作原理如何？

答： 多枪平流式燃烧器的结构如图 7-26 所示。

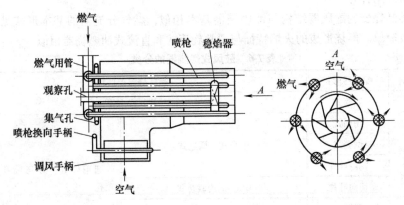

图 7-26　多枪平流式燃烧器

　　具有一定压力的可燃气体由母管进入集气环，后再流入分布在同一圆周上的 6 根喷枪，通过喷枪多孔头部高速喷出，其射流方向与流经稳焰器的少部分空气所形成的旋转空气流的方向正好相交，提高了燃气与空气之间的相对速度，大大强化了混合。转动喷枪换向手柄，可以改变喷孔出来的射流方向，借改变混合程度来调节火焰的长度和亮度。燃气射流速度高，有较大的穿透力，它能穿入与其成正交状态的二次空气流，使混合得到改善，稳定燃烧。

　　这种燃烧器的过量空气系数为 $\alpha = 1.03$。由于大部分空气不旋转、降低了鼓风电耗，空气压头为 800Pa。燃气压头为 6000Pa，燃气量为：0.43m³/s。此种燃烧器还可以达到更大容量，以适应大、中型锅炉的需要。

7-30　国产 GR 型燃烧装置的基本参数及性能特点如何？

答： 如北京金瑞华科技有限公司近 20 年来专注于非标液体燃料、标准燃气和非标低压低热值燃气的高效率超低氮燃烧设备、雾化器和自控装置的研制。拓展了燃烧器的燃料适用范围，使以前难以利用的低压低热值尾气、废油等变成工业燃烧的"主粮"。该公司提供单台功率范围在 280kW ~ 90MW 的各种非标低氮 GR 系列分体燃烧器，如氢气燃烧器、低压低热值燃气燃烧器、低热值燃油燃烧器、油气混烧燃烧器、气气混烧燃烧器、多燃料燃烧器、热风发生器等。

　　目前已有数千台套 GR 燃烧器在中石化股份公司、中石油股份公司、中国化工集团公司、中材节能股份有限公司等企业使用多年，并有良好的口碑。在上述应用中，天然气和低压低热值燃气混烧时 NO_x 排放 $\leqslant 34mg/m^3$ 标态、单烧天然气时 NO_x 排放 $\leqslant 30mg/m^3$ 标态、单烧氢气时 NO_x 排放 $\leqslant 71mg/m^3$ 标态、单烧甲醇时烟气中 NO_x 排放 $\leqslant 27mg/m^3$ 标态。

1. GR 系列高效工业燃烧器的三大特点

（1）燃料适应性广　天然气或城市煤气类中高热值标准燃气、轻油类标准液体燃料、低压低热值非标燃气、甲醇、重渣油和废油类非标液体燃料均可燃烧。

（2）节约燃料　燃料节约率 >5%。

（3）超低氮氧化物排放　天然气和低压低热值燃气混烧时 NO_x 排放 $\leqslant 34mg/m^3$ 标态、单烧天然气时 NO_x 排放 $\leqslant 30mg/m^3$ 标态、单烧氢气时 NO_x 排放 $\leqslant 71mg/m^3$ 标态，单烧甲醇时烟气中 NO_x 排放 $\leqslant 27mg/m^3$ 标态。

2. GR-AUB 型多燃料混烧自动燃烧器

（1）适用范围　GR-AUB 型多燃料混烧自动燃烧器是针对部分工业窑炉、工业锅炉等热工设备运行使用两种或两种以上燃料的实际需要而专门设计。采用北京金瑞华科技有限公司燃油、燃气喷枪专利技术，对燃气和助燃空气实行分区、分级燃烧并辅助烟气循环技术。它是一种具备全自动燃烧控制功能的新型高效节能低氮燃烧器。该燃烧器的燃料组合灵活，可以有气-液、气-气、气-气-液等各种燃料组合，很好地解决了进口燃烧机不能同时混烧低压低热值燃气的难题。

（2）适用燃料　根据不同燃料混烧需要，可以选配各种燃油、各种高中热值燃气、各种低压低热值燃气实现混烧。燃油如甲醇、轻油和高黏度劣质燃油等；高中热值燃气如城市煤气、天然气和炼厂干气等；低压低热值燃气如高炉煤气、发生炉煤气、焦炉煤气、煤层气、沼气、秸秆气、纯氢气、富氢气、驰放气、PSA 尾气、酸性气、炼油化工装置的尾气等，见表 7-7 ~ 表 7-9，分别是 GR-AUB 型多燃料混烧自动燃烧器使用燃油、高中热值和低压低热值燃气的典型条件。

表 7-7　GR-AUB 型多燃料混烧自动燃烧器使用燃油条件

组合喷枪型号		GR-HOB 型燃油气动雾化喷枪				
燃油代号		Met	Loil	Hoil	Vacr	Asp
燃油种类		甲醇	轻油	重油	减压渣油	沥青
燃油压力/MPa	内混式	额定压力：0.30　压力范围：0.20 ~ 0.70				
	外混式	额定压力：0.05　压力范围：0.02 ~ 0.50				
燃油温度/℃		常温	常温	$\geqslant 100$	$\geqslant 120$	$\geqslant 140$
雾化介质		压缩空气或蒸汽				
雾化介质压力/MPa	内混式	额定压力：0.35　压力范围：0.25 ~ 0.80				
	外混式	额定压力：0.12　压力范围：0.08 ~ 0.65				
雾化介质温度/℃		常温空气；饱和或过热蒸汽				
雾化介质耗量/（m³ 标态/kg 油）		$\leqslant 0.15 ~ 0.24$				

表7-8　GR-AUB型多燃料混烧自动燃烧器使用高中热值燃气条件

组合喷枪型号	GR-AGB型高中热值燃气喷枪			
燃气代号	COG	NG	LPG	RDG
燃气种类	城市煤气	天然气	LPG	炼厂干气
燃气低热值/(kJ/m³ 标态)	15000	36000	96000	46700
最低燃气压力/kPa	6			
最高燃气压力/kPa	100			
燃气温度/℃	常温			

表7-9　GR-AUB型多燃料混烧自动燃烧器使用低压低热值燃气条件

组合喷枪型号	GR-AGB-LL型低压低热值燃气喷枪				
燃气代号	A	Al	B	H₂	COG
燃气种类	高炉煤气	发生炉煤气	混合煤气	氢气	焦炉煤气
燃气低热值/(kJ/m³ 标态)	3500	5000	8900	10794	16700
最低燃气压力/kPa	3.5				
最高燃气压力/kPa	20				
燃气温度/℃	常温				

（3）产品特点

1）GR-AUB型多燃料混烧自动燃烧器可以根据燃料结构选用不同的燃料喷枪组合。可选用的燃料喷枪包括燃油喷枪、高压燃气喷枪和低压燃气喷枪，可以灵活组合设计成燃烧两种燃料的双燃料燃烧器或燃烧三种燃料的三燃料联合燃烧器。特殊要求可设计成燃烧四种燃料的四燃料联合燃烧器。

2）GR-AUB型多燃料混烧自动燃烧器对燃气和助燃空气实行分区、分级燃烧并辅助烟气循环技术，是超低氮燃烧器。

3）燃烧器有热风型，助燃空气温度最高可设计为350℃，进一步节约能源。

4）燃油喷枪采用内混式介质雾化喷嘴，燃油与雾化介质在喷嘴中经过两次雾化，获得极细的油雾，对高黏度减压渣油雾化效果极佳。经北京航空航天大学的喷雾实验室测试，该燃油喷嘴的平均索太尔直径 SMD < 30μm。

5）高压燃气喷枪和低压燃气喷枪采用外混喷嘴，特别适合燃烧流量大的低热值燃气。低压燃气喷枪可真正提供100%出力，且无须高压介质引射；燃气燃烧完全、迅速，火焰呈蓝色，刚性好，无尾燃现象。

6）对燃料要求远低于进口燃烧机，混合燃烧时可任意设定各种燃料出力比例。

7）低氧条件下完全燃烧，实测烟气中无可燃物，残氧2%~3%之间，燃料节约率高于5%。

8）超低 NO_x 排放。经实测，天然气和低压低热值燃气混烧时 NO_x 排放≤34mg/m³ 标态、单烧天然气时 NO_x 排放≤30mg/m³ 标态。

9）单台燃烧器出力范围为 0.28 ~ 90MW。

10）负荷调节采用先进的数值比例调节技术，调节方便可靠。

11）燃烧器和鼓风设备采用分体式设计，安装方式灵活，可以顶烧、底烧或侧烧，操作和维护方便。

12）安全设计按照 EN 676—2000、EN 267—1999 执行。

3. GR-AGB 型燃气自动燃烧器（图 7-27）

（1）适用范围　GR-AGB 型燃气自动燃烧器是一种以中、高热值燃气为燃料，具有全自动燃烧控制功能的新型高效低排放燃气燃烧器，采用国产燃气喷枪专利技术，对燃气和助燃空气实行分区燃烧、辅助烟气循环技术，可替代进口燃烧器。

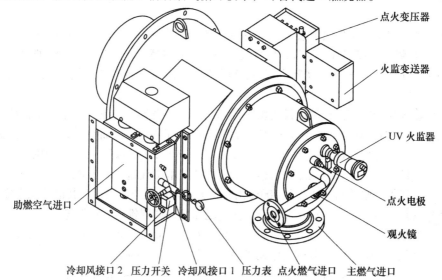

图 7-27　GR-AGB 型燃气自动燃烧器示意图

（2）适用燃料　适合使用各种中高热值气体燃料，如城市煤气、天然气、炼厂干气等。

（3）产品特点

1）GR-AGB 型燃气自动燃烧器主要应用于中高热值燃气。

2）火焰长度、形状可设计成适合不同工况需要，如圆锥形、矩形等。

3）低氧完全燃烧，实测烟气中无可燃物，残氧 2% ~ 3% 之间。

4）超低 NO_x 排放燃烧器，实测天然气燃烧的烟气 NO_x 排放 ≤30mg/m^3 标态。

5）燃烧器有热风型，助燃空气温度最高可设计为 350℃，进一步节约能源。

6）单台燃烧器出力为 0.28 ~ 90MW。

7）负荷调节采用先进的数值比例调节技术，调节方便可靠。

8）燃烧器和鼓风设备采用分体式设计，燃烧器可顶烧、底烧或侧烧，方便安装、维护。

9）安全设计按照 EN 676：2000 执行。

4. GR-AGB-LL 型低压低热值燃气自动燃烧器

（1）适用范围　GR-AGB-LL 型低压低热值燃气自动燃烧器是针对部分国内企业的工业加热炉及工业锅炉需要使用低压低热值副产气做燃料的现状而开发的一种具有全自动燃烧控制功能的新型高效燃烧器。主要应用于低压低热值燃气（又称双低燃气、双低煤气）的燃烧，其成功解决了进口燃烧器不能燃烧低压低热值燃气的难题。通过对燃气实行分区燃烧、辅助烟气循环技术实现超低氮排放。

（2）适用燃料　适合使用各种低压低热值燃气，如高炉煤气、发生炉煤气、焦炉煤气、煤层气、沼气、秸秆气、纯氢气、富氢气、PSA 尾气、炼油化工装置的各种低热值可燃废气等。

（3）产品特点

1）主要用于低压低热值燃气（又称双低燃气、双低煤气），如高炉煤气、发生炉煤气、焦炉煤气、煤层气、沼气、秸秆气、纯氢气、富氢气、PSA 尾气、炼油化工装置的各种低热值可燃废气等。实际应用中还可与燃油燃烧系统或其他燃气燃烧系统组成混烧燃烧系统。

2）燃气喷枪采用国产的搓板式燃气-空气外混专利喷嘴，特别适用于非常低的燃气压力（$\geqslant 3.5$ kPa）和极低的燃气热值（$Q_L \geqslant 3500$ kJ/m^3 标态），而且对燃气的压力波动不敏感，无须其他升压措施，绝不会回火，火焰呈蓝色，刚性好，无尾燃现象。

3）对低压燃气实行分区燃烧、辅助烟气循环技术实现超低氮排放。

4）低压燃气喷枪可真正提供 100% 出力，且无须高压介质引射和其他升压措施。

5）火焰长度、形状可设计成适合不同工况需要，如圆锥形、矩形等。

6）对煤气质量的要求远低于进口燃烧机，专吃"粗粮杂粮"，能燃烧脏煤气。

7）低氧完全燃烧，实测烟气中无可燃物，残氧 2% ~ 3% 之间。

8）超低 NO$_x$ 排放燃烧器，经实测，烟气中 NO$_x$ 排放 $\leqslant 34$ mg/m^3 标态。

9）燃烧器有热风型，助燃空气温度最高可设计为 350℃，进一步节约能源。

10）单台燃烧机组功率范围为 0.44 ~ 90MW。

11）燃烧器和鼓风设备采用分体式设计，安装方式灵活，可以顶烧、底烧或侧烧，操作和维护方便。

12）安全设计按照 EN 676：2000 执行。

5. GR-AHOB 型燃油自动燃烧器

（1）适用范围　GR-AHOB 型燃油自动燃烧器采用北京金瑞华科技有限公司燃油喷枪专利技术，是一种具有全自动燃烧控制功能的新型高效燃油燃烧器，可以燃烧各种液体燃料，燃料适应范围广。燃烧器采用烟气外循环（FGR）低氮燃烧技术，实现低氮燃烧。

（2）适用燃料条件　适合使用各种液体燃料，如轻油、重油、原油、渣油、废油等各种黏度燃油以及甲醇、生物柴油等新型燃料。

（3）产品特点

1）适应燃料范围广泛，可用煤油、轻油等低黏度燃油；也可用沥青、重油、渣油等高黏度燃油；还可使用甲醇、生物柴油等新型液体燃料。

2）采用内混式介质雾化燃烧技术，在较低雾化介质压力条件下（0.3～0.4MPa）获得极细的油雾雾滴，平均 SMD≤30μm，喷枪不积炭、结焦。

3）燃烧器有热风型，助燃空气温度最高可设计为350℃，进一步节约能源。

4）对燃料要求远低于进口燃烧器，完全可以替代进口重油燃烧机组。

5）低氧完全燃烧，烟气中残存燃料≤100×10^{-6}，残氧2%～3%之间。

6）超低 NO$_x$ 排放燃烧器，经实测，单烧甲醇时烟气中 NO$_x$ 排放≤62mg/m³ 标态（无 FGR），NO$_x$ 排放≤27mg/m³ 标态（FGR）。

7）负荷调节采用先进的数值比例调节技术，调节灵活可靠。

8）单台燃烧器功率0.3～45MW。

9）燃烧器和鼓风设备采用分体式设计，燃烧器可顶烧、侧烧或底烧，方便安装、维护。

10）安全设计按照 EN 267：1999 执行。

7-31　城市燃气管道压力是怎样分类的？

答：城市燃气管道按其所输送的燃气压力不同，分为如下五类：

1）低压管道，压力 p≤0.005MPa。

2）次中压管道 A：0.005MPa＜p≤0.2MPa。

3）中压管道 B：0.2MPa＜p≤0.4MPa。

4）次高压管道 A：0.4MPa＜p≤0.8MPa。

5）高压管道 B：0.8MPa＜p≤1.6MPa。

在燃气锅炉房供气系统中，从安全角度考虑，宜采用次中压、低压供气系统，不宜采用高压供气系统。

7-32　燃气锅炉房燃气进口压力如何确定？

答：燃气锅炉房供气压力主要是根据锅炉类型及其燃烧器对燃气压力的要求来确定。当锅炉类型及燃烧器的型式已确定时，供气压力可按下式确定：

$$p = p_r + \Delta p$$

式中：p 为锅炉房燃气进口压力（Pa）；p_r 为燃烧器前所需要的燃气压力（各种锅炉所需要的燃气压力，见锅炉厂家资料）（Pa）；Δp 为管道阻力损失（Pa）。

7-33　锅炉房燃气消耗量是怎样确定的？

答：锅炉房燃气总消耗量按下列方法计算：

1）单台锅炉燃气消耗量可按下式求得

$$B = \frac{KD\,(h_q - h_{gs})}{\eta Q_{DW}^Y}$$

式中：B 为单台锅炉燃气消耗量（标态）（m³/h）；D 为单台锅炉额定蒸发量（kg/h）；h_q 为蒸汽热焓（kJ/kg）；h_{gs} 为锅炉给水热焓（kJ/kg）；η 为锅炉效率（%）；Q_{DW}^Y 为燃

气的应用基低位发热值（kJ/m³）；K 为富裕系数，一般取 $K = 1.2 \sim 1.3$。

2）每一只燃烧器燃气消耗量（即燃烧器分支管的燃气计算流量）可由下式求出：

$$Q_{RS} = \frac{B}{n}$$

式中：Q_{RS} 为每一只燃烧器燃气消耗量（m³/h）；n 为单台锅炉燃烧器的数量。

3）锅炉房燃气总消耗量（即供气总管的燃气计算流量）可由下式求出：

$$B_{总} = \sum_{i=1}^{n} B_i$$

式中：$B_{总}$ 为锅炉房计算燃气耗量（m³/h）；B_i 为第 i 台锅炉计算燃气耗量（m³/h）。

7-34　供气管道进口装置和锅炉房内燃气配管系统有哪些设计要求？

答：1. 供气管道进口装置的要求

1）由调压站至锅炉房的燃气管道（锅炉房引入管），除生产上有特殊要求时需要考虑采用双管供气外，一般均采用单管供气。当采用双管供气时，每条管道的通过能力按锅炉房总耗气量的 70% 计算。

2）由锅炉房外部引入的燃气管，在进口处应安装总关闭阀，按燃气流动方向，阀前应装放散管，并在放散管上装设取样口，阀后应装设吹扫管接头。

3）引入管与锅炉间供气干管的连接，可采用端部连接，如图 7-28 所示，或中间连接，如图 7-29 所示。当锅炉房内锅炉台数为 4 台以上时，为使各锅炉供气压力相近，最好采用在干管中间接入的方式。

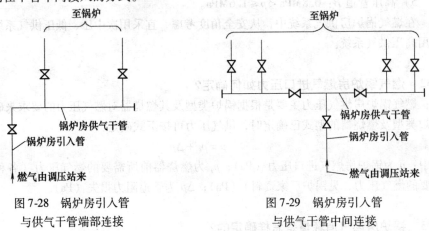

图 7-28　锅炉房引入管　　　　　　图 7-29　锅炉房引入管
与供气干管端部连接　　　　　　与供气干管中间连接

2. 锅炉房内燃气配管系统要求

1）为保证锅炉安全可靠的运行，要求供气管路和管路上安装的附件连接要严密可靠，能承受最高使用压力。在安装配管系统时应考虑便于管路的检修和维护。

2）管道及附件不得装设在高温或电气设备等有危险的地方。

3）配管系统使用的阀门应选用明杆阀或阀杆带有刻度的阀门，以便使操作人员能识别阀门的开关状态。

4）当锅炉房安装的锅炉台数较多时，供气干管可按需要用阀门分隔成数段，每段供应 2 或 3 台锅炉。

5）在通向每台锅炉的支管上，应装有关闭阀和快速切断阀（可根据情况采用电磁阀或手动阀），流量调节阀和压力表。

6）在支管至燃烧器前的配管上应装关闭阀，阀后串联 2 只切断阀（手动阀或电磁阀），并应在两阀之间设置放散管（放散阀可采用手动阀或电磁阀）。靠近燃烧器的 1 只安全切断电磁阀的安装位置，至燃烧器的间距尽量缩短，以减少管段内燃气渗入炉膛的数量。

7-35 燃气系统是用什么方法来检测燃气泄漏的？其原理如何？

答：燃气系统泄漏是一件危险的事，大则会引起爆炸，小则自动燃烧器不能工作。因此，必须对炉前燃气供给系统进行泄漏检测。

泄漏检测的方法可能是多样的，下面介绍两种方法。

1. 威索检漏系统及检测方法

德国威索有限责任公司生产的燃气泄漏检测器是专门用来测试燃气锅炉的电磁阀及管路是否有燃气泄漏的装置。它是由一个程序控制器和在燃气管路系统上安装的隔膜泵组成的。隔膜泵是一个整体部件。其内有一个差压感受元件（差压开关），一个电磁阀及一个气泵。一般情况下隔膜泵并联在 1# 主电磁阀两端，其安装位置及燃气泄漏检测系统如图 7-30 所示。

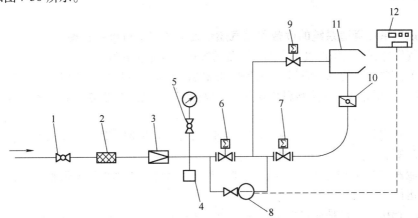

图 7-30 燃气泄漏检测系统

1—关断阀 2—滤清器（过滤器） 3—调压器 4—燃气压力继电器 5—旋塞阀和
煤气压力表 6—1# 主电磁阀 7—2# 主电磁阀 8—隔膜加压泵 9—点火
电磁阀 10—流量调节阀 11—全自动燃烧器 12—检漏程控器

其检漏工作原理如下：先打开 1# 主电磁阀 2s，然后关闭，将 1# 和 2# 主电磁阀中间充燃气。启动隔膜泵将 1# 阀前管路中的燃气，加压送至 1# 和 2# 主电磁阀之间，使该段管段的燃气压力较气源压力提高 $30 \times 10^2 Pa$，然后停泵。（在程序控制时，要计算好 1#

和 $2^\#$ 阀之间的容积，算出泵工作时间，如 11s，按泵的流量刚好提高 $30 \times 10^2 Pa$）。然后用差压开关，在预定的时间（如 7s）间隔内，检查这一加高的压力是否因为有泄漏而下降。如果两个主电磁阀及管路均是严密的，没有泄漏，则程控器允许燃烧器起动。相反，如差压开关检测压力下降，即发现泄漏，则程控器显示出"泄漏报警"，程控器控制燃烧器不能工作，转回到起始位置时，才停止报警。

泄漏检测是按固定程序进行的，燃烧器每次起动，都自动重新进行泄漏检测。

2. Loos 系列和考克兰系列泄漏检测方法

当燃烧器正常运行时，$1^\#$、$2^\#$ 主电磁阀都打开正常运行，关机时，其过程为：先关闭 $1^\#$ 主电磁阀，断掉燃气来源，火灭了。这时鼓风机仍在送风，风力将 $1^\#$、$2^\#$ 阀中间的气体抽走，$2^\#$ 主电磁阀比 $1^\#$ 主电磁阀晚关闭 $3 \sim 4s$，于是 $1^\#$、$2^\#$ 阀中间形成低压区。下次再重新起炉时，先检测低压区的压力，若维持低压，证明 $1^\#$ 主电磁阀不漏；若不能维持低压了，则证明 $1^\#$ 主电磁阀泄漏，这时就进行燃气泄漏报警。

假定 $1^\#$ 主电磁阀不泄漏，则继续进行检测：将 $1^\#$ 主电磁阀打开 2s，再关闭。即给低压区充气，这时用压力泄漏检测继电器进行检测，应感受到压力，然后监视此压力 7s，在 7s 时间内，压力不应降低，如压力降低了，证明 $2^\#$ 主电磁阀或是点火电磁阀或是管路有泄漏，控制器报警、停炉。如果在 7s 内内压力没有降低，证明系统没有泄漏，可继续进行下面的点火程序。

考克兰锅炉的检测原理与上述相同，仅是单独装了一套检漏用的小电磁阀，来进行上述的检查。

7-36　燃气供应管道系统的设备和燃气燃烧设备如何进行维护管理？

答： 燃气供应管道系统的设备和燃气设备的维护，应注意下列各项。

（1）燃气入口的总关断阀　一般采用球阀，上部有扳把控制节门通断，扳把可旋转 90°，与管子相接，两边塑料垫片密封。根据使用情况，应定期检查其密封性，不得泄漏。

（2）滤清器（即过滤器）　过滤器内部主要是一层滤网，是由无纺布制成，固定在一层铁丝架上。滤网不好用或损坏应更换。

过滤器应 $3 \sim 6$ 个月清理一次，尤其冬季更要清洗，否则煤气流量跟不上，影响锅炉正常运行。

（3）调压器　它是通过内部的膜片和弹簧的相互作用力，带动阀瓣开关或开大、开小。调压器在一定压力范围内，具有稳压的功能。调压器的铭牌给出输出、输入压力。

在燃气管道试压时，一定不要超过调压器铭牌所规定的输入压力，否则会导致膜片的损坏。一般调压器入口压力为 $200 \times 10^2 Pa$，调压器出口压力调至 $100 \times 10^2 \sim 120 \times 10^2 Pa$ 或按锅炉燃烧器要求进行调整。

（4）电磁阀　它是通过电磁力和弹簧力的相互作用使膜片状阀塞上下移动，达到开关的目的。当通电时，由线圈所产生的电磁力吸引活动铁心，使它克服复位弹簧的弹力而上提或下压，嵌在活动铁心中的膜片状阀塞随活动铁心一起上升或下降，离开阀座，于是阀门开启。当断电时，线圈失电，电磁力消失，活动铁心因其自重以及复位弹簧的弹力而下坠或上提，使阀塞封住阀座，于是阀门关闭。

阀门靠膜片状阀塞密封，由于一般金属膜片厚度仅为 0.2mm，在各类潮湿腐蚀介质作用下，易腐蚀破裂，失去严密性。尤其是燃料紧急切断阀若发生密封部位泄漏，将使熄火保护装置失效，并导致炉膛爆炸事故。所以自动控制系统中的各类电磁阀每年应拆下来用 N_2 做一次气密性试验。在接好 N_2 瓶后，调整减压阀，使阀后 N_2 压力略高于电磁阀工作压力，然后在阀口处涂抹皂液试漏。

电磁阀线圈由于潮湿环境中，各种粉尘、水分、霉菌等因素的作用，会使线圈的绝缘漆和压层塑料表面发霉，线圈表面电阻下降，电磁阀线圈失效，使电磁阀不能工作。因此，应由电工定期用绝缘电阻表检测电磁阀线圈的绝缘性能，使电磁阀在关键时刻能准确动作，确保锅炉安全运行。

（5）燃气压力表　它的量程一般比较小，常用的为 5 ~ 10kPa。按规定应进行定期校验。

（6）煤气压力继电器及各种控制继电器　继电器在使用过程中，触点磨损现象较多。有时因触点存在磨损现象而产生失效，影响燃气锅炉整套燃烧自动控制装置的安全可靠性。因此，应对各类继电器进行定期校验以检验其灵敏可靠度。另外，对于使用期满两年的继电器，应强制更新，以确保整套燃烧自动控制装置的可靠性。

（7）火焰检测器的定期维护　火焰控制器中的火焰测试棒为耐高温合金电极。在锅炉正常运行时，该火焰测试棒长期处在上千度的火焰中，电极表面会产生炭黑，并且电极的金相组织也会慢慢发生变化。这类变化将导致绝缘降低，并使保护继电器及紧急切断阀误动作，有可能造成重大事故。因此，每周应更换一次火焰测试棒，并用细砂布将更换下来的火焰测试棒表面的炭黑除净，将此棒作为备用。

以上是针对用火焰棒检测火焰的维护办法。

有的火焰检测器是由电眼接受火焰的热量和亮度产生电信号，经放大、滤波后推动中间继电器动作，进行火焰监测；有的用火焰燃烧信号采用离子化电流方式或采用紫外光管的方式，经放大后，对火焰进行监视。

火焰监视的方法不同，其设备维护的方法当然不会相同，因此，应根据具体设备制定可行的维修方法。

（8）燃气锅炉的燃烧器是高科技产品　它是集机、电、自控计算机一体的科技产品，技术含量高、自动化程度高，运转步骤均由程控器进行自控。因此，需要各专业人员配合维护或是需要经过专门培训的技术工人进行维护。一般司炉工是不能胜任的，特别是程序控制器，一旦错乱，可能会导致锅炉的重大事故。由此，应特别重视燃气锅炉的维护和保养。

第8章 炉墙、烟风道作用与维护

8-1 锅炉炉墙结构可分为哪几种？它们的结构特点怎样？

答：锅护炉墙结构，一般分为重型炉墙，轻型炉墙和管承式炉墙三种。

1. 重型炉墙的结构特点

1）炉墙直接砌筑在锅炉地基上，即炉墙重量是由锅炉墙基直接承受 炉墙一般由耐火砖与红砖两层组成，炉墙较厚，一般为500mm厚，质量也较重。重型炉墙由于直接砌筑在锅炉基础上，且因重量较大。因此，高度受到限制。过高时，一方面使炉墙不稳定，另一方面也由于在高温下强度有限，故一般不超过10m，超过10m以上必须采取结构措施，如可采用简单的金属框架来加强其稳定性。因工业锅炉一般低于10~12m，故都采用重型炉墙。

2）重型炉墙外层用标准红砖240mm×115mm×53mm砌筑，内层用标准耐火砖T-3砌筑，其尺寸为230mm×113mm×65mm。耐火砖与红砖之间留有20~30mm之间的缝隙，并填充绝热石棉板或石棉粉。为了不使耐火砖与红砖分开，沿高度方向每增高5~7层耐火砖，要求从耐火砖向红砖层内插入半砖，使红砖啮合。为了保证炉墙自由膨胀，在四角和较宽的炉墙中间位置，沿整个炉墙高度留有垂直的温度膨胀缝；在与钢架、锅筒、过墙管接触部分也应留出膨胀空隙。一般膨胀缝的宽度为10~25mm，每隔5m炉墙宽度布设一道。膨胀缝中间嵌入石棉绳，以防炉渣进入和漏风，膨胀缝只在炉墙内侧(耐火砖层)布置。

3）重型炉墙的耐火砖筑体，根据所要求的砌筑精度可为五类：

特类砌体：砖缝厚度不大于0.5mm；

Ⅰ类砌体：砖缝厚度不大于1mm；

Ⅱ类砌体：砖缝厚度不大于2mm；

Ⅲ类砌体：砖缝厚度不大于3mm；

Ⅳ类砌体：砖缝厚度大于3mm。

各类砌体用的泥浆（耐火泥）为特类、Ⅰ类和Ⅱ类砌体用稀泥浆；Ⅲ类砌体用半浓泥浆；Ⅳ类砌体用浓泥浆。工业锅炉高温区一般为Ⅰ类或Ⅱ类砌体；省煤器和烟道等部分为Ⅲ类或Ⅳ类砌体。

2. 轻型炉墙的结构和特点

轻型炉墙适用于中小容量的电站锅炉及快装锅炉、移动锅炉。它可分为砖砌式和混凝土板式两种。砖砌式轻型炉墙结构如图8-1所示。它由耐火砖层，绝热层和金属密封皮组成。绝热材料采用硅藻土砖、

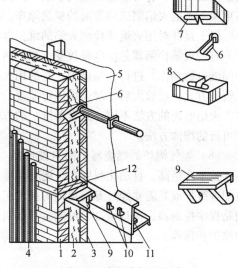

图8-1 砖砌式轻型炉墙

1—耐火砖 2—硅藻土砖 3—石棉板 4—水冷壁管 5—金属密封皮 6—拉钩 7、8—异形砖 9—托砖架 10—托架挂钩 11—锅炉构架梁 12—水平膨胀缝

石棉白云石板等轻质材料。因而炉墙的重量可以通过托砖架由锅炉钢架或受热面管子予以支承或悬吊。铸铁拉钩的作用是防止炉墙向炉膛中凸出。

混凝土板式轻型炉墙则用耐火混凝土板代替耐火砖,较之砖砌式轻型炉墙有制作简单、安装快、造价低等优点。

3. 管承式炉墙（敷管炉墙）**的结构特点**

炉墙重量由锅炉水冷壁承受,而不与锅炉钢架直接发生关系。它是由数层敷在水冷壁管上的耐火材料和绝热材料所组成。它主要用于大型锅炉。

8-2　炉墙的作用和要求是什么?它对锅炉运行有何影响?

答:锅炉炉墙是锅炉的外壳,起着保温、密封和引导烟气流动的作用。它应当具有足够的耐热性,高度的绝热性和良好的密封性。此外,炉墙还应当有一定的机械强度、制作方便、质轻价廉等性能。

锅炉炉墙的内外侧温差很大,一般炉墙内侧温度为 600 ~ 800℃,无水冷壁时炉墙的向火面温度可高达 1200 ~ 1300℃。为了减少热损失,保证运行人员的安全,炉墙外侧的温度不应超过 50 ~ 70℃。因此,对锅炉炉墙的耐热性和绝热性提出了很高的要求。

炉墙如果密封不良,会影响锅炉的正常运行。当锅炉内为负压时,冷空气会从炉墙缝隙处漏入,降低炉温,影响燃烧。同时过量空气系数增大,增加了排烟热损失,并使得引风机抽风量加大,增加电耗。当锅炉为正压时,高温烟气会从炉墙往外冒,降低了锅炉工作的可靠性,并污染环境,对运行人员亦不安全。

为了满足对锅炉炉墙性能的多方面要求,同一炉墙上往往采用多种材料,通常炉墙从内到外依次使用耐热材料、绝热材料和密封材料构成三层。当然这可根据实际情况改变,如可将绝热层和密封层合并使用同一种材料。

8-3　锅炉炉顶按施工方法可分为几种?它们的结构特点和应用范围是什么?

答:炉顶可分为拱形炉顶,铺砌式炉顶和悬吊式炉顶三种。

1. 拱形炉顶

它是用楔形砖砌筑而成。这种炉顶是依靠楔形砖之间的相互挤压来支承的,跨度不能太大,当炉顶温度升高时,砖块耐压强度减小,所允许的跨度更低。当要求有较大跨度时,可以用金属梁来分段支承,成为由几个较小跨度的拱组成多跨拱形炉顶,如图 8-2 所示。由于金属梁不宜受高温,因此多跨拱形炉顶只能用于低温区或作为外层拱。

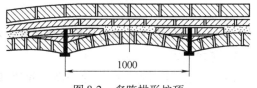

图 8-2　多跨拱形炉顶

2. 铺砌式炉顶

它是将耐火砖或耐火混凝土板直接铺砌在炉顶受热面管子上。这种炉顶支承简单,能承受高温,可用于炉膛顶部封顶之用。当采用普通耐火砖铺砌炉顶时,为了保证炉顶质量,可在炉顶管上先铺上一层石棉板,然后再铺耐火砖;当炉顶面积较大时,可以在炉顶管上现场浇灌耐火混凝土。此时应当沿纵向和横向每隔 1 ~ 1.5m 留下膨胀缝,缝宽为5~6mm。

3. 悬吊式炉顶

它是由异形悬吊砖或带钢筋的耐火混凝土板构成，通过悬吊件支吊在构梁上。悬吊式耐火混凝土炉顶多用于中、大容量锅炉上。

8-4　锅炉炉墙常见的有哪些故障？

答： 炉墙的常见故障有结焦、裂纹、倾斜、砖块松动，局部脱落，炉管穿墙处被硬物卡死和密封石棉绳烧坏等。当发现炉墙有下列情况之一者，应予以修补或重新砌筑。

1）炉墙有较多的裂缝、严重的漏风或钢架烧红者。

2）炉墙内衬砖破裂或局部脱落者。

3）炉墙松动，倾斜或凸起严重，有倒塌危险者。

4）炉墙严重磨损，其磨损厚度超过原厚度的1/3者。

8-5　炉墙局部损坏的修补工艺应如何进行？

答： 炉墙局部损坏的修补工艺，可参照下列几点进行：

1）修补炉墙所用的材料，如耐火砖、耐火泥、灰浆等应按要求选用，或按锅炉产品说明备料。

2）清理现场，划定放料、合泥地点，并准备工具、吊运设备等。在修补炉墙的地方，要有充足的照明，搭好牢固的脚手架，并设置护卫栏杆和安全标牌。

3）在炉墙需要修补处，要从上至下地拆卸砖块，并将墙拆成阶梯形的空洞。这样既免得炉墙塌落，又能提高炉墙修补后的坚固性。

4）清除空洞中留有砖块表面上的灰浆及杂物，并用少量的水将浮灰冲洗干净。

5）修复砌筑应按砌筑技术要求进行，应符合质量要求。

6）膨胀间隙内的石棉绳，如失去韧性并变脆或松动脱落时，应重新更换或修理。

7）所有穿过炉墙的炉管，必须在管的周围留出25~30mm的膨胀间隙（误差为+10mm），在管子上用$\phi6~\phi20$mm的石棉绳缠紧；然后再用石棉绒将膨胀间隙填充严密；最后用耐火混凝土将其表面深封抹平，涂封的混凝土，不得超过炉墙表面5mm。

8-6　炉墙大面积损坏重砌时的施工操作要点有哪些？

答： 1. 基本要求

1）首先将损坏的炉墙拆除干净，并清理现场，而且要在钢架上划出砖的层数标志（必须与原砌筑的一致）。

2）砌筑一般采用由下而上、由左至右、由里到外、由前至后、先白（砖）后红（砖）的次序施工。

3）砌筑前，应根据砌体类别通过试验确定泥浆稠度和加水量，并要检查泥浆的砌筑性能能否满足设计要求。

4）选砖，为了保证质量，对砌筑用砖必须进行严格挑选，使之符合设计要求。

2. 施工操作要点

（1）红砖砌体

1）常温下施工时，红砖必须用水浇湿。

2）砌砖必须挂线，经常检查，做到松紧适当。

3）砌砖前应摆砖、排缝。

4）砌砖时应采用一铲灰，一块砖的铺灰挤浆揉砌法，保证灰浆饱满，墙面大角要勤靠勤吊，保证平直。

（2）勾缝

1）划缝深度应以 6~8mm 为宜，要均匀一致；露出砖的棱角成方口；缝内和墙面打扫干净，不得留有干砂或灰浆。

2）灰缝如有局部不平或瞎缝，应进行开缝、沟缝前要浇水润墙。

3）勾缝以采取叼灰法为宜，凹入深度为 3~4mm；要使灰缝均匀一致，光滑平整、立、卧缝均需清扫干净，不得漏勾。

（3）耐火砖砌体

1）炉墙砌筑必须挂线，随时注意松紧适当。根据炉墙砌体的砌筑高度，还应采用挂坠吊线方法，以校正控制炉墙的垂直度偏差；挂线以离开墙面 2~3mm 为宜；操作中勤靠、勤吊，保证墙面平直。

2）砌体所有砖缝应灰浆饱满，为此要采用揉砌法，用木槌或橡胶锤找正。不得用铁锤或大铲，以防损坏耐火砖的表面。

3）砖的加工面不得朝向炉膛，也不得在砌体上砍、凿砖。

4）砌完后应清扫墙面，保证墙面平整光洁。

8-7　火床炉的前、后拱按其结构来分可分为几种形式？它们的结构和施工工艺如何？

答： 火床炉的前、后拱，一般都处于高温区，工作条件比较恶劣，其具体结构是有所不同的。常用的前、后拱的结构型式有如下几种，其检修工艺要点分别参照下列几点进行。

1. 拱形炉拱

在工业锅炉中常采用单跨的砖拱。这种炉拱由楔形砖砌成。其拱基可直接支承在侧墙上，也可支承在侧墙内侧的支架或下侧集箱上。这种拱的跨度一般不超过 2~3m。高温的炉拱应避免承受额外的负重。因此，在其穿过垂直墙的部位应砌成双重拱，上层拱用作承重，下层拱为耐火拱。二层拱间应留有宽度不得小于 20mm 的伸缩缝，以保证二层拱间的相对膨胀，其结构型式如图 8-3所示。

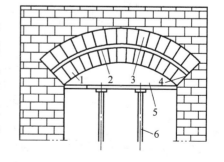

图 8-3　拱形炉拱

1—耐火拱　2—夹缝（伸缩缝）　3—承重拱
4—拱基　5—木制碹胎　6—支柱

施工工艺按下述方法进行：

1) 施工前应先制作胎具，制作拱胎时，拱胎架设必须符合设计要求，拱脚砖要与洞口尺寸弧度相适应，拱角表面应平整，角度正确，不得用加厚砖缝的方法找平拱角。

2) 砌拱前应平摆排缝，计算灰缝厚度时，应将干缝厚度计算在内（每个干缝按 1mm 计算为宜，特殊情况例外）。

3) 如受砖型和层数所限不能满足设计要求时，可以加片，但厚度不应小于 3mm，而且应砌在转角处。

4) 砌拱应从两侧拱角砖开始，同时向中心对称砌筑，拱碹的放射缝应与半径方向相吻合，纵向缝应砌直。

5) 锁砖应在拱的中心位置，砌入拱顶深度约为砖长的 2/3 ~ 3/4，砌入锁砖时，用木锤并垫木块，严禁用铁锤直接打击。不得采用砍掉厚度 1/3 以上的办法或砍凿长侧面的办法使大面构成楔形的锁砖。

6) 炉拱表面不得有凸凹的地方，其平面度不得大于 2mm。

7) 炉拱砌完后，至少要经过 2 ~ 4h，才能拆除胎的支撑。如发现炉拱砖凸出、碎裂或变形严重，以及有塌落的危险时，必须将其拆掉，重新砌筑或修补。

2. 悬吊炉拱

它是通过吊架支吊在支架上的，其结构如图 8-4 所示。

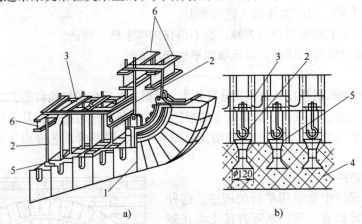

图 8-4　悬拱的结构

a) 砖吊拱　b) 浇注拱

1—异形耐火砖　2—吊杆　3—固定板　4—耐火混凝土　5—支吊件　6—炉架

在检修或重砌悬吊炉拱时，要详细检查，并核对前、后拱吊梁、吊铁及特制异形砖的尺寸和形状。前、后拱的铸铁梁不得有裂纹、弯曲、变形。变形每米不得超过 1.5mm，全长不得超过 12mm。特制异形砖，应按图就位，不得任意堆砌。在砌筑前，先吊好前、后拱铸铁梁；调整梁与梁之间距离。先用一排异形砖试装，各梁的距离和砖的配合无误后，即可砌筑。当异形砖有差别时，可以适当用切砖机切割。但切后的断面不得朝向火面，亦不得影响炉拱的机械强度。

前、后拱与两侧炉墙接缝处，应留膨胀间隙，并在其内填充石棉绳或石棉板，用耐火混凝土将其表面涂封抹平。

现在悬吊式炉拱亦可用耐火混凝土浇灌而成。如图 8-4b 所示。由于混凝土吊拱有容易制造、成本低、工作可靠等优点，故将逐步取代吊砖式炉拱。

3. 管架炉拱

它是用水冷壁管作为炉拱吊架或骨架，水冷壁管上套以特制的耐火异形砖或由混凝土浇灌所形成的前、后拱，如图 8-5 所示。

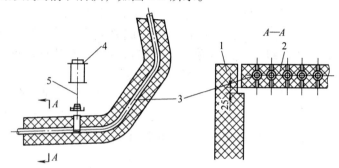

图 8-5　管架炉拱
1—两侧炉墙　2—异形砖或耐火混凝土
3—水冷壁管　4—钢梁　5—吊卡

在检修这种炉拱时，无论在拆掉旧拱或砌筑耐火砖或浇灌耐火混凝土时，均不要碰伤管子。水冷壁管要求管距要一致（浇灌耐火混凝土时不那么要求严格），否则异形砖卡不进去。管子支架，吊架要牢固，联箱和炉墙要有膨胀间隙，按图要求施工。异形砖安装后，炉拱内表面要求平整光滑，其平面度不得大于 2mm。

上述这种结构炉拱，过去在工业锅炉设计上采用比较普遍。现在已广泛采用耐火混凝土吊拱结构。如利用水冷壁管作吊架与耐火混凝土拱相配合，使管子既作炉拱的吊架又作耐火混凝土的骨架，就可以取两者的优点而成为一种较为完善的炉拱结构。这种管架式耐火混凝土吊拱具有支吊简单、使用寿命长、制作成本低、整体性好、易于制作复杂形状及便于修补等一系列优点。因此，在工业锅炉中得到愈来愈广泛的应用。

8-8　用矾土水泥浇注耐火混凝土前、后拱的材料配比要求和施工方法是怎样的？

答：用矾土水泥浇注耐火混凝土前、后拱应对材料的选用、配比要求及施工方法应进行严格的控制。

1. 材料要求

1）矾土水泥标号不得低于 42.5 号，并附有出厂合格证明书。若无合格证明书，须对此水泥进行实验，合格后方可使用。

2）耐火混凝土的骨料颗粒粒径，大颗粒为 5~15mm，小颗粒小于 5mm。

3）粉料细度要求：小于 0.088mm 的不小于 70%，所用品种应与骨料相同或略好些，不得采用耐火泥材料代用。

4）用作骨料和粉料的耐火砖，耐火砖粉应根据使用温度选择黏土熟料或矾土熟料，其物理和化学指标应符合要求。

5）为了保证耐火混凝土的正常凝结和硬化，在拌和时应采用非碱性洁净水。

2. 配比要求

耐火混凝土的材料组成，应根据极限使用温度配比。耐火骨料和粉料的品种不同，其最高使用温度也有差异。当以黏土熟料做成耐火骨料和粉料时，其使用温度为 1300~1350℃；当二、三级矾土熟料做成骨料和粉料时，其使用温度为 1350~1400℃；当以一级矾土熟料做成骨料和粉料时，其使用温度可达 1450℃。耐火骨料的粒径对其温度也有影响，当使用温度较高时，可适当减小粒径，并应尽量减少水泥用量。适当多加粉料，使水泥和粉料的含量，保持在 30% 左右，一般矾土水泥用量为 15% 左右；反之，可适当增加水泥用量，但不应超过 20%。施工中在保证耐火混凝土拌和物的和易性情况下，应尽量减少用水量，水灰比在 0.45 左右为宜。

例 1：某燃气锅炉耐火炉墙整体浇注耐火混凝土的材料配比（质量比）如下。

矾土水泥耐火混凝土总重 350kg，配比如下：

1）矾土水泥 50kg；

2）粉料：矾土熟料 50kg；

3）细骨料：矾土熟料 150kg；

4）粗骨料：矾土熟料 100kg；

5）水：外加，控制在 0.45 左右（水灰比）。

例 2：某 4t/h 锅炉整体浇注前、后拱耐火混凝土的配比如下：

1）矾土水泥，42.5 号以上：12%~20%；

2）高铝矾土熟料，粉料：0~15%；

3）高铝矾土细骨料（0.15~5mm）：30%~40%；

4）高铝矾土粗骨料（5~15mm）：30%~40%；

5）水灰比 0.35~0.45。

前后拱浇注时应加入约 10kg 钢丝头拌匀（钢丝长 40~50mm）。

3. 施工方法

1）施工时施工用具必须清洗干净。混凝土采用人工搅拌，分别将细骨料、粗骨料干拌均匀，矾土水泥和粉料混合干拌均匀；再将它们混合干拌均匀；然后加水湿拌均匀，以少量勤拌为宜。细粗骨料在拌和前均要用水充分湿润，做到内饱和面干。

2）矾土水泥耐火混凝土搅拌时间不能太长，因矾土水泥混凝土具有速凝性质，搅拌均匀后应立即浇注捣实。

3）浇注矾土水泥耐火混凝土时应连续作业一气呵成，中途不能停止，否则影响炉拱的整体强度。

4）前后拱浇注时应将模型托架支撑加固，浇注后在前后拱强度达到 50% 后，方可拆出模型托架。

5）养护。耐火混凝土养护期间，不得受外力挤压和碰撞及振动。耐火混凝土的养护条件见表8-1。

表8-1 耐火混凝土的养护条件

项次	结合剂	养护环境	适宜养护温度/℃	养护时间/h
1	矾土水泥	潮湿养护	5~30	≥3
2	硅酸盐水泥	潮湿养护	5~30	≥3
		蒸汽养护	60~80	0.5~1

注：1. 潮湿养护应在硬化开始后加以覆盖，并浇水数次以能保持有足够的湿润状态为宜；

　　2. 蒸汽养护时升温速度宜为每小时 10~15℃，降温速度不宜超过每小时 40℃。

8-9 锅炉炉墙的膨胀缝是如何设置的？它们的结构型式怎样？膨胀缝的尺寸是怎样计算的？

答：蒸汽锅炉的炉墙，无论在设计和检修时，都要考虑到膨胀缝的问题。按膨胀缝的设置型式，一般分为水平膨胀缝和垂直膨胀缝两种。炉墙的水平膨胀缝一般设置在分段卸载结构处，如图8-6所示。

垂直膨胀缝通常设置在炉膛四角处沿整个炉膛高度，如图8-7所示。当炉墙宽度大于 5~6m 时，应增设一定数量的垂直膨胀缝，如某厂 SHL-20/13 型链条炉的炉膛侧墙宽度为 6780mm，故设置了两条膨胀缝。

另外在垂直炉墙与顶棚炉墙的交界处亦设置水平膨胀缝，如图8-8所示。

侧墙水冷壁管穿墙处的炉墙结构，根据重型炉墙的结构特点采用了铸铁支架和垫板，解决炉墙穿管的膨胀问题。如图8-9所示。

关于膨胀缝尺寸计算问题。为了避免在砖砌炉墙中出现过大的热应力、膨胀缝尺寸最好经过计算后确定。计算的前提如下。

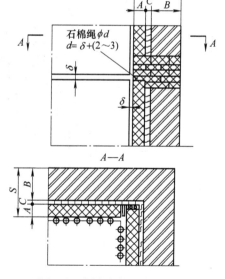

图8-6 内衬墙分段卸载结构

1）膨胀缝中填充石棉绳，其压缩量不应超过原来石棉绳直径的 2/3（压缩后的直径）。

2）为保持石棉绳在缝中的紧密性，其直径 d 应比缝宽 b 大 2mm 为宜。

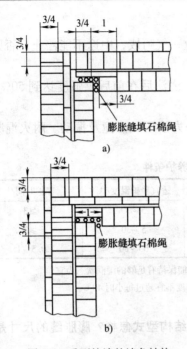

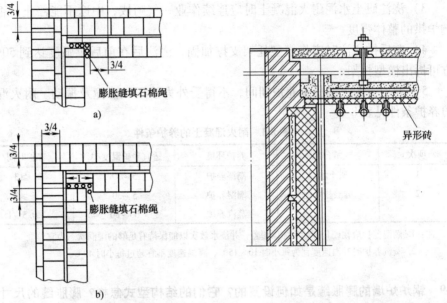

膨胀缝填石棉绳

a)

膨胀缝填石棉绳

b)

图 8-7　重型炉墙的墙角结构
a）第一层　b）第二层

图 8-8　炉顶水冷壁及吊架处炉墙

异形砖

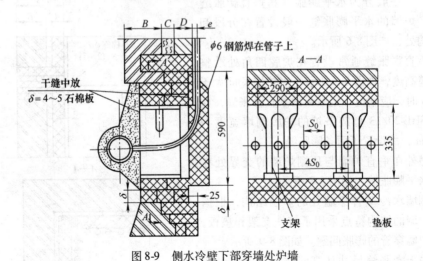

φ6 钢筋焊在管子上

干缝中放
δ = 4~5 石棉板

图 8-9　侧水冷壁下部穿墙处炉墙

支架　　垫板

3）内衬墙全长的膨胀量以 Δ 表示，则墙的两边各为 $\Delta/2$，于是可列出如下两个等式：

$$b = d - 2$$

$$b = \frac{1}{3}d + \Delta/2$$

从而得出　　　　　　　　　　　　　　$d = 0.75\Delta + 3$

式中：d 为石棉绳直径（mm）；Δ 为内衬墙全长的膨胀量（mm），当设计对膨胀缝的数值没有规定时，则 $\Delta = 0.58L \cdot t_{cp}$；0.58 为温度为 100℃ 时，每米黏土砖的膨胀系数；L 为内衬墙的长度（mm）；t_{cp} 为内衬墙受热的平均温度；b 为膨胀缝的宽度（mm）。

【案例】　全长为 8m 的砖砌炉墙，在 300～1200℃ 范围内耐火砖砌体膨胀率见表 8-2，试求膨胀填充石棉绳的直径和膨胀缝宽度？

表 8-2　炉墙内衬墙的平均膨胀率和残余收缩率

内衬墙材料	温度范围/℃	线膨胀率（%）	残余线收缩率（%）
粘土质耐火砖砌体	300～1200	0.7	0.3
硅酸盐水泥耐火混凝土	1000～1200	0.75	0.4～0.8
矾土水泥耐火混凝土	1000～1200	0.55～0.6	0.4～0.8

解：查表 8-2，耐火砖砌体线膨胀率为 0.7%，残余线收缩率为 0.3%，则实际膨胀率为 0.7% − 0.3% = 0.4%，于是：

$$\Delta = 0.4\% \times 8000\text{mm} = 32\text{mm}$$

即两边膨胀缝的总量为 32mm。

石棉绳直径：

$$d = 0.75\Delta + 3 = (0.75 \times 32 + 3)\ \text{mm} = 27\text{mm}$$
$$b = d - 2 = (27 - 2)\ \text{mm} = 25\text{mm}$$

对于轻型炉墙来说，由于炉墙重量是由钢架承受，故计算膨胀量时应扣除钢架的膨胀量。如计算耐火砖墙对钢架相对向上的膨胀量，其膨胀数值可按下式计算：

$$\Delta = \Delta L_1 - \Delta L_2$$
$$\Delta L_1 = 0.58 L_1 \cdot t_{cp}$$
$$\Delta L_2 = 1.2 L_2 \cdot t'_{cp}$$

式中：L_1 为耐火砖墙热膨胀系统尺寸（mm）；t_{cp} 为耐火砖墙受热的平均温度（℃）；L_2 为钢架膨胀系统尺寸（从不动支点计算）（mm）；t'_{cp} 为钢架受热的最高温度（以与炉墙接触面温度计算）（℃）；1.2 为钢架温度在 100℃ 时，每米线膨胀系数。

其余符号同上。

8-10　砌筑炉墙的质量要求有哪些？

答：1. 对炉墙的质量要求

1）炉墙所需的耐火砖，保温材料均应符合有关技术标准，如对原材料做修改时，必须得到技术部门的同意。

2）炉墙用砖要按二级以上耐火砖和一级 75 号或 100 号机制标准红砖进行选用。砖要平直，没有裂纹、缺角、边缘要完整。应符合 YB/T 5106—2009 和 GB/T 3994—2005 的要求。

3）耐火砖需要加工时，应用专用工具及机械进行加工，加工表面应平整，耐火砖的切口面、缺棱角面和经加工的砖面不得砌向火面。

4）不得使用 1/3 和不足 1/3 砖长的断耐火砖，在每侧每层整个长度内大于 1/3 砖长的断砖数不得超过 3 块。

5）砌筑用灰浆应选用与砌体同一材料，应符合有关标准的规定。

6）蒸汽锅炉的耐火砖墙一般为 Ⅰ～Ⅱ类砌体，耐火砖层灰缝为 1.5～3mm。红砖层灰缝为 5～7mm。锅炉各部位砌体砖缝厚度，不应超过表 8-3 所载尺寸；炉墙表面与管子之间的间隙的允许误差不应超过表 8-4 所载数值。

表 8-3　工业锅炉各部砌体砌筑质量标准

项次	检验项目		标准尺寸及允差/mm				检验方法
			Ⅰ	Ⅱ	Ⅲ	Ⅳ	
1	砖缝厚度	燃烧室：（1）无水冷壁		2^{+1}			按砌体部位用塞尺各检查 10 处
		（2）有水冷壁			3^{+1}		
		前后拱及各类拱门		2^{+1}			
		折焰墙			3^{+1}		
		炉顶			3^{+1}		
		落灰斗			3^{+1}		
		烟道（1）底和墙			3^{+1}		
		（2）拱		2^{+1}			
		省煤器墙			3^{+1}		
		硅藻土砖砌体				$5^{±2}$	
		红砖砌体				$8^{±2}$	
2	炉墙垂直度	每　米		3			吊线检查，每面墙的两端和中间各检查 3 处
		全　长		15			
3	砌砖表面平整度			3			用 1m 靠尺和楔形塞尺检查 1～2 处
4	耐火混凝土炉墙表面平整度			3			用 1m 靠尺和楔形塞尺检查 3～5 处
5	膨胀宽度			$S^{+0.5}$			按砌体部位用尺各检查 2～4 处

注：表中 S 为设计的膨胀缝宽度。

表 8-4　炉墙表面与管子之间的间隙的允许误差

项次	项目名称	误差数值/mm
1	水冷壁、对流管束中心线与炉墙表面之间的间隙	+20 −10
2	过热器或省煤器中心线与炉墙表面之间的间隙	+20 −5
3	汽包与炉墙周围的间隙	+10 −5
4	集箱、穿墙管壁与墙之间的间隙	+10 −0
5	折烟墙与侧墙表面之间的间隙	<5
6	靠近砖砌炉墙部位的受热面管与炉墙的间隙	≥10

7）里层耐火砖与外层红砖之间，每隔 5 层或 7 层砖要用耐火砖或特型耐火砖作为里外层的牵连砖，或每层分放几块牵连砖，各层牵连砖的位置在垂直线上错开。

8）根据图样要求，应留出膨胀缝。炉墙里层拐角处留有的膨胀缝，宽度一般为 25mm 或按膨胀缝的公式计算。膨胀缝内不应有碎屑、泥浆等杂物，膨胀缝应用石棉绳填充，其直径一般大于伸缩缝宽度 2mm，靠近炉墙一排之石棉绳应用耐火水泥抹一抹、防止往里渗烟。

9）锅炉钢架、柱和横梁附近不留膨胀缝，应用石棉绳（板）或其他隔热材料与炉墙严密隔开。

10）炉管的活动支点设备和水冷壁的联箱，不可放在炉墙上，必须按图样尺寸留出间隙。

11）通过炉墙或在炉墙内的管子和联箱不准被砖墙卡得太紧，必须按图样留出间隙，穿墙部分的管子应用 $\phi 15 \sim \phi 20mm$ 的石棉绳缠紧；然后利用耐火泥把间隙充满，并不得漏烟。

12）旧炉墙不允许有裂缝，残缺脱落。旧炉墙倾斜最大不得超过每米 4mm。表面磨蚀不得超过 12mm 深，局部磨蚀的地方可用涂料抹平。

13）炉墙外层红砖，一般采用亚氏黏土灰浆，少用水泥灰浆。砖缝一般为 5mm，个别的允许 8mm，但每平方米不得超过 10 条。如果用水泥砂浆，砖缝 7mm，个别允许 10mm，但每平方米不得超过 8 条。

14）炉墙外层红砖表面应平整，不得有裂缝掉砖，不得有凸凹弯曲，用 2m 平板尺检查，其间隙不得大于 10mm。

15）为保证烤炉质量所设的排气管（一般为 4/8in 管）每 2m² 不少于 1 根。烤完炉后，应将排气管堵死。

2. 对前、后拱的质量要求

1）用砖必须选择，所用的异形砖必须符合图样要求，应完整无缺，禁止使用缺角砖和悬挂部分已损坏或破裂的砖。

2）吊卡及铁梁必须完整，不得烧坏或脱落，吊卡或铁架梁烧薄最大不得超过厚度的 1/2。

3）拱铁梁变形每米不得超过 2mm，全长不得超过 12mm。

4）修整异形砖时，不应过分减弱砖的坚固性。

5）拱和炉墙接触部分必须按图样尺寸留出伸缩缝。缝里面填充石棉绳，并用耐火泥抹平。

6）拱表面要完整，不得裂纹损伤、脱落，或凹凸不平，用 2m 平板尺靠紧检查，其间隙不得大于 10mm。砖缝宽度不应超过 2mm，允许个别的达 3mm，但每平方米面积上不得超过 3 条。

烧损面积不得超过 0.5m²，其深度最大不许超过 30mm，并用涂料抹平。

7）用耐火混凝土制作的前、后拱，其原材和施工工艺应符合有关技术要求。

3. 对人孔门和燃烧四圆孔的质量要求

1）圆孔内径、拱门标高允许误差为 ±5mm。

2）圆孔砖缝和拱门砖缝的延长线均需通过圆心。圆孔所用砖数为双数，拱门所用砖数为单数。

3）砌筑拱门时应从两端砌向中央，砌筑圆孔的下半圆时，必将圆孔相邻的砖同时砌筑。

4）砖拱砌完后，跨度大于 600mm 以上的拱门应至少经过 2～3h 才能拆除拱撑。

5）圆孔和拱门的砖缝不大于 2mm，个别可达 3mm。拱门和圆孔表面没有凸凹不平，裂纹及残缺现象。

6）旧的拱门、圆孔，腐蚀后可对涂料进行修复，但不得漏风和漏烟。

4. 对炉顶砌筑的质量要求

1）砖铺炉顶，必须按图样要求选用炉顶砖，其质量及外形尺寸误差应符合有关规定。

2）砖层向下表面，不得有个别砖或一排砖突出，用平板尺靠紧检查，其间隙不得大于 16mm；旧砖层不得有裂缝，不得有脱落现象。磨蚀深度最大不得超过 20mm，局部地方可用涂料抹平。

3）通过炉顶砖层的过热器管部分，必须用 $\phi 10 \sim \phi 12$mm 的石棉绳扎紧，管子被缠的长度应比炉顶厚度大 40～50mm，并用耐火混凝土涂严。

4）异型砖缝宽度不应超过 3mm，个别的可以 4mm，但每平方米不得超过 8 条。

5）炉顶砖层和炉墙连接部分的嵌入处按图样尺寸留出伸缩缝，并用石棉绳填充，上面用硅藻土遮盖。

6）炉顶砖层表面必须抹一层涂料，厚度为 20～30mm，以防漏烟。

5. 对冷灰斗砌筑的质量要求

1）冷灰斗左右墙必须平整，不准向内突出或倾斜；旧冷灰斗倾斜最大值每米不得超过 5mm，磨蚀深度不得超过 12mm。不准有裂纹和脱落。

2）不准有个别砖凸出来，不允许有台阶，用 2m 平板尺靠紧检查其间隙不大于 10mm。

3）在托撑角铁上的斜墙必须平整，不得有砖脱落和裂缝，不应有个别突出的砖和砖层。磨蚀深度不许超过 10mm。

斜墙砖缝不得超过 3mm，个别允许 4mm，每平方米少于 10 条。穿墙部分管子周围必须套耐火混凝土或特型砖的套管。

4）炉底不得有向炉膛漏风的现象。

8-11　耐火混凝土是一种什么样的材料？为什么在锅炉上得到广泛应用？它具有哪些特点？

答：1. 耐火混凝土的组成

耐火混凝土是一种能够承受高温作用的特殊混凝土，它是由耐火骨料、适当的粘结剂、掺和料和净水，按一定比例混合配制并经养护后，成为具有一定物理力学性能的耐火材料。

耐火混凝土具有工艺简单、施工方便、整体性好等特点，在高温下有较高的耐火度，其荷重软化温度、热稳定性也较好；还具有较小的残余收缩性能。因此，在电站锅炉、工业锅炉上都得广泛的应用。

2. 耐火混凝土的特点

1）耐火温度高。一般使用温度为 900 ~ 1350℃，如采用钢玉或碳化硅作为骨料，工作温度可达 1650 ~ 1800℃。

2）抗压强度大。一般小于 20MPa，磷酸矾土水泥耐火混凝土的抗压强度可高于 177MPa。

3）热稳定性好。

4）可代替复杂部位的砌砖。

5）可进行局部修补。

8-12　耐火混凝土按其所用的粘结剂不同，可分为几类？它们各有几种？

答：耐火混凝土按其所用的粘结剂不同，可分为两大类，即用水泥做粘结剂的耐火混凝土和用无机化合物做粘结剂的耐火混凝土。

1）用水泥做粘结剂耐火混凝土常用的有下列几种：

①矾土水泥耐火混凝土；

②硅酸盐水泥耐火混凝土；

③矿渣水泥耐火混凝土；

④低钙铝酸盐水泥耐火混凝土；

⑤耐热水泥耐火混凝土。

2）用无机化合物做粘结剂的耐火混凝土，常用的有下列几种：

①磷酸耐火混凝土；

②水玻璃耐火混凝土；

③磷酸铝耐火混凝土。

8-13　用水泥做粘结剂的耐火混凝土的组成和用料配比及使用范围如何？

答：用水泥做粘结剂制成的耐火混凝土，其组成和用料配比及使用范围：

1. 矾土水泥耐火混凝土

（1）粘结剂　42.5 号以上矾土水泥，其配合比为 15% ~ 20%。

（2）骨料　二级、三级矾土熟料或一级二级黏土熟料废高铝砖和废耐火黏土砖制成。

细骨料粒径小于 5mm；配合比为 30% ~ 40%。

粗骨料粒径为 5 ~ 15mm；配合比为 30% ~ 40%。

（3）粉料（掺和料）　同骨料，粒径小于 0.088mm 的不少于 70%；配合比为 0 ~ 15%。

矾土水泥耐火混凝土的特点和使用范围是常温强度高、材料来源广泛、施工方便。它适用于锅炉各部位耐火层。

2. 硅酸盐水泥耐火混凝土

（1）粘结剂　42.5 号以上硅酸盐水泥，其配合比为 15% ~ 20%。

（2）骨料 一级、二级黏土熟料或废耐火砖制成。

细骨料粒径小于5mm；配合比为35%～40%。

粗骨料粒径5～15mm；配合比为30%～40%。

（3）粉料 同骨料。粒径小于0.088mm的不少于70%；其配合比为≤15%。

硅酸盐水泥耐火混凝土的特点和使用范围是价格低廉、施工方便。它适用于锅炉各部位的耐火层。

3. 矿渣水泥耐火混凝土

（1）粘结剂 42.5号以上矿渣水泥，其配合比为16%～20%。

（2）骨料 二级、三级黏土熟料或废耐火砖。

细骨料粒径小于5mm；配合比为35%～40%。

粗骨料粒径为5～15mm；配合比为40%～45%。

（3）粉料 该种耐火混凝土的特点和使用范围是价格低廉、材料来源广泛、施工方便。它适用于锅炉低温部位耐火层。

4. 低钙铝酸盐水泥耐火混凝土

（1）粘结剂 42.5号以上低钙铝酸盐水泥，其配合比为12%～20%。

（2）骨料 二级、三级矾土熟料或废高铝砖制成。

细骨料，其粒径小于5mm；配合比为30%～40%。

粗骨料：粒径为5～15mm；配合比为30%～40%。

（3）粉料 同骨料，粒径小于0.088mm的不少于70%，其配合比为0～15%。

该种耐火混凝土，其耐火废较矾土水泥耐火混凝土高，除适用锅炉各部位耐火层外，尚可用于燃烧器喷口。

5. 耐热水泥耐火混凝土

（1）粘结剂 52.5号以上耐热水泥，其配合比为25%～30%。

（2）骨料 一级、二级黏土熟料或废耐火黏土砖制成。

细骨料，其粒颗小于5mm；配合比为35%～40%。

粗骨料，粒颗为5～15mm；配合比为30%～40%。

（3）粉料 可以不要。

该种耐火混凝土施工方便。它适用于锅炉各部位耐火层。

以上五种耐火混凝土的水灰比宜为0.35～0.45。

8-14 耐火塑料的物理性能如何？

答： 耐火塑料的主要物理性能参数列于表8-5中。

表8-5 耐火塑料的主要物理性能

项目名称	假密度 /(kg/m³)	工作温度 /℃	荷重软化温度 /℃	线膨胀系数 (20～900℃) /℃⁻¹	使用范围
矾土水泥耐火塑料	～2000	<1200	1200～1300	7.5×10^{-6}	汽包、集箱、卫燃带等

（续）

项目名称	假密度 /(kg/m³)	工作温度 /℃	荷重软化温度 /℃	线膨胀系数（20~900℃）/℃⁻¹	使用范围
硅酸盐水泥耐火塑料	~2000	<1100	1100~1200	7.5×10^{-6}	小于1100℃部位，如卫燃带
铬质塑料	3000	1600	—	0~800℃ 6.8×10^{-6}	液态炉炉底热风炉炉衬、卫燃带等
磷酸铝碳化硅耐火塑料	2600	1500~1600	—	—	液态炉底、热风炉炉衬、卫燃带等

8-15 烟道、风道指的是什么？它们的主要结构形式有几类？

答：烟道是指由空气预热器的烟气出口到烟筒底部，除了除尘器和引风机等设备以外的全部烟气通道叫做烟道。它的结构一般有两种形式：一种是用砖砌制成的方形，上部加拱形顶盖的；另一种是用钢板做成的箱形或圆形管道，外面绝热保温。

风道是由空气预热器的空气出口端，到炉排下面区域风室或至燃烧室的二次风的地方，这段通道叫作热风道。热风道有保温结构；由鼓风机的入口端到空气预热器入口处的一段风道，叫作冷风道。热风道和冷风道统称为风道，风道一般由钢板焊制而成。

8-16 选用烟、风管道结构时，应注意哪些事项？

答：选用烟、风管道结构时，应注意下列事项：

1) 烟、风管道应尽可能采用圆形，因为在同等用料条件下，圆形截面最大，烟、风流速及阻力最小。如采用矩形，则应尽量接近正方形。

工业锅炉烟、风道的大小涉及许多因素，一般情况下可按表8-6所建议的截面积和直径选用。锅炉采用自然通风时，选用大截面、机械通风可取下限值；采用砖砌或混凝土烟道时，选用大截面或略大于表中值；钢制烟、风道可取下限值。

表8-6 工业锅炉烟、风管道的截面和直径

锅炉蒸发量/(t/h)	冷风道 截面积/m²	冷风道 直径/m	烟道或烟囱 截面积/m²	烟道或烟囱 直径/m
1	0.03~0.05	200~250	0.04~0.07	225~300
2	0.04~0.07	225~300	0.06~0.10	275~350
4	0.06~0.10	275~350	0.08~0.12	320~400
6	0.07~0.12	300~400	0.10~0.14	350~425
10	0.10~0.16	350~450	0.12~0.20	400~500
12	0.12~0.22	400~550	0.18~0.26	475~575

2）金属管道的钢板厚度：冷风管一般采用2～3mm；热风管一般采用3～4mm。

3）金属矩形烟、风道，应配置足够的加强肋或加强杆，以保证达到强度及刚度的要求。

4）砖砌烟道的拱顶应采用以下两种形式：

①大圆弧拱顶。拱顶净高 h 一般约为烟道宽度 B 的15%，如图8-10所示。当烟道截面积大于 $2m^2$ 时，由于拱顶受热膨胀分力较大，必须用铁箍加固，如图8-10a所示。

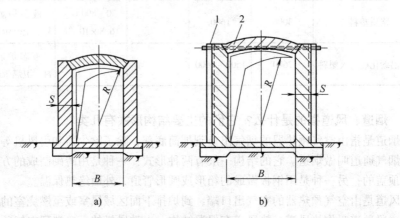

图 8-10　大圆弧顶烟道

a）大型烟道的截面　b）小型烟道的截面

1—加固铁箍　2—保温层

②半圆弧拱顶。拱顶以烟道宽度 B 的1/2为半径，如图8-11所示。半圆弧拱顶热膨胀时可自由上下伸缩，不易造成两侧墙的破裂，且可用于大截面的烟道上，能节省大量金属。

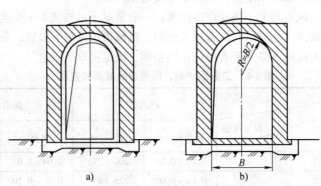

图 8-11　半圆弧拱顶烟道

a）有衬砖砌烟道　b）无衬砖砌烟道

5）砖砌烟道的底部一般应采用双层砖砌筑，下垫灰渣层。砖的长度方向与气流方向平行，以减少阻力。

6）砖砌烟道上应配置足够的清灰人孔，其尺寸不应小于 0.4m（宽）×0.5m（高）。清灰人孔可用红砖砌死或其他方法堵严，尽量减少漏风，也要便于清灰时拆开。

7）室外烟、风管道的外表面应加粉刷，以免冷风和雨水渗入，还应考虑排除雨水的措施。

8）室内的烟风管道应保温。当室温为 25℃ 时，保温层外表面温度不应大于 60℃，并应保证烟风道内的气流温度高于露点温度 10～20℃。

9）热风管道和烟气管道的结构，应考虑热膨胀的补偿。

10）燃用煤粉、重油、燃气或沸腾燃烧锅炉的烟道，应装设防爆门。

11）烟道的拐角处应砌筑导流槽，烟道对接处应有导流隔板，以免气流直撞烟道或气流互相对撞，使阻力增加。

12）砖砌烟道的砌体，每隔 4m 左右应留宽度为 10～15mm 的膨胀缝一条，内、外层砌体的膨胀缝应错开。烟道内拱与外拱之间需留有 10～20mm 空隙，并在此空隙内填入保温材料。

8-17　烟、风道的常见缺陷是什么？烟、风道的检修重点是什么？如何进行检查和修理？

答：烟、风道的常见故障是烟道中积灰、有的在零米标高以下的砖砌烟道还积存有水；钢制烟道的磨损和磨蚀；旁通烟道短路；烟、风道的漏烟、漏风、管道膨胀节卡死等缺陷。因此，在检修中对上述问题应进行重点检修。

1. 消除烟道中的积灰

在烟道中的死角处及烟气流动方向变更的地方，往往有烟灰堆积，影响锅炉正常运行，必须进行清扫。

2. 钢制烟道管磨损、腐蚀检修

钢制烟道管的磨损主要发生在烟气导向板和转弯板。检查烟管壁有无磨损及其腐蚀强度，一般可直接用肉眼观察或用手锤敲打、听其声音来判断烟管壁的厚薄，如声响是"当当"的，则表示管壁较厚，没有磨损或腐蚀比较轻；如声响是"咚咚"的而且发闷，则说明烟管壁较薄，需要进行挖孔检查。当烟管壁厚局部薄到厚度的 1/3 时，应采用挖补或贴补的措施，若大片磨损或腐蚀较严重时，应当更换新的。

3. 烟、风道挡板的检修

烟、风道的挡板容易产生磨损和弯曲变形等缺陷。如挡板有轻微磨损，可用补焊的方法处理；如损坏或弯曲严重时，需将挡板拆下校平直或更换。将修复或更换新的挡板安装后，要对照挡板开度与外部开度的指示调整一致。在调整挡板开度时，传动机构要灵活，不得有刮、卡等缺陷。当挡板放进框架时，挡板与框架四周，应有均匀 1～2mm 的间隙，作为运行中的热膨胀之用。

挡板的转轴部位，框架法兰都应严密，不得漏风、漏烟。

4. 烟、风道伸缩膨胀节的检修

伸缩膨胀节应能自由伸缩膨胀，在伸缩过程中，搭接的地方不得有刮、卡等缺陷。

5. 烟、风法兰盘检修

法兰盘要平整、严密，不得漏风或漏烟，否则应更换法兰盘衬垫。当冷空气管道时，用橡胶石棉板做衬垫；热烟气管时，用浸过二硫化钼高温油、红铅油或水玻璃（密度为 $1.27 \sim 1.34 kg/cm^3$）的石棉板做衬垫。管道公称直径 $\leqslant 300mm$ 时，衬垫厚度 2mm；管道公称直径为 $300 \sim 350mm$ 时，衬垫厚度 3mm；管道公称直径 $>500mm$ 时，衬垫厚度为 5mm。

若用石棉板作衬垫时，石棉板应与管内壁齐平，不得外露，垫的两面须涂上黑铅粉（或水玻璃）；石棉板一般不应有接合口，如实在需要拼接时，其接合口应做成如图 8-12 所示的形状，以增加其严密程度。

若用石棉绳做衬垫时，应先用白铅油涂在接合口上，然后用石棉绳贴在铅油上，在螺钉附近盘成如图 8-13 所示那样。如用石棉板和石棉绳做衬垫时，其直径和厚度可按表 8-7 中所列的数值进行选择。

表 8-7 烟、风道法兰盘垫料规格

法兰盘规格/mm	垫料材料	厚度或直径/mm
1500 × 1600 以下	石棉板或石棉绳	石棉板 δ = 4 石棉绳 φ = 5
1500 × 1500 ~ 2500 × 2500	石棉绳	石棉绳 φ = 8

6. 吊卡和托架检修

吊卡和托架是固定烟、风管用的，因此必须牢固可靠。吊卡和托架的所有部件，如拉杆和托架等，应完整无缺，不得腐蚀和开焊。若发现缺陷时，应及时处理。

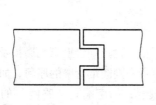
图 8-12 石棉板接口示意图

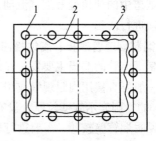
图 8-13 石棉绳盘绕法
1—螺纹孔 2—石棉绳 3—法兰框

7. 绝热保温层检修

烟、风道的绝热保温层常见的缺陷是裂缝和脱落。在修补或敷设保温层时，应先将设备表面上的旧保温层、灰尘和铁锈等杂物清理干净、涂刷防锈漆后，再行施工。

烟、风管道的直径（或方形尺寸）一般都比较大，在敷设保温层前应先焊上抓钉。在直立的烟道或热风道上，敷设保温层时，必须每隔 2~3m 装设一个分段承重托架。敷设的主保温层要求固定牢固，一般用镀锌铁丝网捆住或紧紧地包住。外层用保温灰浆涂敷一层，使之平整抹光。然后着色刷漆。

在检修保温层时，要注意保温层留有的膨胀间隙、膨胀伸缩节和滑动支架部分的保温层，均需按膨胀方向留出足够的膨胀间隙。在人孔门法兰盘附近的保温层，应留有足够拆卸螺钉的间隙，以便拆卸检查。

8-18　锅炉检修完毕后，为什么要进行烟、风道及其设备漏风试验？漏风试验应具备哪些条件？

答：1. 漏风试验的目的

锅炉燃料燃烧和所需空气的输送及燃烧生成的烟气排放是通过鼓风机、引风机、烟风管道，炉膛及附属设备来实现的。上述设备及风烟道的密封性能的好坏，对锅炉的正常运行，锅炉效率的高低、耗电的大小有极大的影响。如仅排烟损失 q_2 一项，当排烟温度为 300℃ 时，过量空气系数 α 每增大 0.1，热效率就下降约 0.9%，还有烟量的增加，引风机电量亦增加。因此，漏风试验的目的，就是在锅炉检修完毕后，检查燃烧室、冷热风系统及烟气系统的严密性，并找出漏烟、漏风的地点，予以消除。

2. 进行漏风试验必须具备的条件

1）引风机、送风机检修完后，经单机试运转合格；风、烟道检修全部完成。

2）炉膛、烟道等处的人孔、门类等配全，并可以封闭。

3）一、二次风门操作灵活、开闭指示正确；各段风压表管道畅通，风压表指示正确。

4）锅炉本体炉墙、灰渣斗检修全部完成，密封装置可运用，操作灵活。

5）空气预热器、冷热风道，烟道外部保温完好，内部检查合格，人孔、试验孔全部封闭。

8-19　漏风试验采用什么方法？试验的合格标准及消除漏风、漏烟的方法是什么？

答：锅炉的密封检查分成两部分进行。冷热风管道为一部分，包括送风机、送风管道、空气预热器、一次风、二次风管直至炉膛；从炉膛起经过对流管束、各尾部受热面烟道、除尘器至引风机入口为另一部分。对于一般工业锅炉及民用采暖锅炉，前一部分为正压系统，后一部分为负压系统（有的燃油燃气锅炉亦为正压系统）。

炉墙漏风多数在炉顶与前、侧炉墙接缝处，炉顶穿墙管四周，过热器以后的烟道负压较大处，各膨胀间隙、炉墙门孔、出灰口等结构不严密处，故上述部位应重点检查。

漏风试验的方法和检查如下。

1. 冷热风道和空气预热器的密封试验与检查

采用的方法是正压试验法。正压试验法是使冷热风道、燃烧室及烟道内保持正压来检查其是否漏风。具体的做法是：将引风机入口风门（挡板）和各炉门全部关闭，在送风机入口放上已燃烧的烟幕弹或白灰，随后起动鼓风机，则烟幕弹的烟或白灰均被送入冷热风道、燃烧室和烟道中，同时使燃烧室和烟道保持正压在 294～392Pa 的范围内。这时，若系统有不严密的漏风处，则烟幕或白灰会从这些地方逸出，并留下痕迹。试验后，可按照漏风地点留下的痕迹，堵塞处理使之严密。

值得注意的是：有空气预热器的锅炉，在预热器的烟道段实际运行时，送风系统是正压，而烟气系统是负压；如不严密，会造成空气漏入烟气系统中。其结果一是增大排烟量，减少通风量，增加了引风机的动力消耗；二是由于烟气中混入空气造成温度过低，会使烟气中水蒸气凝结加剧空气预热器及金属烟道的腐蚀。因此，空气预热器是这部分密封性能检查的重点。

2. 炉膛及烟道的密封试验与检查

采用的方法是负压试验法。它是通过使燃烧室和烟道保持负压，来检查其是否漏风。具体做法是：开启引风机，使燃烧室和烟道内保持负压在 294～392Pa 范围内，用火把或蜡烛或点燃的香烟等靠近炉墙和烟道的外表面各处移动。如果有不严密的地方，则火焰被负压吸向该处；此时应立即将漏泄地点划上记号。待试验完毕后，将其堵塞使之严密。

炉膛密封检查的重点部位是炉墙与钢架结合处、膨胀缝、锅炉管穿墙处及炉墙门孔。锅炉管道穿墙处如石棉绳压挤不严将造成运行中漏风和漏灰；炉门孔装置结构不合理、制造质量差及密封填料不严往往会引起炉墙门孔的漏风，检查时应加以注意。烟道部分应着重检查焊缝、烟道与烟道、烟道与设备连接法兰及除尘器锁气器等的密封情况。

漏风地点确定后，堵漏风、漏烟的方法一般采用下述方法：

1）炉墙和砖制烟道漏泄时，可利用石棉与粘结剂调合成泥、涂抹在漏缝里，堵塞严密。

2）如果钢板护卫的炉墙墙皮和烟道漏风时，可采用焊补法堵漏。

3）法兰处渗漏要松开螺栓，堵塞石棉绳或硅酸铝纤维毡，重新固紧。

4）对于炉门、人孔处的漏风要将接合处修平，在密封槽内认真装好密封材料。

5）炉墙的漏风应将漏风部分拆除后重新砌筑。按要求控制砖的缝隙，填满泥浆；膨胀缝中石棉绳一定填塞紧密，尤其注意防止烟气短路。

锅炉漏风试验，应以保证送风系统、烟气系统及其相应的设备、附属设备的严密性为目的，不漏烟、不漏风为合格标准。

第9章　锅炉水压试验与停炉保养

9-1　锅炉水（耐）压试验有什么要求？

答：根据 TSG G7002—2015《锅炉定期检验规则》规定如下。

1. 基本要求

1）水（耐）压试验一般在锅炉内部检验后进行。

2）使用单位负责水（耐）压试验前的准备、具体实施以及过程中的检查工作。

3）检验机构负责监督水（耐）压试验的准备工作、水（耐）压试验的具体实施和过程中的检查工作，确认水（耐）压试验的最终结果。

2. 使用单位的准备工作

1）准备锅炉的技术资料，包括最近一次的锅炉内、外部检验或者修理、改造后的检验记录和报告。

2）采取可靠措施，隔断与其他正在运行锅炉系统相连的供汽（液）管道、排污管道、给水管道、燃料供应管道以及烟风管道。

3）采取可靠措施，隔断安全阀、水位表及有可能产生泄漏的阀门（特别是排污阀、排气阀等）不参加水（耐）压试验的部件。

4）参加水（耐）压试验的管道，其支吊架定位销应当安装牢固。

5）清除受压部件表面的烟灰和污物，对于需要重点进行检查的部位还需要拆除炉墙和保温层，以利于观察。

6）搭设检查需要的脚手架、平台、护栏等，吊篮和悬吊平台应当有安全锁。

7）准备安全照明和工作电源。

8）在锅炉上至少装设两只校验合格的压力表，压力表盘刻度极限值为试验压力的 1.5 倍 ~ 3 倍，最好为 2 倍，精确度等级不低于 1.6 级，表盘直径一般不小于 100mm。

9）调试试压泵，使之能确保压力按照规定的速率上升。

10）试验介质应当以适宜、方便为原则，所用介质能够防止对锅炉材料有腐蚀；对奥氏体材料的受压部件，水中的氯离子浓度不得超过 25mg/L，如不能满足要求时，试验后应当立即将水渍去除干净；有机热载体锅炉试验介质一般采用有机热载体。

11）升压前，参加试验的各个部件内充满试验介质，不得残留气体。

12）试验现场有可靠的安全防护设施；试验时，使用单位安全管理人员应当到场。

13）对于电站锅炉水（耐）压试验，使用单位应当编制水（耐）压试验方案。

3. 试验前检验机构的工作

1）对使用单位准备工作进行检查和确认。

2）对试验环境进行确认，周围的环境温度不得低于 5℃，否则应当采取有效的防冻措施。

3）水压试验时，对水温进行核查和确认，应当保持高于周围露点的温度，对合金钢材料的受压元件，水温应当高于所用钢种的脆性转变温度或者按照锅炉制造单位规定的数据进行控制。

4. 试验压力

（1）基本要求　水压试验时，受压部件薄膜应力不应当超过材料在试验温度下屈服强度的 90%。

（2）试验压力

1）水压试验压力按照表 9-1 规定执行。

表 9-1　水压试验压力

名称	锅筒（锅壳）工作压力	试验压力
锅炉本体①	<0.8MPa	1.5 倍锅筒（锅壳）工作压力，但不小于 0.2MPa
锅炉本体	0.8~1.6MPa	锅筒（锅壳）工作压力 +0.4MPa
锅炉本体	>1.6MPa	1.25 倍锅筒（锅壳）工作压力
直流锅炉本体	任何压力	介质出口压力的 1.25 倍，并且不小于省煤器进口压力的 1.1 倍
再热器	任何压力	1.5 倍再热器的工作压力
铸铁省煤器	任何压力	1.5 倍省煤器的工作压力

①　是指锅炉本体的水压试验，不包括本表中的再热器和铸铁省煤器。

2）有机热载体锅炉的耐压试验按照《锅炉定期检验规则》中 11.2.7 的要求执行。

3）铸铁锅炉的水压试验按照《锅炉定期检验规则》中 12.4.4 的要求执行。

4）当锅炉实际使用的最高工作压力低于锅炉额定工作压力时，可以按照使用单位提供的最高工作压力确定试验压力；当使用单位需要提高锅炉使用压力（但不得超过额定工作压力）时，应当以提高后的工作压力重新确定试验压力进行水（耐）压试验。

5. 试验步骤

试验的过程至少包括以下步骤：

1）缓慢升压至工作压力，升压速率不超过 0.5MPa/min。

2）暂停升压，检查是否有泄漏或者异常现象。

3）继续升压至试验压力，升压速率不超过 0.2MPa/min，并且注意防止超压。

4）在试验压力下保持 20min。

5）缓慢降压至工作压力，降压速率不超过 0.5MPa/min。

6）在工作压力下，检查所有参加水（耐）压试验的受压部件表面、焊缝、胀口等处是否有渗漏、变形；检查管道、阀门、仪表等连接部位是否有渗漏。

7）缓慢泄压。

8）检查所有参加试验的受压部件是否有明显残余变形。

注：保持压力期间应当关闭升压泵，不允许采用连续加压的方式维持压力。

6. 保压期间压降要求

在保压期间压降应当满足以下要求：

1）对于不能进行内部检验的锅炉，在保压期间不允许有压力下降现象；

2）对于其他锅炉，在保压期间的压力下降值（Δp）应当满足表 9-2 要求。

表 9-2　水压试验时试验压力允许压降

锅炉类别	允许压降（Δp）/MPa	锅炉类别	允许压降（Δp）/MPa
高压及以上 A 级锅炉	≤0.60	≤20t/h（14MW）B 级锅炉	≤0.10
次高压及以下 A 级锅炉	≤0.40	C 级、D 级锅炉	≤0.05
>20t/h（14MW）B 级锅炉	≤0.15		

3）有机热载体锅炉耐压试验

在保压期间不允许有压力下降现象。

7. 试验合格要求

水压试验合格应达到：

1）在受压元件金属壁和焊缝上没有水珠和水雾。

2）当降到工作压力后胀口处不滴水珠。

3）铸铁锅炉锅片的密封处在降到额定工作压力后不滴水珠。

4）水压试验后：没有发现明显残余变形。

5）有机热载体锅炉耐压试验：

①受压元件金属壁和焊缝没有渗漏。

②耐压试验后，没有发现明显残余变形。

8. 试验结论

1）合格，符合试验合格要求。

2）不合格，不符合试验合格要求。

9-2　锅炉水压试验的目的是什么？锅炉水压试验分为哪几种？

答： 锅炉水压试验的目的，在于鉴别锅炉受压部件的严密性和耐压强度。

（1）严密性　如果锅炉承压部件某个部位有微小的孔隙时，水就会发生渗漏。严密性主要是试验锅炉的焊缝、法兰接头及管子胀口等是否严密，有无渗漏。

（2）耐压强度　如果锅炉承压部件某个部位强度不够时，就会发生变形或损坏。当然水压试验是在对锅炉受压部件进行强度计算基础上进行的，而不盲目地试压。为了保证水压试验的安全性、水压试验时的锅炉受压元件薄膜应力 σ_T，不得超过受压元件材料在试验温度下屈服应力 σ_s 的 90%，即

$$\sigma_T = 0.9\sigma_s = 0.9\frac{p\ (D_n + S_y)}{2\varphi_J S_y}$$

式中：p 为计算压力；D_n 为筒体内径；S_y 为筒体有效厚度；φ_J 为筒体减弱系数。

水压试验应尽量减少超压水压试数的次数，以免引起受压元件金属材料的损伤。不能进行内部检验的锅炉每 3 年要做一次水压试验。

关于锅炉水压试验的种类，一般为两类，即一种是在制造厂进行的水压试验；另一种是在用户进行的水压试验。

对于在用户进行的水压试验，除安装验收和定期检验外，当锅炉具有下列情况之一

时，也需进行水压试验：

1）锅炉新装、移装或改装后。

2）停运一年以上，需要恢复运行前。

3）锅炉受压元件经重大修理或改造后。

4）根据锅炉设备的运行情况，对受压部件有怀疑时，亦可进行水压试验。

水压试验前应对锅炉进行内部检查，必要时还应进行强度核算。

值得注意是：由于水压试验是在冷态下进行的，不能完全检验出锅炉在热态工作时可能存在和出现的问题。因此，对于锅炉不允许以试验压力来确定锅炉的实际工作压力。

9-3　锅炉水压试验如发现缺陷应如何处理？

答： 在水压试验如发现焊缝、锅炉受压元件、人孔、手孔、法兰、阀门等渗漏及胀口的渗漏超过相关合格标准时，应采取相应的措施进行处理，直至合格为止。

1）对铆缝和铆钉，水压试验时发生轻微渗漏，经检查如不是苛性脆化时，可在水压试验后用捻缝的办法，使之严密不漏。

2）焊缝在水压试验时，如发现渗漏，说明焊缝有穿透性缺陷，这是非常危险的。焊缝渗漏，一般处理方法是：首先将焊缝缺陷的部位铲除；然后按焊接工艺评定试验要求编制的返修方案进行重焊。不允许在表面堆焊修补。

如发现受压元件的泄漏，如大都发生在管子上。对于存在裂纹等线状缺陷的管子或被磨薄的管子或被腐蚀的管子，应重新更新。

3）对于胀口处发现渗漏，首先要查阅胀管记录，或进行实际测量。如果胀管率不超过 2.1% 可以进行补胀。同一根管补胀次数不得超过 2 次；补胀后的管内径要认真测量，做好记录，并计算出补胀后的胀管率。

对于补胀后超胀严重仍然漏水的管子必须予以割换。割换时不得损伤锅筒管孔。更换新管的材质要与原管材质一致，如有接头焊缝，距锅筒外壁和管子弯曲点均不得小于 50mm。

9-4　锅炉水压试验的注意事项有哪些？

答： 为保证试验效果和人身、设备的安全，应注意如下几点。

1）水压试验最好是在白天进行，以便观察清楚。

2）不准用电动离心水泵升压、更不准用气瓶里的高压气或压缩空气来顶水升压。这是非常危险的。因为这样试验，压力很难控制，且容易把锅炉弄坏。水压不会爆炸，加气就会爆炸，这已有先例。

3）对于比较复杂的锅炉，检查人员最好将应当重点检查的部位编制序号，并指定专人负责，以免漏检。

4）焊接锅炉应在无损检测合格后进行水压试验，需要做热处理的应在热处理之后进行水压试验。

5）锅炉附件如阀门等，试验压力较高，应在装配前单独做水压试验；组装到锅炉上后再进行整体水压试验。

6）经水压试验发现渗漏时，应当使压力降到零后，经分析原因再修理，决不允许带压焊接。

7）水压试验结束后，不要忘记拆除弹簧式安全阀座上的堵板。

8）水压试验压力必须严格按照规定进行，不准任意提高试验压力。

9）在进入炉膛内检查时，要有良好的照明条件；临时脚手架要牢固完好，要使用12V 安全行灯或手电筒。

9-5 为什么要进行烘炉？烘炉常用的方法有哪几种？

答：新安装的锅炉或经大修和改造的锅炉，锅炉的炉墙、炉顶及前、后拱等，都是新砌筑的或是经过改造重新砌筑的。在炉墙内，耐火混凝土及抹面层内部都含有大量水分。

烘炉的目的就是使炉墙达到一定的干燥程度，防止锅炉运行时由于炉墙潮湿，急骤受热后膨胀不均匀而造成炉墙开裂；烘炉还可使炉墙灰缝达到比较好的强度，提高炉墙耐高温的能力；同时也是对炉墙砌筑质量、严密性的一次检查。

烘炉的方法主要有两种：一种为火焰烘炉法；另一种为蒸汽烘炉法。

烘炉时，应根据各种不同的锅炉型号，是轻型炉墙还是重型炉墙；根据当地、当时具体条件等因素来确定。较多的情况是采用火焰烘炉法，因为它适应性广，一般情况都能做到。而蒸汽烘炉就要受到当时、当地是否有蒸汽的限制。如确定烘炉方法后，必须确定升温曲线。按确定好的升温方案进行烘炉，并绘制升温曲线，最后存入锅炉技术档案中。

9-6 烘炉应具备哪些条件？

答：烘炉应具备的条件有如下几点：

1）锅炉本体及锅炉房内的工艺管道全部安装、改造或检修完毕，水压试验合格。炉墙砌筑和管道保温工作全部结束，并检查验收合格。炉膛、烟、风道内部都清理干净，外部拆除脚手架并将周围的场地清扫干净。

2）锅炉的附属设备、软化设备、化验设备及上煤除尘、除灰等全部设备都已达到使用要求。鼓、引风机经过单机试运行，经过检查验收合格。

3）链条炉的炉排单机冷态试运不低于 8h，经检查炉排无卡住、拱起、跑偏等故障，并符合炉排验收要求。

4）锅炉的热工和电气仪表安装或修理完毕并调试合格，压力表、温度计经计量部门校验后并挂上合格证。按要求选好炉墙的测温点和准备好取样工具。

5）有旁通烟道的省煤器应关闭主烟道挡板，使用旁通烟道。无旁通烟道时，省煤器循环管上阀门应打开。

6）开启锅炉上的所有放气阀和过热器集箱上的疏水阀。

7）准备好木柴、煤块等燃料。燃料中不得有铁钉、铁块。准备好各种工具、器材及用品。

8）编制烘炉方案，对参加烘炉人员进行技术交底，并准备好有关烘炉的记录表

格。

9）冲洗锅炉，注入处理合格的软水，锅炉给水应符合 GB/T 1576—2008《工业锅炉水质》的规定，给水应上到锅炉的正常水位。

9-7　什么叫火焰烘炉法？火焰烘炉法是怎样进行的？

答：火焰烘炉法是常用的一种烘炉方法。它是利用燃料在炉膛内燃烧火焰释放的热量和产生烟气的热量逐渐提高炉膛温度，达到烘干炉墙的目的。烘炉使用的燃料通常是用木柴和煤，先用木柴燃烧烘烤，后期用煤逐步提高炉膛温度。

烘炉前几天，应将风道各风门、门孔全部打开，使其自然通风，干燥数日，减少炉墙的含水率。对于耐火混凝土墙，应在养护期满后方可进行烘炉。矾土水泥的混凝土的养护期为 3 昼夜，硅酸盐水泥耐火混凝土为 7 昼夜，以便提高烘炉效果。

火焰烘炉法的一般步骤

1）打开炉门，在炉排前部 1.5m 范围内铺上厚度为 30～50mm 炉渣，在炉渣上放置木柴和引火用的易燃物。打开锅炉的自然通风门或风室调节门或引风机的调节挡板。

2）点燃火后适当增添木柴，使炉膛慢慢升温。绝不允许大量添加木柴，使炉膛温度急剧升高而损坏炉墙。用木柴连续烘炉应不小于 24h，当炉墙较湿或含水率较高时，应延长木柴烤烘的时间。木柴烘炉的时间一般在 3d 左右。

3）烘炉温度的控制。烘炉的燃烧温度是根据炉膛出口温度来控制的。亦可参考同型号锅炉成熟的或原来的烘炉曲线。

当木柴燃烧不能够再提高炉膛出口温度时，可根据具体情况增加煤炭来烘炉，并可启动炉排及送、引风机，逐步增大送风量，加强燃烧使烟气温度提高。

对于重型炉墙，第一天温升不得超过 50℃，以后每天温升不得超过 20℃。烘炉末期最高温度不得超过 220℃。

对于轻型炉墙，温升每天不得超过 80℃，烘炉末期最高温度不得超过 160℃。

对于耐火混凝土炉墙，则必须在正常养护期满之后，方可烘炉。温升每小时不得超过 10℃，烘炉末期最高温度不得超过 160℃，而在最高温度范围内，烘炉持续时间不得少于 24h。

4）控制燃烧火焰。烘炉时，木柴或煤炭的火焰应在炉膛中间，燃烧要均匀，对于链条炉排，要定期转动，以防烧坏。同时要按时记录温度读数，并且要注意观察炉体膨胀情况和炉墙干燥情况，以便出现异常情况时及时处理。

5）烘炉时间。烘炉的天数，原则上要根据炉墙的具体情况，当时当地的气候条件以及自然干燥的天数等因素来确定。烘炉时间一般为 7～14d。

对于不同结构的炉墙为：对于重型炉墙，烘炉时间一般为 10～14d；对于轻型炉墙，烘炉时间一般为 4～6d；耐热混凝土炉墙视作为轻型炉墙。

9-8　烘炉的合格标准是怎样的？怎样才算达到合格标准？

答：炉墙经过烘炉后，不应有变形和裂纹，混凝土不得有塌落等缺陷。

达到下列规定中任一种测定标准时，即认为达到干燥合格标准。

（1）炉墙灰浆试样法　在燃烧室两侧中部，炉排上方 1.5～2m 的地方和过热器或相当于过热器位置的两侧炉墙中部，分别取耐火砖和红砖的丁字交叉缝处的灰浆试样各 50g，若其含水率小于 2.5%，则为合格。

（2）测温法　在燃烧室炉墙两侧中部的炉排上方 1.5～2m 地方的红砖墙外表面向内 100mm 处，设测温点，该点的温度达到 50℃，并继续维持 48h；或在过热器（相当于过热器的位置）两侧墙耐火砖与隔热层接合处温度达到 100℃，并继续维持 48h。达到上述要求，即为合格。

用测温法烘炉时，要定期观察各测点的温度，做好记录，并绘出温升曲线，存入锅炉技术档案中。

9-9　在烘炉的过程中，应注意哪些事项？

答：1）蒸汽烘炉时，应打开风门、烟道门，加强自然通风；烘炉期间不得间断送汽。

2）火焰烘炉法，燃烧火焰应在炉膛中央，且燃烧均匀；升温应缓慢，不得忽冷忽热；不准时而急火，时而压火。

3）从烘炉开始 2～3d 后，可间断开启连续排污阀排除浮污。烘炉的中后期应每隔 4h 开启定期排污阀排污。排污时应把炉水补到高水位，排污后水位下降至正常水位即关闭排污阀。

4）烘炉达到一定温度后，因产生蒸汽会造成水位下降，应及时补水并防止假水位出现。在烘炉的过程中，可用事故放水阀保持锅筒水位，避免很脏的炉水进入过热器。

5）煤炭烘炉应尽量少开检查门、看火门、人孔门等，防止冷空气进入炉膛使炉墙开裂。

6）烘炉期间，应经常检查炉墙和烘炉情况，按烘炉曲线要求控制温度，并检查炉墙温升情况，勤观察、勤检查、勤记录，防止炉墙裂纹和鼓凸变形发生。

7）烘炉后期当耐火砖灰浆含水率达 7%，红砖灰浆含水率达到 7%～10% 时，即可同时进行煮炉。

9-10　为什么要进行煮炉？煮炉前应做些什么准备？

答：锅炉在安装过程中，或在大修改造换管、修理过程中，锅炉受热面内壁会受到油垢等杂物的污染，会有氧化腐蚀产生铁锈。这些污物沉积在受热面上会影响传热；油类和硅化物等物质会污染蒸汽品质；油污及有机化合物会引起汽、水共腾；分解后的物质还会腐蚀金属受热面等。因此，为了保证锅炉的汽、水品质，防止加速锅炉的腐蚀；确保锅炉安全、经济的运行，在锅炉正式投入运行前，必须采用煮炉的方法清除受热面上的污物。

煮炉一般在烘炉后期进行。煮炉之后，锅炉给水只能是经过水处理的软化水，并且该软化水的各项指标都应达到锅炉给水品质的有关标准。

煮炉前应做好下列准备：

（1）药品准备　煮炉采用的药品常用的是氢氧化钠（NaOH）和磷酸三钠（$Na_3PO_4 \cdot 12H_2O$）。药品的用量按照锅炉的锈垢严重程度进行加药配方。因此，要准备足够数量的药品。使用时按要求进行操作。

（2）人员及工器具准备　参加煮炉的人员确定后，要明确分工，使之熟悉煮炉的要点。在煮炉前，要将胶手套、防护眼镜、口罩、工作服等防护用品准备齐全。操作地点应准备清水，急救药品和砂布，以便急用。

9-11　煮炉怎样进行？在煮炉过程中有何要求？煮炉的合格标准是什么？

答：到锅炉烘炉末期，当炉墙红砖灰浆的含水率降至 10% 以下或当过热器（相当于过热器位置）前两侧耐火砖外侧温度达到 100℃ 时，即可进行煮炉。

1. 根据锅炉类别确定加药量

根据炉内锈垢、油污的严重程度，把锅炉分为三类：

第Ⅰ类：新锅炉从出厂至安装完毕，尚不超过 10 个月，内部铁锈较薄或无锈者。

第Ⅱ类：锅炉长期停用，或是新锅炉内部铁锈较厚者。

第Ⅲ类：移装锅炉内部有较厚铁锈，又有水垢者。

煮炉时锅水中所加的药品是氢氧化钠和磷酸三钠，如无磷酸三钠也可用无水碳酸钠（Na_2CO_3）代替，其用量为磷酸三钠的 1.5 倍。加药量是按锅炉最高水位下的锅炉水容积来计算的，煮炉加药量一般按表 9-3 中的规定确定。

表 9-3　煮炉加药量表

药品名称	每立方米水的加药量/kg		
	第Ⅰ类锅炉	第Ⅱ类锅炉	第Ⅲ类锅炉
氢氧化钠（NaOH）	2 ~ 3	3 ~ 4	5 ~ 9
磷酸三钠（$Na_3PO_4 \cdot 12H_2O$）	2 ~ 3	2 ~ 3	5 ~ 6

注：1. 表中药品用量是按纯度 100% 计算的。如果现场药品纯度不够，则应按实际含量换算为实际用量。

2. 用 Na_2CO_3 代替 $Na_3PO_4 \cdot 12H_2O$ 时，其用量增加 50%。

3. 对第Ⅰ类锅炉也可单独用 Na_2CO_3 进行煮炉，每立方米水的药品用量是 6kg。

4. 水垢和铁锈特别厚时，必须事先经过处理，如酸洗或机械清理，加药品量应增加 50% ~ 100%。

5. 准备药品数量时，应根据锅炉在最高水位时，以炉水容积的 1.25 ~ 1.5 倍计算。

6. 用热水调成质量分数为 20% 的溶液加入炉内。

2. 向锅炉内加药的方式

药品要稀释成质量分数不大于 20% 的溶液。加药时可采用下列三种方式：

1）以给水管路供水时，经磷酸三钠加药设备加入锅炉。

2）用磷酸三钠泵或其他泵，通过改装的管路向锅炉联箱或省煤器的排污阀加入。

3）在锅炉上部安装 1 ~ 1.5m³ 有盖子的临时加药缸，从锅筒上部加入，加药缸（箱）出口应有可控制的阀门和过滤器。

加药时，锅炉水位应保持最低水位，必须将锅筒的空气阀打开，待锅炉完全没有压力时才可加药。用药量一次加完，但第Ⅲ类锅炉所用的磷酸三钠可先加 50%，其余在第一次排污后加入。药液加入锅炉后开始煮炉。炉膛内升起微火，逐渐使炉水沸腾，产生蒸汽经过空气阀或被抬起的安全阀放出。煮炉过程中，要保持锅炉的最高水位。

3. 煮炉时间及压力要求

1）加药后，当锅炉升压至 0.3 ~ 0.4MPa 左右，要保持 4h；并在此压力下煮炉 12h。

2）在额定工作压力的 50% 情况下，煮炉 12h，并注意锅炉的运行情况。

3）在额定工作压力 75% 的情况下，煮炉 12h。如发现问题，待降压后再作处理。

4）降压至 0.3~0.4MPa 时，保持压力，煮炉 4h。

4. 取样化验，排污和清洗检查

1）在煮炉期间应不断地进行炉水取样化验，取样可从锅筒和水冷壁下集箱排污处取样，监视炉水碱度及磷酸根的变化，如炉水碱度低于 45mol/L 时，应补药。

2）煮炉期间，需要排污时，应将压力降低。排污时要前后、左右对称地进行排污。

3）煮炉结束后，应进行换水，并冲洗药液接触过的管路和阀门。卸开人孔门、手孔盖、清洗锅炉内部，检查管路、阀门有无堵塞，锅炉内表面有无锈迹。残留的沉淀物要彻底清除。

5. 煮炉的合格标准

1）锅筒、集箱内壁内无油垢。

2）擦去附着物后，金属表面应无锈斑。

9-12 锅炉热态试运行的目的是什么？热态试运行应具备什么样的条件？

答：新安装的锅炉或经过大修、改装、移装的锅炉在烘炉，煮炉合格后，按照国家的规定正式运行前，应进行 72h 的满负荷运行。热态试运行的目的就是对锅炉和辅机的制造、安装施工质量和整个锅炉机组性能进行一次热态的全面性的考核，为锅炉正式投入运行调试做准备。

在热态试运行中，要完成锅炉供汽管道的暖管、严密性试验、安全阀调整及各种设备运行参数测试和检查工作。热态试运行是锅炉全面检验的一道重要的工作，亦是锅炉总体验收的主要依据。

试运行应具备的条件：

1）各分段检查，试验、验收、清洗工作已全部完成；对于单机试车、烘炉、煮炉过程中发现的问题及故障进行排除、修复或更换，所有设备均处于备用状态。

2）锅炉及其附属设备、温度测量装置、压力仪表及保护装置、热工控制设备校验调整完毕；燃料输送装置、烟风系统、汽、水系统、水处理设备均满足锅炉满负荷连续运转要求。水源、电源可靠，照明设施良好。

3）锅炉各附属设备及管道安装及保温、油漆工作已全部完成，脚手架已全部拆除，并清理好现场。

4）满负荷试运行应由取得司炉工和水处理考核合格证的人员分班进行，各岗位操作人员要分工明确，责任分明，各负其责。各岗位的人员要按已编制的锅炉及其附属设备运行规程操作，并熟悉各系统的流程、操作步骤和方法。

9-13 锅炉热态试运行的步骤和要求如何？

答：热态试运转的步骤和要求如下：

1. 升火

1）向锅炉上合格的软化水，打开炉膛人孔门、烟道门，自然通风 15min，然后装填燃料及引火物进行生火。

2）生火过程中火力不要太大，为了使燃烧室内水冷壁管受热均匀，防止热偏差，应将集箱排污阀打开 1 ~ 2 次，放出高温水以使炉水温度均匀上升。升火期间由于水温上升，体积膨胀，水位将逐渐升高，要严密监视水位变化，防止缺水或满水。装有过热器的锅炉，升火时应将过热器出口集箱上的疏水阀打开，以冷却过热器防止烧坏，正常送汽后再关闭。

3）升火时间的长短按炉型来确定，对于水循环良好，蒸发量小于或等于 2t/h 的锅炉，不少于 1.5h；对于循环量较差或蒸汽量为 4 ~ 10t/h 的锅炉不少于 2 ~ 4h；蒸汽量在 10t/h 以上的锅炉，新安装的锅炉不得少于 4 ~ 6h；短期停运锅炉不得少于 2 ~ 4h。

2. 升压

锅炉燃烧工况趋于稳定后，可以逐渐升压增加负荷。锅炉的升压速度不宜太快。因为当压力上升时，锅炉锅筒内外壁，容汽空间与盛水空间会出现温差，升压速度越快温差会越大，将给锅筒壁以附加应力，对锅炉安全不利。

1）当锅炉汽压开始上升，空气阀或抬起的安全阀开始大量冒蒸汽时，使其恢复原位，并维持锅炉正常水位。

2）锅炉开始升压至 0.05 ~ 0.10MPa 时，应进行水位计的冲洗工作，每班不得少于一次。

压力升至 0.15 ~ 0.20MPa 时，应关闭锅筒及过热器集箱上的空气阀，并冲洗压力表导管，检查压力表工作可靠性，注意两只压力表读数是否相等。

3）进行严密性检查和暖管。当压力升至 0.3 ~ 0.4MPa 时，对锅炉范围内阀门、法兰，以及人孔、手孔和连接螺栓进行一次热状态下紧固。微微开启主汽阀，对锅炉房母管进行暖管。将管道上的疏水阀全部打开，排除蒸汽管道内积存的冷凝水。待管道充分预热后，逐渐将主汽阀开大。

4）有过热器的锅炉，当压力升到工作压力的 75% 时，便开始吹扫过热器及主蒸汽管路。吹扫时有一定的流量和流速，吹扫时间不得少于 15min。

5）有空气预热器的锅炉，当空气预热器出口烟温超过 120℃ 时应送入冷空气。锅炉投入运行后才能开启通往省煤器的烟道门，并关闭旁边烟道。无旁边烟道应关闭省煤器循环管阀门。

3. 热工仪表调试及安全调整

1）按锅炉机组设计参数调整输煤（或输送其他燃料）、炉排（喷油、喷气）、鼓引风、除渣设备的工况，并调试自动控制、信号系统及仪表工作状态使之符合设计要求。调整好锅炉燃烧工况，消除影响额定参数的原因。检查配套辅机、附属设备运转情况，对出现的故障及时排除、修复。

2）运行中应加强对锅炉各部位的巡视。按操作规程操作，认真做好记录。

3）锅炉运行工况比较稳定后，要对安全进行调整定压工作。安全阀调整后，锅炉带负荷连续运行 48h，整体出厂锅炉宜为 4 ~ 24h，以运行正常为合格。

4. 锅炉总体验收

锅炉在试运行末期，由安装单位会同建设单位，邀请技术质量监督局，环保部门共同进行总体验收。合格后，办理签证和移交手续。

9-14　试述锅炉蒸汽严密性试验主要检查项目是什么？

答： 煮炉之后，在热态试运行中可进行蒸汽严密性试验。将锅炉缓缓升压至工作压力后，在此压力下检查锅炉部件在额定工况下的严密性。主要对下列项目进行检查：

1）检查汽、水系统的各胀口、焊缝（可见部分）、人孔、手孔、全部汽水阀门、法兰盘等处的严密性。

2）检查全部阀门，表计的严密程度。

3）检查锅筒、集箱、各受热面部件和汽、水管道膨胀情况；支座、吊杆、吊架、支吊架弹簧的受力、移位和伸缩情况是否正常，是否妨碍热胀。

4）检查炉墙的严密情况。

在检查中，如泄漏轻微，难以发现和判断时，可用一块温度较低的玻璃片或光洁的铁片等物靠近接缝或怀疑有泄漏的部位，若有泄漏，则在玻璃（或铁片）片上将有水珠凝结。

蒸汽严密性检查的结果应详细记录，办理签证。蒸汽严密性试验结束后，即可进行安全阀调整。

9-15　为什么要对安全阀调整定压？安全阀动作压力是怎样规定的？怎样对安全阀进行调整定压工作？

答： 安全阀的动作压力调整直接影响到锅炉运行的安全性和经济性。如安全阀动作压力调整得过大，则汽压超过工作压力很多安全阀仍不动作，这样容易出现超压的危险；相反，如安全阀动作压力调整得过低，则汽压稍大于工作压力，安全阀就动作或冒汽，而且可能动作频繁，对安全阀阀座的磨损和冒汽对经济性都有影响。因此做好安全阀的调整定压工作非常重要。

为保证锅炉安全、经济运行，必须把锅炉各部分的安全阀调整到规定的动作压力。即一旦锅炉因某种原因超压到一定程度时，安全阀会自动打开，此压力称为安全阀的动作压力。

安全阀动作压力的规定，应按《蒸汽锅炉安全技术监察规程》的规定执行。锅筒（汽包）、过热器上的安全阀动作压力调整数值列于表 9-4 中。

表 9-4　锅筒（汽包）和过热器上的安全阀动作压力调整数值

锅炉工作压力/MPa	安全阀名称	动作压力/MPa（误差＜0.5%）
<0.8	控制安全阀	工作压力 +0.03
	工作安全阀	工作压力 +0.05
0.8 ~ 5.9	控制安全阀	1.04 倍工作压力
	工作安全阀	1.06 倍工作压力
>5.9	控制安全阀	1.05 倍工作压力
	工作安全阀	1.08 倍工作压力

（续）

锅炉工作压力/MPa	安全阀名称	动作压力/MPa（误差＜0.5%）
任何压力	省煤器安全阀 再热器安全阀直流锅炉启 动分离器安全阀	为装置地点工作压力的1.1倍

　　安全阀的定压均以锅筒（汽包）上的压力表为准。调整时，应先调整开启压力最高的，然后依次调整开启压力较低的安全阀。

　　安全阀的型式不同其调整方法也各不相同，现简单叙述如下三种常用的安全阀的调整方法。

1. 重锤式安全阀的调整

　　先将重锤置于杠杆的计算位置上，然后调整锅炉燃烧工况，使锅炉蒸汽压力至所调安全阀动作压力时，安全阀应自动打开。否则应向内或向外调整重锤在杠杆上的位置，直至满足此要求为止，然后将重锤固定在此位置上。

2. 弹簧式安全阀的调整

　　调整方式基本与重锤式安全阀调整相同。即调整锅炉燃烧使压力升到安全阀动作压力。如果安全阀不跳或提前起跳，可将锅炉压力降低；然后调整弹簧压紧螺母（不跳时松，提前起跳紧），直至安全阀在动作压力允许的范围内起跳为止。

3. 脉冲式安全阀调整

　　脉冲式安全阀由主安全阀（重锤或弹簧式）和脉冲阀组成。当脉冲阀动作时控制主安全阀的起跳，所以它与前两种安全阀的调整方法基本相同。不同的是前两种安全阀调整的就是主安全阀本身，而脉冲安全阀，只需对脉冲阀进行调整。

9-16　什么叫锅炉停用腐蚀？锅炉停用腐蚀产生的原因是什么？它有何特点？

答：锅炉停用腐蚀是对锅炉停用期间发生的各种腐蚀的总称。锅炉在停炉期间，如不采取相应的保护措施、则锅炉水、汽系统金属会被溶解氧腐蚀。氧腐蚀实质上是一种电化学腐蚀过程。

　　锅炉停用腐蚀要比锅炉运行期间的腐蚀更为严重。

　　锅炉停用腐蚀产生的原因有如下两点：

　　1）水、汽系统内部有O_2。因为锅炉设备停用时，锅炉水、汽系统内部的压力、温度逐渐下降，蒸汽凝结，空气从设备的不严密的地方大量漏入内部，氧溶解于水中。

　　2）金属表面潮湿，在表面生成一层水膜，或者金属浸在水中。因为锅炉停用时，有的锅炉内部仍然有水，有的锅炉停用时，虽然把水放掉了，但有的部位还积存水，这样，金属浸没在水中。积存的水不断蒸发，使锅炉内部湿度很大，这样，金属表面形成水膜。锅炉内部湿度大，对锅炉金属腐蚀影响极大。

　　锅炉停用腐蚀的特点，即停炉腐蚀与运行锅炉氧腐蚀相比，在腐蚀产物的颜色、组成，腐蚀的严重程度、腐蚀部位、形态等有明显的差别。

　　①因为停炉腐蚀时温度较低，所以腐蚀产物是疏松的，附着力小，易被水带走，腐

蚀产物的表面常常为黄褐色。

②由于停炉时氧的浓度大，腐蚀面积广，所以停炉腐蚀往往比运行锅炉氧腐蚀严重。

③因为停炉时，氧可以扩散到各个部位，所以，停炉腐蚀的部位和运行锅炉氧腐蚀有显著差别。如上升管、下降管和锅筒。锅炉运行时，只有当除氧器运行工况显著恶化，氧腐蚀才会扩展到锅筒和下降管，而上升管水冷壁是不会发生氧腐蚀的。停炉时，上升管，下降管和锅筒均遭受腐蚀，锅筒的水侧要比汽侧腐蚀严重。

9-17　锅炉停用腐蚀的机理是什么？为什么采暖锅炉要进行保护？

答：锅炉停用腐蚀的发生与锅炉运行过程中发生腐蚀的情况是一样的，都属于电化学腐蚀。它的腐蚀形式主要为溃疡性的，它比锅炉运行过程中发生的氧腐蚀要严重得多。腐蚀产物大都是呈疏松状态的 Fe_2O_3。发生腐蚀的必要条件是水和氧共存。

对停用锅炉常见的做法是将锅炉充满水和排掉水两种情况，在这两种情况下分析其腐蚀原理如下：

1. 锅炉充满水的氧腐蚀情况

氧腐蚀是一种电化学腐蚀过程。当氧在金属表面的某一部分取得电子，而在金属表面的另一部分给出电子：

阳极反应　　$Fe \longrightarrow Fe^{2+} + 2e$　（失去电子）

阴极反应　　$\frac{1}{2}O_2 + H_2O + 2e \longrightarrow 2OH^-$　（获得电子）

溶液中　　　$Fe^{2+} + 2OH^- \longrightarrow Fe(OH)_2$

　　　　　　$Fe(OH)_2 + O_2 \longrightarrow Fe_2O_3 + H_2O$

上述反应可以发生在锅炉内金属的任何表面，因而腐蚀的分布是无规律的。腐蚀进行的过程大致是：氧在金属表面上的某些地方与金属接触，富氧区成为阴极，贫氧区成为阳极而受到腐蚀。由于供氧程度的不同，形成的锈瘤表层是红褐色的高价铁氧化物，内层是黑色的磁性氧化铁或灰绿色的亚铁和高铁化合物的混合物，下方是腐蚀孔。锅炉停运以后，一种惯用的做法是用机械清理表面上的污垢，此时，损伤金属的表面膜造成局部应力是难避免的。这种情况一旦发生，腐蚀就会从这里开始。此外，也可能因金属表面的沉积物溶解于金属表面的水膜中，使水膜中的食盐量增加，而加速了这些部位的腐蚀。

2. 锅炉排掉水的腐蚀情况

1）在锅炉排掉水而不干燥的情况下，锅内整个表面处于潮湿状态；锅内空间充满空气，腐蚀速度快而且腐蚀面广；直到表面覆满锈层之后，腐蚀开始减慢；最后达到一个大体不变的速度。

2）如果在排水之后立即进行干燥，则腐蚀速度取决于空气干燥的程度或空气的相对湿度。在金属表面非常干燥的情况下，腐蚀将按化学历程在金属表面形成保护性的不可见的膜，使得膜下的金属不再发生腐蚀。但是，当金属表面上空气的相对湿度超过某一临界值时，存在于金属表面上的某些吸湿性物质可能从空气中吸收水分，从而引起这部分表面的腐蚀。

3）对于大多数使用软化水的锅炉来说，在运行一个采暖期后，排掉锅水；接着进行干燥之后，锅内表面是不可能十分干净的。在某些局部表面上，往往存留着运行过程中生成的水垢。在锅内表面被烘干或吹干的过程中，随着水分的蒸发，溶解在锅水中的盐类物质也将析出。不管是运行中结生的水垢，还是干燥过程中残留的物质，其成分都十分复杂的，几乎包括了给水中所含有的各种物质。其中许多物质具有较强吸湿性，这类物质的临界湿度通常在70%左右；而某些盐类在远低于50%的湿度下就会引起腐蚀。因此，停用锅炉腐蚀，如不采取措施，很难避免，因而减少了锅炉的使用寿命。

9-18 锅炉停用腐蚀的影响因素是什么？

答：停用腐蚀的影响因素与大气腐蚀相类似，对放掉水停用的锅炉，主要有温度、湿度、金属表面液膜成分和金属表面的清洁程度等。对于充水停用的锅炉，金属浸没在水中，影响腐蚀的因素主要有水温、水中溶解氧含量、水的成分和金属表面的清洁程度。现综合概述如下。

（1）湿度　对于放掉水停用的锅炉，金属表面的湿度对腐蚀速度影响很大。对大气腐蚀而言，在不同成分的大气中，金属表面都有一个临界相对湿度，当超过这一临界值，腐蚀速度迅速增加。在临界值之前，腐蚀速度很小或几乎不腐蚀。临界相对湿度随金属种类，金属表面状态和大气成分不同而变化。一般说来，金属受大气腐蚀的临界湿度为70%左右。根据运行经验，当停用锅炉内部相对湿度小于20%，就能避免腐蚀；当相对湿度大于20%，就产生停用腐蚀。而且湿度越大，腐蚀速度就越快。

（2）含盐量　当水中或金属表面液膜中盐类的浓度增加时，腐蚀速度就上升。特别是氯化物和硫酸盐浓度增加时，腐蚀速度上升十分明显。

（3）金属表面的清洁程度　当金属表面有沉积物或水渣时，停用腐蚀的速度上升。因为金属表面有沉积物或水渣时，造成氧的浓度差异。沉积物或水渣下部，氧不易扩散进来，电位较负，成为阳极；而沉积物或水渣周围，氧容易扩散到金属表面，电位较正，为阴极。氧浓度差异电池的存在，使腐蚀速度增加。

9-19 锅炉停用的保护方法有哪些？它们是如何进行保护的？

答：锅炉停用的保护方法常用的有两大类，即湿法保护和干法保护。

1. 湿法保护

此类方法是将具有保护性的水溶液充满锅炉，杜绝空气中的氧进入锅内，从而避免或减缓锅炉因停炉而发生的腐蚀。由于保护性水溶液配制的不同，具体有如下几种方法：

（1）联氨法　它是将化学除氧剂联氨和氨水以及催化剂硫酸钴配成的保护性水溶液打入锅炉中，使整个锅炉充满保护液。联氨的加入量应使炉水的过剩联氨浓度在150~200mg/L范围内。加氨水的目的是为了使炉水的pH值达到10以上，加硫酸钴是起催化作用。当注入保护性溶液前炉水的pH值已在10以上时，可不加氨水。在注入保护性水溶液前，应关闭所有水系统的阀门和通路。避免药液泄漏和氧气侵入炉水中。维持锅内水压大于大气压力（如 0.05MPa），封闭锅炉。联氨法适用于停用时间较长或者备用锅炉。

采用此法保养的锅炉，在起动前应排尽保护性水溶液并用水冲洗干净，排放前应予以稀释。应注意，联氨具有毒性。

（2）氨液法　它是将氨水配制成 800mg/L 以上的稀溶液，打入锅炉中，使锅内水压略大于大气压力。在保养期间应定期 5～10 天检查一次含氨量，若有下降应及时予以补充。此法适用于长期保养性锅炉。

（3）保持给水压力法　它是用给水泵将锅炉给水（除过氧的水）充满锅炉的水、汽系统，维持锅内水压在 0.05MPa 以上，关闭全部阀门，防止空气渗入炉内。要注意保持锅内压力，当压力下降时，可用给水泵再顶压。每天要测定炉水的溶解氧，溶解氧超过规定值时，应更换炉水。此法最好加入亚硫酸钠，随给水一起进入锅炉，以提高防腐效果。此法适用于短期停用的锅炉。

（4）保持蒸汽压力法　用间断升大的办法保持锅炉蒸汽压力在 0.1MPa 以上，防止空气渗入锅炉的水、汽系统内。此法适用于锅炉热备用。

（5）碱液法　它是向炉内加添碱液（NaOH 和 Na_3PO_4），使炉水 pH 值达 10 以上，以抑制锅水中溶解氧对锅炉的腐蚀。保养期间，每天检查，不得泄漏，保证锅水碱度。碱液的配制按表 9-5 中所列进行配制。此法适用于较长时间停用的锅炉。

表 9-5　碱液保养时每 m^3 水中加药量　　　　　（单位：kg）

药品名称	配碱液用水	
	凝结水或除盐水	软化水
NaOH	2	5～6
Na_3PO_4	5	10～12
NaOH + Na_3PO_4	1.5 + 0.5	(4～8) + (1～2)

（6）磷酸盐和亚硝酸盐混合液保养法　将亚硝酸钠、磷酸三钠按 1：1 制成的混合液（它们的浓度 <1%）注入锅内，并防止空气渗入锅内，即能防止锅炉金属发生腐蚀。此法适宜长期保养。

2. 干法保护

干法保护就是使锅炉的金属表面保持干燥，从而防止金属发生腐蚀。具体有如下几种。

（1）烘干法　锅炉停运后，降低锅水温度到 100℃时，放尽锅水，利用炉内余热或在炉内点火，或将热风送入炉膛，使锅炉内部的金属表面被烘干，便于抑制锅炉金属的腐蚀。此法适用于短期或锅炉检修期间的防腐保养。

（2）充氮法　可将纯度为 99% 以上的 N_2 充入锅内，使 N_2 压力保持在 0.05MPa 即可。若锅内仍有水（锅内存水未放尽），可加入联氨或硫酸钠，并保持炉水 pH 值在 10 以上。保养期间应定期检查水的溶解氧，过剩联氨和 N_2 压力三个参数。若水溶解氧升高，过剩联氨量降低，N_2 压力下降时，应检查泄漏的地方并予以消除后再补充 N_2。此法可适用于长期停炉保养。

（3）干燥剂法　锅炉停用后，在锅炉水温降至100℃时，排尽锅炉的存水，并用微火烘烤锅炉金属表面，使其干燥。锅炉内部最好除去水垢和水渣后，进行烘烤。然后在锅炉内部（上下锅筒），集箱等部位，用敞口容器装上干燥剂，沿锅筒长度方向排列放置。关闭所有阀门、防止空气和潮气进入锅炉内部。干燥剂放入后，应定期（一般不超过一个月）检查，如发现干燥剂失效或容器内有水，应更换新药。此法适宜长期停炉保养。

常用的干燥剂及它们的加入量按表9-6中所列进行配备。

表9-6　锅炉停用保养时常用干燥剂及用量　　　　（单位：kg/m³）

药品名称	药品规格	用量
工业无水氯化钙	CaCl₂，粒径10～15mm	1～2
生石灰	块状	2～3
硅胶	放置前应先在120～140℃（温度下烘干）	1～2

锅炉停用保养的方法很多，它们各有特点和适用范围。在选择保养方法时应根据锅炉的结构特点、停炉时间的长短、锅炉房现场的具体条件及管理的技术水平等因素进行考虑。如排水不尽的锅炉，不宜选用干燥剂法；如氮气货源困难和价格高，就不一定选用充氮法。

通常工业锅炉房，一般常采用的是干燥剂法。此法操作简单，所需干燥剂，市场很容易买到，并且防腐效果好，因此得到广泛采用。

9-20　近些年来我国有哪些新的锅炉停用保护剂和保护方法？

答：上题阐述的保护方法，在理论上应该有较好的保护效果。但在实施过程中比较复杂，且许多锅炉房不完全具备条件。因此防腐保养效果不总是令人满意。为此，我国的科技人员一直在寻求更为简便易行的有效保护方法。现介绍几种如下：

1. TH-901法

TH-901缓蚀剂半干法停炉保养技术，能对停用期间的锅炉进行有效的腐蚀控制，与传统的干法和湿法相比，腐蚀速度仅为湿法保护的1/105，干法保护的1/7；而且保护性能全面，不仅保护处于气相中的金属，而且也保护处于潮湿状态下的金属；不仅保护无垢金属，而且也保护垢下金属，缓蚀率达到99%以上。该技术无须除氧和干燥，并且具有渗透力强，缓蚀半径大的优点。

该技术的具体实施方法如下：趁热排空锅炉炉水，消除沉积在锅炉水、汽系统内的水渣及残留物。当汽、水系统内表面较清洁时，在联箱与锅炉中加药。药品用托盘盛放，加药量按锅炉水容量1kg/m³水计算，联箱与锅筒投药量按1:6或1:7计算；封闭锅炉。若排水后锅内积水过多时，药品用量可加大0.5～1倍。TH-901缓蚀剂对锅炉运行无害，锅炉重新起动时，不必清除药品，只取出盛器即可。若系生活锅炉，启用时先用水冲洗一遍，即可正常运行。

TH-901锅炉停用保护剂可以有效地防止锅炉停用期的腐蚀。

2. BF-30T 法

BF-30T 为透明液体（俗称液体 901），它是锅炉和热网系统的保护剂。使用 BF-30T 不仅能解决锅炉的防腐问题，还可以使热网管线，散热器等不变腐蚀。BF-30T 具有效果可靠、方法简便、保护期长、费用低廉等特点。将缓蚀剂 BF-30T 加入系统，循环均匀；封闭系统，缓蚀剂就能扩散并吸附到金属表面，从而实现全系统保护。该技术既能保护气相中的金属又能保护液相中的金属，既能保护干净金属又能保护生锈金属，其综合防腐性能明显优于传统的湿法和其他湿法。由于该技术不需要除氧，也不需要系统保压和中间检查，因而具有更广泛的实用性。

具体应用方法如下：排出锅炉和系统水，清除锅炉和系统内的沉渣。如果是采用 BF-30a 防腐阻垢剂的热水锅炉，也可以不排水。

将计量的 BF-30T 加入给水，给水加入系统后循环均匀并充满锅内系统。BF-30T 的加入量，若给水是生水，按 $2kg/m^3$ 水加；若给水是软化水，按 $1.5kg/m^3$ 水加；若是采用 BF-30a 而没有排水的热水锅炉，则按 $1kg/m^3$ 水加药。BF-30T 对工业锅炉运行无害，锅炉重新启用时，不必排出保护液，直接起动即可。若系生活炉，启用时需排出保护液，再用水冲洗一遍。

BF-30T 缓蚀剂对锅炉和热网系统金属的缓蚀达 99% 以上，明显优于传统的干法和湿法，可实现停用期间对锅炉及热网系统的保护。

9-21　BF-30a 防腐阻垢剂的性能、缓蚀率和阻垢率如何？如何具体应用？它有何优点？

答：BF-30a 是为解决国内外普遍存在热水锅炉防腐难题而研制的一种锅炉防腐阻垢剂，它不仅具有优良的防腐阻垢性能，而且由此建立了一套独特的防腐阻垢方法。

BF-30a 对锅炉金属的缓蚀性能不是基于除氧作用，而是抑制了腐蚀的阳极过程和阴极过程；BF-30a 的阻垢性能不是基于化学计量而是符合阈值效应规律。根据缓蚀作用原理，利用阈值效应规律，按照给出的工艺条件，把具有多种功能的防腐阻垢剂 BF-30a 加入锅内。BF-30a 即溶于锅水，扩散到达并吸附于金属表面，从而连续地起到防止锅炉运行时腐蚀结垢和停用腐蚀的作用。

根据在所有测试条件下，BF-30a 对运行锅炉金属的缓蚀率，停用锅炉金属的缓蚀率和运行锅炉的阻垢率都超过 99%。

1. BF-30a 的具体应用方法

1）采用生水的热水锅炉，将锅炉清理干净；根据供暖系统水容量，随锅炉上水按 $2kg/m^3$ 量作为基础投药；运行期间再随补水量，按 $1kg/m^3$ 量作为补充投药；停用时按 $1kg/m^3$ 量投药，封闭锅炉；再次启用时，直接起动，补水时再按量补充投药即可。只要严格保持加药量，就能达到锅炉的安全经济运行。

2）采用软化水的热水锅炉，将锅炉清理干净；随锅炉上水按 $1.5kg/m^3$ 量基础投药；运行期间随补水量按 $0.8kg/m^3$ 量作为补充投药；锅炉停用按 $1kg/m^3$ 量投药，封闭锅炉；锅炉重新启用时，直接起动，补水时再按量补充投药即可。

2. BF-30a 防腐阻垢技术的优点

1）在锅炉房的一般条件下，BF-30a 技术对运行锅炉的缓蚀率、阻垢率和停用锅炉的缓蚀率均达到 99%，具有高效的特点。

2）该技术使用操作简便，不需要锅炉运行时的除氧操作、软化操作和复杂的分析操作，也不需要锅炉停用时的排水、烘干、定期分析和更换药品等操作，只要按工艺投药即可。

3）BF-30a 技术不管锅炉运行、停用周期如何，都能提供连续的长期的防腐阻垢作用。不需昂贵的除氧设备和软化设备。

4）锅炉重新启用时，可直接起动，减少了冲水排污，因而节约了用水和有利于环境保护。

9-22　锅炉除垢常用的方法有哪几种？它们的优缺点和效果如何？

答：锅炉的水处理工作，主要是防止锅炉结垢。但由于处理方法不当或因其他条件不足，往往在一些锅炉中不同程度地结有水垢。为了保证锅炉安全经济运行，对水垢要及时加以清除。目前，采用的除垢方法有机械除垢法，碱煮除垢法和酸洗除垢法等。

1. 机械除垢法

当锅内有疏松的水垢或水渣时，停炉后使锅炉冷却，放掉炉水，用清水冲洗后，即可进行除垢。机械除垢是用扁铲、钢丝刷和机动铣管器将水垢除掉。此种方法比较简单，多用于结构简单的小型锅炉。但机械除垢劳动强度大，除垢效果差，容易损坏锅炉本体，所以在除垢操作中应多加注意，而且不宜过多采用此法。

2. 碱类除垢法

碱类除垢法采用的药剂配方和用量由锅炉的具体情况来决定。一般常用纯碱——栲胶或碱性除垢等。碱煮时，可以采用不加压煮炉，时间不少于 24h（水垢比较厚时，可以适当延长），为了提高碱煮除垢的效果，可以将碱液循环，而且循环的速度越高，除垢的效果越好。碱煮法操作简单，副作用比较小。缺点是煮炉时间长，药剂消耗量比较多，且效果差。

3. 酸洗除垢法

酸洗除垢法大部分是采用盐酸或硝酸加入适量的缓蚀剂配制而成的酸洗液，注入（或打入）锅内进行除垢。酸洗液的效能是对水垢有溶解，剥离和疏松的作用，从而达到除垢的目的。

酸洗除垢法工艺比较复杂，需要专业人员进行操作；酸洗液要根据水垢的性质，厚度进行配制，要求较为严格；酸洗法因为有酸，故对锅炉有一定的腐蚀副作用，因而锅炉酸洗次数不能过多。但酸洗除垢法效果较好，因而得了实际应用。

对于难以用盐酸清除的水垢，在酸洗前也可以先用碱煮法进行一次预处理。

第10章 工业锅炉节能减排技术改造

10-1 工业锅炉节能减排总体措施是什么?

答:作为工业锅炉节能减排技术改造是十分重要的。

1. 燃煤工业锅炉存在的主要问题

1）单台锅炉容量小,设备陈旧老化。锅炉生产厂家混杂,产品质量参差不齐;平均负荷不到65%,普遍存在"大马拉小车"的现象。

2）自动控制水平低,燃烧设备和辅机质量低、鼓引风机不配套。在用工业锅炉普遍未配置运行检测仪表,操作人员在调整锅炉燃烧工况或载荷变化时,由于无法掌握具体数据,不能及时根据载荷变化调整锅炉运行工况,锅炉、电机的运行效率受到了限制,造成了浪费。

3）使用煤种与设计煤种不匹配、质量不稳定。工业锅炉的燃煤供应以未经洗选加工的原煤为主,其颗粒度、热值、灰分等均无法保证。燃烧设备与燃料特性不适应,当煤种发生变化时,其燃烧工况相应也发生变化,且燃烧时工况也相应变差。

4）受热面积灰、炉膛结焦。工业锅炉采用的燃料品质参差不齐,黏结性物质增多,锅炉受热面结焦、积灰严重。目前清除锅炉结焦、积灰的主要方法为机械方法和化学方法,但由于结焦、积灰成分的不同及各锅炉结构的差异,清除效果不明显。

5）水质达不到标准要求、结水垢严重,锅炉水质超标明显。依据 GB/T 1576—2008《工业锅炉水质》的规定,在用工业锅炉均应安装水处理设备或锅内加药装置,但实际上仍有很大一部分工业锅炉水质严重超标。

6）排烟温度高,缺乏熟练的专业操作人员。由于产品技术水平和运行水平不高,大多锅炉长期在低载荷下运行,造成不完全燃烧和排烟温度升高,热损失增大。

7）污染控制设施简陋,多数未安装或未运行脱硫装置,污染排放严重。锅炉是我国大气环境污染的主要排放源之一。

8）冷凝水综合利用率低,节能监督和管理缺位等。

2. 我国现有的锅炉节能技术

1）炉燃烧节能技术,包括在保证完全燃烧前提下的低空气系数燃烧技术、充分利用排烟余热预热燃烧用空气和燃料的技术、富氧燃烧技术等。实现低空气系数燃烧的方法有手动调节、用比例调节型烧嘴控制、在烧嘴前的燃料和空气管路上分别装有流量检测和流量调节装置、空气预热的空气系数控制系统,以及微机控制系统等。

2）锅炉的绝热保温。对高温炉体及管道进行绝热保温,将减少散热损失及大大提高热效率,可取得显著的节能效果。常用的绝热材料有珍珠岩、玻璃纤维、石棉、硅藻、矿渣棉、泡沫混凝土、耐火纤维等。

3）劣质燃料和代用燃料的应用。为了节省燃油锅炉的燃料油用量,目前采用代油燃料的方法,包括直接烧煤、煤油混合燃烧、煤炭气化和水煤浆燃烧等。

4）工业锅炉燃烧新技术。应用在工业锅炉上的燃烧新技术有十多种，主要有分层层燃系列燃烧技术、多功能均匀分层燃烧技术、分相分段系列燃烧技术、抛喷煤燃烧技术、炉内消烟除尘节能技术、强化悬浮可燃物燃烧技术、减少炉排故障技术等。

5）节能新炉型新技术在锅炉改造中的应用，主要有沸腾炉在锅炉改造中的应用、循环流化床燃烧技术在锅炉改造中的应用、煤矸石流化床燃烧技术的应用、对流型炉拱在火床炉改造中的应用等。

3. 我国锅炉节能潜力分析

我国现有中、小锅炉设计效率为 72% ~ 80%，实际运行效率只有 60% 左右，比国际先进水平低 15% ~ 20%。这些中、小锅炉中 90% 都是燃煤锅炉，节省潜力很大。因此，用节能技术对工业锅炉进行必要的改造，以消除锅炉缺陷及改进燃烧设备和辅机系统，使其与燃料特性和工作条件匹配，以及锅炉性能和效率达到设计值或国际先进水平，从而实现大量节约能源和达到环境保护。如果全国工业锅炉有 30% 进行节能改造，按效率提高 15% 计算，全国年节省标煤 1290 万 t，减排 CO_2 达 903 万 t。

4. 对锅炉节能减排工作的建议

1）更新、替代低效锅炉。采用循环流化床，以及燃气等高效、低污染工业锅炉替代低效落后锅炉，推广应角粉煤和水煤浆燃烧、分层燃烧技术等节能先进技术。

2）改造现有锅炉房系统。针对现有锅炉房主辅机不匹配、自动化程度和系统效率低等问题，集成现有先进技术及改造现有锅炉房系统，提高锅炉房整体造行效率。加强对中、小锅炉的科学管理，对运行效率低于设备规定值 85% 以下的中、小锅炉进行改造。

3）推广区域集中供热。集中供热比分散小锅炉供热热效率高 45% 左右，以集中供热的方式替代工业小锅炉和生活锅炉。既帮助企业节约了成本，又解决了企业生产场地及环境污染的问题。

4）建设区域煤炭集中配送加工中心。针对目前锅炉用煤普遍质量低、煤质不稳定、与锅炉不匹配、运行效率低的问题，主要侧重于北方地区，建设区域锅炉专用煤集中配送加工中心，扩大集中配煤、筛选块煤、固硫型煤应用范围。

5）示范应用洁净煤、优质生物型煤替代原煤作为锅炉用煤，提高效率，减少污染；推广使用清洁能源、水煤浆、固体垃圾及天然气等。

6）推广工业锅炉加装余热回收装置。加装蒸汽"余热回收装置"，对有机热载体炉的尾部高温烟气进行回收二次利用，使锅炉烟气温度降低至 150 ~ 200℃。

7）加强锅炉水处理技术工作。据测算，锅炉本体内部每结 1mm 水垢，整体热效率下降 3%，而且影响锅炉的安全运行。采取有效的水处理技术和除垢技术，加强对锅炉的原水、给水、锅水、回水的水质及蒸汽品质检验分析，实现锅炉无水垢运行，整体热效率平均提高 10%。

5. 节能技改措施

（1）给煤装置改造　层燃锅炉中占多数的正转链条炉排锅炉，将斗式给煤改造成分层给煤，有利于进风，提高煤的燃烧率，可获得 5% ~ 20% 的节煤率。投资很小，回收快。

（2）燃烧系统改造　对于链条炉排锅炉，这项技术改造是从炉前适当位置喷入适量煤粉到炉膛的适当位置，使之在炉排层燃基础上；通过增加适量的悬浮燃烧，可以获得 10% 左右的节能率。但是，喷入的煤粉量、喷射速度与位置要控制适当；否则，将增大排烟黑度，影响节能效果。对于燃油、燃气和煤粉锅炉，是用新型节能燃烧器取代陈旧、落后的燃烧器，改造效果一般可达 5% ~ 10%。

（3）炉拱改造　链条炉排锅炉的炉拱是按设计煤种配置的，有不少锅炉不能燃用设计煤种，导致燃烧状况不佳，直接影响锅炉的热效率，甚至影响锅炉出力。按照实际使用的煤种，适当改变炉拱的形状与位置，可以改善燃烧状况，提高燃烧效率，减少燃煤消耗。现在已有适用多种煤种的炉拱配置技术。这项改造可获得 10% 左右的节能效果，技改投资半年左右可收回。

（4）层燃锅炉改造成循环流化床锅炉　循环流化床锅炉的热效率比层燃锅炉高15% ~ 20%，而且可以燃用劣质煤，如使用石灰石粉在炉内脱硫大大减少了 SO_2 的排放量，而且其灰渣可直接生产建筑材料。这种改造已有不少成功案例，但它的改造投资较高，约为购置新炉费用的 70%。所以要慎重决策。

（5）采用变频技术对锅炉辅机节能改造　鼓风机和引风机的运行参数与锅炉的热效率和耗电量直接相关，通常都是由操作人员凭经验手动调节，峰值能耗浪费较大。采用低耗电量的变频技术节能效果很好。其优势在于：电动机转速降低，减少了机械磨损，电动机工作温度明显降低，检修工作量减少；电动机采用软起动，不会对电网造成冲击，节能效果显著，一般情况下可以节能约 30%。

（6）控制系统改造　工业锅炉控制系统节能改造有两类：一是按照锅炉的负荷要求，实时调节给煤量、给水量、鼓风量和引风量，使锅炉经常处在良好的运行状态；将原来的手工控制或半自动控制改造成全自动控制。这类改造对于载荷变化幅度较大，而且变化频繁的锅炉节能效果很好，一般可达 10% 左右。二是对供暖锅炉的，内容是在保持足够室温的前提下，根据户外温度的变化，实时调节锅炉的输出热量，达到舒适、节能、环保的目的。实现这类自动控制，可使锅炉节约 20% 左右的燃煤。对于燃油、燃气锅炉，节能效果是相同的，其经济效益更高。

（7）推广冷凝水回收技术，对给水系统进行改造　蒸汽冷凝水回收利用，尤其用于锅炉给水，将产生显著的经济效益和社会效益。锅炉补给水利用蒸汽冷凝水，有如下好处：①热量利用，蒸汽冷凝水回水温度一般为 60 ~ 95℃，可以提高锅炉给水温度 40 ~ 60℃，节煤效果明显；②冷凝水回收率一般可达到锅炉补给水量的 40% ~ 80%，大大节约锅炉软水用量，既节约用水又节约用盐，给水温度的提高，提高了锅炉炉膛温度，有利于煤的充分燃烧；③蒸汽冷凝水含盐量较低，可以降低锅炉排污量，提高锅炉热效率；④减少了企业污水排放量和烟尘排放量。

6. 保障措施

1）建立和完善节能减排指标体系。各地方政府应尽快出台制定鼓励节能减排和促进新能源发展的具体配套措施及优惠政策；各级职能部门建立协作联动机制，努力形成整体合力；大力开展对锅炉节能减排的宣传教育，营造浓厚的工作氛围，提高全民节能意识；充分发挥技术机构的支撑作用，共同推进锅炉节能减排工作。

2）制定有关工业锅炉的能效标准及用煤质量标准。

3）鼓励开发和应用工业锅炉节能降耗新技术、新设备。

4）建立锅炉信息平台，发布工业锅炉节能信息，推行合同能源管理，建立节能技术服务体系。

5）有条件的应尽快出资组建锅炉能效实验室，并承担锅炉能效测试相关费用。通过能效测试，了解锅炉经济运行状况的优势，找出造成能量损失的主要因素，指明减少损失、提高效率的主要途径。由于组建实验室所需的检测设备多且昂贵，以及检测单位难以承担能效检测程序烦琐造成的检测费用高；则如果由使用单位买单，检测阻力大，不利于开展检测活动。

6）充分发挥企业节能减排的主体作用。鼓励企业加大节能减排技术改造和技术创新投入，增强自主创新能力。完善和落实节能减排管理制度，提高锅炉热效率；加强对锅炉运行人员和管理人员的节能技能培训考核，强化能源计量管理。

10-2　我国工业锅炉技术改造分哪几个阶段？

答：

1）1949～1959年间是我国经济恢复和国民经济发展初期。在这一时期，工业锅炉以立式锅炉考克兰为主、卧式锅炉以兰开夏为主，还有各种小型锅炉、铸铁锅炉等。在这期间，在苏联援助建设项目中，引进了一些较大型的工业锅炉，如ДКВ型、斯特林等。这些炉型为我国当时的经济建设起了重大的促进作用。同时也是我国工业锅炉技术力量培养、锻炼的成长时期。

2）1960～1976年间是我国工业锅炉技术改造最高潮的时期。随着我国经济建设的发展，国家的煤炭供应出现紧张，从而激发各单位改炉的热潮。首先对兰开夏进行改造，有的单位将兰开夏提高、加装水冷壁；有的加装外砌炉膛；有的单位利用兰开夏的锅筒制造小型煤粉炉，小型煤粉炉兴盛一时，但由于磨粉机存在问题，始终未能发展。随着1967年第一台快装锅炉问世，改炉工作逐渐冷却下来。原因是各单位可选用较新型的快装锅炉。

在这一时期末期，掀起了一股"汽改水工程"的热潮。我国受苏联的影响，过去工厂采暖、有的甚至住宅采暖，均采用低压蒸汽采暖。随着低压蒸汽采暖弊病的暴露，室温变化大、维修量大、费用高及浪费能源等问题的突出，蒸汽采暖改为热水采暖的工作很快普及全国。蒸汽锅炉改为热水锅炉的成功，大大促进了联片供热的发展，推动了集中供热的进程。

3）1977～1997年是我国工业锅炉成熟发展期间。经过全国各部门多方面的长期努力，我国的工业锅炉在安全经济运行状况方面都有了一些改善。我国已研制成功并能批量生产几十种新型工业锅炉，其热效率已接近国际先进水平：小于1t/h锅炉的热效率在60%～70%之间；1～2t/h锅炉的热效率在65%～70%之间；4t/h及其以上容量的锅炉，其热效率已达71%～78%之间，安全、环保性能都较好。但从总体上来讲，仍没有从根本上扭转我国在用锅炉低效、高耗、污染严重、安全状况不稳定的现状。另外，由于我国以燃煤为主而且链条炉占统治地位，用煤品种多、变化大、质量差，给链条炉燃烧带来困难。因此，对一些老旧锅炉及不适应煤种变化的锅炉，进行了有目的、必要的技术改造，以提高锅炉热效率，减少污染，以及提高安全性能仍不失为一条有效的途径。

在这一时期工业锅炉的技术改造，目的明确：一是为适应煤种变化而改变燃烧方式；二是为了改善炉内燃烧工况进行一些必要的改造；三是为减少烟尘污染而进行的一消烟除尘脱硫改造工作。这些均未对受压元件做较大的变动，而是在燃烧室做一些针对性的改造工作，并取得了较好的经济效益和环境效益。

从我国在这一时期数以万计的锅炉改造实践看，经过改造的锅炉，其安全性、经济性及环保性能绝大多数都有改善。一是锅炉的安全性普遍提高；二是节能效果明显，一般可达 5% ~10%，少数达到 20% 以上；三是环境污染状况大大减少。

4）1997 年至今是我国各大城市能源消费结构开始调整的时期，也是逐步将燃煤锅炉改为燃油燃气锅炉的过渡时期。

随着我国对环境保护意识的提高，我国石油、天然气工业的发展，我国目前已开始对能源结构进行调整，全国各大中型城市已开始放宽对燃油燃气的限制，而开始强制推行清洁燃料供热和采暖。如北京市从 2005 年开始将三环路以内各机关、事业单位、餐馆等公共服务设施现有燃煤炉灶全部改用陕北天然气，市区内分散的中、小型燃煤锅炉逐步改为燃用天然气；上海市内环线内不允许新建燃煤锅炉房；西安市从 2008 年开始，二环路以内不再批建燃煤锅炉，一律采用天然气锅炉，并已通过政府的一些优惠政策限期将原有的燃煤锅炉改为燃用天然气锅炉；鼓励单位采用燃油燃气锅炉替代燃煤锅炉。为了解决日益严重的环境污染问题，一方面，需要供热的新用户可以直接添置燃油燃气锅炉或电热锅炉；另一方面，也可以将正在运行的中小型燃煤锅炉改造成燃油燃气锅炉。

10-3 工业锅炉技术改造的目的和要求是什么？

答：我国的燃煤工业锅炉的燃烧方式以层燃炉为主，而层燃炉中链条炉占了统治地位。由于每台锅炉只有一种最适应的煤种，即设计煤种，而我国工业锅炉用煤品种多、变化大、质量差、因而需要因煤、因炉、因地制宜地进行技术改造。技术改造总的目的是：满足保产保暖、安全经济运行、节约能源、消烟除尘保护环境。具体讲，要达到下列五个方面的要求。

（1）改善燃烧，提高锅炉热效率   要根据煤种和炉型，改善炉内燃烧状况，千方百计地降低热损失。对于层燃炉来说，排烟损失 q_2 和机械未完全燃烧损失 q_4 是热损失中最大的两项，要采取有针对性的改进和燃烧调整措施，以提高热效率。

（2）保证出力或提高出力   有的锅炉不适应煤种的变化，达不到锅炉设计出力的要求。此时要找出原因，采取相应措施使之达到出力。如果企业需要提高出力，就要适当增加受热面，在原有炉膛内增加水冷壁或在烟道中增加对流受热面，改造炉拱，重新布置炉膛等。要制订科学的改造方案，并进行技术经济比较，做到投资不大、运行经济及安全可靠。

（3）提高机械化和自动化程度，改善劳动条件   改进燃烧方式；改善运煤、给煤、除渣方式；采用自动给水装置、高水位自动控制和信号装置及应用计算控制管理等均能改善劳动条件，提高管理水平。

（4）消烟除尘、保护环境　改进或采用新型的除尘器；选用低硫煤或安装脱硫装置；处理除渣、脱硫废水；减少设备噪声、防止扰民等减少锅炉排放物对环境的污染。

（5）提高锅炉的安全性能　改进给水情况，增加或更换新型的水处理设备，除氧设备；改进设计、制造中存在的不合理结构等，使锅炉安全经济运行。

锅炉改造的一个重要前提是这台锅炉是否有改造价值、是否值得。这包括：该台锅炉的炉型是否能改，如烟火管锅炉、快装锅炉想增加受热面的改装，可能性是不大的；其受压允许的承压能力如何；改造费用与更新费用相比等诸多因素，制订详细技术经济改造方案，经评价后才能施工。如改变受压元件的改装，应报当地锅炉监察部门审批，才能施工。

10-4　要想得到较为理想的锅炉改造效果，应满足哪些基本条件？

答：应满足下列三个基本条件。

1. 被改造的锅炉必须安全可靠

被改造的锅炉的主要受压元件，如锅筒、集箱等应没有严重缺陷。在改造工作中能充分利用，或者绝大部分能利用；就是说，这些元件应是基本完好的。为此应掌握一些基本情况。

1）首先要查明主要受压元件的材质，并应符合有关标准的安全性能要求。

2）元件的结构合理，焊缝质量合格，胀管胀接管孔基本正常。

3）元件的强度能满足改造后锅炉使用压力的要求。

经验证确认合格后，才能对锅炉进行改造。

2. 锅炉改造设计方案要先进、合理、安全、经济

锅炉改造要有正确、科学的设计方案，要达到：安全并有一定的使用寿命；经济并要节约燃料和电能，提高热效率，满足生产要求；尽量采用新技术，新工艺，便于操作和保养；文明卫生，有一个良好的环境和消烟除尘效果，烟尘灰渣排放量要符合国家规定的环境保护标准；要消除原锅炉设计、制造中存在的不合理或不完善的因素；新增的受热面要符合安全要求，经水循环核算安全可靠；提高机械、自动化程度，改善劳动条件。

3. 工艺施工要保证质量

工艺施工的单位要具有相当的专业资格和修理改造的许可证；各类工艺施工人员要持证上岗；要有严格的规章制度，要有完善的质量管理体系；特别是受压元件的改动，要经过当地锅炉监察部门的检验和验收。

10-5　锅炉的重大改造，使用单位和承接改造的单位要准备些什么资料？要报送什么部门审批？

答：锅炉的重大改造一般应与大修结合进行。其改造设计与施工技术方案和组织设计应由锅炉的使用单位和改造单位共同编制。其内容应包括：锅炉改造设计说明书；锅炉改

造设计总图；更换及增添的受压元件制造图，强度计算，安全阀的排气量计算；主汽管、给水管的校核计算；水处理、消烟除尘设备和主要辅机的校核计算；改造施工工艺、操作条件、检验办法和施工组织措施等。使用单位应提供锅炉使用证、最近一次的定期检验报告、锅炉原图样及有关的技术资料，连同使用单位和改造单位技术负责人批准的改造技术方案；经送使用单位的上级主管部门签署意见后，报送当地锅炉压力容器安全监察机构审查，并办理锅炉改造开工报告等手续。

锅炉改造技术方案和开工报告经当地锅炉监察机构审查批准，并与其授权的检验单位签订锅炉改造质量监检约定书后，方可开始锅炉改造的施工。

10-6　当地的锅炉监察机构在锅炉改造方案中重点审查哪些内容？

答：锅炉监察机构重点审查如下。

1）被改造锅炉是否具有改造的可能性和改造价值。

2）审查改造的技术方案是否合理。要从安全性和经济性及技术先进程度上综合考虑。改造后能否保证安全运行；施工、焊接和技术措施能否保证质量；司炉工劳动条件能否得到改善；锅炉热效率能否提高；文明卫生、环境污染能否得到改善或减轻；原锅炉受压元件能否被充分利用，是否影响使用寿命；能否按设计方案提高出力；改造费用与更新费用比较是否超过原锅炉价值的 60% 以上。否则，改造方案是不允许通过的。

3）新增加的受压元件，结构是否合理，要符合安全要求。

4）更换燃烧设备的安装是否危及锅炉受压元件的安全。

5）安全阀排汽能力，各种安全附件和保护装置是否齐全，要符合有关规程、标准的要求。

6）水处理和消烟除尘措施是否合理，风机、水泵等是否配套。

10-7　燃煤锅炉改为燃气锅炉有哪些途径？它们各有什么优缺点？

答：从大方向来考虑，应有两种途径：一是全部拆除原燃煤锅炉，改造锅炉房，选用、安装新的燃气锅炉；二是在原燃煤锅炉上进行改造，将燃煤锅炉改为燃气锅炉。

1. 第一种途径

原燃煤锅炉房的面积、结构均能满足燃气锅炉的安装需要，只需对原锅炉房进行粉刷和装修即可。同时原锅炉房的水处理系统、循环系统及热力系统无需作较大的变更。当改造锅炉房不考虑锅炉房增容时，重点考虑燃气锅炉的选型。此途径优缺点如下：

1）能选用先进的合适的燃气锅炉，运行效率高，安全可靠有保证，对以后的经济运行有利，亦便于管理。

2）锅炉房可按燃气锅炉房装修，锅炉房可以达到整齐，美观和明亮的要求。

3）由于要购买新的燃气锅炉，投资要略有增加。

2. 第二种途径

燃煤锅炉的燃气改造，锅炉本体需要部分改造；原来的进煤设备，锅炉燃烧设备，除灰除渣设备需要拆除等；在燃气改造时，尚需做一系列校核设计计算；选用合适的燃烧器及自控系统的安装和增装等。燃煤锅炉的燃气改造，燃烧器的选型和布置对以后燃气锅炉的安全、经济运行有着重要的影响。有关燃烧器的基本知识可参见第 7 章的有关题目。此途径的优缺点如下：

1）它最大的一个优点是可以利用燃煤锅炉炉膛容积较大的特点，稍做改动，即可提高锅炉的出力。如层燃燃煤锅炉改为燃气后，出力可以提高 30% ~ 50%。

2）它与第一种途径相比较，投资略有下降。

3）改造后的燃气锅炉，在以后的运行管理、经济、安全运行，可能不如第一种途径来得顺手。因为毕竟是改造的设备不如新的设备。

10-8　在订购新锅炉时，燃油燃气锅炉的选型有哪些原则？

答： 锅炉选型除按技术与经济相结合的原则考虑外，还得符合环保、消防、技术监督管理部门的要求。因此在进行燃油燃气锅炉选型比较时，应注意如下的问题。

1）自动化运行、安全要有保障，有可靠的自控和保护装置。

2）选择品牌知名度高、信誉好、售后服务好的锅炉产品厂商；能提供样本或完整的全套资料，包括锅炉总图、外形尺寸，锅炉底座及负载分布图，锅炉配管安装工艺图，锅炉汽、水系统图，锅炉燃烧系统图，锅炉电气自制原理图，有关文件及锅炉热态运行测试报告等。

3）锅炉性能需与用户用汽用热特性一致，适应性要好；用户负荷有较大变动时，敏感性要高、追踪性要快、压力要稳定。如负荷由 50% 增加到 100%，时间要短（约需 25s）；水容量大，且能经受得起外界负荷变动。

4）根据用户供汽时间要求，特别是应急需要，可选用快速锅炉，如在 3 ~ 5min 即可供应蒸汽。

5）根据锅炉房的布置及要求，选用立式或卧式锅炉。

6）在方案比较中，宜提出三种类型锅炉。从价格、热效率、小时耗电量、小时耗油量、小时耗气量和单位受热面积去做选择。

7）根据用户用汽负荷曲线，核实所选用锅炉的出力和性能。如负荷变化很大，可合理选用锅炉出力及台数来调节。

8）不能只凭厂商所提供的样本去作为选择锅炉的唯一条件。同时需走访这类已投产的锅炉房去做调查研究，听取使用者的意见和建议，让实际数据来证实。

10-9　燃煤锅炉改为燃油燃气锅炉应遵循哪些基本原则？

答：1. 被改造的燃煤锅炉必须具备的条件

1）原锅炉的受压元件必须基本完好，有继续使用价值。

2）原锅炉的给水系统，送、引风系统必须基本完好。

2. 明确改造的目的

1）在保持原锅炉的额定参数（如汽温、汽压、给水温度等）不变的情况下，提高或是保持原锅炉的出力和效率。

燃煤改为燃油燃气，因为燃油燃气较燃煤燃烧完全，锅炉热效率肯定有所提高；当需要提高锅炉出力时，应视提高出力多少，通过计算确定是否要增加受热面。

2）满足环保要求，改善环境。如果燃煤锅炉改为燃天然气锅炉，在锅炉出力不变的情况下，CO_2 排放量可以减少 26%；SO_2 减少为零；NO_x 减少 33%；飞灰和烟尘降为零。

3. 改造方案的合理性

锅炉改造方案必须要简单易行，且投资少、见效快、工期短。因此，改炉时涉及面越少越好，可采取只改炉膛和燃烧装置；改造部分不超出锅炉本体基本结构范围。

4. 燃气供应是否可靠

当燃气供应不可靠时，可设置燃油系统。如需要考虑锅炉留有重新燃煤的余地时，应选择适当的方式满足燃气的要求。

10-10　层燃燃煤炉改为燃气炉，在受热面结构基本不变的情况下，会发生哪些变化？

答：层燃炉改为燃气炉后大致有如下变化。

1）炉膛出口温度变化不大或略有升高　层燃燃煤炉，炉膛内有一个高温燃烧着的燃料层，形成强烈的辐射面；同时炉内烟气中的飞灰也形成固体辐射，这些都是燃煤锅炉炉内辐射传热的有利因素。燃气时，烟气中没有固体辐射，但三原子气体辐射比燃煤时强。这是因为燃气时烟气中水蒸气含量比燃煤时约高 1 倍。虽然 CO_2 含量相应降低，但水蒸气的辐射能力比 CO_2 强，三原子气体的总辐射能力还是比燃煤时强。另外，燃气时辐射受热面的积灰和污染大大减轻，增大了传热温差。所以层燃的燃煤锅炉改燃气后，炉膛出口烟气温度变化不大或略有升高。其结果，锅炉的排烟温度变化不大或略有降低。

2）改为燃气后，如锅炉出力不变，则烟气流速将明显降低　当层燃燃煤炉改为燃气后，由于燃烧时过量空气系数相差很多，而总的理论空气量和理论烟气量又近似相等，因此实际烟气量和空气量相差很多。一般燃煤比燃气时多 15% ~ 60%。改为燃气后，如果锅炉出力不变，则烟气流速将明显降低。这样，其结果是锅炉的鼓风机和引风机都有 15% ~ 60% 的富余。

如果加大燃气量，适当地提高出力，在烟气阻力，鼓、引风机的能力方面影响不大。

3）改为燃气后，燃气燃烧完全，锅炉受热面污染和磨损都得到了改善。因为受热面的污染和积灰明显减轻，传热条件改善；排烟中过剩空气系数和排烟温度都有所降低，而且没有固体不完全燃烧损失，气体不完全燃烧损失也可控制得比较小。所以，一般层燃的燃煤锅炉改为燃气后，锅炉效率能提高 10% ~ 15% 以上。

值得注意的是：如煤粉炉或油炉，改燃气后热效率则提高很小，有时甚至还略有降低。这是因为燃油炉和煤粉炉的各项损失就已经比较小了，改燃气后由于排烟热损失却因烟气中水蒸气含量较高而增大了。

4）燃烧方式的改变，导致出力的增加。层燃的燃煤炉改为燃气后，由层燃方式改为室燃，一般应拆除原有的燃烧设备，如给煤机、炉排等；前后拱管束在没有可能改为垂直管时，至少应取掉其上的挂砖来增加其吸热量；由于改燃气后，过量空气系数的减少，实际的理论空气量和烟气量都已减少，鼓、引风机富余量大，如按鼓（引）风机的能力反算燃气量，燃烧器按鼓风机所提供的压头进行选择（即燃烧器的空气阻力不超过风机压头），锅炉出力将有明显的提高，一般出力可提高30%~50%。

在选择燃烧器时，如采用引射式燃烧器，燃气时也可以不用鼓风机。

5）燃烧产物排放量减少，改善了环境。改用燃气特别是燃用天然气后，由于烟尘、SO_2 没有了，CO_2 和 NO_x 大幅度减少，大大改善了环境。

10-11　层燃燃煤炉改为燃气锅炉，在改造设计方案中应做哪些计算？

答：为了使改造后的燃气锅炉能够处于较佳的运行状况，而且安全可靠，达到改造的目的，应对容量较大的燃煤锅炉进行燃气改造的设计计算。

1. 燃气锅炉热力计算

在热力计算时主要计算改造后所需要的燃气量、辐射和对流受热面的吸热比例，对流受热面的烟气流速等。

2. 燃气锅炉的烟风阻力计算

根据燃气的烟风阻力计算，可以决定燃气锅炉的出力及送（引）风机的能力。特别是当对流烟管采用螺纹烟管时，烟风阻力应仔细核算。

经过计算，若引风机的能力足以克服烟风道阻力，亦可拆除送风机。

根据送风机的压头，亦可选择燃烧器。如果选用分体式（实际上是不包括送风机的燃烧头）燃烧机，送风机仍可以留用并移至炉前和适当位置。但需要核准送风量，因为燃气时送风机有较大余量。

3. 对锅炉受压元件的强度计算

如改燃后，受热面增加。对锅筒、集箱与受热面连接的部分进行了改造，即进行了扩孔或增孔或其他的改动，都应进行改造后的强度计算。根据强度计算确定是否采取加强措施及确定燃气锅炉的实际工作压力。

4. 水循环的校核计算

改为燃气锅炉。当受热面增加较多时，水循环的可靠性要进行校核。如对于新增的水冷壁管是否构成循环回路；各循环回路的水冷壁管、下降管、导气管的截面比是否符合规定要求。

5. 安全附件和辅助设备的校核计算

改为燃气后，如不增加蒸发量，则原来的安全附件和附属设备在合理的情况下，可不必进行校核计算。但如果改为燃气后，锅炉出力提高许多，则必须对原有的安全阀、汽水内部分离装置、蒸汽和给水管道及阀门、给水设备等进行校核计算，才能保证锅炉的正常工作。

（1）安全阀的校核计算　应根据设计改为燃气后的出力（蒸发量），在最高允许工作压力下，计算安全阀的口径和数量。如原安全阀的排汽能力不足，则可采用三种方法：一是，当使用微启式安全阀时，如更换成同口径的全启式安全阀后可满足要求，则将微启式安全阀更换为全启式安全阀；二是，加大安全阀口径，如仍在原位安装，则应把安全阀管座更换加大，三是，在锅筒的其他位置再开孔后接出相应的管座装置增添的安全阀。无论在锅筒上增设安全阀开孔或扩大原开孔直径，在改造设计对锅筒进行强度计算时，都应包括这个因素。

（2）主汽管、给水管管径的校核计算　当锅炉出力有较大的提高时，应对锅炉出口的主汽管和给水管径进行校核计算。并根据计算结果确定是否扩大管径和阀门。

6. 锅内汽、水分离装置的能力检查

改为燃气锅炉后，出力会提高较多。应注意锅内汽、水分离装置的能力，以保证蒸汽品质。这对过热器的锅炉尤为重要。

10-12　燃煤锅炉改为燃油燃气锅炉时，应如何选择燃烧器？

答：燃油燃气锅炉燃烧器的选择，应根据锅炉本体的结构特点和性能要求，结合使用条件，做出正确的比较来确定燃烧器的选用。一般可按下列几点原则来选择。

1）根据燃料类别来选用。①液体燃料有煤油、柴油、重油、渣油和废油；②气体燃料有城市煤气、天然气、液化石油气和沼气。

使用的燃料应有必要的分析资料。如煤油、柴油应有发热量和密度；重油、渣油和废油应有黏度、发热量、水分、闪点及机械杂质、灰分、凝固点和密度。燃气应有发热量、供气压力和密度。

2）根据锅炉性能及炉膛结构来选择燃油燃烧器中喷嘴雾化方法或燃气燃烧器的类型。选择好火焰的形状，如长度和直径，使之与炉膛结构相适应。火焰的充满度要好，火焰的扩散（直径或范围）不能冲刷受热面。从火炬根部供给燃料燃烧所需的空气，使油雾或燃气与空气迅速均匀混合，保证燃烧完全。

3）燃烧器输出功率与锅炉额定出力相匹配。根据锅炉改造确定的额定出力和效率，计算出燃料消耗量，然后按所选单个燃烧器的功率确定燃烧器的配置数量。燃烧器的功率要能满足锅炉出力的需要，而且还要有一定的余量，余量可按 10% 考虑。

燃油燃烧器数量增加，有利于雾化质量，保证风油混合；但数量过多，又不便于运行维护，也会给燃烧器布置带来困难。

对于燃气燃烧器，如能满足锅炉负荷要求和调节范围，燃烧器的数量应越少越好。如果一只燃烧器的功率、调节范围、火焰形状和温度分布能与锅炉负荷要求相适应，燃烧器的数量应选用一只为好。一只燃烧器不仅经济上比较便宜，而且更主要的是燃烧系统简单、容易控制，不存在停用燃烧器的误操作；燃气漏泄和冷却保护；炉膛熄火连锁保护及电源中断连锁保护等问题都比较简单，因而安全性好。

4）燃烧器调节幅度要大。燃烧器工作性能要适应锅炉负荷变化的需要，保证在不同工况下完全稳定地燃烧。当锅炉负荷在额定负荷的 30% 时，燃烧器仍正常工作。

5）对油燃烧器，燃油雾化消耗的能量要少，调风装置阻力要小。

6）烟气排放和噪声的影响必须符合环保标准的要求，主要是 SO_2、CO 和 NO_x 的排放量必须低于国家的规定；应选用低 NO_x 和低噪声的燃烧器。

7）燃烧器组装方式的选择。燃烧器组装方式有整体式和分体式两种。整体式即燃烧器本体，燃烧机风机和燃烧系统（包括油泵、电磁阀、伺服电动机等）合为一体；分体式即燃烧器本体（包括燃烧头、燃油或燃气系统），燃烧器风机和燃烧控制系统

（包括控制盒、风机热继电器、交流接触器等）三部分各为独立系统。应根据锅炉的具体情况和用户要求来选择。同时要结合燃烧器的安装几何尺寸考虑。

8）应选用结构简单、运行可靠、便于调节控制和修理、易于实现燃烧过程自动控制的燃烧器。

9）应对燃烧器品牌、性能、价格、使用寿命及售后服务进行综合比较。

10）燃烧器的风压除要考虑克服锅炉本体的阻力外，还应考虑到烟气系统的阻力。

10-13　燃煤锅炉改为燃油燃气锅炉时，燃烧器应如何布置？

答：燃烧器的布置应根据炉膛的结构、燃烧器的几何尺寸和火焰充满度、不干扰的原则进行布置。

1. 燃油燃烧器的布置

对水管锅炉或燃煤锅炉改成燃油锅炉，燃烧器中心和侧墙的距离应不小于 $1\sim1.2m$，下排燃烧器到炉底的距离不应小于 $1m$；如选用 2 个燃烧器，则其中心之间的距离也应保持 $1m$ 左右，且两个燃烧器旋转风的转向应相反。当单只燃烧器的耗油量为 $500\sim1000kg/h$ 时，炉膛深度不小于 $4m$；耗油量为 $200\sim250kg/h$ 时，炉膛深度不小于 $3m$。

2. 燃气燃烧器的布置

锅炉炉膛大小和形状与燃料性质关系很大，燃气燃烧过程比燃油简单，燃烧所需的时间较短，因而所需炉膛容积要小。燃烧器的布置应与炉膛形状结合起来考虑，以火焰充满度好，火焰冲刷不到水冷壁管为原则。燃气锅炉一般布置 1 个燃烧器，这样系统简单、运行管理方便、投资省。对较大容量锅炉，可以布置 2 个燃烧器，通常采用上下布置方式，即使负荷减小时、停用 1 个燃烧器，也不致造成火焰偏离炉膛中心，以及影响水循环的可靠性和过热器温度偏差。

锅壳式锅炉由于受到结构的限制，均采用双炉胆对称水平布置，每个炉胆各布置 1 个燃烧器。

燃气燃烧器可以布置在锅炉前墙、侧墙、底部，若烟气出口处在炉膛底部，燃烧器亦可以布置在炉顶。

10-14　燃煤锅炉改为燃油燃气锅炉，应注意哪些安全问题？

答：燃煤锅炉改为燃油燃气锅炉后，由于燃料性质和燃烧方式的变化，安全监控显得特别重要。因此必须注意下列几个安全问题。

（1）自动控制和安全监控保护必须灵敏可靠　燃油燃气锅炉一般是自动化程度较高，自动操作。燃煤锅炉改为燃油燃气后，除燃烧设备及连接系统改变外，还要对自动操作和安全监控系统进行改进。

自动操作包括自动检测和自动调节两种功能，如锅炉上水水位自动控制；蒸汽压力调节和压力限制器；燃油、燃气压力高低自动控制；燃气检漏装置的检测控制等；各种声、光、电报警、连锁保护装置和程序控制等，都应灵敏可靠，确保锅炉的安全运行。

（2）燃油燃气锅炉在起炉和停炉一定要保证有足够的吹扫时间，防止残留气体爆炸　燃煤锅炉改为燃油燃气后，由于尾部受热面未拆除，因此保留了引风机。为保证吹扫时间，在程序控制中，一定要按"引风机先开，后进入点火"的程序严格控制、防止误操作。为此应采取以下措施：

1）经改造为燃气锅炉的，不允许采用人工程序控制，应采取自动程序控制，以防人工控制误操作。

2）修改新配燃烧器所带的控制箱中的程序控制线路，将引风机开启程序植入整个程序控制系统中。

3）如果不能修改新配置燃烧器所带的控制箱中的控制线路，那么可以设置外置式引风预先启动程序；并与新配燃烧器程序控制线路相连，保证启动时引风机先开。

关于吹扫时间，应根据锅炉具体结构型式来设定吹扫时间。首先要计算从炉膛到锅炉烟囱入口的烟道总容积（m^3）；然后根据通风机的流量计算出通风量为 3 倍烟道总容积所需的时间，这就是吹扫的基本时间。一般锅壳式锅炉和水管锅炉在基本时间上各加不少于 20s 和 60s 的持续时间，即为总吹扫时间，表示为总吹扫时间 = 基本时间 + 持续时间。

在自动控制和程序控制中，连锁保护装置极为重要，它是保证锅炉安全运行的重要环节，一定要重视。

（3）燃料输送系统应采取安全保护措施　燃气输送系统，应安装吹扫和放散管系统和检漏装置，防止因燃气放散不尽或泄漏出现事故。

燃油输送系统设吹扫系统和回油系统。

（4）炉墙、烟道应检修、保证严密　改用燃油燃气后，炉墙和烟道应进行全面检修。对于损坏的炉墙或炉墙虽有外护板，但不起密封作用的部分，都应进行修复和加固。炉膛和烟道内尽量避免死角存在，因有死角时，当通风吹扫不到会使存有的残留燃气引起爆炸。对于设在炉墙上的各种门孔如点火门、清灰门，燃油燃气已不需要，应用耐火砖砌死。对于需要保留的门孔，应对其门盖等活动部件进行固定，以防被爆燃气体冲开伤人。当几台锅炉共用一个总烟道时，各锅炉通向总烟道的分烟道上应装设独立的切断开关，并力求严密，以减少对锅炉运行的干扰和可燃气体串通。

（5）装设防爆装置　燃油燃气锅炉都存在着易燃易爆气体，安全运行十分重要。锅炉安全技术监察规程中明确规定，对水管锅炉应在炉膛上部和烟道上装设防爆门。对于火管锅炉的炉胆承压能力比较高，但转烟室一般是不承受高压的，因此烟气通道应装设防爆装置。

防爆装置的作用是当炉膛或烟道内存有的可燃气体爆炸时能自动打开。将爆燃产生的高压气体通过防爆装置放出炉外。由此泄压而保护炉墙或烟道不受严重破坏。因此，防爆装置是防止炉墙和烟道不受破坏的安全装置，是不可缺少。

一般设计时，炉膛和烟道的防爆门面积取 $250cm^2/m^3$。对于炉膛容积比较小的锅炉，安装防爆门的问题还不大；对于炉膛容积稍大的锅炉，安装大面积的防爆门似乎有些困难。

从实际使用情况来看，防爆门的设计压力取 2000Pa，其设置的防爆门面积应按 $250cm^2/m^3$ 标准执行。

防爆门的种类有以下三种：

1）重力（自重）式防爆门。该防爆门结构简单，制造方便，起跳灵活，可长期使用，动作时不影响锅炉连续运行。但起跳后复位关不严、容易漏风。

2）膜片式防爆门。这种防爆门密封性好，但制造精度和材料要求高，爆破力受各种因素影响不够准。爆破后需要重新安装膜片，影响锅炉连续运行。膜片一般用0.5~1mm厚铝板制作。

3）水封式防爆门。该防爆门安装不方便，一般很少采用。

为防止爆炸气体泄出伤人，防爆门外应装设泄压导向烟道，并将其引至安全地点。

10-15 燃煤锅炉改为燃油燃气热水锅炉时，为什么要特别注意低温腐蚀？腐蚀的原因及其使用对策是什么？

答：经实践和调查，燃用含硫的燃油和燃气时，卧式锅壳式燃油燃气的热水锅炉，低温腐蚀都有不同程度的发生；有的低温腐蚀很严重。如某单位有1台锅炉运行一个冬季就已经穿管，经检查主要是在前后管板上发现有明显的结露流汗痕迹；其严重腐蚀发生在第二回程烟管和第三回程烟气进口处。

大量事实证明，锅壳式燃油燃气热水锅炉的低温腐蚀，已是一个普遍的问题，应当引起注意。特别是在煤改油、气时应采取相应措施，尽量减少低温腐蚀。

1. 锅炉尾部低温腐蚀的主要原因

1）燃油含有硫，城市煤气中含有硫时，在燃烧时生成 SO_2。由于炉膛内原子氧存在及对流受热面上积灰和氧化膜的催化作用，SO_2 被进一步氧化成 SO_3。SO_3 与烟气中水蒸气结合生成 H_2SO_4，含有硫酸蒸汽的烟气露点大大升高，为尾部低温受热面腐蚀创造了条件。

2）燃油燃气燃烧时，特别是燃气燃烧时，烟气中含有大量的水蒸气。燃气燃烧后烟气中水蒸气的含量比燃烟煤时要多1倍左右，比燃无烟煤多3倍左右。水蒸气含量多，提供了与 SO_3 接触生成硫酸的机会；同时水蒸气分压力的提高，亦使烟气露点升高。水蒸气分压下的露点温度见表10-1。

表 10-1 水蒸气分压力 p 下的露点温度 t_{ld}

p/MPa	t_{ld}/℃	p/MPa	t_{ld}/℃	p/MPa	t_{ld}/℃
0.010	45.8	0.040	75.9	0.070	90.0
0.020	60.1	0.045	78.7	0.080	93.5
0.030	69.1	0.050	81.3	0.090	96.7
0.035	72.7	0.060	86.0	0.10	99.6

3）低温受热面管壁温度低是影响低温腐蚀的重要因素。卧式锅壳式热水锅炉与相当容量、相同压力的蒸汽锅炉相比，热水锅炉的后管板壁温比蒸汽锅炉约低70~80℃，热水锅炉发生低温腐蚀的可能性更大。再加上我国的供热系统普遍存在低温差、大流量的低温运行方式，有的单位还在低负荷运行，出水温度、回水温度都比较低；在此种情况下，锅炉后管板壁温也会降低。另外，排烟温度过低，也会使受热面壁降低。

4）过量空气系数的增加对烟气露点温度的提高也影响较大。

现以燃烧 100 号重油为例：

应用基成分：$C^y = 82.5\%$；$H^y = 12.5\%$；$O^y = 1.91\%$；$N^y = 0.49\%$；$S^y = 1.5\%$；$A^y = 0.05\%$；$W^y = 1.05\%$；$Q_{dw}^y = 40612 kJ/kg$。

当过量空气系数 $\alpha = 1.05$ 时，由图 10-1 中查得酸露点温度 $t_{ld} = 95℃$，对于出水温度、回水温度为 95℃/70℃ 的锅壳热水锅炉，在额定状态下运行时，其后管板（卧式锅壳三回程结构锅炉）壁温约为 120~130℃，此时壁温大于露点温度（即 $t_b > t_{ld}$）因此不会产生低温腐蚀。

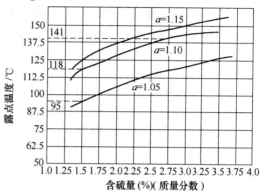

图 10-1　酸露点与燃油含硫量和过量空气系数的关系曲线

当重油黏度较高时，压力雾化已不能满足燃烧要求，通常均采用转杯雾化燃烧机。以德国 SAACKE（扎克）转杯雾化燃烧机为例，其推荐过量空气系数为 1.1，当燃用 100 重油时，由关系曲线图查得酸露点温度为 118℃，后管板壁温与酸露点温度已很接近了。

由此可见，过量空气系数的增加对酸露点温度的提高有很大的影响。

2. 在燃煤锅炉改为燃油燃气锅炉时，设计和使用对策

（1）尽量降低过量空气系数，采用低氧燃烧　一般卧式锅壳式热水锅炉为正压燃烧，各个受热面处的过量空气系数均等于炉膛出口过量空气系数。该过量空气系数与燃烧机有关。在选用燃烧机时，应尽量选用知名品牌或低氧燃烧机，在使用时尽量减少过量空气系数。当炉膛出口处过量空气系数控制在 $\alpha = 1.10$ 以下时，烟气露点温度就会明显下降，从而避免或减轻低温腐蚀。

（2）尽量减少燃料中的含硫量　用户在购买燃料时应尽量选择硫含量较低的燃料。对硫含量较高的燃料应进行脱硫，但由于脱硫费用较高，一般不采用这种方法。

（3）提高壁温，减轻腐蚀　要提高管板烟气侧壁温，必须提高烟气温度和工质温度。为此，排烟温度不能太低，一般为 165~200℃ 较为理想。

提高热水锅炉的出口和进口温度，工质温度的提高也就等于将壁温提高了。

锅炉运行时，可将部分出口的高温水直接引入回水管，提高锅炉进口温度，维持适当的壁温，从而降低低温腐蚀。

（4）采用耐腐蚀材料或防腐涂料。耐腐蚀材料有玻璃、陶瓷等；防腐涂料曾试用过在钢管表面涂搪瓷和特制防腐漆等。

10-16　如何采取措施提高锅炉热效率？

答：【案例 10-1】　某企业有两台 75t/h 锅炉，采用当地无烟煤，在实行运行中存在飞灰含碳量偏高，造成锅炉燃烧效率偏低等问题。

造成锅炉运行热效率偏低原因，一般与煤质特性和燃料颗粒有关，也与锅炉设计运行参数有关，还与锅炉运行工况和操作人员技能水平等有关。

该锅炉使用的无烟煤属典型难燃的高变质煤种，具有挥发分极低（$V_{daf} \leqslant 5\%$）、碳化程度高、结构致密、煤质脆易爆裂、热稳定性差、入炉煤细粉含量大、着火和燃尽十分困难、灰熔点低、易结焦等缺点，致密的颗粒内部结构、很差的反应性和强烈的热破碎性等煤质特性和燃烧特性导致无烟煤颗粒在锅炉中难以被燃尽。

优化运行措施如下：

（1）合适的燃料粒径　每种燃煤锅炉对所用燃料的粒径及其筛分特性都有明确的要求。取入炉煤进行筛分试验，发现细粉含量所占比例过大，加上无烟煤粒在挥发分析出阶段热爆和燃烧过程磨损产生大量细粉，使从密相区扬析和夹带出来的细焦炭颗粒成为飞灰未燃炭的主要来源。

不同粒径的煤粒有不同的临界流化速度和终端速度，当颗粒平均直径为 2.6mm 时，它的运行速度已超过粒径为 0.8mm 颗粒的终端速度。因此，燃料中 0.8mm 以下的煤粒进入炉膛后很快被烟气带出床层。飞灰中的炭主要来自这一部分细颗粒，造成飞灰含碳量偏高。

为此采取以下措施：首先，在采购燃料时配备一些块煤，做到粗细搭配；其次，在制备燃料过程中优化筛分破碎系统，将破碎机筛网规格由 8mm 放大到 12mm，避免二次破碎，减少细颗粒的产生，并可降低破碎机电耗。同时，调整播煤风量，控制燃煤在炉内的撒播均匀度，有利于燃料的迅速加热和着火。

（2）较高的炉床温度　比较分析两台 DG75 型（75t/h）锅炉的运行，并对记录数据进行计算，发现炉床温度在 920～960℃ 时，燃烧效率随炉床温度的增加而缓慢增加。当炉床温度高于 960℃ 时，燃烧效率随炉床温度的增加明显提高；炉床温度超过 1070℃ 时则比较容易结焦。这表明锅炉炉床运行温度对无烟煤焦的燃尽有重要影响。提高燃烧温度，不仅可以直接提高焦炭的反应速度，减少细颗粒煤焦的燃尽时间，还可以增加颗粒破碎的剧烈程度。从而增加颗粒燃烧的表面积，加快颗粒的燃烧速度和燃尽程度。当炉床温度一般维持在 960～1000℃ 时，整个炉膛维持均衡的高温，加大挥发分的析出速度，加快煤粒的着火及燃烧，从而达到较高的燃烧效率。

（3）适当的过量空气系数　运行实践证明，在一次风量保持不变的条件下，飞灰可燃物含量随着过量空气系数 λ 的增加而降低，其中当 $1.22 \leqslant \lambda < 1.29$ 时飞灰可燃物含量随 λ 的增加而快速降低。当锅炉的炉膛温度在 950～1050℃ 之间时，适当提高过量空气系数 λ；增加燃烧区的平均氧浓度，加快了氧气的传质速率和反应速度，有助于碳颗粒的燃尽，从而提高燃烧效率。λ 再大时，排烟热损失 q_2 增加，并增大了风机电耗。λ 超过一定数值，将造成床温和炉膛温度下降，并降低细煤粒在床内的停留时间；q_2 和固体未完全燃烧热损失 q_4 都增加，燃烧效率下降。所以，运行中要正确监视氧量表和风压表，并及时调节，且保持 $1.25 \leqslant \lambda \leqslant 1.29$，以及维持炉膛负压在 -40Pa 左右。同时，检查并消除锅炉漏风，封堵泄漏的空气预热器管子。

（4）适当的一、二次风配比　分析锅炉运行记录发现，维持过量空气系数 λ 和二次风比不变时，随着二次风率的增加，飞灰含碳量开始明显下降。当二次风率超过 0.36 后，飞灰含碳量降低速度趋缓并存在最低值；二次风率大于 0.42 后，飞灰含碳量缓慢上升。所以，运行中保持二次风率在 0.36 ~ 0.42、二次风比为 0.8 ~ 1.2，可达到较佳的燃烧效果。

（5）合理的煤层厚度　通过分析 DG75 型锅炉的运行实践，可知无烟煤料层厚度对燃烧的稳定性和燃烧效率有很大关系。维持恰当的煤层高度，炉床蓄热量较大，炉床温度相对稳定，无烟煤粒和回料灰中的碳粒能迅速加热和燃烧。若煤层太厚，不仅增大风机电耗，还增大通风阻力损失，甚至造成局部燃烧区域的氧量不足，影响流化效果和燃烧效率；若煤层过薄，则会导致燃烧工况不稳定，缩短了燃料在床内的停留时间，飞灰可燃物含量增大。保持适当煤炭厚度，一次风室压力控制在 10 ~ 11kPa 时燃烧效果最为理想。

（6）确保回料畅通　固体颗粒循环量决定着床内固体颗粒浓度，而固体颗粒浓度对锅炉的燃烧、传热和脱硫起很大的作用。所以，保证循环物料的稳定和畅通是锅炉正常运行的基础。

锅炉停运和检修时，要把回料立管的存灰排放干净，并检查回料装置内没有脱落的浇注料、细小焦块等。在锅炉起动时就投入回料，将由于炉膛燃烧温度低而没有燃尽且被分离器收集的煤粒送回到炉膛燃烧，避免大量高含碳量的回料灰进入炉膛造成炉床结焦或熄火。正常运行时，回料装置的配风严格按照要求，回料温度维持在 540 ~ 560℃（设计值 552℃），与分离器进口烟温基本同步，从而保证炉内有较高的物料浓度和燃烧强度。性能良好的回料系统对炉床温度起到一定的调节作用。

通过采取以上措施，两台锅炉年运行平均热效率达到 85.5%（额定工况设计值为85%）以上，比燃用同样无烟煤的同容量煤粉炉高出 3% ~ 5%。

10-17　链条炉为什么要分段送风？分段送风是如何实现的？

答：燃煤在链条炉排上燃烧，沿炉排长度方向可分为四个区段，即燃料预热干燥区段、挥发物析出并燃烧区段、焦炭猛烈燃烧区段、灰渣燃尽区段。这四个区段燃烧所需要氧气是不同的，一般是炉排两端需要氧气量小，中间需要氧气量大。为了满足各区段燃烧需要和合理配风，链条炉通常把炉排下面的通风仓分成 4 ~ 6 个小风室，用小风门控制以达到分段送风的目的。当锅炉容量较大时，为了均匀配风，还布置两面进风。合理配风包括沿炉排长度的分段送风和沿炉排宽度的均匀送风两个方面。

合理配风能保证链条炉上燃煤层的良好燃烧，减少燃烧的各种损失，提高锅炉运行的经济性和可靠性。分段送风是组织合理送风的基本条件。在实际运行中，应根据所用煤种特性和炉膛炉拱的结构特点，通过燃烧调整来确定风室风门或小风门的开关位置和配合比例。

10-18　工业锅炉鼓、引风机运行效率不高的主要原因有哪些？

答：我国当前生产的风机，其设计效率可以达到 80% ~ 90%，接近国际先进水平，但我国工业锅炉用的风机运行效率并不高，却远低于国际先进水平。其原因主要有如下几方面。

1）传动机械效率低。工业锅炉风机传动方式主要有两种方式。一是用联轴器直联传动。它直接传递运动和转矩，还对两轴可能发生的位移进行补偿，具有吸收振动、缓和冲击的能力，传动效率好，高达 98%。较大型的风机采用较多。二是有相当大的一部分风机采用 V 带变速传动，其传动效率只有 92% ~ 93%。其传动效率低的原因有：①当多根 V 带由于本身长短和梯形侧面几何尺寸误差，导致多根 V 带传动受力不均，某些 V 带载荷轻，而另一些则载荷重甚至超载，这样传动效率必然降低。据国内有关试验资料报道，其运行效率仅有 86% 左右。②这主要与 V 带的弯曲变形、尺寸误差、带在楔形槽中楔入楔出的摩擦、带的蠕变及带的气流作用、设备固定振动状态等因素有关。

2) 设计、维修和运行管理不善，引起烟、风道阻力增加和失效。在设计烟、风道时，烟、风道布置不合理，增加不必要的急转弯、扩散和突然收缩等部件，增加烟、风阻力；维修运行管理不善，烟、风道漏风没有堵漏，增大风量或引起引风机失效等。

3) 当选用风机时，风机的容量与锅炉容量和烟、风阻力不匹配。当风机容量选得大时，为满足锅炉负荷变化需要，只得采用挡板关小进出口的节流调节方式。节流调节方式存在着较大的节流损失，影响风机的使用效率。

4) 锅炉引风机，由于飞灰的磨损，改变了叶轮与集流口的装配尺寸；风机检修水平低和不及时，影响风机性能下降，导致风机效率下降。

10-19　工业锅炉风机为什么要进行调节？其调节方式有哪几种？

答： 当锅炉负荷改变时，要求风机的风量作相应改变。但由于离心通风机所产生的全压力随风量的变化比较平缓，而烟风阻力随风量的变化则相当急剧，并且它们的变化趋向基本是反向的。因此，一旦风机的工作偏离设计工作点后，风量的供与求之间的不平衡愈来愈大，这就必须采取调节措施来加以平衡。

目前常用的工业锅炉风机调节方式共有三种，即节流调节、导向器调节和变速调节。

10-20　如何进行节流调节和导向器调节的能耗分析？它们的损失如何？

答：1. 节流调节的能耗分析

节流调节是通过改变节流挡板（即风门开度），也即人为地加大系统阻力达到改变管网特性曲线法，实现控制风机的气体流量。此时管网特性曲线由 R_1 变成曲线 R_2，风机的工作点 A 点移到 B 点，气体的流动阻力由烟风道阻力和节流阻力两部分组成，如图 10-2 所示。

图中 A 点是挡板全开时的工作点，其相应的风压 H_A，风量 Q_A，当需要减少流量到 Q_B 时，是通过关小阀门的方法，使管网曲线 R_1 变为曲线 R_2，曲线变陡了才到达 B 工作点。Q_B 的实现是以人为节流引起的压力

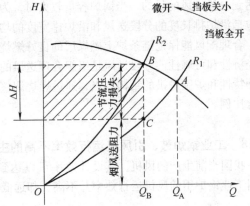

图 10-2　节流调节风机特性及能耗分析

损失 ΔH 为代价换来的。显然，这种方法极不经济。图中阴影面积为节流损失，大小为 $\Delta H \cdot Q_B$。

2. 导向器调节

导向器调节主要是依靠在风机进口处的导向器来改变气流进入风机叶轮的方向，从而改变风机的工作特性，达到调节风量的目的。

导向器调节时的风机特性如图 10-3 所示。由图可知相应于每一种叶片角度，都有一种全压曲线，而且随着叶片角度的增大，风机所产生的压力就减小。例如从设计工作点 1 开始，将导向器叶片角从 0°变为 30°和 60°，就可以得到新的工作点 2 和 3，相应的风量从 Q_1 减少到 Q_2 和 Q_3。

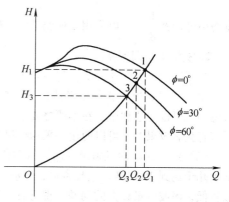

图 10-3　导向调节风机特性

采用导向器调节时，仍然会产生部分节流效应，但主要是依靠气流的预旋作用，因此调节的经济性要比节流调节好。试验表明，当锅炉运行处于低负荷时，用导向器调节可比节流调节时风机耗电量节约 20% ~ 35% 。同时导向器调节的结构比较简单，操作又很方便，所以得到了广泛的应用。

10-21　变速调节节能原理是什么？风机的交流电动机变速技术有哪几种？

答：1. 变速调节节能原理

风机开始工作在工况 A_1 点上，其相应的风量 Q、风压 H、管网阻力特性曲线 R_0 如图 10-4 所示。

当锅炉负荷要求风机的流量减小到 Q_2 时，可以采取改变风机转速的方法，如将转速由原来的 n_1 变到 n_2。由于转速变化使得风机性能曲线由原来的 $H_1\text{-}Q_1$ 变成 $H_2\text{-}Q_2$。因为管网状况未变，所以与管网阻力特性曲线相交于新点 A_2，达到了需要流量 Q_2 的要求。同时没有附加压力损失，这是变速调节的最大优点。

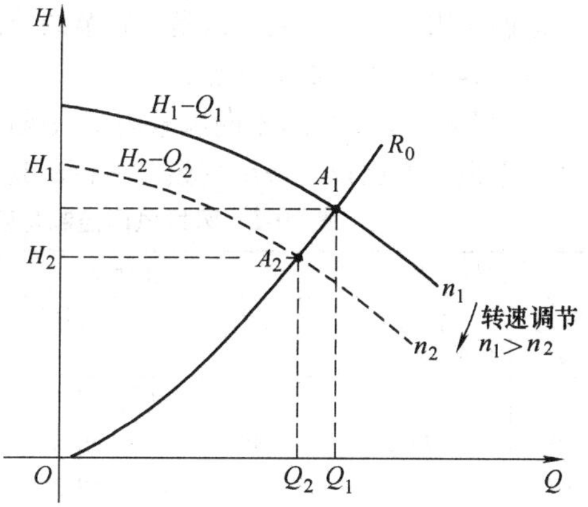

根据相似理论和实践，当转速变化在 $\pm 20\%$ 时，效率可近似地认为没有变化。而流量、压力、功率分别有如下关系：

$$Q_2/Q_1 = n_2/n_1$$

图 10-4　风机变转速调节节能图

$$H_2/H_1 = (n_2/n_1)^2$$

$$P_2/P_1 = (n_2/n_1)^3$$

式中：H 为全压力（Pa）；Q 为风量（m^3/h）；P 为轴功率（kW）。

若转速下降至 $\frac{1}{2}$，即 $n_2 = n_1/2$，则 $Q_2 = Q_1/2$，即风量降低 $\frac{1}{2}$，全压降低到 $\frac{1}{4}$，所需功率降低到 $\frac{1}{8}$。所以采用变速调节法，转速越低，功率降低越显著，节能亦愈有效。

2. 交流电机调速技术

为了实现风机变速调节，现在各种交流电动机调速技术有下列几种：

（1）变级调速　这种技术造价低，功率因数高，没有高次谐波对电网的污染，原有电动机可以改造利用，在不严格要求连续而平滑调速的场合，配合挡板阀门等做辅助调节有显著效果时，可以使用。采用变级调速时，需要装设适应频繁操作的电力开关。

（2）绕线式电动机串级调速　目前应用较多的是晶闸管串级调速，这种调速装置从十几千瓦到2500kW。它投资低，一般一年左右可收回投资，但在使用中有功功率因数较低，谐波分量较大的问题。现已有35kW、550kW 的高功率因数低谐分量装置，功率因数可达0.8，谐波分量可降到6.2%的成品。机械串级调速，电动机组串级调速等在一些行业中也有应用。

（3）液力偶合器调速　一般用于配合高转速大容量的笼型电动机，运行可靠，对使用环境和维护技术条件要求不高。

（4）电磁滑差离合器调速　可用于小容量为1500r/min 以下笼型电动机。

（5）变频调速　这种调速技术具有效率高、调速范围宽、精度高，能无级调速等特点。目前在工业锅炉房的辅机中已有应用，并取得一些较好效果。但设备造价较高，国产原件可靠性稍差，一旦损坏修复困难。

10-22　工业锅炉鼓、引风机应用变频调速技术有哪些实效？

答：对工业锅炉的鼓、引风机采用变频调速控制代替风门挡板或节流控制流量，已获得较普遍的应用，实践证明，这是一种节约能源提高经济效益的重要措施。应用变频调速在风机上具体实效有如下几点：

1）根据有关单位对不同风量用排风风门、进风风门及变频调速控制方式，其输入功率及总损耗的比较，采用变频调速控制其节能效果十分明显，见表10-2 对比结果。

表10-2　风机风门控制与变频调速控制能耗分析比较

控制方式		排风风门控制		进风风门控制		变频调速控制	
风量（%）	轴功率（理论值）（%）	输入功率（%）	总损耗（%）	输入功率（%）	总损耗（%）	输入功率（%）	总损耗（%）
100	100	107	7	106	6	108	8
90	72.9	103.5	30.6	84	11.1	79	6
80	51.2	99.5	48.3	72.5	21.3	55	3.8
70	34.3	95	60.7	68	33.7	38	3.7
60	21.6	89.5	67.9	64	42.4	25	3.4
50	12.5	84	71.5	60	47.5	15	2.5
40	6.7	77.5	71.1	56	49.6	9	2.6
30	2.7	71	68.3	52	47.3	5	2.3

从表中看出随着负荷的降低,其节能效果越显著;在负荷从 80% 降低到 50% 的范围内,在同样保持锅炉燃烧的条件下,使用变频调速控制与使用风门挡板控制相比的节电率在 20% ~45% 之间。

【案例 10-2】　某厂在 14MW 热水锅炉上采用变频调速控制,在不同锅炉出力的情况下,变频调速控制的节电率如表 10-3 所列。

表 10-3　节电率分析表

锅炉出力/MW	14	14 ~11	11 ~9	9 ~6
负荷率（%）	100	100 ~80	80 ~65	65 ~45
节电率（%）	0	5.33	21.4	31.3

14MW 的热水锅炉,鼓、引风机的总功率为:$\Sigma N = P_{鼓} + P_{引} = 75\text{kW} + 30\text{kW} = 105\text{kW}$,以每天运行 24h 计算,如供暖期运行 136 天,运行总时数为 $T = 136 \times 24\text{h} = 3264\text{h}$。如按负荷率 80% ~65% 的节电率 21.4% 计算,则在整个供暖期中节电量为

$$B = 105\text{kW} \times 3264 \times 21.4\% = 73342\text{kW} \cdot \text{h}$$

以每度电 0.58 元计算,一个供暖期的节电效益为:$Y = 0.58 \times 73342 = 4.25 \times 10^4$ 元 $= 4.25$ 万元。

2）减少了电动机的起动电流。电动机起动时由于需要克服静阻力,其起动电流一般为额定电流的 4 ~7 倍,对电网形成一个巨大的冲击,而且可能出现掉闸影响其他设备正常运行。变频调速应用后,其无级变速方式将从 0Hz 逐步向 50Hz 过渡,因此电流的增长也呈平缓的趋势,不会对电网造成冲击。

3）鼓、引风机噪声下降。风机的噪声来源主要在于风机的运转噪声,在使用变频调速的情况下由于转数的降低,声源强度明显减弱,因此其噪声强度有所下降。

10-23　在什么条件下,锅炉的鼓、引风机采用变频调速才能取得较好的节能效果?

答:根据变速调节的节能原理和上题中的实际例子,应用变频调速控制应在下列条件下,节能效果才能显著。

1）根据相似理论和实践,当风机转数变化在 ±20% 时,效率可近似地认为没有变化,而流量、功率分别与转数的一次方、三次方成正比,所以采用变频调速法,转速越低及功率降低越显著、节能亦愈有效。因此,当工业锅炉如果配套的鼓、引风机合理,则只有锅炉在负荷率 80% 以下运行时,采用变频调速控制,才能取得明显的节能效果。

2）一个供暖锅炉房,在严寒期需要运行 2 台或 3 台锅炉时,可将其中 1 台采用变频调速控制,1 台或 2 台作为基本负荷,满负荷运行,而采用变频调速控制的这 1 台,作为调负荷使用。在整个供暖期中,初寒期和末寒期供暖负荷低;而严寒期的供暖负荷高。有了 1 台变频调速控制,则可以组成多种运行供暖方式。既可满足供暖负荷的需要,又实现了供暖节能。

如果锅炉燃烧控制已实现了微机自动控制,则可将变频调速器的控制与微机联锁,

并在运行调试后确定合理的变频调速控制曲线，即针对初寒期、末寒期的特点经合理选择确定主导频率。根据每天的天气变化情况对运行频率进行微调，从而得到一个适当的调控曲线。并固化在微机系统中，实现对变频调速器的自动控制。这样提高了锅炉自动化管理程度，又能使节能效果更为明显。

10-24　供暖系统补水泵变频定压的基本原理是什么？它有何优点？

答： 补水泵变频调速定压是根据供暖系统的补水压力变化，改变电源频率，平滑无级地调整补水泵转数，进而及时调节补水量，实现系统恒压点压力的恒定。如图 10-5 所示是给出变频调速恒压补水框图。压力变送器将测出的压力信号反馈到调节器内，与压力给定值信号相比较，经过 PID 计算输出一个信号（有的产品是 $0 \sim 5V$，$0 \sim 10V$ 或 $4 \sim 20mA$），输入到变频器内，变频器再根据输入信号值的大小，自动输出给补水泵电动机相应的频率值（一般为 $0 \sim 50Hz$），从而改变补水泵的转速，及时调节补水量，使供暖系统压力保持在给定值。

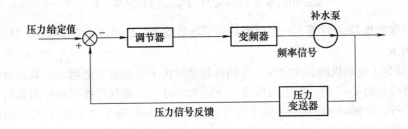

图 10-5　变频调速恒压补水框图

变频调速定压有如下优点：

1）节能效果明显。与补水泵连续运行相比较，节省了补水泵系统调节阀的节流损失。当补水量为 Q_C 时，若补水泵在连续运行，则工作点在 B 点，是靠调节阀关小而实现的，因而有节流损失。采用变频调速定压，在满足补水量 Q_C 的前提下，由于补水泵转速由 n_1 下降为 n_2，则工作点为 C 点，因而补水泵节约电耗可由面积 H_2BCH_1 表示。如图 10-6 所示。

与补水泵间歇运行相比较，如图 10-7 所示。间歇运行水泵在额定转速 n_2 下运行，将水压 p_1 打到 p_2。p_1 是下限，保证下限压力就可以保证供暖，很明显 $p_2 - p_1 = \Delta p$ 的压力是电动机作了无用功，存在着浪费。而变频调速运行的水泵电机是以保证下限压力 p_1 为目的，转速在 n_1 左右即 $n_{1-1} \sim n_{1+1}$ 之间变化。变频调速定压与间歇运行控制压力相比，变频调速定压节电为 $\Delta p \cdot Q_1$。

2）解决补水泵的频繁起动所引起的各种问题。如间歇运行频繁起动，影响补水泵寿命；起动电流大对电网的冲击；起动功率对设备的影响等。采用变频调速定压就没有上述问题了。

3）与采用定压罐相比，设备占地小，投资亦少。

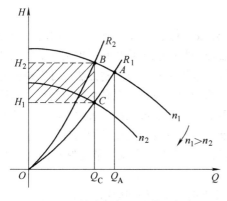

图 10-6　补水泵恒速连续运行与
变频调速运行比较

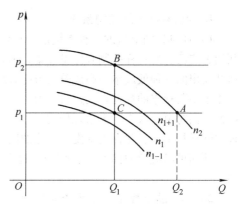

图 10-7　补水泵间歇运行与
变频调速运行比较

10-25　锅炉改造中应注意防止哪些问题发生？

答：锅炉是一特殊的压力容器，在恶劣的工作环境中工作，安全问题十分重要。如锅炉出现爆炸问题，那对人民生命安全和国家财产将是一种巨大的损失。为此，在锅炉改造中，应防止如下问题发生。

（1）防止盲目改造锅炉受压元件，随便对锅炉进行"大手术"　锅炉改造时，不经过严密的论证设计，没有周密的施工方案，又不经过锅炉安全监察部门审批，自行改造，将会出现许多的重大问题。如结构不合理，水循环不可靠，材质不合要求，焊缝不合格和施工质量低劣等。

（2）防止盲目提高锅炉出力　要提高出力，势必改造锅炉受压元件和增加受压元件的受热面。如果只顾增加受热面，而未相应地改造燃烧设备，没有对相应的辅机及汽水管道，安全附件等进行校核和配套，结果会越改越糟，不但经济性无法保证，连安全性也受到影响。

（3）防止盲目推广不成熟的一些技术设施　对一些技术措施，不经分析研究，不结合具体情况，不考虑因炉制宜、因煤制宜，采取死搬硬套方法，搞形式主义。过去搞消烟除尘就走过这样的弯路，教训应该是深刻的。

（4）防止锅炉改造不作安全技术经济比较　有的单位对锅炉改造，不做安全技术经济比较，盲目改造；改造费用已超过购置新锅炉费用的 2/3 以上或等于新锅炉购置费用。结果还是不安全、不经济，得不偿失！

总之，为防止上述问题的发生，使用单位和承接改造的单位应加强法制观念，尊重科学，严格按规定的法规、标准办事，严格执行报批审查、监察和验收手续，才能使锅炉的改造工作走向正轨。

10-26　如何开展对工业锅炉智能燃烧控制系统技术改造？

答：**【案例 10-3】**

以北京某公司对工业锅炉智能燃烧控制系统技术改造为例。

1. 朗信智能燃烧控制系统

1) 针对我国落后的各种燃烧锅炉平均运行热效率低、排放污染严重的问题，充分利用客户已有的各种控制和测量设备，结合该公司的智能燃烧系统和锅炉实际工作原理而开发出的一种低成本、高成效的节能升级系统。采用机器学习控制方法，可以根据客户现场不断积累的数据自动进行学习，不断优化系统控制策略，提高系统控制精度和适应性。同时由于采用了大量现场实际数据，该智能控制系统可以精确表达现场锅炉的各种实际运行工况，并在工况发生变化的同时，能实时的进行相关设备的同时甚至超前调节。从而可以灵活的面对各种情况，提高设备的运行效率，实现了节能减排的最终目的。

2) 本产品以智能控制系统应用软件为主线协助企业节能降耗，助推企业产业升级；帮助企业降低生产成本。以工业互联网为基础建设智慧能耗管理平台 APMES，将各个企业的智能控制系统应用软件进行数据整合；深入挖掘和分析用户现场数据，持续优化应用软件的数据库；实现更加智能的控制效果；定期为客户提供节能降耗建议，与企业建立起实现长期稳定合作的模式。

2. 技术方案

1) 运用机器自学习控制方法，实现对燃烧设备的自动化控制，是目前我国智能燃烧控制的发展方向和趋势。在目前绝大多数燃烧设备都已经实现了半自动控制的情况下，要进一步的提高燃烧设备的燃烧效率，达到节约设备投入、节约燃料和降低大气污染排放最终目标，只有是在原有设备的基础上，优化燃烧设备的控制方法即智能燃烧控制系统。

2) 传统燃烧控制系统是现代绝大多数半自动化或自动化燃烧设备都已具有的一套经典的标准控制系统。它主要是依据经典的 PID 自动控制原理，即在一些对应传感器的配合下，实现系统的闭环自动控制。这种控制方法由于结构简单、稳定性好，可靠性高等优点在燃烧系统中被广泛应用。但是实际的控制过程往往有非线性、时变不确定性，难以对其建立精确的数学模型及应用常规的 PID 控制方法不能达到理想的控制效果。导致锅炉 PID 燃烧系统具有滞后时间长、扰动因素多，单一的控制模型很难准确建立的缺陷。

3) 锅炉智能控制系统，采用机器学习的智能控制算法中的多变量回归分析、遗传算法等方法对大量现场数据进行学习，生成智能控制系统的控制策略。具体实现方法：利用 Matlab 的强大算法开发功能，建立结合实际控制工艺的数学模型；同时结合常见的 PID 经典自动控制方法实现智能控制，解决：①传统 PID 控制方法不易在线实时根据设备运行工况调节控制参数；②难于对一些复杂过程及参数变化慢时进行有效控制。由于根据客户现场不断积累的数据自动进行学习，以及不断优化系统控制策略，在控制系统的控制精度不断提高的同时，该系统的适应性也在提高，从而大大保证了设备运行的稳定性。

4) 该系统结合"工业互联网"，实现应用软件的数据整合和分析，建立数据中心，为实现进一步的工业大数据分析，提供第一手的准确现场数据。

该系统采用的技术规范如下：①描述语言，以机器学习算法为基础，建立不同工况的数学模型，采用现有成熟的主流语言；②标准化，包括中间件模型的标准化、接口的标准化等，参考现有国际标准和行业实际应用标准；③软件构架，研究如何快速、可靠地应用可复用构件进行系统构造的方式，着重于软件系统自身的整体结构和构件间的互联、连接管理、安全通信、事件处理框架、许可证管理、操作员管理、管理权限校验等。

3. 核心关键技术

（1）燃烧控制的给煤量控制系统　给煤量的控制就是锅炉负荷的控制。它的输入量是设定的锅炉负荷，输出量是控制煤量供给的变频电动机。在调试初期根据现场操作工的操作经验和锅炉以往的运行数据进行分析整理，编入机器学习的数据库内，给煤量数学模型会自动根据已有数据进行调节。

（2）燃烧控制的送风量控制系统　送风调节的主要任务是调节送风量使之与给煤量维持适当的比例，保持最佳风煤比和最佳含氧量，以保证燃煤充分燃烧和最小热损失。根据现场操作工的经验和长时间的现场观察，发现燃煤从进入炉膛到完全燃烧所需时间大约在 15 ~ 20min 左右。如此大的跨度，再加上燃烧过程的滞后性，使得常规 PID 控制无法完成送风量的自动调节。而本系统的送风量控制，是在现场高技术操作工手动操作几次后，由送风量数学模型记录下这些操作习惯，从而实现送风量控制系统的自动控制。

（3）燃烧控制的引风量控制系统　炉膛压力值负压太小甚至偏正，局部区域易喷火，不利于安全生产及环境卫生；负压太大会使大量的冷空气进入炉膛，从而增大引风机负荷和排烟带走的热损失，不利于经济燃烧。但引风系统单独工作的时间很少，送风量变化是它的最大干扰。所以引风量控制系统的模型中，引入了送风量的变化。

（4）燃烧控制的机器自学习数学模型　在已有的锅炉燃烧控制设备和测量传感装置均不做大的改动的前提下，设计高效且成本最优的智能控制系统的数学模型。另外针对不同的锅炉或同一锅炉的不同复杂工况，数学模型能在大量测试数据的支持下，通过不多微调、试错寻优，最终实现燃烧的最优控制。

4. 技术服务项目

（1）各种常见锅炉、工业窑炉的智能控制的数学模型建立　是指针对我国目前存在的大量的不同结构的燃煤、燃气、燃油锅炉的智能控制数学模型的建立，如用于供暖的大量链排锅炉、中小型电厂的流化床锅炉、高炉炼铁的热风炉、玻璃生产的玻璃窑炉等。

（2）建立各种燃烧设备的数据平台——智慧能耗管理平台 APMES　以"工业互联网＋工业智能"为技术基础，实现应用软件的数据整合和分析，建立长期实时监测各种燃烧设备运行情况数据中心。并以此来分析预测各个设备的实际运行情况及未来可能出现的问题，最终实现燃烧设备的大数据平台建设，具体如图 10-8 和图 10-9 所示。

10-27　锅炉改造提高出力后，为什么要进行安全鉴定？

答：锅炉改造提高出力后，它的本体、炉膛、烟道及辅助设备等一般都发生了变化。所以改造后的锅炉必须经过全面的安全鉴定，合格后方准投入运行。

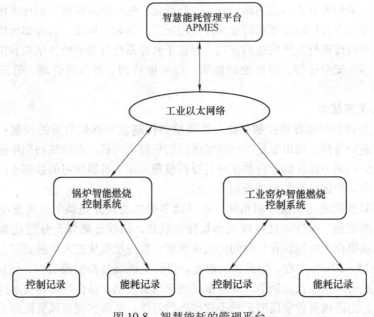

图 10-8　智慧能耗的管理平台

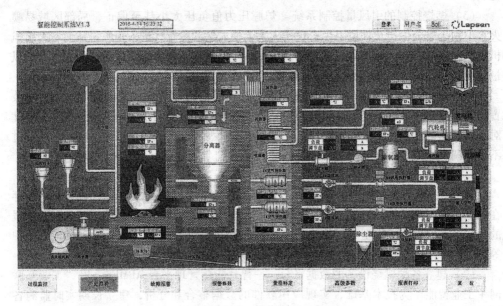

图 10-9　操作界面

10-28　锅炉改造提高出力后应该怎样进行安全技术鉴定？鉴定的内容有哪些？

答：应按照设计、制造、安装和检验四个方面进行分析和鉴定。

1. 设计方面

查阅锅炉改造技术方案中有关设计图样，并实际检查了解锅炉改造情况。核实改造项目是否与设计符合，是否漏项或变更。

针对变化情况，进行如下分析、鉴定。

1）对于新增水冷壁，核查管子连接情况，管子布置和排列，每组水冷壁管，是否自成一个循环回路，简单回路或复杂循环回路，水、汽流动是否单纯可靠；是否存在管子的热偏差。

水冷壁管，下降管和导气管的管孔截面比加以核查。水冷壁管孔每组总截面积 A_1，下降管管孔每组总截面积 A_2，导气管管孔每组总截面积 A_3，各管孔的截面比即 $A_1 : A_2 : A_3$ 之比，是否满足 $1 : 0.25 : 0.30$ 的要求。如某简单循环回路 $A_1 = n \times \frac{\pi}{4} d_n^2 = 15 \times \frac{\pi}{4} \times 46^2 \, mm^2 = 24928.6 \, mm^2$，$A_2 = 2 \times \frac{\pi}{4} \times 70^2 \, mm^2 = 7696.9 \, mm^2$；$A_3 = 4 \times \frac{\pi}{4} \times 54^2 \, mm^2 = 9160.8 \, mm^2$，$A_1 : A_2 : A_3 = 24928.6 : 7696.9 : 9160.8 = 1.0 : 0.31 : 0.37$，大于 $1.0 : 0.25 : 0.30$。故能满足循环要求。

2）查核锅筒，上、下集箱各受压元件的强度计算。从有关的强度计算书中，查核锅筒，上、下集箱的强度计算，经过核查计算孔桥效率后，所得出的最高许可工作压力应大于锅炉额定压力，这时强度才算合格。

3）查核在结构上设计是否合理。如集箱的平端盖是否相关标准结构进行焊接及是否焊透；集箱一端的平端盖上是否开有检查孔，是否做过绝热处理。

4）新增省煤器，如新增的是铸铁非沸腾式省煤器，则查核省煤器是否有旁通烟道或到水箱的循环管、旁通管，这是防止省煤器沸腾的重要措施；查核省煤器上是否安装温度计、压力表、安全阀、空气阀及相应的止回阀、截止阀和排污阀，这是省煤器安全运行不可缺少的附件；省煤器的出口水温应控制低于锅炉内饱和水温度 $40 \sim 50℃$，以避免沸腾。

5）查阅热力计算。核查炉膛温度，炉排面积热负荷、炉膛容积热负荷及炉膛出口温度、排烟温度。它是否在标准的规定范围内。

6）通风烟气系统的核查。由于锅炉出力的提高，势必煤量加大，进风量和烟气量也相应增加。原有的烟囱是否能胜任呢？烟囱出口直径是否够？抽力是否够？烟风道连接方法是否合理等。

锅炉尾部增加了省煤器，烟气阻力增高，引风机容量是否够？鼓风机的容量是否够？均应根据通风和烟气量的计算进行核查。

7）安全阀排汽能力的校核。由于锅炉出力的增加，安全阀的排汽能力是否够？如果安全阀加大，锅筒处的接口是否相应放大，锅筒处扩孔加大是否经过加强，结构是否合理。

8）主汽管、给水管与相应的阀门配备的校核。根据蒸汽和给水在管道内允许流速计算后所得的选配取用管径。是否与原管径一致，如果不一致，应根据计算值扩大蒸汽管和给水管。主汽管出口处和给水管进口处扩孔后，应经加强和强度计算。

9）水处理设备、给水设备及其系统的管道、阀门的核查　对于水处理设备，锅炉改造后，必须进行核算，使水处理设备的容量（处理能力）与改造后锅炉的给水量或补水量相一致。如果水处理设备出力不足或满足不了改造后锅炉的需水量，应进行更换或扩容。

锅炉改造后对给水设备的性能进行校核时，其总的原则是：①水泵的扬程应能克服锅炉工作压力加管道和省煤器阻力所造成的压力损失总和的 1.20 倍；②给水泵至少应为 2 台，每台流量应能满足所有运行锅炉最大连续蒸发量的 1.20 倍；若装有 3 台（或 3 台以上）给水泵时，其中 1 台流量最大的给水泵停用时，其余并列运行的给水泵总流量应能满足运行锅炉最大连续蒸发量的 1.20 倍；③锅炉房供电不能保证时，应设置气动给水泵，其流量应不小于锅炉最大连续蒸发量的 1.20 倍；小型锅炉（蒸发量 ≤2t/h，工作压力 ≤0.78MPa）且无省煤器时，可安装注水器代替气动给水泵；④给水设备增大后，其相应管道、阀门的公称直径亦相应增大。

2. 制造方面

主要是查核锅炉改造部分。

（1）所用材料的质量是否符合安全要求　应该查阅有关的材料证明书（缺的补齐）是否符合《锅炉安全技术监察规程》所列"锅炉用金属材料"的要求。对所用金属材料的钢号、适用范围及技术标准等，必须逐项查核。钢板的技术标准是 GB 713—2014，碳素钢管是 GB 3087—2008 和 GB 5310—2008。并应按规定经过各项力学性能试验、化学分析和工艺性试验。

（2）加工质量是否符合安全要求　应查核如下几个重点。

1）焊接质量，查阅焊接工艺及其评定，焊接质量证明书，无损检测（X 射线和超声波）报告。

2）水压试验，查阅水压试验报告和证明书。

3）查核施工问题，核对是否按设计施工，特别对安全上关系比较大的结构，是否都符合图样。

4）工艺质量，对改造部分加工工艺质量，应重点检查。

3. 安装方面

改造部分安装工作的范围，主要根据对锅炉进行改造程度而定。对所改造项目的安装质量，应从安全角度出发进行逐项检查。

4. 检验方面

1）查阅在加工制造阶段的产品检验报告及产品质量证明书。

2）查阅在施工阶段的验收手续，如隐蔽工作的验收手续，分阶段的验收手续等。

3）查阅全部完工后移交验收等手续和文件资料等。

4）检验方面的证明文件，是锅炉改造质量的重要依据。应注意查阅和分析。

参 考 文 献

[1] 杨申仲，等. 节能减排监督管理［M］. 北京：机械工业出版社，2011.

[2] 杨申仲，杨炜，等. 行业节能减排技术与能耗考核［M］. 北京：机械工业出版社，2011.

[3] 《装备制造业节能减排技术手册》编辑委员会. 装备制造业节能减排技术手册：上册、下册［M］. 北京：机械工业出版社，2013.

[4] 杨申仲，等. 节能减排工作成效［M］. 北京：机械工业出版社，2011.

[5] 徐小力，杨申仲，等. 循环经济与清洁生产［M］. 北京：机械工业出版社，2011.

[6] 杨申仲，李秀中，杨炜，等. 特种设备管理与事故应急预案［M］. 北京：机械工业出版社，2013.

[7] 杨申仲，等. 现代设备管理［M］. 北京：机械工业出版社，2012.

[8] 杨申仲，岳云飞，吴循真. 企业节能减排管理. —2 版［M］. 北京：机械工业出版社，2017.

[9] 中国机械工程学会设备与维修工程分会. 设备管理与维修路线图［M］. 北京：中国科学技术出版社，2016.

[10] 李林贤. 特种设备使用安全管理的地位变迁［J］. 中国特种设备安全，2017，33（10）：50-54.

[11] 质检总局关于 2015 年全国特种设备安全状况情况的通报［J］. 中国特种设备安全，2016，32（04）：15-16.